工程施工现场技术管理丛书

测 量 员

郭丽峰　主编

中 国 铁 道 出 版 社

2016年·北京

内容提要

本书作为工程施工现场技术管理丛书之一，内容丰富，层次分明，理论联系实际，且将技术与管理知识融为一体。

全书共分十六章，包括绪论，水准测量，角度测量，距离测量，直线定向，全站仪及其使用，测量误差，小地区控制测量，地形图的基本知识测绘及其应用，建筑施工测量，铁路线路测量，桥梁施工测量，隧道工程测量，既有线路及既有站场测量以及GPS卫星定位技术等。

本书均按照现行测量规范编写，既可作为测量管理人员参考用书，又可作为测量技术人员培训教材使用。

图书在版编目(CIP)数据

测量员/郭丽峰主编．—北京：中国铁道出版社，2010.12（2016.7重印）

（工程施工现场技术管理丛书）

ISBN 978-7-113-11927-0

Ⅰ.①测…　Ⅱ.①郭…　Ⅲ.①建筑测量—基本知识　Ⅳ.①TU198

中国版本图书馆CIP数据核字(2010)第184803号

书　　名：工程施工现场技术管理丛书
测　量　员

作　　者：郭丽峰

策划编辑：江新锡　徐　艳
责任编辑：曹艳芳　　**电话**：51873017
封面设计：崔丽芳
责任校对：张玉华
责任印制：李　佳

出版发行：中国铁道出版社（100054，北京市西城区右安门西街8号）
网　　址：http://www.tdpress.com
印　　刷：三河市宏盛印务有限公司
版　　次：2010年12月第1版　2016年7月第2次印刷
开　　本：787mm×1092mm　1/16　印张：17　字数：419千
书　　号：ISBN　978-7-113-11927-0
定　　价：36.00元

前　言

我国正处在经济和社会快速发展的历史时期，工程建设作为国家基本建设的重要部分正在蓬勃发展，铁路、公路、房屋建筑、机场、水利水电、工厂等建设项目在不断增长，国家对工程建设项目的投资巨大。随着建设规模的扩大、建设速度的加快，工程施工的质量和安全问题、工程建设效率问题、工程建设成本问题越来越为人们所重视和关注。

加强培训学习，提高工程建设队伍自身业务素质，是确保工程质量和安全的有效途径。特别是工程施工企业，一是工程建设任务重，建设速度在加快；二是新技术、新材料、新工艺、新设备、新标准不断涌现；三是建设队伍存在相当不稳定性。提高队伍整体素质不仅关系到工程项目建设，更关系到企业的生存和发展，加强职工岗位培训既存在困难，又十分迫切。工程施工领域关键岗位的管理人员，既是工程项目管理命令的执行者，又是广大建筑施工人员的领导者，他们管理能力、技术水平的高低，直接关系到建设项目能否有序、高效率、高质量地完成。

为便于学习和有效培训，我们在充分调查研究的基础上，针对目前工程施工企业的生产管理实际，就工程施工企业的关键岗位组织编写了一套《工程施工现场技术管理丛书》，以各岗位有关管理知识、专业技术知识、规章规范要求为基本内容，突出新材料、新技术、新方法、新设备、新工艺和新标准，兼顾铁路工程施工、房屋建筑工程的实际，围绕工程施工现场生产管理的需要，旨在为工程单位岗位培训和各岗位技术管理人员提供一套实用性强、较为系统且使用方便的学习材料。

丛书按施工员、监理员、机械员、造价员、测量员、试验员、资料员、材料员、合同员、质量员、安全员、领工员、项目经理十三个关键岗位，分册编写。管理知识以我国现行工程建设管理法规、规范性管理文件为主要依据，专业技术方面严格执行国家和有关行业的施工规范、技术标准和质量标准，将管理知识、工艺技术、规章规范的内容有机结合，突出实际操作，注重管理可控性。

由于时间仓促，加之缺乏经验，书中不足之处在所难免，欢迎使用单位和个人提出宝贵意见和建议。

编　者

2010 年 12 月

目　录

第一章　绪　论

测量学是研究地球的形状和大小以及确定地面点位的科学。

工程测量学是研究在工程建设的设计、施工和管理各阶段中进行测量工作的理沦、方法和技术。工程测量是测绘科学与技术在国民经济和国防建设中的直接应用，是综合性的应用测绘科学与技术。

铁路测量是工程测量学的一部分，是研究铁道工程在勘测、设计、施工和管理等各阶段所进行的各种测量工作的学科。其主要任务可归纳为测定、测设、监测。

按工程建设的进行程序，工程测量可分为勘测设计阶段的测量、施工兴建阶段的测量和竣工后运营管理阶段的测量。勘测设计阶段的测量主要是提供地形资料。取得地形资料的方法是，在所建立的控制测量的基础上进行地面测图或航空摄影测量。施工兴建阶段的测量的主要任务是，按照设计要求在实地准确地标定建筑物各部分的平面位置和高程，作为施工与安装的依据。一般也要求先建立施工控制网，然后根据工程的要求进行各种测量工作。竣工后运营管理阶段的测量，包括竣工测量以及为监视工程安全状况的变形观测与维修养护等测量工作。

第一节　测量员的测量任务

一、测量员的基本职责要求

(1)测量前需了解设计意图，学习和校核图纸；了解施工部署，制定测量放线方案。

(2)测量工作是一项科学工作，它具有客观性。在测量工作中，为避免产生差错，应进行相应的检查和检核，杜绝弄虚作假、伪造成果、违反测量规则的错误行为。因此，施工测量人员应有严肃认真的工作态度。

(3)为了确保施工质量符合设计要求，需要进行相应的测量工作，测量工作的精度，会影响施工质量。因此，施工测量人员应有“质量第一”的观点。

(4)与设计、施工等方面密切配合，并事先做好充分的准备工作，制定切实可行的与施工同步的测量放线方案。

(5)测量的观测成果是施工的依据，应需长期保存。因此，应保持测量成果的真实性、客观性和原始性。

(6)学习铁路测量必须理论联系实际，不但要掌握基本理论，而且要重视对观测、计算、绘图等基本技能的训练，在学习中养成认真负责、一丝不苟的工作作风和爱护仪器设备的良好习惯。

(7)验线工作要主动。验线工作要从审核测量放线方案开始，在各主要阶段施工前，对测量放线工作提出预防性要求，真正做到防患于未然。

(8)须在整个施工的各个阶段和各主要部位做好放线、验线工作，并要在审查测量放线方案和指导检查测量放线工作等方面加强工作，避免返工。

(9)还应有互相协作、紧密配合的团队精神，以及共同完成任务的全局观念。

(10)负责垂直观测、沉降观测，并记录整理观测结果(数据和曲线图表)。负责及时整理完善基线复核、测量记录等测量资料。

二、工程测量的任务

1. 测图

测图是应用各种测绘仪器和工具，在地球表面局部区域内，测定地物（如房屋、道路、桥梁、河流、湖泊）和地貌（如平原、洼地、丘陵、山地）的特征点或棱角点的三维坐标，然后根据局部区域地图投影理论，将测量资料按比例绘制成图或制作成电子图。其中，既能表示地物平面位置又能表现地貌变化的图称为地形图；仅能表示地物平面位置的图称为地物图。工程竣工后，为了便于工程验收和运营管理、维修，还需测绘竣工图；为了满足与工程建设有关的土地规划与管理、用地界定等的需要，需要测绘各种平面图。

2. 测设，也称放样

放图也称施工放样、施工测设，指根据设计图提供的数据，按照设计精度要求。通过测量手段将建（构）筑物的特征点、线、面等标定到实地工作面上，为施工提供正确位置，指导施工。它是测图的逆反过程。施工放样贯穿于施工阶段的全过程。同时，在施工过程中，还需利用测量的手段监测建（构）筑物的三维坐标、构件与设备的安装定位等，以保证工程施工质量。

3. 变形测量

在大型建筑物的施工过程中和竣工之后，为了确保建筑物在各种荷载或外力作用下，施工和运营的安全性和稳定性，或验证其设计理论和检查施工质量，需要对其进行位移和变形监测，这种监测称为变形测量。它是在建筑物上设置若干观测点，按测量观测程序和相应周期，测定观测点在荷载或外力作用下，随时间延续三维坐标的变化值，以分析判断建筑物的安全性和稳定性。变形观测包括位移观测、倾斜观测、裂缝观测等。

三、工程测量的作用

测绘技术及成果应用十分广泛，对于国民经济建设、国防建设和科学研究起着重要的作用。国民经济建设发展的整体规划，城镇和工矿企业的建设与改（扩）建。交通、水利水电、各种管线的修建，农业、林业、矿产资源等的规划、开发、保护和管理”以及灾情监测等都需要测量工作；在国防建设中，测绘技术对国防工程建设、战略部署和战役指挥、诸兵种协同作战、现代化技术装备和武器装备应用等都起着重要作用；对于空间技术研究、地壳形变、海岸变迁、地极运动、地震预报、地球动力学、卫星发射与回收等科学研究方面，测绘信息资料也是不可缺少的。同时，测绘资料是重要的基础信息，其成果是信息产业的重要组成部分。

在铁路工程测量中，铁路的各种建筑物（如线路、桥梁、隧道、站场等）既相互联系，在设计、施工和养护中对测量工作又各有其特殊的要求和方法。为了确定一条最为经济合理的路线，必须先测绘路线附近的地形图，在地形图上进行路线设计，然后将设计路线的位置标定在地面上以指导施工。当线路跨越河流时，必须建造桥梁，在建桥之前，要测绘河流两岸的地形图，测定河流的水位、流速、流量和河床地形图以及桥梁轴线长度等，为桥梁设计提供必要的资料，最后将设计桥台、桥墩的位置用测量的方法在实地标定。当路线穿过山岭需要开挖隧道时，开挖之前，必须在地形图上确定隧道的位置，隧道施工通常是从隧道两端相向开挖，需要根据测量成果指示开挖方向，保证其正确贯通。铁路建成后运营期间，还需要测量工作为线路及其构筑物的维修、养护、改建和扩建提供资料，包括变形观测和维修养护测量等。由此可见，铁路测量工作内容十分丰富，涉及面也很广。

铁路测量贯穿铁路工程建设的始终，服务于施工过程中的每一个环节，而且测量的精度和进度直接影响到整个工程的质量与进度。因此铁路测量在铁路工程建设中起着十分重要的作用。

四、测量工程的基本原则

(1)任何测量工作都必须遵循“从整体到局部、先控制后碎部”及“边工作边校核”的原则。

(2)“从整体到局部”，是指进行任何测量工作都必须先总体布置，然后分期、分区、分项实施，任何局部的测量过程都必须服从全局的要求。

(3)“先控制后碎部”，即先在测区内选择一些有控制意义的点(称为控制点)，把它们的平面位置和高程精确地测定出来，然后根据这些控制点测定出附近碎部点的位置。这种测量方法可以减小误差积累，而且可以同时在几个控制点上进行测量，加快工作进度。

(4)当测定控制点的相对位置有错误时，以其为基础所测定的碎部点或测设的放样点，也必然有错。为避免错误的结果对后续测量工作的影响，测量工作必须重视检核，因此，“前一步工作未作检核不进行下一步工作”，是测量工作的又一个原则。

五、测量的基本工作

1. 平面直角坐标的测定

如图1－1所示，设A、B为已知坐标点，P为待定点。首先测出了水平角β和水平距离D_{AP}，再根据A、B的坐标，即可推算出P点的坐标。

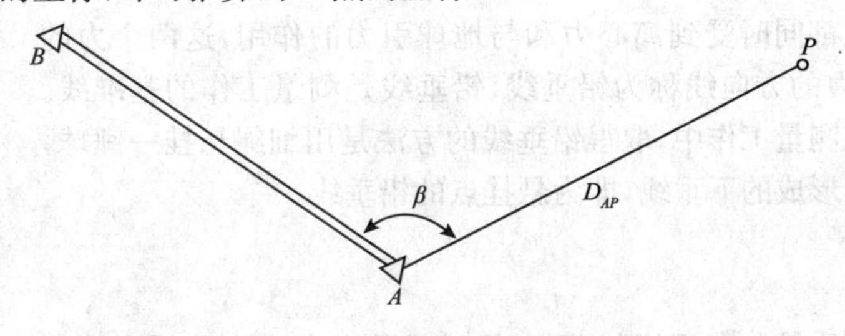

图1－1　平面直角坐标的测定

因此，测定地面点平面直角坐标的主要测量工作是测量水平角和水平距离。

2. 高程的测定

如图1－2所示，设A为已知高程点，P为待定点。则P点的高程为：

$$H_P = H_A + h_{AP}$$

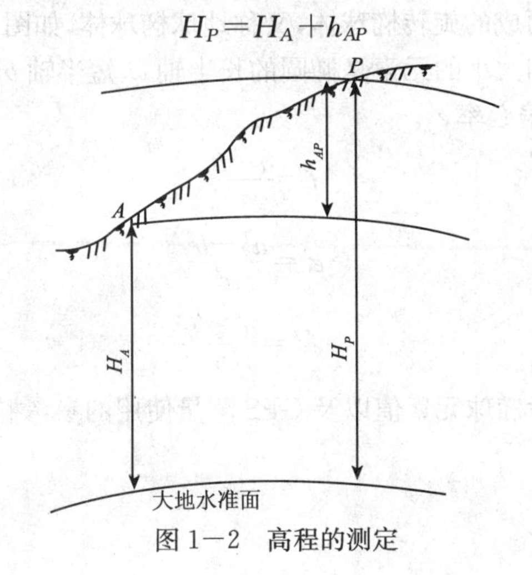

图1－2　高程的测定

只要测出 A、P 之间的高差 h_{AP}，利用公式 $H_P=H_A+h_{AP}$，即可算出 P 点的高程。

因此，测定地面点高程的主要测量工作是测量高差。

综上所述，测量的基本工作有：高差测量、水平角测量、水平距离测量。

第二节 工程测量基本知识

一、水准面、水平面以及大地水准面

测量工作是在地球的自然表面进行的，而地球自然表面是不平坦和不规则的，有高达 8844.43m 的珠穆朗玛峰，也有深至 11022m 的玛利亚那海沟，虽然它们高低起伏悬殊，但与地球的半径 6371km 相比较，还是可以忽略不计的。地球表面海洋面积约占 71%，其中，陆地面积仅占 29%。人们设想以一个静止不动的海水面延伸穿越陆地，形成一个闭合的曲面包围了整个地球，这个闭合曲面称为水准面。水准面的特点是水准面上任意一点的铅垂线都垂直于该点的曲面。与水准面相切的平面，称为水平面。

水准面有无数个，其中与平均海水面相吻合的水准面称为大地水准面，它是测量工作的基准面。由大地水准面所包围的形体，称为大地体。它代表了地球的自然形状和大小。

二、铅 垂 线

地球上任一点都同时受到离心力和与地球引力的作用，这两个力的合力称为重力，重力的方向线称为铅垂线，铅垂线是测量工作的基准线。如图 1—3 所示，在测量工作中，取得铅垂线的方法是用细绳悬挂一锤球，细绳在重力作用下形成的下垂线，即为悬挂点的铅垂线。

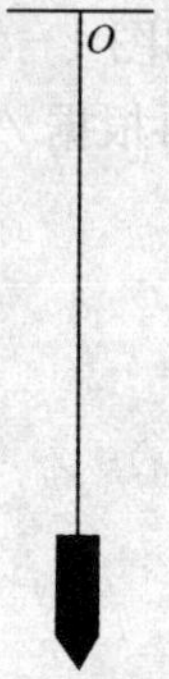

O

图 1—3 铅垂线

三、地球椭体

由于地球内部质量分布不均匀，引起铅垂线的方向产生不规则的变化，致使大地水准面成为一个有微小起伏的复杂曲面，如图 1—4(a)所示，人们无法在这样的曲面上直接进行测量数据的处理。为了解决这个问题，选用一个既非常接近大地水准面，又能用数学式表示的几何形体来代替地球总的形状。这个几何形体是由椭圆 NWSE 绕其短轴 NS 旋转而成的旋转椭球体，又称地球椭球体，如图 1—4(b)所示。

决定参考椭球面形状和大小的元素是椭圆的长半轴 a、短半轴 b。根据 a 和 b 还定义了扁率 f、第一偏心率 e 和第二偏心率 e'。

$$f=\frac{a-b}{a}$$

$$e^2=\frac{a^2-b^2}{a^2}$$

$$e'^2=\frac{a^2-b^2}{b^2}$$

我国采用过的两个参考椭球元素值以及 GPS 测量使用的参考椭球元素值列于表 1—1。

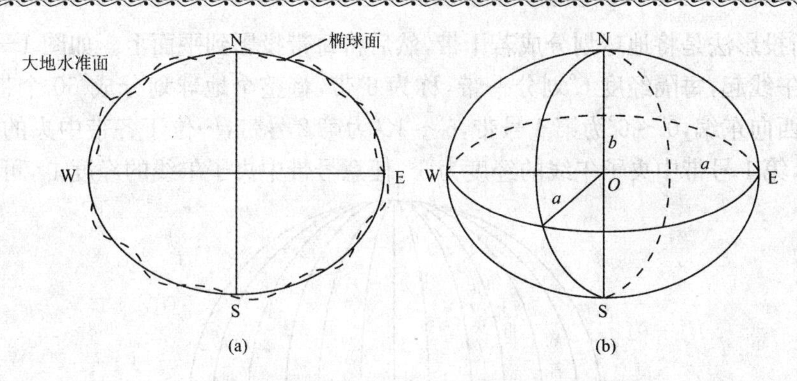

图 1—4 大地水准面与地球椭球体

(a)大地水准面;(b)地球椭球体

表 1—1 参考椭球元素值

坐标系名称	a(m)	f	e^2	e'^2	参考椭球
1954 北京坐标系	6 378 245	1∶298.3	0.006 693 421	0.006 738 525	克拉索夫所基椭球
1980 西安坐标系	6 378 140	1∶298.257	0.006 694 384	0.006 739 501	IUGG1975 椭球
WGS—84 坐标系(GPS 用)	6 378 137	1∶298.257	0.006 694 379	0.006 739 496	IUGG1979 椭球

注:IUGG——国际大地测量与地球物理联合会(International Union of Geodesy and Geophysics)。

由于参考椭球的扁率很小,当测区范围不大时,在普通测量中可以将地球近似地看作圆球体,其半径为 $R=\frac{1}{3}(a+b+c)\approx 6\ 371$ km。

四、测量的坐标系

在工程建设中常用的坐标系统有:大地坐标、高斯平面直角坐标、独立平面直角坐标、WGS—84 坐标。

1. 大地坐标

大地坐标,是以参考椭球面及其法线为依据建立起来的坐标系统,用大地经度 L 和大地纬度 B 表示,如图 1—5 所示。过 P 点的子午面与起始子午面之间的夹角 L,称为 P 点的大地经度。过 P 点的法线与赤道面的夹角月,称为 P 点的大地纬度。

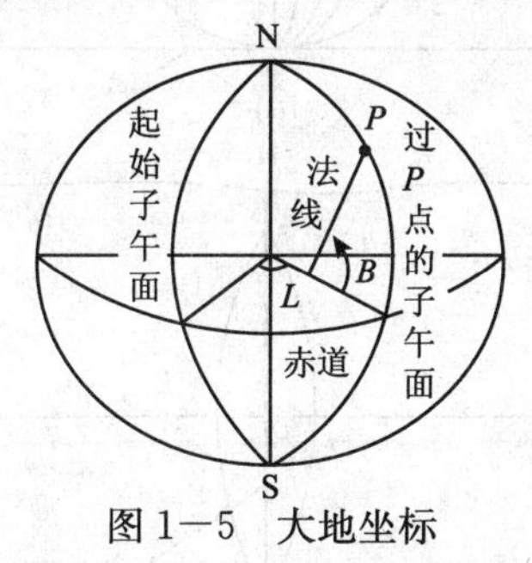

图 1—5 大地坐标

大地坐标自起始子午面起,向东 0°～180°称东经,向西 0°～180°称西经;自赤道起,向北 0°～90°称北纬,向南 0°～90°称南纬。例如北京某点的大地坐标为东经 103°14′北纬 28°36′。

2. 高斯平面直角坐标系,该坐标系如何建立

地球椭球面是一个不可展的曲面,必须通过投影的方法将地球椭球面的点位换算到平面上。地图投影方法有多种。利用高斯投影法建立的平面直角坐标系,称为高斯平面直角坐标系。

(1)高斯投影法是将地球划分成若干带,然后将每带投影到平面上。如图 1－6 所示,投影带是从首子午线起,每隔经度 6°划分一带,称为 6°带,将整个地球划分成 60 个带。带号从首子午线起自西向东编,0°～6°为第 1 号带,6°～12°为第 2 号带,…位于各带中央的子午线,称为中央子午线,第 1 号带中央子午线的经度为 3°,任意号带中央子午线的经度 λ_0,可按下式计算。

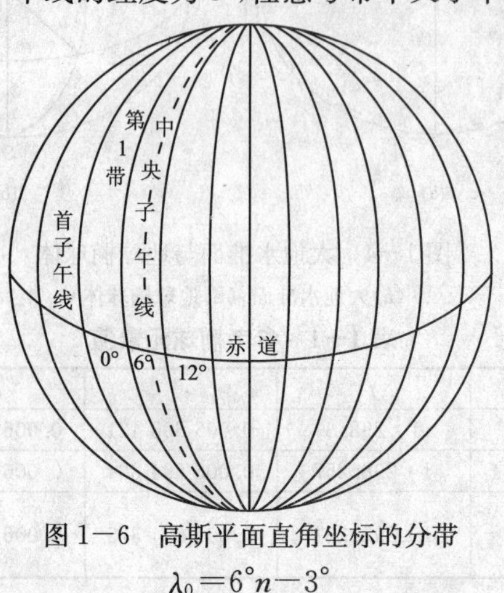

图 1－6 高斯平面直角坐标的分带

$$\lambda_0 = 6^\circ n - 3^\circ$$

式中 n——6°带的带号。

(2)设想把投影面卷成圆柱面套在地球上,如图 1－7(a)所示,使圆柱的轴心通过圆球的中心,并与某 6°带的中央子午线相切。在球面图形与柱面图形保持等角的条件下,将该 6°带上的图形投影到圆柱面上。然后,将圆柱面沿过南、北极的母线 KK'、LL'剪开,并展开成平面,这个平面称为高斯投影平面。如图 1－7(b)所示,投影后在高斯投影平面上,中央子午线和赤道的投影是两条互相垂直的直线,其他的经线和纬线是曲线。

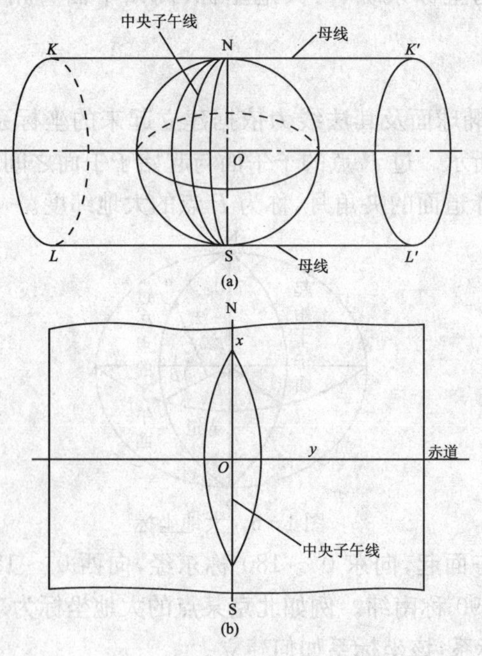

图 1－7 高斯投影及平面

(a)高斯投影;(b)高斯投影平面

(3)规定中央子午线的投影为高斯平面、直角坐标系的纵轴 x;赤道的投影为高斯平面直角坐标系的横轴 y,两坐标轴的交点为坐标原点 O。并令 x 轴向北为正,y 轴向东为正,由此建立了高斯平面直角坐标系,如图 1－8 所示。在图 1－8(a)中。地面点 A、B 的平面位置,可用高斯平面直角坐标 x、y 来表示。由于我国位于北半球,x 坐标均为正值,y 坐标则有正有负,如图所示,$y_A=+136780\text{m}$,$y_B=-272440\text{m}$。为了避免 y 坐标出现负值,将每带的坐标原点向西移 500km,如图 1－8(b)所示,纵轴西移后:

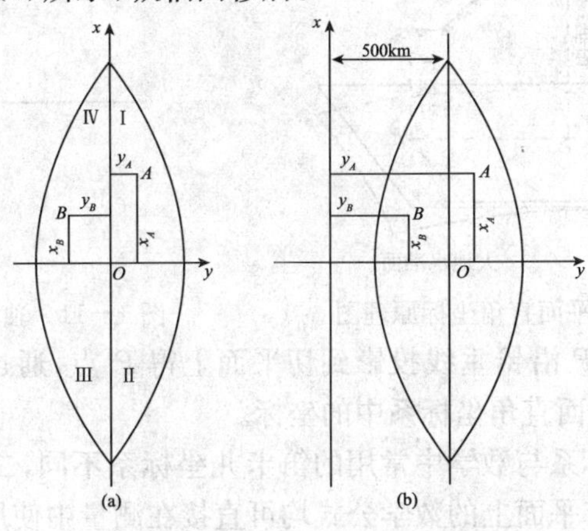

图 1－8　高斯平面直角坐标

(a)坐标原点西移前的高斯平面直角坐标;(b)坐标原点西移后的高斯平面直角坐标

$$y_A=500000\text{m}+136780\text{m}=636780\text{m},\ y_B=500000\text{m}-272440\text{m}=227560\text{m}$$

规定在横坐标值前冠以投影带带号,这样可以区分某点所处投影带的位置,如 A、B 两点均位于第 20 号带,则:

$$y_A=20636780\text{m},\ y_B=20227560\text{m}$$

(4)在高斯投影中,除中央子午线外,球面上其余的曲线投影后都会产生变形。离中央子午线近的部分变形小,离中央子午线愈远变形愈大,两侧对称。当要求投影变形更小时,可采用 3°带投影。如图 1－9 所示,3°带是从东经 1°30′开始,每隔经度 3°划分一带,将整个地球划分成 120 个带。每一带按前面所叙方法,建立各自的高斯平面直角坐标系。各带中央子午线的经度 λ'_0,可按下式计算。

$$\lambda'_0=3°n$$

式中　n——3°带的带号。

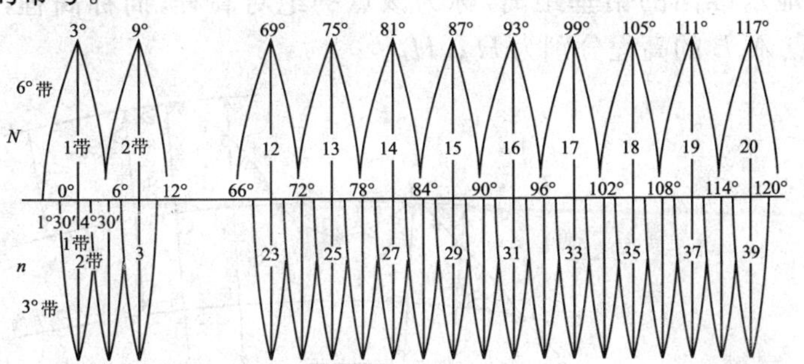

图 1－9　高斯平面直角坐标系 6°带投影与 3°带投影的关系

3.独立平面直角坐标系

(1)当测区范围较小时(如小于 100km^2),可以用测区中心点的切平面来代替大地水准面,如图 1—10 所示，在切平面上建立的测区平面直角坐标系即为独立平面直角坐标系。

(2)坐标系的原点一般选在测区前西南角，以使测区内点的 x、y 坐标均为正值；以过测区中心的子午线方向为 x 轴方向，向北为正，过原点并与 x 轴垂直的方向为 y 轴，向东为正；坐标系的象限以顺时针方向排列，如图 1—11 所示。

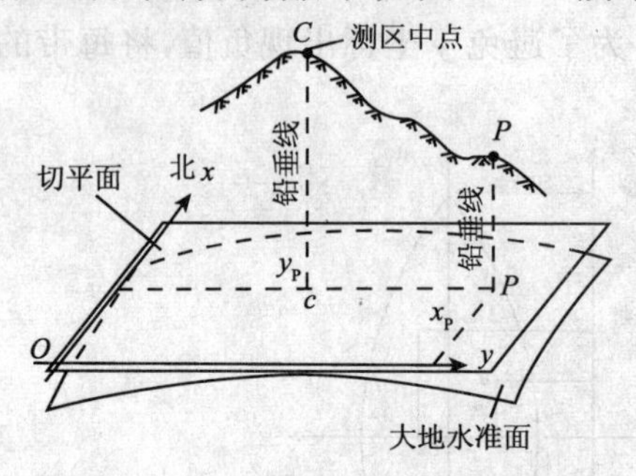

图 1—10　独立平面直角坐标原理图

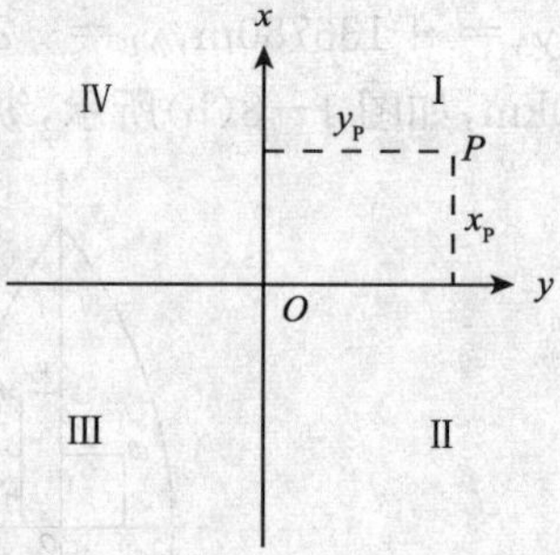

图 1—11　独立平面直角坐系

(3)将测区内任一点 P 沿铅垂线投影到切平面上得 P 点，通过测量计算出的 P 点坐标 x_p、y_p，就是 P 点在独立平面直角坐标系中的坐标。

(4)测量平面直角坐标系与数学中常用的笛卡儿坐标系不同，二者区别在于坐标轴互换、象限顺序相反。这样，所有平面上的数学公式均可直接在测量中使用，同时又便于测量的方向和坐标计算。

4. 中国测量体系中所用的坐标系

(1)新中国成立后至目前为止，我国先后采用了两套 平面坐标系，即"1954 北京坐标系"和"1980 西安坐标系"，大地点的坐标 x、y 为高斯平面直角坐标。

(2)建国初期，由于缺乏天文大地网观测资料，我国暂时采用了克拉索夫斯基椭球，并与前苏联 1942 年坐标系统进行联测，通过计算建立了我国大地坐标系统，称为 1954 北京坐标系。

(3) 到 20 世纪 80 年代初，我国已基本完成了天文大地测量，我国天文大地网近 5 万个点的整体平差从 1972 年开始到 1982 年完成。1980 西安坐标系，采用国际大地测量与地球物理联合会推荐的 1975 椭球，大地原点位于西安市北 60km 处的泾阳县永乐镇。

五、地面点的高程

1. 绝对高程

地面点到大地水准面的铅垂距离，称为该点的绝对高程，简称高程，用 H 表示。如图 1—12所示，地面点 A、B 的高程分别为 H_A、H_B。

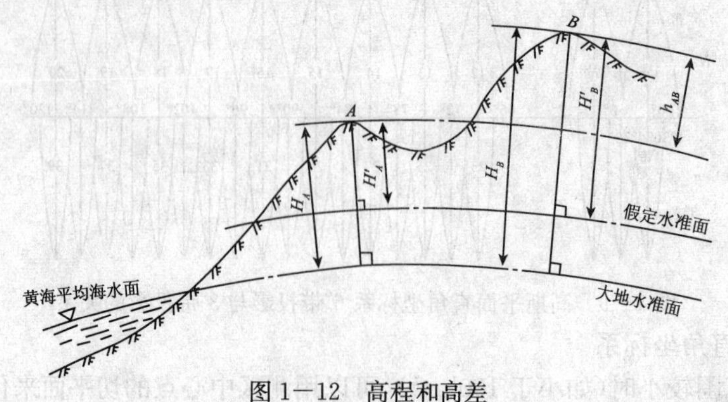

图 1—12　高程和高差

个别地区采用绝对高程有困难时，也可以假定一个水准面作为高程起算基准面，这个水准面称为假定水准面。地面点到假定水准面的铅垂距离，称为该点的相对高程或假定高程。如图 1—13 所示，A、B 两点的相对高程为 H'_A、H'_B。

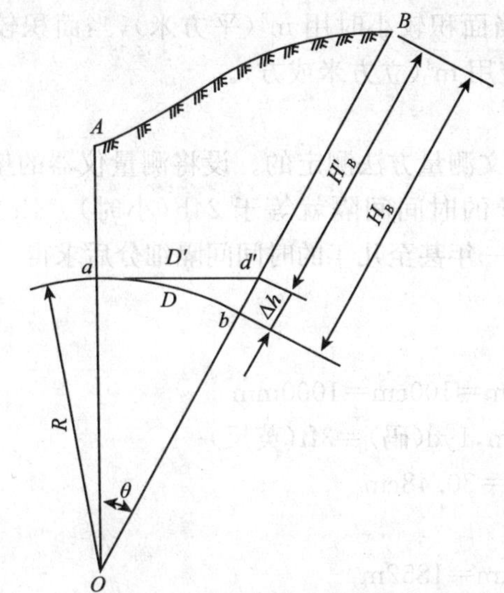

图 1—13 用水平面代替水准面对距离和高程的影响

2. 高差

高差是指地面两点间的高程之差，用 h 表示。高差有方向和正负。A、B 两点的高差为：

$$h_{AB}=H_B-H_A$$

当 h_{AB} 为正时，B 点高于 A 点；当 h_{AB} 为负时，B 点低于 A 点。

B、A 两点的高差为：

$$h_{BA}=H_A-H_B$$

因此，A、B 两点的高差与 B、A 两点的高差，绝对值相等，符号相反，即

$$h_{AB}=-h_{BA}$$

六、用水平面代替水准面的限度

(1)与水准面相切的平面称为过切点的水平面。在实际测量工作中，当测区面积不大时，往往以水平面直接代替水准面，也就是把这部分地球表面上的点直接投影到水平面上来决定其位置。这样做简化了测量和计算工作，但却给测量结果带来误差，如果这些误差在所容许的限差范围之内，这种替代是允许的。

(2)通常在 $100km^2$ 范围内进行测量时，实测的水准面上的长度和角度可以看作是水平面上的长度和角度，可以忽略水准面与水平面上长度和角度的差异。

(3)在一般高程测量中，用水平面代替水准面时产生的高程误差是不可忽视的，必须考虑其影响。

七、测量中常用的计量单位及其换算

1. 长度单位

国际通用长度基本单位为 m，我国法定长度计量单位采用的米(m)制与其他长度单位关系如下：

1m(米)＝10dm(分米)＝100cm(厘米);1000mm(毫米);10^6 μm(微米)＝10^9 mm(纳米)

1km(千米)＝1000m(米)

2.面积与体积单位

我国法定的面积单位,当面积较小时用 m^2(平方米),当面积较大时用 km^2(平方千米),$1km^2=10^6m^2$,体积单位规定用 m^3(立方米或方)。

3.时间单位“秒”的定义

经典的时间标准是用天文测量方法测定的。设将测量仪器的望远镜指向天顶,则某一天体连续两次通过望远镜纵丝的时间间隔就等于 24h(小时)。1h 的 3600 分之一就等于 1s(秒)。当然精确的“秒”要用一年甚至几年的时间间隔细分后求得。自 20 世纪 70 年代起才改用原子钟取得时间的标准。

4.长度单位换算

1km＝1000m,1m＝10dm＝100cm＝1000mm

1mile(英里)＝1.6093km,1yd(码)＝3ft(英尺)

1ft(英尺)＝12in(英寸)＝30.48cm

lin(英寸)＝2.54cm

1n mile(海里)＝1.852km＝1852m

1 里＝500m

1 丈＝10 尺＝100 寸,1 尺＝1/3m

5.角度单位换算

1 度(d)＝60 分(m)＝3600 秒(s)

1gon(新度)＝100c(新分)＝10000cc(新秒)

1gon＝0.9d1c＝0.54m,1cc＝0.324s

$\rho^\circ=180^\circ/\pi=57.30^\circ$

$\rho^\circ=3438'$,$\rho^\circ=206265''$

6.测量数据计算的凑整规则

测量数据在成果计算过程中,往往涉及凑整问题。为了避免凑整误差的积累而影响测量成果的精度,通常采用以下凑整规则:被舍去数值部分的首位大于 5,则保留数值最末位加 1;被舍去数值部分的首位小于 5,则保留数值最末位不变;被舍去数值部分的首位等于 5,则保留数值最末位凑成偶数。即大于 5 则进,小于 5 则舍,等于 5 视前一位数而定,奇进偶不进。例如:下列数字凑整后保留三位小数时,3.14159→3.142(奇进),2.64575→2.646(进 1),1.41421→1.414(舍去),7.14256→7.142(偶不进)。

八、工程测量的发展趋势

(1)测量内外业作业的一体化系指测量内业和外业工作已无明确的界限。过去只能在内业完成的事现在在外业可以很方便地完成。测图时可在野外编辑修改图形,控制测量时可在测站上平差和得到坐标,施工放样数据可在放样过程中随时计算。

(2)数据获取及处理的自动化主要指数据的自动化流程;电子全站仪、电子水准仪、GPS 接收机都是自动地进行数据获取,大比例尺测图系统、水下地形测量系统、大坝变形监测系统等都可实现或都已实现数据获取及处理的自动化。用测量机器人还可实现了无人观测,即测量过程的自动化。

(3)测量过程控制和系统行为的智能化主要指通过程序实现对自动化观测仪器的智能化控制。

(4)测量成果和产品的数字化是指成果的形式和提交方式,只有数字化才能实现计算机处理和管理。

(5)测量信息管理的可视化包含图形可视化、三维可视化和虚拟现实等。

(6)信息共享和传播的网络化是在数字化基础上进一步锦上添花,包括在局域网和国际互联网上实现。

现代工程测量发展的特点可概括为精确、可靠、快速、简便、连续、动态、遥测、实时。

第二章　水准测量

地面点的高程是地面点的定位元素之一，测定地面点高程的工程称为高程测量，是测量的基本工作之一。按使用的测量仪器和获得高程的方法有水准测量和三角高程测量，另外。还有液体静力水准测量、气压高程测量和GPS高程测量等。

水准测量原理是利用水准仪所提供的水平视线，对竖立于两观测点上的水准尺进行读数，来测定两点间的高差，然后根据已知点的高程推算出未知点的高程。

第一节　水准测量原理及水准仪的种类

一、水准测量原理

(1)水准测量是利用水准仪提供的水平视线，借助于带有分划的水准尺，直接测定地面上两点间的高差，然后根据已知点高程和测得的高差，推算出未知点高程。

(2)如图2—1所示，地面上有A、B两点，设已知A点的高程H_A，现要测定B点的高程H_B。在A、B两点上各铅直竖立一根有刻划的尺子——水准尺，并在A、B两点之间安置一台能提供水平视线的仪器——水准仪，利用水准仪提供的水平视线在A、B两点水准尺上所截取的读数为a、b，则A、B两点间高差h_{AB}为：

$$h_{AB}=a-b$$

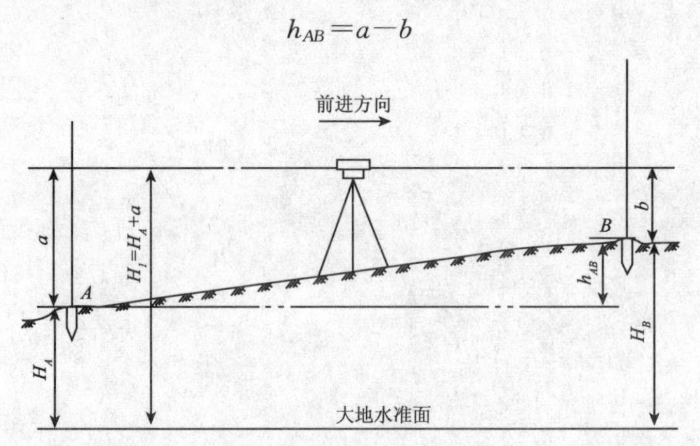

图2—1　水准测量原理

(3)设水准测量是由A向B进行的，则A点为后视点，A点尺上的读数a称为后视读数；B点为前视点，B点尺上的读数b称为前视读数。因此，高差等于后视读数减去前视读数。如果a大于b，则高差h_{AB}为正，表示B点高于A点；如果a小于b，则高差h_{AB}为负；表示B点低于A点。

(4)高差法计算高程。测得A、B两点间高差h_{AB}后，如果已知A的高程H_A，则B点的高程H_B为：

$$H_B=H_A+h_{AB}$$

这种直接利用高差计算未知点B高程的方法，称为高差法。

(5)视线高法。如图2—1所示，B点高程也可以通过水准仪的视线高程H_i来计算。

二、水准仪的种类

水准仪是进行水准测量的主要仪器。它可以提供水准测量所必需的水平视线。目前通用的水准仪从构造上可分为两大类：一类是利用水准管来获得水平视线的水准管水准仪。其主要形式称“微倾式水准仪”；另一类是利用补偿器来获得水平视线的“自动安平水准仪”。此外，尚有一种新型水准仪——电子水准仪，它配合条纹编码尺，利用数字化图像处理的方法，可自动显示高程和距离；使水准测量实现了自动化。

我国的水准仪系列标准分为 DS05、DS1、DS3 和 DS20 四个等级。D 是大地测量仪器的代号，S 是水准仪的代号。均取大和水两个字汉语拼音的首字母，表示仪器的精度。其中 DS05 和 DS1 用于精密水准测量，DS3 用于一般水准测量，DS20 则用于简易水准测量。

第二节　DS3 微倾式水准仪的构造

一、DS3 微倾式水准仪的水准器的种类

水准器是用来整平仪器的一种装置。可用它来指示视准轴是否水平，仪器的竖轴是否竖直。水准器有管水准器和圆水准器两种，如图 2－2 所示。

水准器的种类

- 管水准器
  - (1)管水准器(亦称水准管)用于精确整平仪器，如图 2－3 所示，它是一玻璃管，其纵剖面方向的内壁研磨成一定半径的圆弧形；水准管上一般刻有间隔为 2mm 的分划线；分划线的中点 O 称为水准管零点，通过零点与圆弧相切的纵向切线 LL 称为水准管轴。水准管轴平行于视准轴。
  - (2)水准管上 2mm 圆弧所对的圆心角 τ，称为水准管的分划值，水准管分划愈小。水准管灵敏度愈高，用其整平仪器的精度也愈高。DS3 型水准仪的水准管分划值为 $20''$，记作 $20''/2\text{mm}$。管水准器分划值如图 2－4 所示。
  - (3)为了提高水准管气泡居中的精度，采用符合水准器，如图 2－5 所示。
- 圆水准器
  - (1)圆水准器装在水准仪基座上，用于粗略整平。圆水准器顶面的玻璃内表面研磨成球面，球面的正中刻有圆圈。其圆心称为圆水准器的零点。过零点的球面法线 $L'L'$，称为圆水准器轴。圆水准器轴 $L'L'$ 平行于仪器竖轴 VV，圆水准器如图 2－6 所示。
  - (2)气泡中心偏离零点 2mm 时竖轴所倾斜的角值，称为圆水准器的分划值，一般为 $8'\sim10'$，精度较低。

图 2－2　水准器的种类

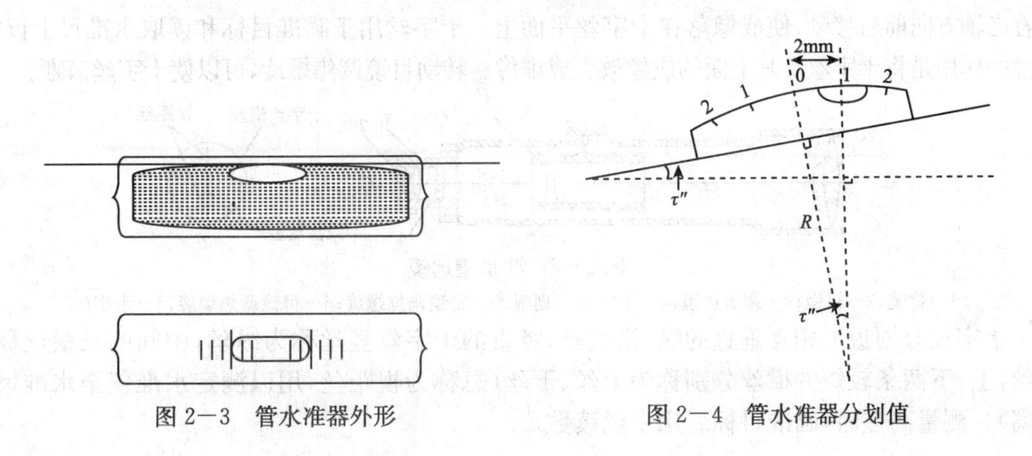

图 2－3　管水准器外形　　图 2－4　管水准器分划值

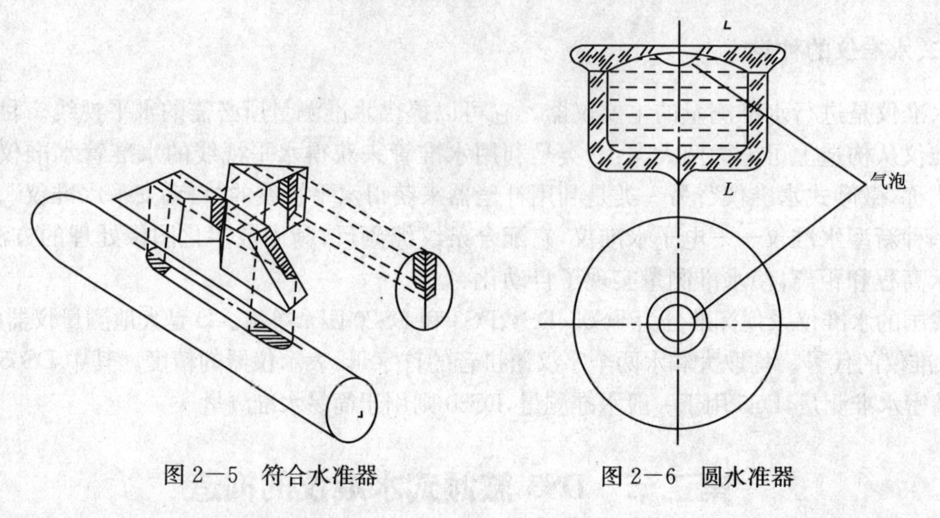

图 2—5 符合水准器　　图 2—6 圆水准器

二、DS3 微倾式水准仪的外观

DS3 微倾水准仪的外观如图 2—7 所示，它主要由望远镜、水准器及基座三部分组成。

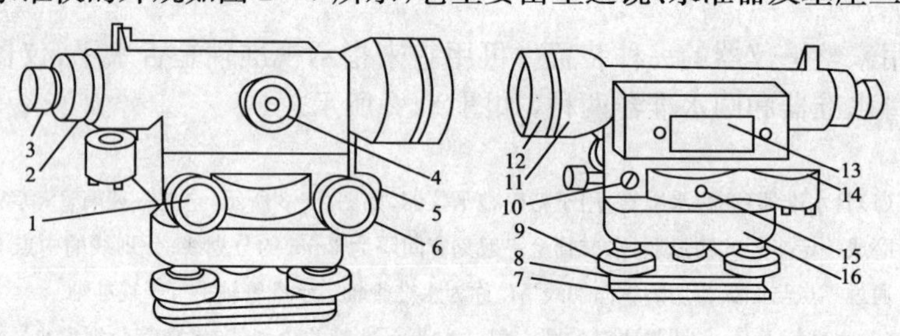

图 2—7 DS3 水准仪

1—微倾螺旋；2—分划板护翼；3—目镜；4—物镜对光螺旋；5—制动螺旋；6—微动螺旋；7—底板；8—三角压板；9—脚螺旋；10—弹簧帽；11—望远镜；12—物镜；13—管水准器；14—圆水准器；15—连接小螺钉；16—轴座

三、DS3 微倾式水准仪的望远镜

望远镜用于瞄准远处的水准尺进行读数，主要由物镜、调焦透镜、十字丝分划板和目镜组成，如图 2—8 所示。

物镜的作用是使远处水准尺在望远镜内成倒立而缩小的实像，转动物镜调焦螺旋，调焦透镜便沿着光轴方向前后移动，使成像落在十字丝平面上。十字丝用于瞄准目标和读取水准尺上读数。目镜的作用是将十字丝及其上面的成像放大成虚像。转动目镜调焦螺旋，可以使十字丝清晰。

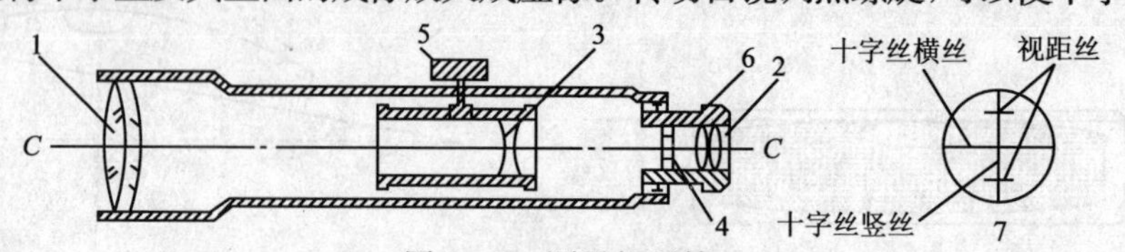

图 2—8 测量望远镜

1—物镜；2—目镜；3—调焦透镜；4—十字丝分划板；5—物镜调焦螺旋；6—目镜调焦螺旋；7—十字丝

十字丝分划板上相互垂直的纵、横细丝，竖直的十字丝竖丝称为纵丝，中间的长横丝称为中丝，上、下两条较短的横丝分别称为上丝、下丝（总称为视距丝，用以测定水准仪至水准尺的距离）。测量高差时，瞄准目标后用中丝读数。

十字丝交点与物镜光心的连线，称为望远镜的视准轴(CC)。视准轴的延长线就是通过望远镜瞄准远处水准尺的视线。

四、DS3 微倾水准仪的水准器基座

DS3 微倾式水准仪的基座主要由轴座、脚螺旋、底板和三脚压板构成。转动脚螺旋，可使圆水准气泡居中，基座的作用是支承仪器的上部，并通过连接螺旋与三脚架连接。

五、常用 DS3 微倾式水准仪的水准尺

水准尺是进行水准测量时与水准仪配合使用的标尺，用干燥的优质木材、铝合金或硬塑料等材料制成，要求尺长稳定、分划准确并不容易变形。为了判定立尺是否竖直，尺上还装有水准器。常用的水准尺有塔尺和双面尺两种。

1. 塔尺

如图 2－9(a)所示，是一种逐节缩小的组合尺，其长度为 2～5m，有两节或三节连接在一起，尺的底部为零点，尺面上黑白格相间，每格宽度为 1cm，有的为 0.5cm，在米和分米处有数字注记。

2. 双面水准尺

如图 2－9(b)所示，尺长为 3m，两根尺为一对。尺的双面均有刻划，一面为黑白相间，称为黑面尺(也称主尺)；另一面为红白相间，称为红面尺(也称辅尺)。两面的刻划均为 1cm，在分米处注有数字。两根尺的黑面尺尺底均从零开始，而红面尺尺底，一根从 4.687m 开始，另一根从 4.787m 开始。在视线高度不变的情况下，同一根水准尺的红面和黑面读数之差应等于常数 4.687m 或 4.787m，这个常数称为尺常数，用 K 来表示，以此可以检核读数是否正确。

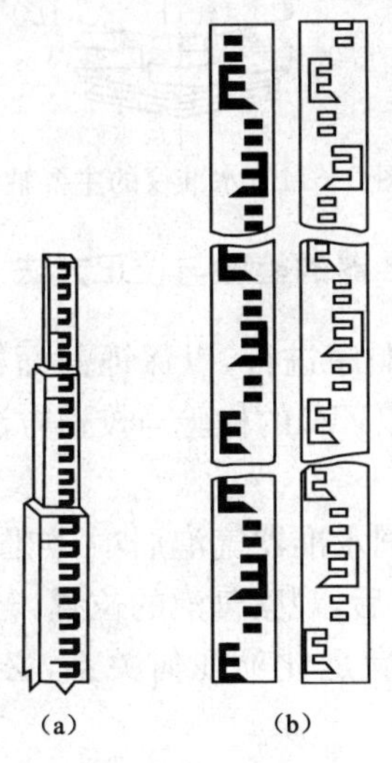

图 2－9　水准尺

(a)塔尺；(b)双面尺

六、DS3 微倾式水准仪的尺垫

尺垫用于转点处放置水准尺。如图 2－10 所示，尺垫是由生铁铸成的三角形板座，上方有一突起的半球体，用于放置水准尺，下方有三个尖脚，可以踏入土中稳固防动。

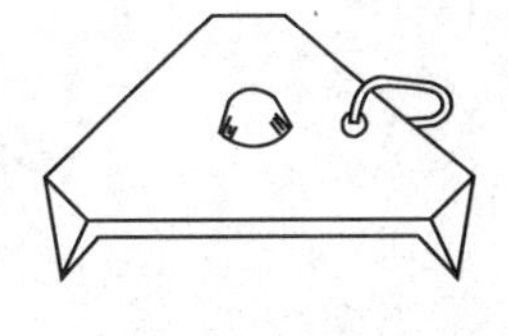

图 2－10　尺垫

第三节　DS3 微倾式水准仪的使用方法

一、DS3 微倾式水准仪应满足的几何条件

如图 2—11 所示，微倾式水准仪的主要轴线有：视准轴 CC、水准管轴 LL、竖轴 VV、圆水准器轴 $L'L'$。

(1)由水准测量原理可知，水准仪必须提供一条水平视线，才能正确测定出地面两点间的高差。视线(视准轴)是否水平，通过水准管气泡居中(精平)来判断，因此，水准仪必须满足“水准管轴平行于视准轴”这一主要几何关系。

(2)如果精平前仪器的竖轴处于竖直位置，那么仪器上部绕竖轴旋转时，水准管轴在任何方向上都容易调成水平位置，可加快精平的过程。竖轴的竖直是借助圆水准器气泡居中(粗平)来判断的，因此，水准仪 应满足“圆水准器轴平行于竖轴”这一几何关系。

(3)水准仪还应满足“十字丝横丝垂直于竖轴”这一几何关系。，当仪器粗平、竖轴竖直时，十字丝横丝就处于水平位置。

水准仪除满足以上几何条件外，在水准测量之前，还应对水准仪进行认真的检验与校正。

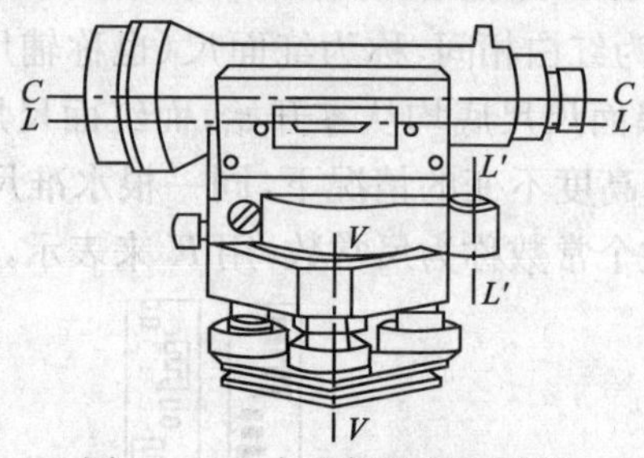

图 2—11　水准仪的主要轴线

二、DS3 微倾式水准仪的圆水准器的检验与校正方法

水准仪的检验、校正应按一定顺序进行，以保证前面检验的项目不受后面检验项目的影响。圆水准器轴平行于竖轴($L'L'$ // VV)的检验与校正方法如下：

1. 检验方法

安置水准仪后，转动脚螺旋使圆水准器气泡居中，如图 2—12 所示，这时圆水准器轴处于竖直位置。将仪器绕竖轴旋转 180°后，观察气泡的位置，若圆气泡仍居中，说明仪器的 $L'L'$ // VV；若圆气泡不居中，说明仪器不满足此项几何关系，必须进行校正，校正原理如图 2—13 所示。

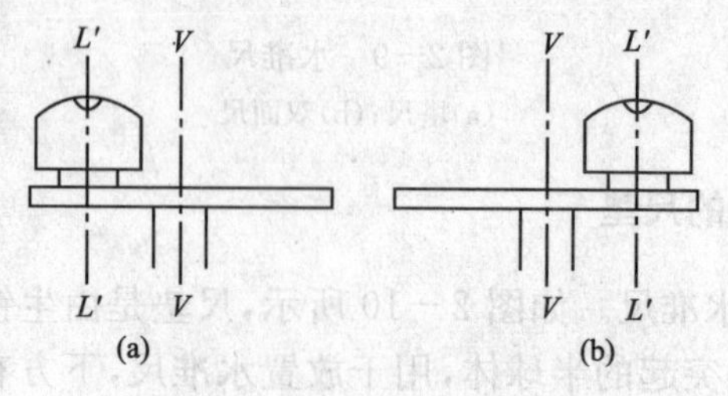

图 2—12　圆水准轴平行于竖轴

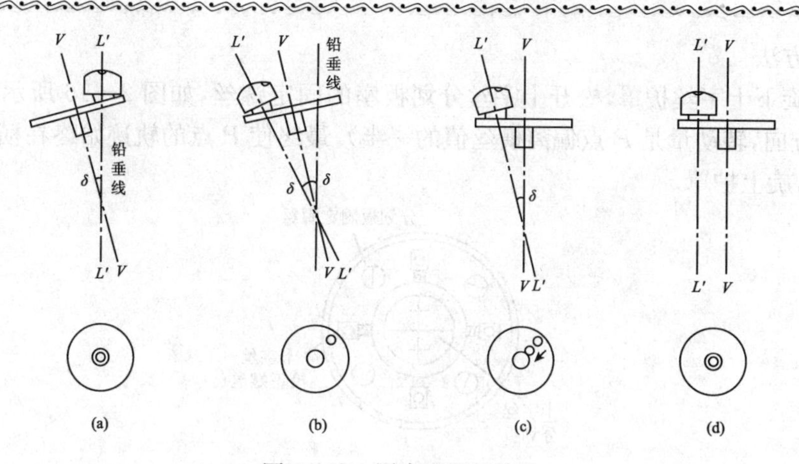

图 2—13　圆水准器的检验

2. 校正方法

校正时转动脚螺旋使气泡向零点方向移动偏离值的一半，此时竖轴处于竖直位置，圆水准器轴仍偏离铅垂线一个 δ 角，如图 2—13(c)所示；然后，用校正针拨动圆水准器底下的三个校正螺丝，使气泡居中如图 2—13(d)所示，这样，圆水准器轴也处于竖直位置，圆水准器轴就平行于竖轴了。

圆水准器的校正装置如图 2—14 所示，校正前应先稍松中间的固定螺丝，再拨动三个校正螺丝，校正后再拧紧固定螺丝。

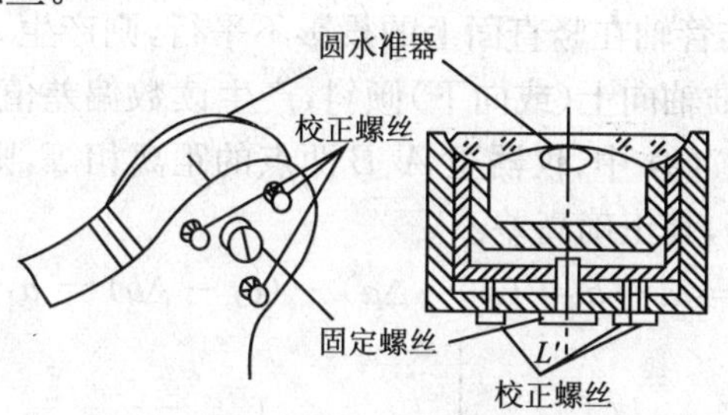

图 2—14　圆水准器的校正

三、DS3 微倾式水准仪十字丝横丝垂直于竖轴的校验与校正

1. 检验方法

仪器整平后，用十字丝横丝的一端瞄准远处一清晰固定点，如图 2—15(a)或图 2—15(c)所示，旋紧制动螺旋，再转动微动螺旋，使望远镜在水平方向缓慢移动，同时观察望远镜内 P 点对横丝的相对运动。如果 P 点始终在横丝上移动如图 2—15(b)所示，则表示十字丝横丝与竖轴垂直；如果 P 点离开横丝如图 2—15(d)所示，说明十字丝横丝不垂直于竖轴，需要校正。

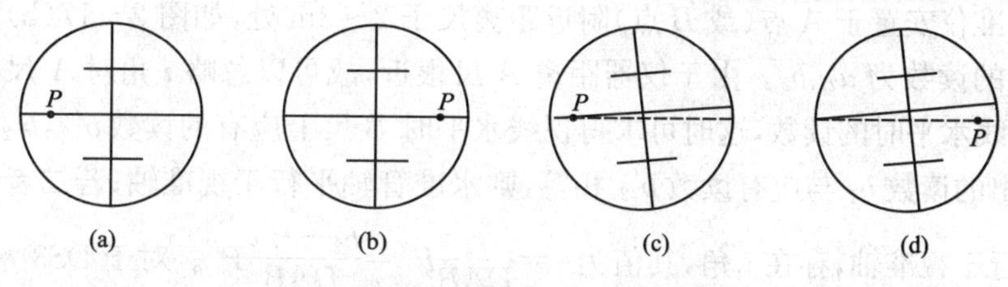

图 2—15　十字丝横丝的检验

2. 校正方法

校正时旋下十字丝护罩，松开十字丝分划板座的固定螺丝，如图 2－16 所示，微微转动板座（向 P 点方向，转动量是 P 点偏离横丝值的一半），最终使 P 点的轨迹始终在横丝上，再将固定螺丝拧紧，旋上护罩。

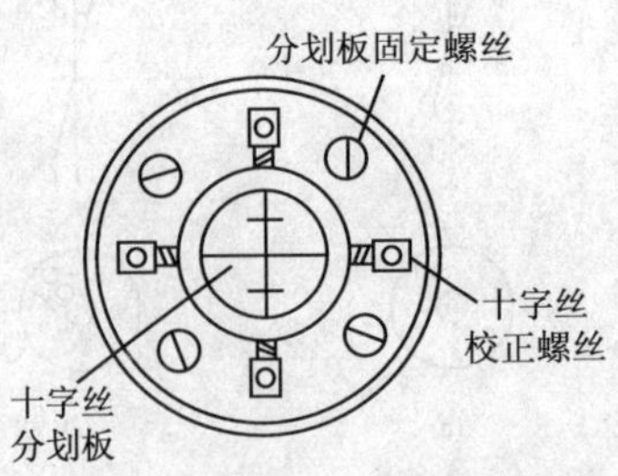

图 2－16　十字丝校正

四、DS3 微倾式水准仪管轴平行于视准轴 $LL // CC$ 的检验与校正

1. 检验方法

(1)如图 2－17(a)所示，在较平坦的场地选择相距约 80m 的 A、B 两点，在 A、B 两点放尺垫或打木桩标定点位并立上水准尺，用皮尺丈量定出 AB 的中点 C，在 C 点安置水准仪，用双仪高法或双面尺法测定出 A、B 的高差 h_{AB}，当两次高差之差不大于 3mm 时，取其平均值作为观测结果。

(2)如果视准轴与水准管轴在竖直面上的投影不平行，则产生 i 角误差。当水准管轴水平时，受 i 角误差的影响；视准轴向上（或向下）倾斜，产生读数偏差值 Δ，读数偏差值的大小与视线长成正比例。在图 2－17(a) 中，仪器至 A、B 两点的距离相等，则 i 角误差在 A、B 尺上所引起的读数偏差 Δa、Δb 相等，其正确高差：

$$h_{AB} = a - b = (a_1 - \Delta a) - (b_1 - \Delta b) = a_1 - b_1$$

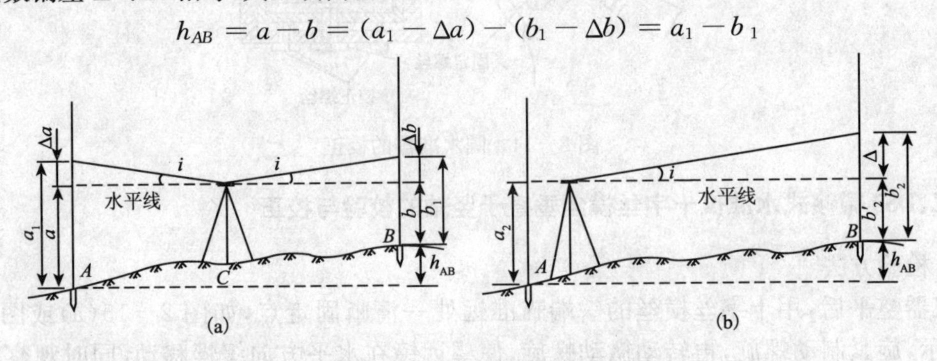

图 2－17　水准管轴的检验

因此，虽然存在 i 角误差，但当仪器的前、后视距相等时，直接根据水准尺读数 a_1、b_1 算出的高差仍是正确的。

(3)将水准仪安置于 A 点（或 B 点）附近距离尺子 2～3m 处，如图 2－17(b)所示，分别读得 A 尺、6 尺的读数为 a_2、b_2。由于仪器距离 A 尺很近，故可以忽略 i 角对 A 尺读数的影响，将 a_2 看作视线水平时的读数，这时可求得视线水平时 B 尺上应有的读数 b'_2，$b'_2 = a_2 - hAB$。如果实际读出的读数 b_2 与应有读数 b'_2 相等，则水准管轴平行于视准轴；若二者不相等，则水准管轴不平行于视准轴，存在 i 角，其值为 $i = \frac{\Delta}{DAB} P'' = \frac{b_2 - B'_2}{DAB} P''$。对于 DS3 水准仪，当 $i >$ 20″时，需要进行校正。

2. 校正方法

(1)校正时转动微倾螺旋使十字丝横丝对准 B 点尺上应有的读数 $b'2$,此时视准轴处于水平位置,而水准管气泡不再居中。用校正针拨动水准管一端的上、下两个校正螺丝,使偏离的气泡重新居中,这样,水准管轴也处于水平位置,水准管轴就平行于视准轴了。

(2)水准管的校正装置如图 2—18 所示,实际操作时,先用校正针拨松左、右两个螺丝,再拨动上、下两个螺丝进行校正,校正结束后仍应将左、右螺丝旋紧。

(3)反复进行上述每一项检验校正。直至达到要求为止。

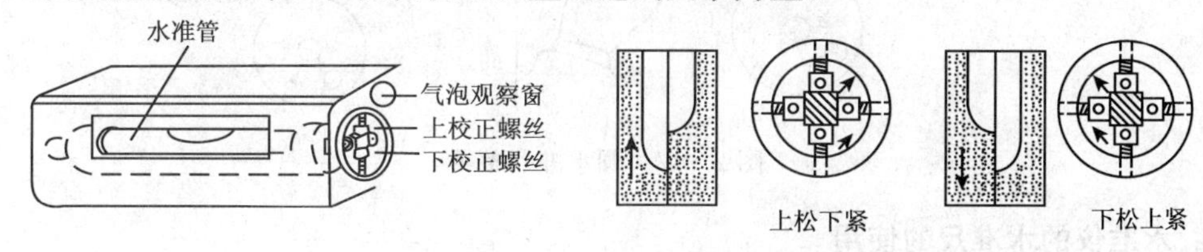

图 2—18　水准管的校正

第四节　水准测量方法

一、水准仪使用时的操作步骤

按观测者的身高调节好三脚架的高度,为便于整平仪器,还要求使三脚架的架头面大致水平,并将三脚架的三个脚尖踩入土中,使脚架稳定。然后从仪器箱内取出水准仪,放在三脚架的架头面,并立即用中心螺旋旋入仪器基座的螺孔内,以防止仪器从三脚架头上摔下来。

水准测量的操作步骤是:粗平→瞄准水准尺→精平→读数。

二、水准仪的安置方法

首先,在测站上松开三架脚的固定螺旋,按需要的高度调整架腿长度,拧紧固定螺旋,再张开三脚架且使架头大致水平,然后从仪器箱中取出水准仪,用连接螺旋将仪器固定在三脚架头上。检查、调节脚螺旋,使其高度适中;移动并踩实架腿,使圆水准器气泡不紧靠圆水准器的内壁。

三、水准仪的粗略整平

粗略整平简称粗平。通过调节脚螺旋使圆水准器气泡居中,从而使仪器的竖轴大致铅垂,视准轴大致处于水平。具体操作步骤如下:

(1)如图 2—19 所示,用两手按箭头所指的相对方向转动脚螺旋 1 和 2,使气泡沿着 1、2 连线方向由 a 移至 b。

(2)用左手按箭头所指方向转动脚螺旋 3,使气泡由 6 移至中心。

整平时,气泡移动的方向与左手大拇指旋转脚螺旋时的移动方向一致,与右手大拇指旋转脚螺旋时的移动方向相反。

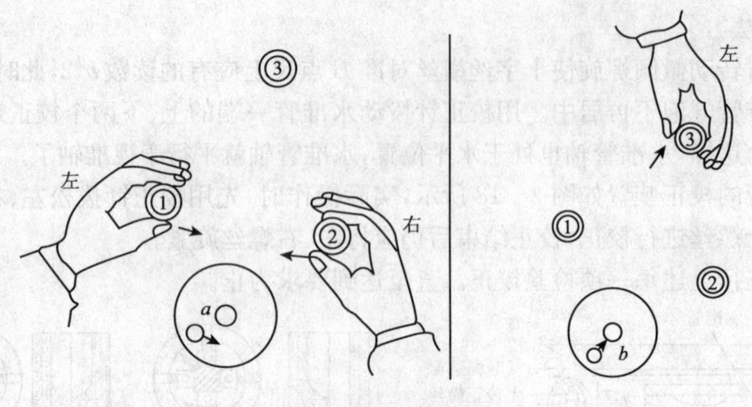

图 2—19 圆水准器整平

四、水准仪的水准尺的使用

首先进行目镜对光，即把望远镜对看明亮的背景，转动目镜对光螺旋。使十字丝清晰。再松开制动螺旋，转动望远镜，用望远镜筒上的照门和准星瞄准水准尺，拧紧制动螺旋。然后从望远镜中观察：转动物镜对光螺旋进行对光，使目标清晰，再转动微动螺旋。使竖丝对准水准尺。

当眼睛在目镜端上下微微搬移动时，若发现十字丝与目标影像有相对运动，这种现象称为视差。视差现象如图 2—20 所示。产生视差的原因是目标成像的平面和十字丝平面不重合。消除的方法是重新仔细地进行物镜对光，直到眼睛上下移动，读数不变为止。

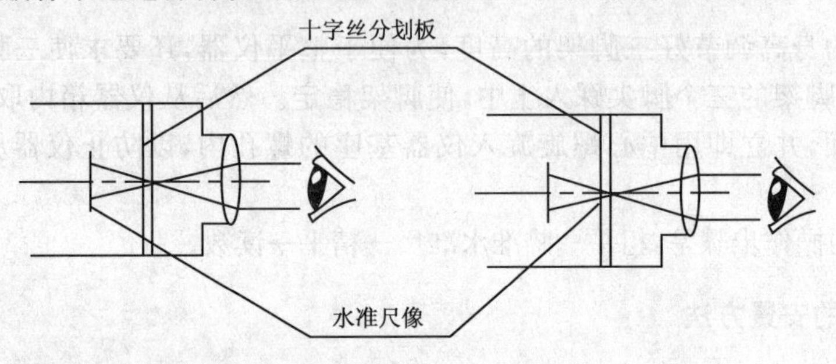

图 2—20 视差现象

五、水准仪的水准尺进行精确整平与读数

精确整平简称精平。操作时眼睛通过位于目镜左方的符合气泡观察窗看水准管气泡。右手转动微倾螺旋，使气泡两端的像吻合，即表示水准仪的视准轴已精确水平。这时，即可用十字丝的中丝在尺上读数。现在的水准仪多采用倒像望远镜。因此读数时应从小往大，即从上往下读。先估读毫米数，然后报出全部读数。水准尺读数如图 2—21 所示。

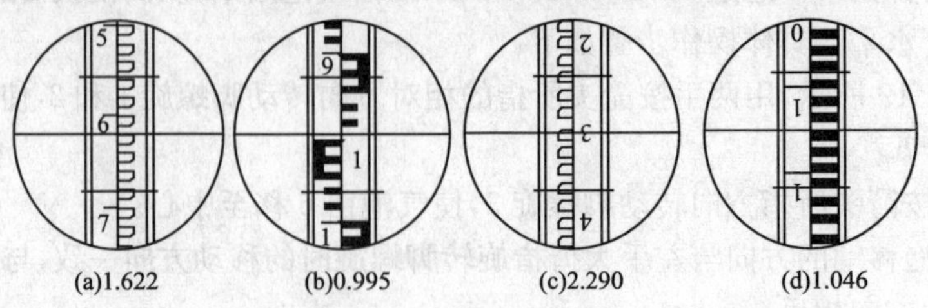

图 2—21 水准尺读数

精平和读数虽是两项不同的操作骤,但在水准测量的实施过程中,却把两项操作视为一个整体;即精平后再读数,读数后还要检查管水准气泡是否完全符合。

六、自动安平水准仪的特点

自动安平水准仪是一种不用水准管而能自动获得水平视线的水准仪。外形如图 2－22 所示。

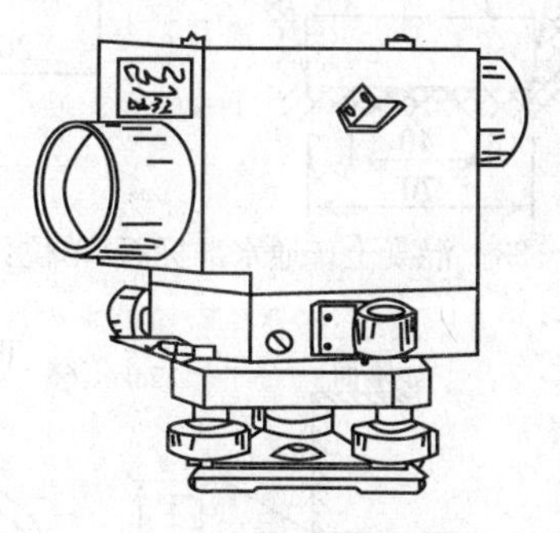

图 2－22　自动安平水准仪

国产自动安平水准仪的型号是在 DS 后加字母 Z,即为 DSZ05、DSZ1、DSZ3、DSZ10,其中 Z 代表"自动安平"汉语拼音的第一个字母。

(1)水准管水准仪在用微倾螺旋使气泡符合要求时要花一定的时间,水准管灵敏度愈高,整平需要的时间愈长。在松软的土地上安置水准仪时,还要随时注意气泡有无变动。而自动安平水准仪在用圆水准器使仪器粗略整平后,经过 1～2s 即可直接读取水平视线读数。当仪器有微小的倾斜变化时,补偿器能随时调整,始终给出正确的水平视线读数。因此它具有观测速度快、精度高的优点,被广泛地应用在各种等级的水准测量中。

除了轴承式补偿器外,目前在自动安平水准仪上所采用的补偿器尚有吊丝式、簧片式和液体式等几种。

(2)自动安平水准仪的使用方法较微倾式水准仪简便。首先也是用脚螺旋使圆水准器气泡居中,完成仪器的粗略整平。然后用望远镜照准水准尺,即可用十字丝横丝读取水准尺读数,所得的就是水平视线读数。由于补偿器有一定的工作范围,即能起到补偿作用的范围,所以,使用自动安平水准仪时。要防止补偿器贴靠周围的部件,不处于自由悬挂状态。有的仪器在目镜旁有一按钮。它可以直接触动补偿器。读数前可轻按此按钮,以检查补偿器是否处于正常工作状态,也可以消除补偿器有轻微的贴靠现象。如果每次触动按钮后,水准尺读数变动后又能恢复原有读数则表示工作正常。如果仪器上没有这种检查按钮则可用脚螺旋使仪器竖轴在视线方向稍微倾斜。若读数不变则表示补偿器工作正常。由于要确保补偿器处于工作范围内,使用自制安平水准仪时应十分注意圆水准器的气泡居中。

七、水准点的布设

用水准测量的方法测定的高程控制点,称为水准点,记为 DM。水准点有永久性水准点和临时性水准点两种。

国家等级永久性水准点,如图 2－23 所示。有些永久性水准点的金属标志也可镶嵌在稳定的墙角上,称为墙上水准点,如图 2－24 所示。建筑工地上的永久性水准点,其形式如图 2－25(a)所示。

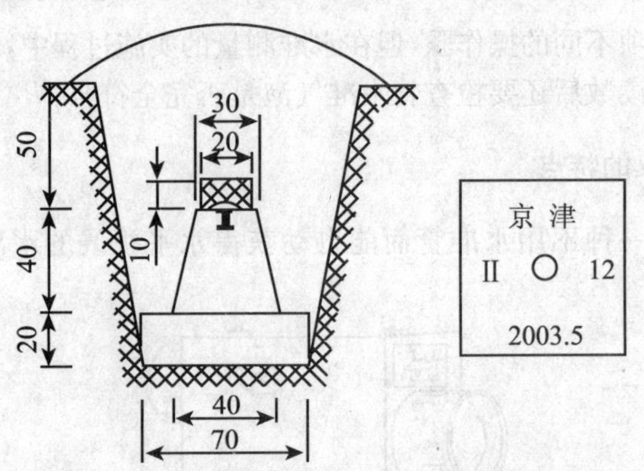

图 2—23 混凝土普通水准标石(单位:cm)

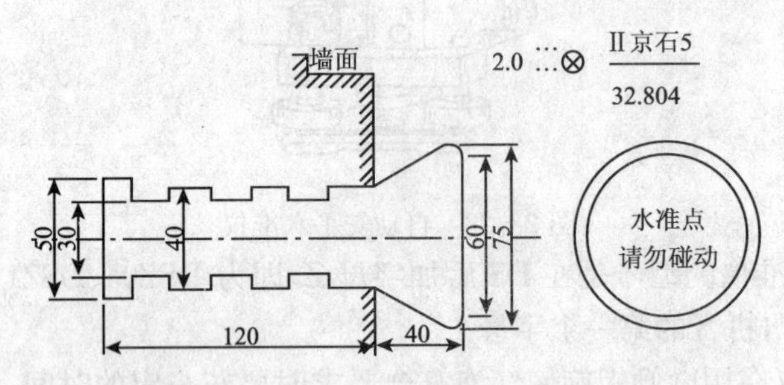

图 2—24 墙角水准标志埋设(单位:mm)

临时性水准点可用地面上突出的坚硬岩石或用大木桩打入地下,桩顶钉以半球状铁钉,作为水准点的标志。如图 2—25(b)所示。

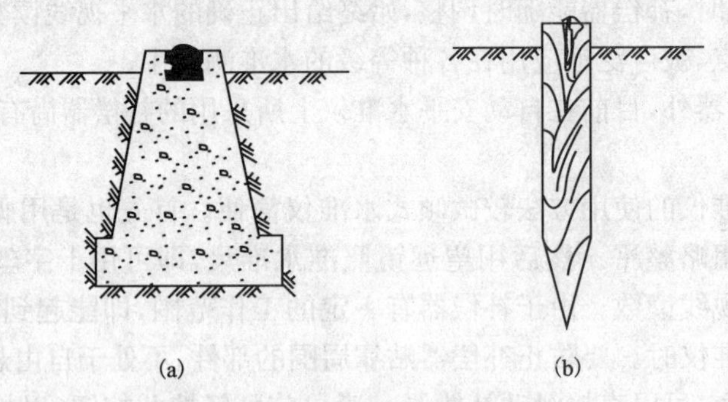

图 2—25 建筑工程水准点

(a)永久性水水准点;(b)临时性水准点

八、水准线路测量的布设

在水准点间进行水准测量所经过的路线,称为水准路线。相邻两水准点间的路线称为测段。

在水准测量中,为了保证水准测量成果能达到一定的精度要求,因此,必须对水准测量进行成果检核,检核方法是将水准路线布设成某种形式,利用水准路线布设形式的条件,检核所测成果的正确性。在一般的工程测量中,水准路线布设形式主要有以下三种形式,如图 2—26 所示。

水准线路测量可布设的主要形式

- 闭合水准路线：如图 2－27(a)所示，从一已知高程点 BM_A 出发，沿线测定待定高程点 1、2、3、…的高程后，最后闭合在 BM_A 上。这种水准测量路线称闭合水准(路线)。多用于面积较小的块状测区。
- 符合水准路线：如图 2－27(b)所示，从一已知高程点 BM_A 出发，沿线测定待定高程点 1、2、3，…的高程后，最后符合在另一个已知高程点 BM_B 上。这种水准测量路线称符合水准(路线)。多用于带状测区。
- 支水准路线：如图 2－27(c)所示，从一已知高程点 BM_A 出发，沿线测定待定高程点 1、2、3、…的高程后。既不闭合又不符合在已知高程点上。这种水准测量路线称支水准（路线）或支线水准。多用于测图水准点加密。
- 水准网：如图 2－27(d)所示，由多条单一水准路线相互连接构成的网状图形称水准网，其中 BM_A、BM_B 为高级点，C、D、E、F 等为结点。多用于面积较大测区。

图 2－26　水准线路测量可布设的主要形式

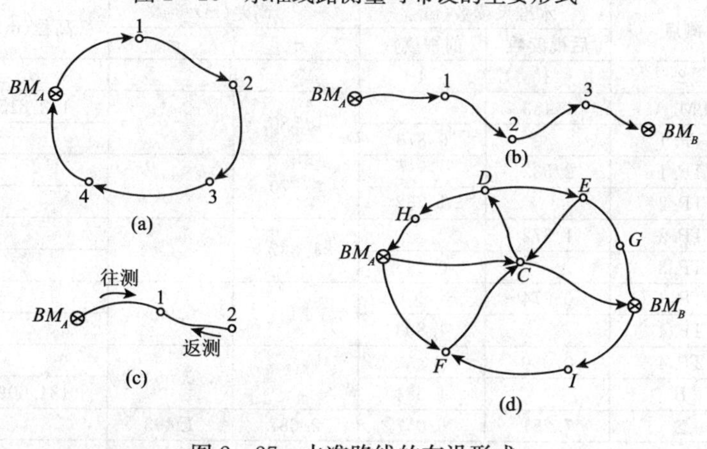

图 2－27　水准路线的布设形式

九、水准施测时观测与记录的步骤

如图 2－28 所示，已知水准点 BM。A 的高程为 H_A，现欲测定 B 点的高程 H_B，由于 A、B 两点相距较远，需分段设站进行测量。

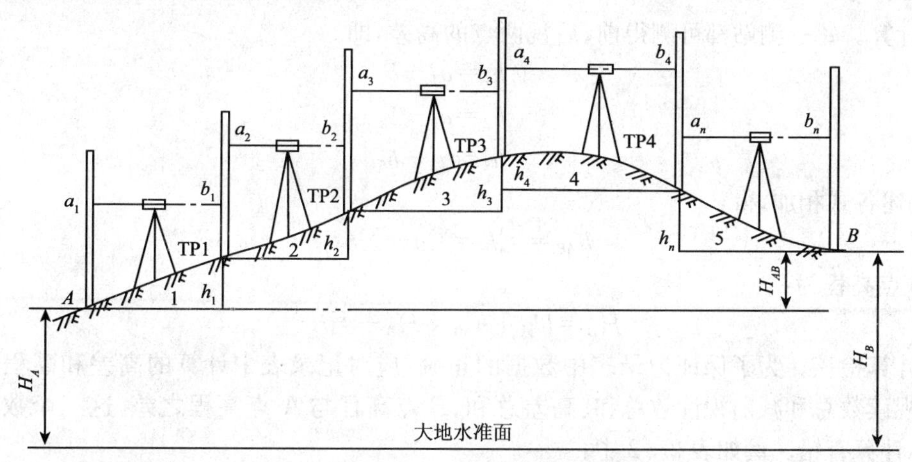

图 2－28　水准测量的施测图

(1)在 BM_A 点立直水准尺作为后视尺，在路线前进方向适当位置处设转点 TP.1，安放尺垫，在尺垫上立直水准尺作为前视尺。

(2)在 BM. A 点和 TP1 两点大致中间位置 1 处安置水准仪,使圆水准器气泡居中。

(3)瞄准后视尺,转动微倾螺旋,使水准管气泡严格居中,按中丝读取后视读数 $a_1=1.453\text{m}$,记入“水准测量手簿”表 2—1 第 3 栏内。

(4)瞄准前视尺,转动微倾螺旋,使水准管气泡严格居中,读取前视读数 $b_1=0.873\text{m}$,记入载 2—1 第 4 栏内。计算该站高差 $h_1=a_1-b_1=0.580\text{m}$,也记入表 2—1 第 5 栏内。

(5)将 BM. A 点水准尺移至转点 TP. 2 上,转点 TP. 1 上的水准尺不动,水准仪移至TP. 1 和 TP. 2 两点大致中间位置 2 处,按上述相同的操作方法进行第二站的观测。如此依次,操作,直至终点 B 为止。其观测记录见表 2—1。

表 2—1　水准测量手簿

日期________　　仪器________　　观测________

天气________　　地点________　　记录________

测站	测点	水准尺读数(m)		高差(m)		高程(m)	备注
		后视读数	前视读数	+	−		
1	2	3	4	5		6	7
1	BM. A	1.453		0.580		132.815	
	TP. 1		0.873				
2	TP. 1	2.532		0.770			
	TP. 2		1.762				
3	TP. 2	1.372		1.337			
	TP. 3		0.035				
4	TP. 3	0.874			0.929		
	TP. 4		1.803				
5	TP. 4	0.020			0.564		
	B		1.584			134.009	
计算检核	Σ	7.251	6.057	2.687	1.493		
		$\sum a-\sum b=+1.194$		$\sum h=+1.194$		$h_{AB}=H_B-H_A=1.194$	

第五节　水准测量的成果计算

(1)计算。每一测站都可测得前、后视两点的高差,即

$$h_1=a_1-b_1$$
$$h_2=a_2-b_2$$
$$h_5=a_5-b_5$$

将上述各式相加,得,

$$h_{AB}=\sum h=\sum a-\sum b$$

则 B 点高程为:

$$H_B=H_A+h_{AB}=H_A+\sum h$$

(2)计算检核。为了保证记录表中数据的正确,应对记录表中计算的高差和高程进行检核,即后视读数总和减前视读数总和、高差总和、B 点高程与 A 点高程之差,这三个数字应相等,否则,计算有错。例如表 2—2 中:

$$\sum a-\sum b=7.251\text{m}-6.057\text{m}=+1.194\text{m}$$
$$\sum h=2.687\text{m}-1.493\text{m}=+1.194\text{m}$$
$$H_B-H_A=134.009\text{m}-132.815\text{m}=+1.194\text{m}$$

本小节内容摘自高职高专土建类专业规划教材建筑工程技术专业《建筑工程测量》2008年2月第1版　机械工业出版社

第六节　水准仪的检验与校正

一、变动仪器高法测站检核

变动仪器高法是在同一个测站上用两次不同的仪器高度，测得两次高差进行检核。要求：改变仪器高度应大于10cm，两次所测高差之差不超过容许值（例如等外水准测量容许值为±6 mm），取其平均值作为该测站最后结果。否则需要重测。

二、双面尺法测站检核

(1)用双面尺法进行水准测量就是同时读取每一把水准尺的黑面和红面分划读数，然后由前后视尺的黑面读数计算出一个高差，前后视尺的红面读数计算出另一个高差。以这两个高差之差是否小于某一限值来进行检核。

(2)在每一测站上仪器高度不变，这样可加快观测的速度。立尺点和水准仪的安置同两次仪器高法。

(3)在每一测站上，仪器经过粗平后，其观测程序为：

瞄准后视点水准尺黑面分划→精平→读数；

瞄准前视点水准尺黑面分划→精平→读数；

瞄准前视点水准尺红面分划→精平→读数；

瞄准后视点水准尺红面分划→精平→读数。

三、成果检核的方法

测站检核只能检核一个测站上是否存在错误或误差超限，不能发现仪器误差、估读误差、转点位置变动、外界条件影响等导致的错误或误差超限。这些误差的影响虽然在一个测站上反映不明显，但随着测站数的增多，就会使误差积累，影响整个路线成果的精度。为了正确评定一条水准路线的测量成果精度，应该进行整个水准路线的成果检核。检核的方法是：将路线的观测高差值与路线的理论高差值相比较，用其差值的大小来评定路线成果的精度是否合格。

观测高差值与理论高差值之差，称为高差闭合差，用 f_h 表示，即 $f_h=\sum h_{测}-\sum h_h$ 理。若高差闭合差值在容许限差之内，表示路线观测结果精度合格，否则应返工重测。

进行成果检核时，高差闭合差的计算因水准路线形式的不同而略有不同。附合水准路线：

$$f_h=\sum h_{测}-\sum h_{理}=\sum h_{测}-(H_{终}-H_{始})$$

闭合水准路线：

$$f_h=\sum h_{测}-\sum h_{理}=\sum h_{测}-0=\sum h_{测}$$

支水准路线本身没有检核条件，通过往、返测高差来进行路线成果检核，因此

$$f_h=\sum h_{往}+\sum h_{返}$$

四、水准测量的等级及主要技术要求

在工程上常用的水准测量有三、四等水准测量和等外水准测量。

1. 三、四等水准测量

三、四等水准测量，常作为小地区测绘大比例尺地形图和施工测量的高程基本控制。三、四等水准测量的主要技术要求见表2—2。三、四等水准测量观测的技术要求见表2—3。

表2—2　三、四等水准测量的主要技术要求

等级	路线长度(km)	水准仪	水准尺	观测次数		往返较差、附合或环线闭合差(mm)	
				与已知点联测	附合或环线	平地	山地
三	≤50	DS1	因瓦	往返各一次	往一次	$\pm12\sqrt{L}$	$\pm4\sqrt{n}$
		DS3	双面		往返各一次		
四	≤16	DS3	双面	往返各一次	往一次	$\pm20\sqrt{L}$	$\pm6\sqrt{n}$

注：L为水准路线长度，km；n为测站数。

表2—3　三、四等水准测量观测的技术要求

等级	水准仪	视线长度(m)	前后视距差(m)	前后视距累积差(m)	视线高度	黑面、红面读数之差(mm)	黑面、红面所测高差之差(mm)
三	DS_1	100	3	6	三丝能读数	1.0	1.5
	DS_3	75				2.0	3.0
四	DS_3	100	5	10	三丝能读数	3.0	5.0

2. 等外水准测量

等外水准测量又称为图根水准测量或普通水准测量，主要用于测定图根点的高程及用于工程水准测量。等外水准测量的主要技术要求见表2—4。

表2—4　等外水准测量的主要技术要求

等级	路线长度(km)	水准仪	水准尺	视线长度(m)	观测次数		往返较差、附合或环线闭合差(mm)	
					与已知点联测	附合或环线	平地	山地
等外	≤5	DS_1	单面	100	往返各次	往一次	$\pm40\sqrt{L}$	$\pm12\sqrt{n}$

注：L为水准路线长度，km；n为测站数。

五、符合水准路线闭合差的计算和调整

1. 高差闭合差(f_h)的计算

$$f_h=\sum h-(H_B-H_A)$$

式中　$\sum h$——测量高度；

　　H_B——测量终点高程；

　　H_A——测量始点高程。

高差闭合差可用来衡量测量成果的精度，等外水准测量的高差闭合差容许值$f_{h容}$(mm)规定为：

$$f_{h容}=\pm40\sqrt{L}$$

$$f_{h容}=\pm12\sqrt{n}$$

式中　L——水准路线长度，km；

　　n——测站数。

2. 闭合差(V_i)的调整

在同一条水准路线上，假设观测条件是相同的，可认为各站产生的误差机会是相同的，故闭合差的调整按与测站数(或距离)成正比反符号分配的原则进行。

$$V_i = -f_h/\sum n$$
$$h'_i = h_i + V_i$$

式中　$\sum n$——测站数之和；

h_i——第 i 测点高差；

h_i——校正后的第 i 测点高差。

3. 高程计算

$$h_i + 1 = h_i + h'_i$$

式中　$h_i + 1$——第 $i+1$ 测点高差。

六、闭合水准路线闭合差的计算和调整

闭合水准路线各段高差的代数和应等于零，即

$$\sum h = 0$$

由于存在着测量误差，必然产生高差闭合差

$$f_h = \sum h$$

闭合水准路线高差闭合差的调整方法、容许值的计算，均与附合水准路线相同。

第七节　水准测量误差及削减

一、仪器误差及消减

(1)规范规定，DS3 水准仪的 i 角大于 20″才需要校正，因此，正常使用情况下，i 角将保持在±20″以内。i 角引起的水准尺读数误差与仪器至标尺的距离成正比，只要观测时注意使前、后视距相等，便可消除或减弱角误差的影响。

(2)在水准测量的每站观测中，使前、后视距完全相等是不容易做到的，因此规范规定，对于四等水准测量，一站的前、后视距差应小于等于 5m，任一测站的前后视距累积差应小于等于 10m。

水准尺误差

(1)由于水准尺分划不准确、尺长变化、尺弯曲等原因而引起的水准尺分划误差会影响水准测量的精度，因此需检验水准尺上米间隔平均真长与名义长之差。

(2)规范规定，对于区格式木质标尺不应大于 0.5mm，否则，应在所测高差中进行米真长改正。至于一对水准尺的零点差，可在一水准测段的观测中安排偶数个测站予以消除。

水准测量时观测误有哪几种，怎样减小观测误差。

水准测量时观测误差有水准管气泡的居中误差、水准尺倾斜误差、视差的影响误差、估读水准尺，如图 2－29 所示。

水准测量的观测误差

- 水准管气泡的居中误差：水准测量时，视线的水平是根据水准管气泡居中来实现的。由于气泡居中存在误差，致使视线偏离水平位置，从而带来读数误差。为减小此误差的影响，每次读数时，都要使水准管气泡严格居中。
- 水准尺倾斜误差：水准尺倾斜，将使尺上读数增大，从而带来误差。如水准尺倾斜 3°30′，在水准尺上 1m 处读数时，将产生 2mm 的误差。为了减少这种误差的影响，水准尺必须扶直。
- 视差的影响误差：当存在视差时，由于十字丝平面与水准尺影像不重合，若眼睛的位置不同，便读出不同的读数：而产生读数误差。因此，观测时要仔细调焦，严格消除视差。
- 估读水准尺的误差：水准尺估读毫米数的误差大小与望远镜的放大倍率以及视线长度有关。在测量作业中，应遵循不同等级的水准测量对望远镜放大倍率和最大视线长度的规定，以保证估读精度。

图 2－29　水准测量的观测误差

二、外界条件引起误差及消减

1. 温度对仪器的影响

(1)温度会引起仪器的部件胀缩,从而可能引起视准轴的构件(物镜、十字丝和调焦镜)相对位置的变化,或者引起视准轴相对于水准管轴位置的变化。由于光学测量仪器是精密仪器,不大的位移量可能使轴线产生几秒偏差,从而使测量结果的误差增大。

(2)观测时应注意撑伞遮阳。

2. 地球曲率及大气折光影响

视线在大气中穿过时,会受到大气折光影响。一般视线离地面越近,光线的折射也就越大。观测时应尽量使视线保持一定高度,这样可减少大气折光的影响。有关规范对不同等级水准测量距视线离地面高度规定了一个限值,作业时应认真执行。

如果用水平视线代替大地水准面地尺上读数产生的误差为 C,则

$$C=\frac{D^2}{2R}$$

式中　D——水准仪到水准尺的准离,km;

　　　R——地球的平均半径,$R=6371\text{km}$。

由于大气折光,视线并非是水平,而是一条曲线,曲线的曲率半径为地球半径(R)的 7 倍,其折光量的大小对水准读数产生的影响为:

$$r=\frac{D^2}{2\times 7R}=\frac{D^4}{14R}$$

折光影响与地球曲率影响之和为:

$$f=C-r=\frac{D^2}{2R}=\frac{D^4}{14R}=0.43\,\frac{D^2}{R}$$

当前视水准尺和后视水准尺到测站的距离相等,则在前视读数和后视读数中含有相同的读数误差 C。这样在高差中就没有这误差的影响下。因此,放测站时要争取“前后视相等”,以便消减误差。

3. 日照及风力引起的误差

日照及风力的影响是综合的,比较复杂。当日光照射水准仪时,由于仪器各构件受热不均匀而引起的不规则膨胀,将影响仪器轴线间的正常关系,使观测产生误差。风大时,会使仪器抖动,不易精平等,这些都会引起误差。为减弱日照及风力引起的误差影响,除尽量选择好天气进行外业作业外,在观测时,应注意给仪器撑伞遮阳。

4. 仪器下沉

(1)在读取后视读数和前视读数之间若仪器下沉了 Δ,由于前视读数减少了 Δ,从而使高差增大了 Δ,如图 2—30 所示。在松软的土地上,每一测站都可能产生这种误差。

(2)当采用双面尺或两次仪器高时,第二次观测可先读前视点 B,然后读后视点 A,则可使所得高差偏小,两次高差的平均值可消除一部分仪器下沉的误差。

(3)另外,用往测、返测时,亦可消除部分误差。

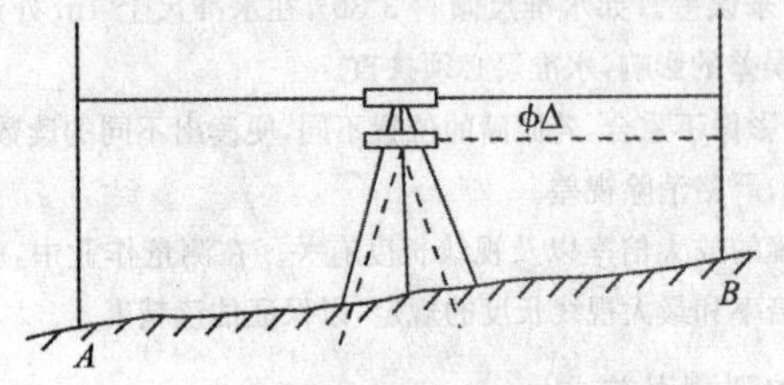

图 2—30　仪器下沉

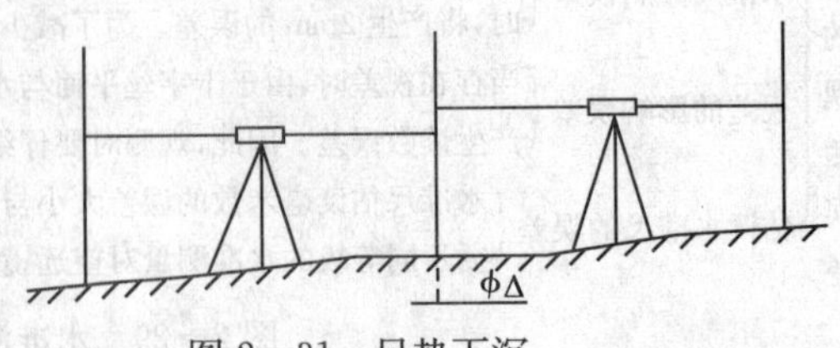

图 2—31　尺垫下沉

5. 尺垫下沉

(1)如果在转点发生尺垫下沉，将使下一站后视读数增大。采用往返观测，取平均值的方法可以减弱其影响。

(2)在仪器从一个测站迁到下一个测站的过程中，若转点下沉了 Δ，则使下一测站的后视读数偏大，使高差也增大 Δ，如图 2－31 所示。在同样情况下返测，则使高差的绝对值减小。所以取往返测的平均高差，可以减弱水准尺下沉的影响。

(3)在进行水准测量时。选择坚实的地点安置仪器和转点，可避免仪器和尺的下沉。

三、水准测量时的扶尺“四要”

1. 尺子要检查

测量前要检查标尺，刻度是否准确，塔尺衔接处是否严密，工作中随时检查套接处是否有自行滑下现象。尺底或尺垫顶上不要粘有泥土。

2. 要用同一对尺

由于标尺底部的磨损或包铁松动，将使标尺零点位置不准，为了消除其影响，在同一测段内要用同一对尺，且测站设为偶数站。

3. 扶尺要立直

标尺如有横向倾斜，观测者易于发现，应指挥扶尺员纠正，若标尺前后倾斜则不易发现，造成读数偏大。故扶尺时身体要站直，双手扶尺(但不要手掩尺正面)，保证尺竖直立好，尺上有水准器时，可使气泡居中。读数愈大，尺的倾斜对高差影响愈大，当读数超过 2m 时，现场多用摇尺法读数。

4. 转点要牢靠

转点最好用尺垫，选在土质坚硬并踩实的地面上。如在硬化地面或多石地区，可不用尺垫，但转点要在坚实稳固而又有凸棱的点(相似于尺垫突起部分)上。保证转点在两个测站的前后视中不改变位置或下沉。

四、水准测量时记录“四要”

1. 记录要清楚

按规定格式填写，字迹清晰端正，字高为横格的 1/2～2/3，不要挤满格子。点号要记清，前、后视读数不得遗漏，不得颠倒。

2. 要复诵

读数列入记录时，边记边复诵，避免听错记错。

3. 要原始记录

当场用硬铅笔填在记录簿中，不得誊抄或转抄。写错字应用一短横线划去，在上面空白部重记，不得用橡皮擦改。

4. 记录要复核

记录者及时根据读数算出高差，记入记录簿，并作计算及验算，再由另一个人复核，并签名以示责任。

第八节 精密水准仪

一、精密水准仪的概念

精密水准仪(precise level)主要用于国家一、二等水准测量和高精度的工程测量中,例如建(构)筑物的沉降观测、大型桥梁工程的施工测量和大型精密设备安装的水平基准测量等。

精密水准仪类也很多,微倾式的如国产的DS1型,进口的如瑞士威特厂的N3等。

精密水准仪的基本构造与普通微倾式水准仪相同,也是由望远镜、水准器和基座三个主要部分组成,如图2—32所示。

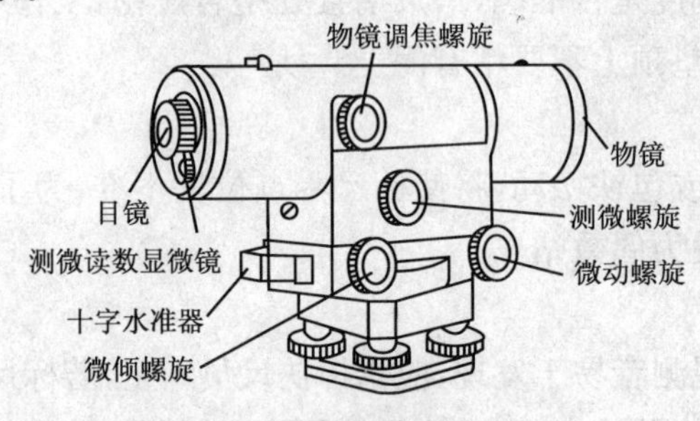

图2—32 DS1型精密水准仪

精密水准仪与一般水准仪比较,其特点是能够精密地整平视线和精确地读取读数。为此,在结构上应满足:

(1)望远镜光学性能好,放大率高,使得观测时成像更清晰。(2)管水准器的灵敏度高,使得安平的精度高。(3)装置有光学测微器,可直接读取水准尺一个分划格(1cm或0.5cm)的百分之一单位,从而使得读数精度高。(4)仪器的整体结构稳定,受外界条件变化的影响小。(5)另外精密水准仪配有专用的精密水准尺,三脚架采用直伸式。

二、精密水准仪所配套用的精密水准尺的特点

精密水准仪必须配有精密水准尺。这种尺一般是在木质尺身的槽内,安有一根因瓦合金带。带上标有刻划,数字注在木尺上。精密水准尺必须与精密水准仪配套使用。

精密水准尺上的分划柱记形式一般有两种。一种是尺身上刻有左右两排分划。右边为基本分划,左边为辅助分划。基本分划的注记从零开始,辅助分划的注记从某一常数 K 开始,K 称为基辅差。另一种是尺身上两排均为基本分划,其最小分划为10mm,但彼此错开5mm。尺身一侧注记米数,另一侧注记分米数。尺身标有大、小三角形,表示半分米处,大三角形表示分米的起始线。这种水准尺上的注记数字比实际长度增大了一倍,即5cm注记为1dm。因此使用这种水准尺进行测量时,要将观测高差除以2才是实际高差。

图2—33为新N3精密水准仪配套的精密水准尺,因为新N3的望远镜为正像望远镜、所以水准尺上的注记也是正立的。水准尺全长约3.2m,在因瓦合金钢带上刻有两排分划,左边一排分划为基本分划,数字注记从0～300cm,右边一排分划为辅助分划,数字注记从300～600cm,基本分划与辅助分划的零点相差一个常数,301.55cm,称为基辅差或尺常数。水准测量作业时用以检查读数是否存在粗差。

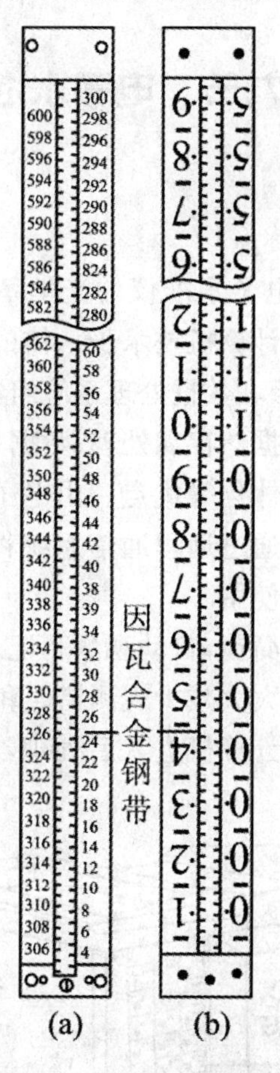

图 2—33　精密水准尺

三、精密水准仪的操作方法与普通水准仪的区别

精密水准仪的操作方法与普通水准仪基本相同，只是读数方法有些差异。在水准仪精平后，十字丝中丝往往不恰好对准水准尺上某一整分划线，这时就要转动测微轮使视线上、下平行移动，十字丝的楔形丝正好夹住一个整分划线，如图 2－34 所示，被夹住的分划线读数为 1.97m。此时视线上下平移的距离则由测微器读数窗中读出，其读数为 1.50mm。所以水准尺的全读数为 1.97m＋0.00150m＝ 1.97150m。实际读数为全部读数的一半，即 1.97150m ÷2＝0.98575m。

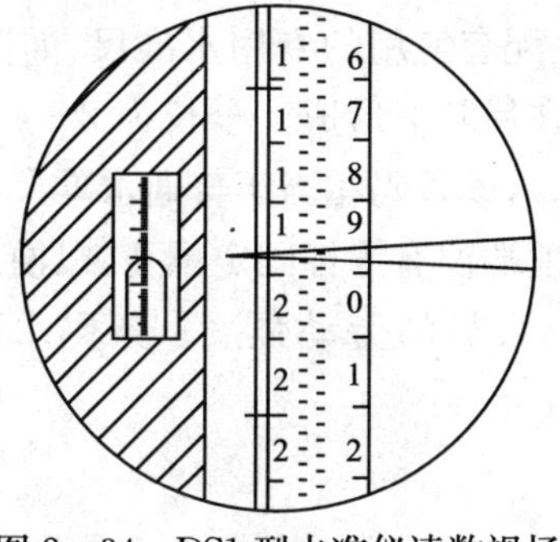

图 2－34　DS1 型水准仪读数视场

第九节　电子水准仪

一、电子水准仪的概念及特点

电子水准仪又称数字水准仪。电子水准仪的光学系统采用了自动安平水准仪的基本形式，是一种集电子、光学、图像处理、，计算机技术于一体的自动化智能水准仪。如图 2－35 所示，由基座、水准器、望远镜、操作面板和数据处理系统组成。数字水准仪具有内藏应用软件和良好的操作界面。可以完成读数、数据储存和处理、数据采集自动化等工作，具有速度快、精度高。作业劳动强度小、实现内外业一体化等优点。由电子手簿或仪器自动记录的数据可以传输到计算机内进行后续处理，还可以通过远程通信系统将测量数据直接传输给其他用户。若使用普通水准尺，也可当普通水准仪使用。

电子水准仪的主要优点是：操作简捷，自动观测和记录，并立即用数字显示测量结果；整个观测过程在几秒钟内即可完成，从而大大减少观测错误和误差；仪器还附有数据处理器及与之配套的软件，从而可将观测结果输入计算机进入后处理，实现测量工作自动化和流水线作业，大大提高功效。

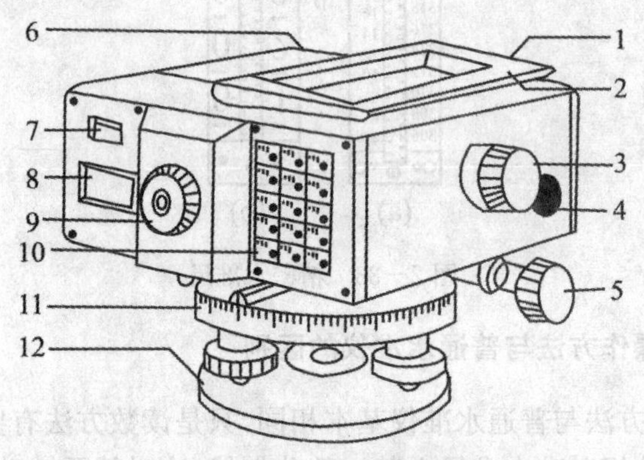

图 2－35　电子水准仪

1—物镜；2—提环；3—物镜调焦螺旋；4—测量按钮；5—微动螺旋；6—RS 接口；7—圆水准器观察窗；8—显示器；9—目镜；10—操作面板；11—带度盘的轴座；12—连接板

二、电子水准仪的水准尺

条码水准尺是与数字水准仪配套使用的专用水准尺，如图 2－36(a)所示，由玻璃纤维塑料制成，或用铟钢制成尺面镶嵌在尺基上形成。全长为 2～4.05m。尺面上刻相互嵌套、宽度不同，黑白相间的码条(称为条码)，该条码相当于普通水准尺上的分划和注记。精密水准尺上附有安平水准器和扶手，在尺的顶端留有撑杆固定螺孔，以便用撑杆固定条码尺使之长时间保持准确而竖直的状态，减轻作业人员的劳动强度。条码水准尺在望远镜视场中情形如图 2－36(b)所示。

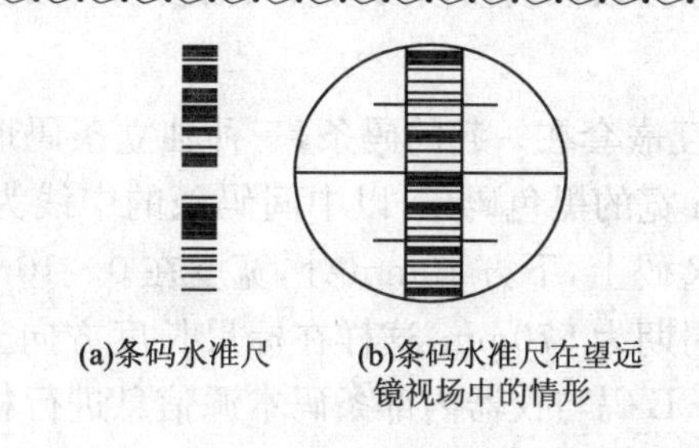

图 2－36　条码水准尺与望远镜视场示意

三、电子水准仪测量原理

如图 2－37(a)所示，在仪器的中央处理器(数据处理系统)中建立了一个对单平面上所形成的图像信息自动编码程序，通过望远镜中的光电二极管阵列（相机）摄取水准尺(条码尺)上的图像信息，传输给数据处理系统，自动地进行编码、释译、对比、数字化等一系列数据处理，而后转换成水准尺读数和视距或其他所需要的数据，并自动记录储存在记录器中或显示在显示器上。进行测量时，光电二极管阵列摄取的数码水准尺条码信息(图像)，通过分光器将其分为两组，一组转射到 CCD 探测器上，并传输给微处理器，进行数据处理，得到视距和视线高；另一组成像于十字丝分划板上，便于目镜观测，如图 2－37(b)所示。

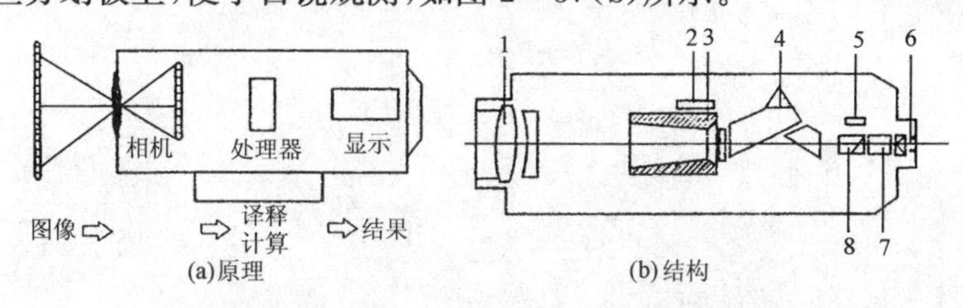

图 2－37　电子水准仪测量读数原理与结构

1—物镜；2—调焦发送器；3—调焦透镜；4—补偿器；5—CCD 探测器；6—目镜；7—分划板；8—分光镜

利用电子水准仪不仅可以进行普通水准仪所能进行的测量，还可以进行高程连续计算、多次测量平均值测量、水平角测量、距离测量、坐标增量测量、断面计算、水准路线和水准网测量闭合差调整(平差)与测量数据自动记录、传输等。尤其是自动连续测量的功能对大型建筑物的变形(瞬时变化值)观测，相当便利而准确，具有其独特之处，是普通水准仪无法比拟的。

四、电子水准仪的读数方法

1. 相关法

标尺上与常规标尺相对应的伪随机码事先储存在仪器中作为参考信号(条码本源信息)。测量时望远镜摄取标尺某段伪随机码(条码影像)，转换成测量信号后与仪器内的参考信号进行比较。形成相关过程。按相关方法由电子耦合与本源信息相比较，若两信号相同，即得到最佳相关位置时，经数据处理后读数就可确定。比较十字丝中丝位置周围的测量信号，得到视线高；比较上、下丝的测量信号及条码影像的比例，得到视距。如 Leica NA 系列电子水准仪。

2. 相位法

尺面上刻有三种独立相互嵌套在一起的码条，三种独立条码形成一组参考码 R 和两组信息码 A、B。R 码为三道 2mm 宽的黑色码条，以中间码条的中线为准，全尺等距分布（一般间隔 3cm）。A、B 码分别位于 R 码上，下方 10mm 处，宽度在 0～10mm 之间按正弦规律变化，A 码的周期为 600mm，B 码的周期为 570mm，这样在标尺长度方向上形成明暗强度按正弦规律周期变化的亮度波。将 R、A、B 码与仪器内部条码本源信息进行相关比较确定读数。如 Topcon DL 系列电子水准仪。

3. 几何法

标尺采用双相位码，标尺上每 2cm 为一个测量间距，其中的码条构成码词，每个测量间距的边界由过渡码条构成，其下边界到标尺底部的高度，可由该测量间距中的码条判读出来。水准测量时。一般只利用标尺上中丝的上下边各 15cm 尺截距。即 15 个测量间距来计算视距和视线高。如 Zeiss Dini 系列电子水准仪。

第三章　角度测量

为确定一点的空间位置，角度是需要测量的基本要素之一，所以角度测量是一种基本的测量工作。角度可分为水平角和竖直角。水平角是指从空间一点出发的两个方向在水平面上的投影所夹的角度；而竖直角是指某一方向与其在同一铅垂面内的水平线所夹的角度。水平角测量用于求算点的平面位置，竖直角测量用于测定高差或将倾斜距离转化成水平距离。

第一节　角度测量原理

一、水平角测量的原理

水平角是地面上一点到两目标的方向线投影到水平面上的夹角，也就是过这两方向线所作两竖直面间的二面角。

水平角测量原理如图 3－1 所示，可在 O_1 点的上方任意高度处，水平安置一个带有刻度的圆盘，并使圆盘中心在过 O 点的铅垂线上；通过 O_1A_1 和 Q_1B_1 各作一铅垂面，设这两个铅垂面在刻度盘上截取的读数分别为 a 和 b，则水平角 β 的角值为：

$$\beta=b-a$$

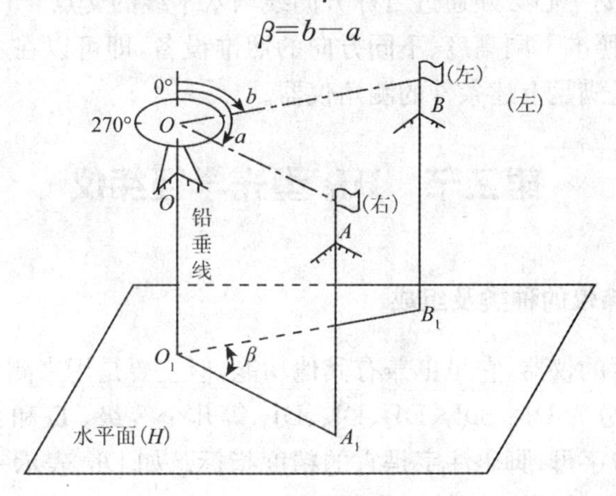

图 3－1　水平角测量原理

用于测量水平角的仪器，必须具备一个能置于水平位置水平度盘，且水平度盘的中心位于水平角顶点的铅垂线上。仪器上的望远镜不仅可以在水平面内转动，而且还能在竖直面内转动。经纬仪就是根据上述原理要求设计制造的测角仪器。

二、竖起角测量的原理

在同一竖直面内，地面某点至目标的方向线与水平线的夹角，称为竖直角或倾斜角。用 α 表示。若目标方向线在水平线之上，该竖直角称为仰角，取值为“＋”；若目标方向线在水平线之下，该竖直角称为俯角，取值为“－”。如图 3－2 所示，a_A 为正值，a_C 为负值。

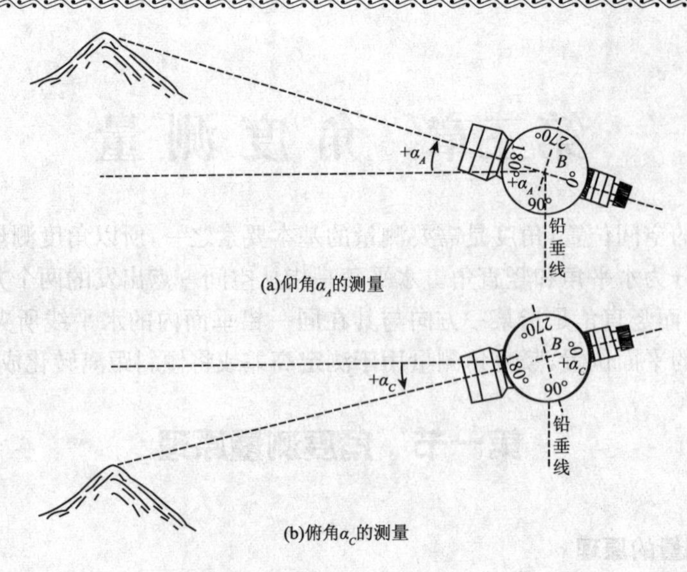

图 3－2　竖直角测量原理

竖直角的取值范围为 0°～±90°。测量竖直角时，只要读到目标方向线的竖盘读数，就可计算出竖直角。根据上述角度测量原理，测角仪器应满足下列条件：

(1)水平度盘的刻划中心必须通过仪器旋转中心，即通过所测角的顶点。

(2)竖直度盘的刻划中心必须通过目标方向线与水平线的交点。

(3)必须有一个可照准不同高度、不同方向的照准设备，即可以在水平和竖直方向旋转建立竖直面。经纬仪就是满足上述条件的测角仪器。

第二节　DJ_6 型光学经纬仪

一、DJ_6 型光学经纬仪的种类及组成

经纬仪是测量角度的仪器，它虽也兼有其他功能，但主要是用来测角。根据测角精度的不同，我国的经纬仪系列分为 DJ_{07}、DJ_1、DJ_2、DJ_6、DJ_{30} 等几个等级。D 和 J 分别是大地测量和经纬仪两词汉语拼音的首字母，脚码注字是它的精度指标。如 DJ_6 表示一测回方向观测中误差不超过±6″。DJ_{07}、DJ_1、DJ_2 型经纬仪为精密经纬仪，DJ_6、DJ_{30} 型等属于普通经纬仪，按其度盘计数方式有光学经纬仪和电子经纬仪两类。DJ_6 型光学经纬仪主要由照准部、水平度盘和基座三部分组成，如图 3－3 所示。

二、DJ_6 型光学经纬仪的照准部

照准部是指水平度盘之上，能绕其旋转轴旋转的全部部件的总称，它包括竖轴、U 形支架、望远镜、横轴、竖直度盘、管水准器、竖盘指标管水准器和读数装置等。

(1)望远镜的构造与水准仪的基本相同。不同之处在于望远镜调焦螺旋的构造和分划板的刻线方式上。经纬仪的望远镜调焦螺旋不在望远镜的侧面，而在靠近目镜端的望远镜筒上。方式如图 3－4 所示，以适应照准不同目标的需要。

(2)横轴与望远镜固连在一起，并且水平安置在两个支架上，望远镜可绕其上下转动。在

一端的支架上有一个制动螺旋，当旋紧时，望远镜不能转动。另有一个微动螺旋，在制动螺旋旋紧的条件下，转动它可使望远镜上下微动，以便于精确地照准目标。

(3)望远镜连同照准部可绕竖轴在水平方向旋转，以照准不在同一铅垂面上的目标。照准部也有一对制动和微动螺旋，以控制其固定或作微小转动。

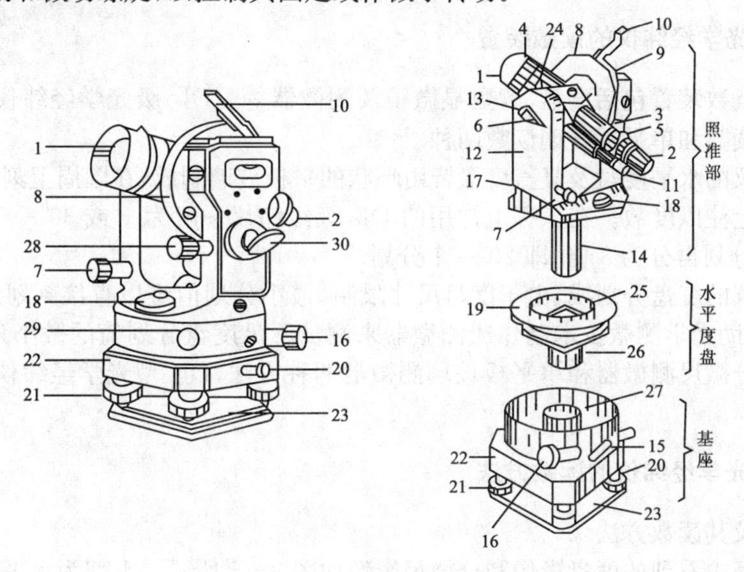

图 3—3　DJ_6 型光学经纬仪

1—望远镜物镜；2—望远镜目镜；3—望远镜调焦螺旋；4—准星；5—照门；6—望远镜固定扳手；7—望远镜微动螺旋；8—竖直度盘；9—竖盘指标水准管；10—竖盘指标水准管反光镜；11—读数显微镜目镜；12—支架；13—水平轴；14—竖轴；15—照准部制动扳手；16—照准部微动螺旋；17—水准管；18—圆水准器；19—水平度盘；20—轴套固定螺旋；21—脚螺旋；22—基座；23—三角形底版；24—罗盘插座；25—度盘轴套；26—外轴；27—度盘旋转轴套；28—竖盘指标水准管微动螺旋；29—水平度盘变换手轮；30—反光镜

图 3—4　分划板的刻划方式

三、DJ_6 型光学经纬仪的水平度盘

水平度盘是用于测量水平角的。它是由光学玻璃制成的圆环，环上刻有 0°、360°的分划线，在整度分划线上标有注记，并按顺时针方向注记，两相邻分划线间的弧长所对圆心角，称为度盘分划值，通常为 1°或 30′。水平度盘与照准部是分离的，当照准部转动时，水平度盘并不随之转动。如果需要改变水平度盘的位置，可通过照准部上的水平度盘变换手轮，将度盘变换到所需要的位置。

四、DJ_6 型光学经纬仪的基座作用与构成

基座用于支承整个仪器，并通过中心连接螺旋将经纬仪固定在三脚架上。基座上有三个

脚螺旋，一个圆水准气泡，用来粗平仪器。在基座上还有一个轴座固定螺旋，用于控制照准部和基座之间的衔接。

水平度盘旋转轴套套在竖轴套外围、拧紧轴套固定螺旋，可将仪器固定在基座上；旋松该螺旋，可将经纬仪水平度盘连同照准部从基座中拔出。

五、DJ_6 型光学经纬仪的读数装置

经纬仪的读数装置包括度盘、读数显微镜及测微器等。DJ_6 级光学经纬仪的读数装置可以分为测微尺读数和单平板玻璃读数两种。

光学经纬仪的水平度盘及竖直度盘皆由环状的平板玻璃制成，在圆周上刻有360°分划，在每度的分划线上注以度数。在工程上常用的 DJ_6 级经纬仪一般为1°或30″一个分划。DJ_2 级仪器则将1°的分划再分为3格，即20″一个分划。

光学经纬仪的度盘分划线，由于度盘尺寸限制，最小分划值难以直接刻划到秒，为了实现精密测角，要借助光学测微技术制作成测微器来测量不足度盘分划值的微小角值。DJ_6 型光学经纬仪常用分微尺测微器和单平板玻璃测微器两种方法，DJ_2 型光学经纬仪常用为双光楔测微器。

六、DJ_6 型光学经纬仪的读数方法

1. 分微尺及其读数方法

在读数目镜中看到的度盘影像和分微尺影像如图3—5所示。上部为水平度盘影像，下部为竖直度盘影像。该分微尺的“0”分划线就是读数指标线。度盘分划值为1°，小于1°的读数可以从分微尺读取。度盘1°的间隔经放大后与分微尺长度相等，分微尺全长等分为60小格，每格1′，因此在分微尺上可以直接读1′，不足1′的数可以估读到0.1′即6″。读数时，首先看分微尺上度数的分划线，线上注的字即为“度”的读数值，然后看分微尺上0分划线到水平度盘分划线间的分格数即为“分”的读数，不足1′的估读，三者加起即为全部读数。图3—5中，水平度盘读数为234°44.2′，即234°44′12″；竖盘读数为90°27.6′，即90°27′36″。

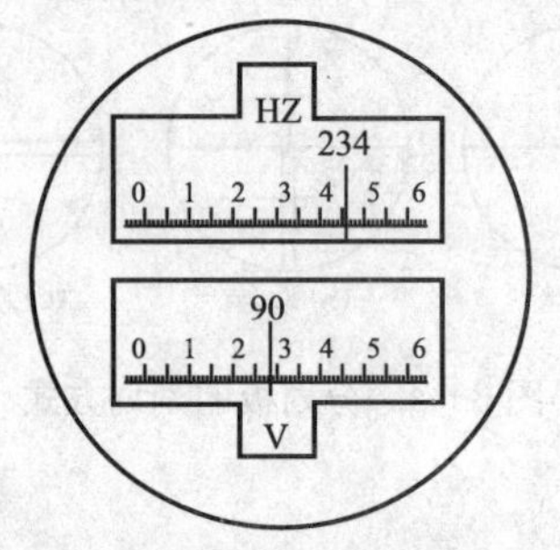

图3—5 分微尺影像

2. 单平扳玻璃测微器装置及读数方法

单子板玻璃测微器由平板玻璃、测微尺、测微轮及传动装置组成。单平板玻璃安装在光路的显微透镜组之后，与传动装置和测微尺连在一起，转动测微轮，单平板玻璃与测微尺同轴转动。平板玻璃随之倾斜。根据平板玻璃的光学特性，平板玻璃倾斜时，出射光线与入射光线不共线而偏移一个量，这个量由测微尺度量出来。转动测微轮使度盘线移动一个分划值（一格）30′，测微尺刚好移动全长。度盘最小分划值为30′，测微尺共30大格，一大格分划值为1′，一大格又分为3小格，则一小格分划值为20″。

平板玻璃测微尺读数装置的读数窗视场如图3－6所示。它有3个读数窗口，其中下窗口为水平度盘影像窗口，中间窗口为竖直盘度影像窗口，上窗口为测微尺影像窗口。

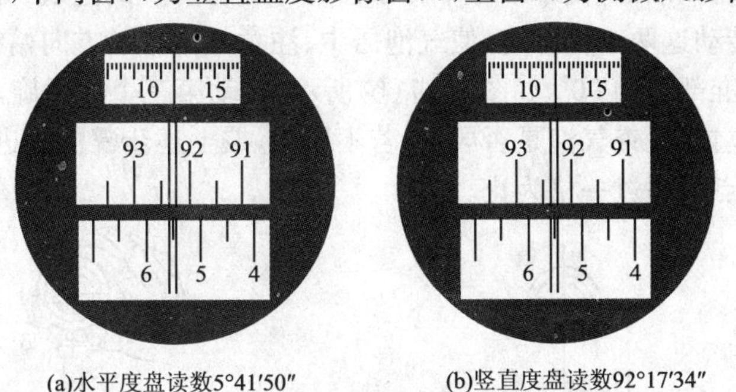

(a)水平度盘读数5°41′50″　　(b)竖直度盘读数92°17′34″

图3－6　单平板玻璃分微尺测微器读数视场

读数时，先旋转测微螺旋，使两个度盘分划线中的某一个分划线精确地位于双指标线的中央，0.5°整倍数的读数根据分划线注记读出，小于0.5°的读数从测微尺上读出，两个读数相加即为度盘的读数。

第三节　经纬仪的使用方法

一、经纬仪的安置

安置仪器是将经纬仪安置在测站点上，包括对中和整平两项内容。对中的目的是使仪器中心与测站点标志中心位于同一铅垂线上；整平的目的是使仪器竖轴处于铅垂位置，水平度盘处于水平位置。

安置仪器可按初步对中整平和精确对中整平两步进行。

1.初步对中整平

用锤球对中时，其操作方法如下：

(1)将三脚架调整到合适高度，张开三脚架安置在测站点上方，在脚架的连接螺旋上挂上锤球，如果锤球尖离标志中心太远，可固定一脚移动另外两脚，或将三脚架整体平移，使锤球尖大致对准测站点标志中心，并注意使架头大致水平，然后将三脚架的脚尖踩入土中。

(2)将经纬仪从箱中取出，用连接螺旋将经纬仪安装在三脚架上。调整脚螺旋，使圆水准器气泡居中。

(3)如果锤球尖偏离测站点标志中心，可旋松连接螺旋，在架头上移动经纬仪，使锤球尖精确对中测站点标志中心，然后旋紧连接螺旋。

用光学对中器对中时，其操作方法如下：

(1)使架头大致对中和水平，连接经纬仪；调节光学对中器的目镜和物镜对光螺旋，使光学对中器的分划板小圆圈和测站点标志的影像清晰。

(2)转动脚螺旋，使光学对中器对准测站标志中心，此时圆水准器气泡偏离，伸缩三脚架架腿，使圆水准器气泡居中，注意脚架尖位置不得移动。

2.精确对中和整平

(1)对中时先旋松连接螺旋，在架头上轻轻移动经纬仪，使锤球尖精确对中测站点标志中心，或使对中器分划板的刻划中心与测站点标志影像重合；然后旋紧连接螺旋。锤球对中误差一般可控制在 3mm 以内，光学对中器对中误差一般可控制在 1mm 以内。

(2)整平。先转动照准部，使水准管平行于任意一对脚螺旋的连线，如图 3－7(a)所示，两手同时向内或向外转动这两个脚螺旋，使气泡居中、注意气泡移动方向始终与左手大拇指移动方向一致；然后将照准部转动 90°，如图 3－7(b)所示，转动第三个脚螺旋，使水准管气泡居中。再将照准部转回原位置，检查气泡是否居中，若不居中，按上述步骤反复进行，直到水准管在任何位置，气泡偏离零点不超过一格为止。

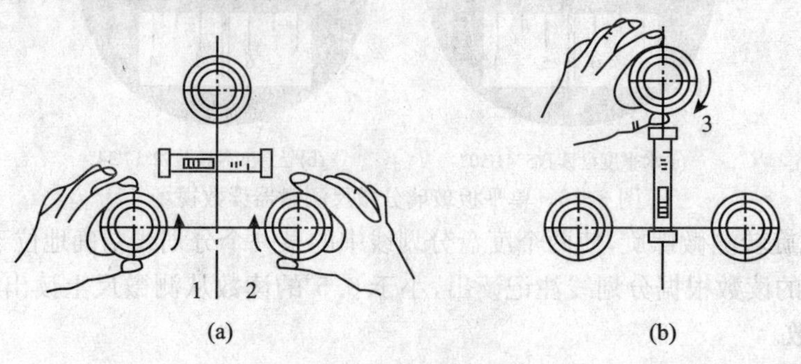

图 3－7 经纬仪的整平

对中和整平，一般都需要经过几次“整平—对中—整平”的循环过程，直至整平和对中均符合要求。

二、经纬仪使用时的瞄准操作

(1)松开望远镜制动螺旋和照准部制动螺旋，将望远镜朝向明亮背景，调节目镜对光螺旋，使十字丝清晰。

(2)利用望远镜上的照门和准星粗略对准目标，拧紧照准部及望远镜制动螺旋；调节物镜对光螺旋，使目标影像清晰，并注意消除视差。

(3)转动照准部和望远镜微动螺旋，精确瞄准目标。测量水平角时，应用十字丝交点附近的竖丝瞄准目标底部，如图 3－8 所示。

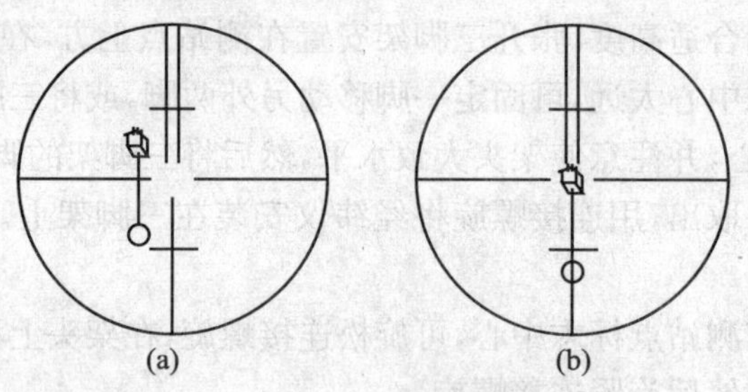

图 3－8 瞄准

三、经纬仪使用时的读数操作步骤

(1)打开反光镜，调节反光镜镜面位置，使读数窗亮度适中。

(2)转动读数显微镜目镜对光螺旋，使度盘、测微尺及指标线的影像清晰。

(3)根据仪器的读数设备，按经纬仪读数方法进行读数。

第四节　水平角观测

一、水平角测量的测回法的施测步骤

水平角测量的方法，一般根据目录的多少和精度要求而定，常用的水平测量的方法有测回法和方向观测法。

测回法是观测水平角的一种基本方法，通常用以观测两个方向间所夹的水平角。

测回法的观测步骤如下：

(1)将复测扳手扳向上方。松开照准部及望远镜的制动螺旋。利用望远镜上的粗瞄器，以盘左(竖盘在望远镜视线方向的左侧时称盘左)粗略照准左方目标 A。关紧照准部及望远镜的制动螺旋，再用微动螺旋精确照准目标，同时需要注意消除视差及尽可能照准目标的下部。对于细的目标，宜用单丝照准，使单丝平分目标像；而对于粗的目标，则宜用双丝照准，使目标像平分双丝，以提高照准的精度。最后读取该方向上的读数 $a_{左}$。

(2)松开照准部及望远镜的制动螺旋，顺时针方向转动照准部，粗略照准右方目标 B。再关紧制动螺旋，用微动螺旋精确照准。并读取该方向上的水平度盘读数 $b_{左}$。盘左所得角值即为 $\beta_{左}=a_{左}-b_{左}$。以上称为上半测回。

(3)将望远镜纵转 180°，改为盘右。重新照准右方目标 B，并读取水平度盘读数 $b_{右}$。然后顺时针或逆时针方向转动照准部，照准左方目标 A。读取水平度盘读数 $d_{右}$，则盘右所得角值 $\beta_{右}=a_{右}-b_{右}$。以上称为下半个测回。两个半测回角值之差不超过规定限值时，取盘左盘右所得角值的平均值 $\beta=\frac{\beta_{左}+\beta_{右}}{2}$，即为一测回的角值。根据测角精度的要求，可以测多个测回而取其平均值，作为最后成果。观测结果应及时记入手簿，并进行计算，看是否满足精度要求。

(4)由于水平度盘是顺时针刻划和注记的，所以在计算水平角时，总是用右目标的读数减去左目标的读数，如果不够减，则应在右目标的读数上加上 360°，再减去左目标的读数，绝不可以倒过来减。当测角精度要求较高时，往往要测几个测回，为了减少度盘分划误差的影响，各测回间应根据测回数 n 按 $180°/n$ 变换水平度盘位置。如图 3—9 所示。

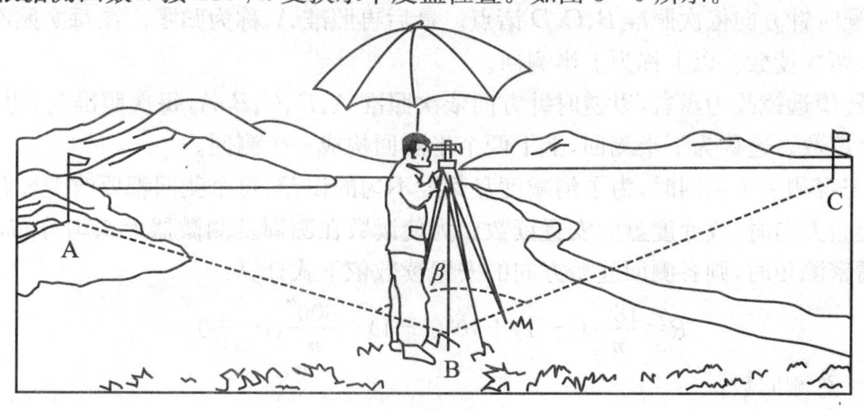

图 3—9　测回法

表 3－1 为观测两测回，第二测回观测时，A 方向的水平度盘应配置为 90°左右。如果第二测回的的半测回角差符合要求，则取两测回角值的平均值作为最后结果。

表 3－1　水平角读数观测记录(测回法)

测站	目标	竖盘位置	水平度盘读数	半测回角值	一测回平均角值	各测顺平均值
一测回 B	A	左	0°06′24″	111°39′54″	111°′39″51	111°39′52″
	C		111°46′18″			
	A	右	180°06′18″	111°39′48″		
	C		291°46′06″			
一测回 B	A	左	90°06′18″	111°39′48″	111°′39″54	
	C		201°46′06″			
	A	右	270°06′30″	111°40′00″		
	C		21°46′30″			

二、水平角测量的方向观测法的施测的步骤

当方向多于三个时，每半测回都从一个选定的起始方向(零方向)开始观测。再依次观测所需的各个目标之后，应再次观测起始方向(称为归零)。称为全圆方向法。如图 3－10 所示，设在 O 点有 OA、OB、OC、OD 四个方向，其观测步骤如下：

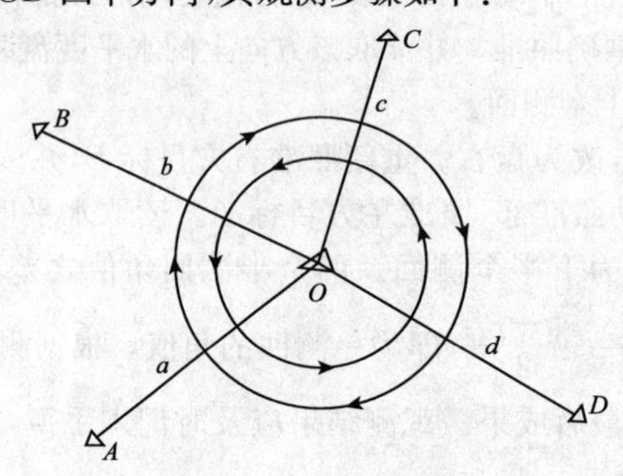

图 3－10　方向观测法

(1)在 O 点安置仪器，对中、整平。

(2)选择一个距离适中且影像清晰的方向作为起始方向，设为 OA。

(3)盘左照准 A 点，并安置水平度盘读数，使其稍大于 0°，用测微器读取两次读数。

(4)以顺时针方向依次照准 B、C、D 诸点。最后再照准 A，称为归零。在每次照准时，都用测微器读取两次读数。以上称为上半测回。

(5)倒转望远镜改为盘右，以逆时针方向依次照准 A、D、C、B、A，每次照准时，也是用测微器读取两次读数。这称为下半测回，上下两个半测回构成一个测回。

(6)如需观测多个测回时，为了消减度盘刻度不匀的误差：每个测回都要改变度盘的位置，即在照准起始方向时，改变度盘的安置读数。为使读数在圆周及测微器上均匀分布，如用 DJ_2 级仪器作精密测角时，则各测回起始方向的安置读数依下式计算：

$$R=\frac{180°}{n}(i-1)+10'(i-1)+\frac{600''}{n}\left(i-\frac{1}{2}\right)$$

式中　n——总测回数；

i——该测回序数。

每次读数后。应及时记入手簿。

三、利用水平角观测时的技术要点

(1)仪器高度要和观测者的身高相适应;三脚架要踩实,仪器与脚架连接要牢固,操作仪器时不要用手扶三脚架;转动照准部和望远镜之前,应先松开制动螺旋,使用各种螺旋时用力要轻。

(2)当观测目标间高低相差较大时,更应注意仪器整平。

(3)照准标志要竖直。尽可能用十字丝交点瞄准标杆或测杆底部。

(4)精确对中,特别是对短边测角,对中要求应更严格。

(5)一测回水平角观测过程中,不得再调整照准部管水准气泡,如气泡偏离中央超过 2 格时,应重新整平与对中仪器,重新观测。

(6)记录要清楚,应当场计算,发现错误,立即重测。

第五节　竖直角观测

一、竖直角测量的原理

1. 竖直角

在同一铅垂面内,观测视线与水平线之间的夹角,称为竖直角,又称倾角,用 α 表示。其角值范围为 0°～±9°。如图 3－11 所示,视线在水平线的上方,垂直角为仰角,符号为正 $(+\alpha)$;视线在水平线的下方,垂直角为俯角,符号为负$(-\alpha)$。

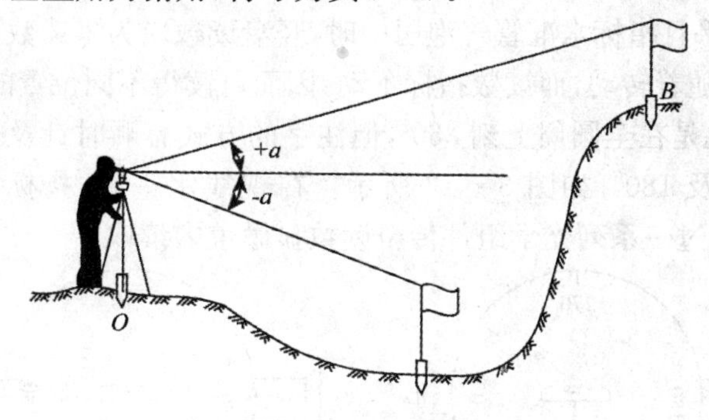

图 3－11　竖直角测量原理

2. 垂直角测量原理

同水平角一样,竖直角的角值也是度盘上两个方向的读数之差。如图 3－11 所示,望远镜瞄准目标的视线与水平线分别在竖直度盘上有对应读数,两读数之差即为竖直角的角值。所不同的是,竖直角的两方向中的一个方向是水平方向。无论对哪一种经纬仪来说,视线水平时的竖盘读数都应为 90°的倍数。所以,测量竖直角时,只要瞄准目标读出竖盘读数,即可计算出竖直角。

二、竖直度盘的构造特点

为测竖直角而设置的竖直度盘(简称竖盘)固定安置于望远镜旋转轴(横轴)的一端,其刻划中心与横轴的旋转中心重合:所以在望远镜作竖直方向旋转时,度盘也随之转动。另外有一个固定的竖盘指标，以指示竖盘转动在不同位置时的读数，这与水平度盘是不同的。

经纬仪竖盘包括竖直度盘、竖盘指标水准管和竖盘指标水准管微动螺旋，如图 3－12 所示。竖直度盘固定在横轴一端，可随望远镜在竖直面内转动。竖盘读数（光学）指标和指标水准管通过水准管支架套装在横轴上，不随望远镜转动；只有通过调节指标水准管微动螺旋，才能使竖盘指标与竖盘水准管一起做微小移动。它们密封在左支架内。在正常情况下。当指标水准管气泡居中时，指标就处于正确位置；所以每次竖盘读数前。均应先调节竖盘水准管气泡居中。

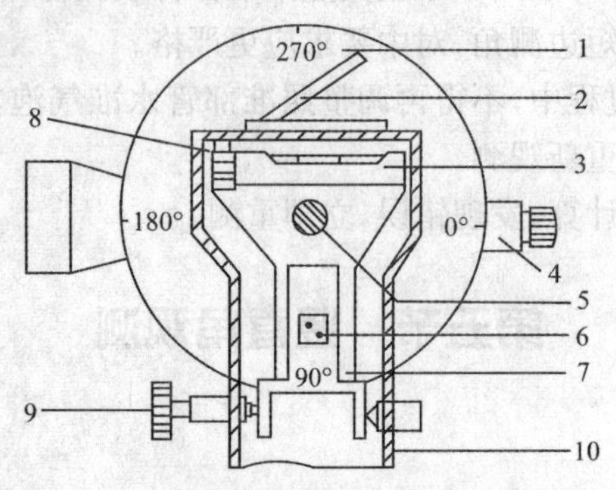

图 3－12 竖直度盘的构造

1—竖直度盘；2—指标水准管反光镜；3—指标水准管；4—望远镜；5—横轴；
6—测微平板玻璃；7—指标水准管支架；8—指标水准管校正螺丝；
9—指标水准管微动螺旋；10—左支架

当望远镜视线水平且指标水准管气泡居中时，竖盘读数应为零读数 M。当望远镜瞄准不同高度的目标时，竖盘随着转动，而读数指标不动，因而可读得不同位置的竖盘读数。

竖直度盘的刻划也是在全圆周上刻 360°，但注字的方式有顺时针及逆时针两种。通常在望远镜方向上注以 0°及 180°，如图 3－13 所示。在视线水平时，指标所指的读数为 90°或 270°。竖盘读数也是通过一系列光学组件传至读数显微镜内读取。

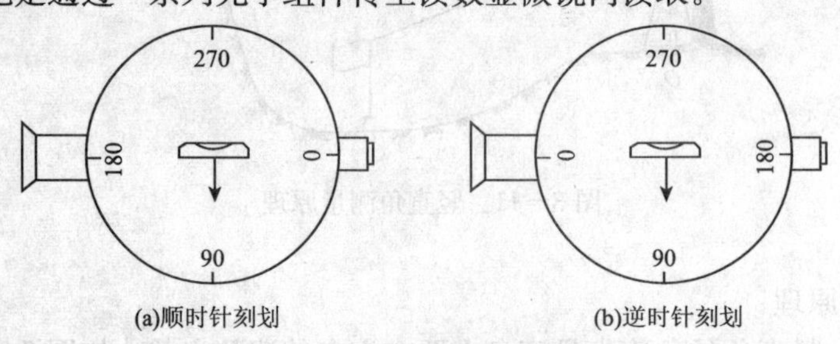

图 3－13 不同划线的竖盘

对竖盘指标的要求，是始终能够读出与竖盘刻划中心在同一铅垂线上的竖盘读数。为了满足这个要求，它有两种构造形式：一种是借助于与指标固连的水准器的指示。使其处于正确位置，在早期的仪器都属此类；另一种是借助于自动补偿器，使其在仪器整平后，自动处于正确位置。

三、竖直角的计算公式

由于竖盘注记形式不同，垂直角计算的公式也不一样。现在以顺时针注记的竖盘为例，推导垂直角的计算公式。

如图 3—14 所示，盘左位置：视线水平时，竖盘读数为 90°。当瞄准一目标时，竖盘读数为 L，则盘左垂直角 α_L 为：

$$\alpha_L = 90° - L$$

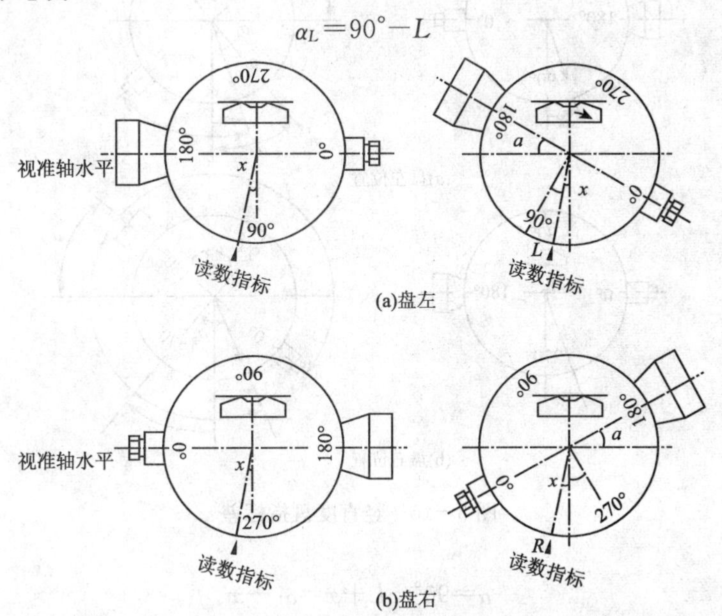

图 3—14　竖盘读数与垂直角计算

如图 3—14 所示，盘右位置：视线水平时；竖盘读数为 270°。当瞄准原目标时，竖盘读数为 R，则盘右垂直角 α_R 为：

$$\alpha_R = R - 270°$$

将盘左、盘右位置的两个垂直角取平均值，即得垂直角 α，计算公式为：

$\alpha = \frac{1}{2}(\alpha_L + \alpha_R)$对于逆时针注记的竖盘，用类似的方法推得垂直角的计算公式为：

$$\alpha_L = L - 90°$$

$$\alpha_R = 270° - R$$

在观测垂直角之前，将望远镜大致放置水平，观察竖盘读数，首先确定视线水平时的读数；然后上仰望远镜，观测竖盘读数是增加还是减少：

若读数增加。则垂直角的计算公式为：

α＝瞄准目标时竖盘读数—视线水平时竖盘读数

若读数减少，则垂直角的计算公式为：

α＝视线水平时竖盘读数—瞄准目标时竖盘读数

以上规定，适合任何竖直度盘注记形式和盘左盘右观测。

四、竖盘指标差

在垂直角计算公式中，认为当视准轴水平、竖盘指标水准管气泡居中时，竖盘读数应是

90°的整数倍。但是实际上这个条件往往不能满足，竖盘指标常常偏离正确位置，这个偏离的差值 x 角，称为竖盘指标差。竖盘指标差 x 本身有正负号，一般规定当竖盘指标偏移方向与竖盘注记方向一致时，x 取正号，反之 x 取负号。

如图 3－15 所示盘左位置，由于存在指标差，其正确的垂直角计算公式为：

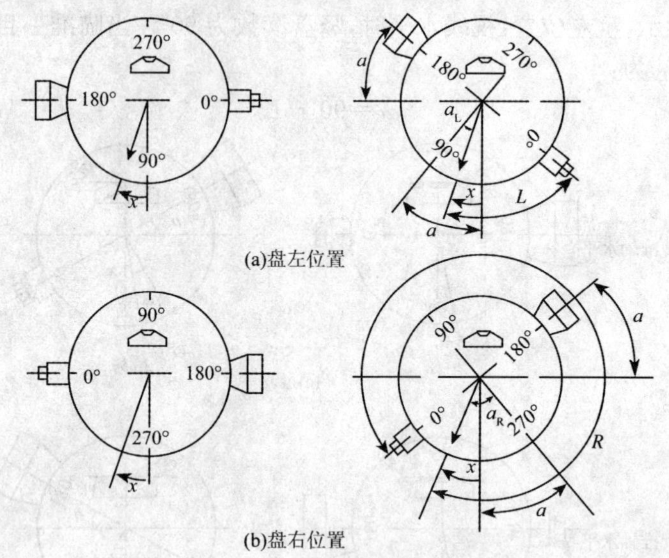

图 3－15　竖直度盘指标差

$$\alpha=90°-L+x=\alpha_L+x$$

同样如图 3－15 所示盘右位置，其正确的垂直角计算公式为：

$$\alpha=R-270°-x=\alpha_R-x$$

将以上两式相加和相减分别得到以下两式并除以 2，得

$$\alpha=\frac{1}{2}(\alpha_L+\alpha_R)=\frac{1}{2}(R-L-180)°$$

$$x=\frac{1}{2}(\alpha_R-\alpha_L)=\frac{1}{2}(L+R-360)°$$

由此可见，在垂直角测量时，用盘左、盘右观测。取平均值作为垂直角的观测结果，可以消除竖盘指标差的影响。

指标差互差(即所求指标差之间的差值)可以反映观测成果的精度。竖盘指标差 x 值对同一台仪器在某一段时间内连续观测的变化应该很小。可以视为定值。由于仪器误差、观测误差及外界条件的影响，使计算出竖盘指标差发生变化。通常规范规定指标差变化的容许范围，如《工程测量规范》(GB 50026－2007)规定五等光电测距三角高程测量，DJ_6、DJ_2 型仪器指标差变化范围分别应不大于 25″和 10″。若超限应对仪器进行校正。

五、竖直角观测、记录、计算步骤与方法

直角的观测、记录和计算步骤如下：

(1)在测站点 O 安置经纬仪，在目标点 A 竖立观测标志，按前述方法确定该仪器垂直角计算公式，为方便应用，可将公式记录于垂直角观测手簿表 3－2 备注栏中。

表 3－2　垂直角观测手簿

日期＿＿＿＿＿＿　　仪器＿＿＿＿＿＿　　观测＿＿＿＿＿＿

天气＿＿＿＿＿＿　　地点＿＿＿＿＿＿　　记录＿＿＿＿＿＿

测站	目标	竖盘读数	半测回垂直角	指示差	一测回垂直角	备注	
1	2	3	4	5	6	7	8
O	A	左	95°22′00″	−5°22′00″	−36	−5°22′36″	
		右	264°36′48″	−5°23′12″			
O	B	左	84°12′36″	+8°47′24″	−45°	+8°46′39″	
		右	278°45′54″	+8°45′54″			

(2)盘左位置。瞄准目标 A，使十字丝横丝精确地切于目标顶端如图 3－16 所示。转动竖盘指标水准管微动螺旋，使水准管气泡严格居中，然后读取竖盘读数 L，设为 95°22′00″，记入垂直角观测手簿表 3－2 相应栏内。

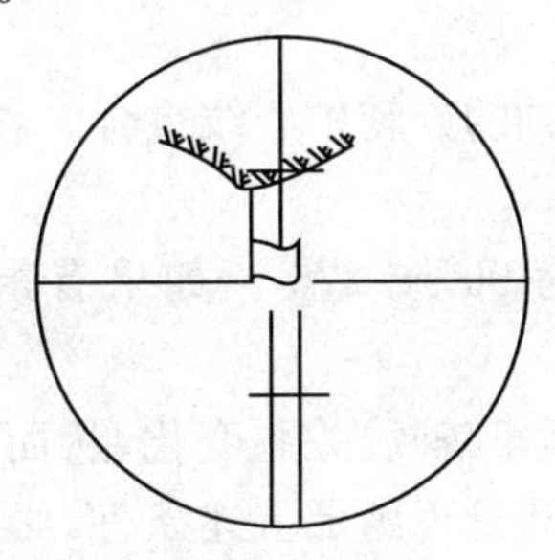

图 3－16　竖直角测量

(3)盘右位置 O 重复步骤 2，设其读数 R 为 264°36′48″，记入表 相应栏内。

(4)根据竖直角计算公式计算，得

$$\alpha_L = 90° - L = 90° - 95°22'00'' = -5°22'00''$$

$$\alpha_R = R - 270° = 264°36'48'' - 270° = -5°23'12''$$

那么一测回竖角为：

$$\alpha = \frac{1}{2}(\alpha_L + \alpha_R) = \frac{1}{2}(-5°22'00'' - 5°23'12'') = -5°22'36''$$

竖盘指标差为：

$$x = \frac{1}{2}(\alpha_R - \alpha_L) = \frac{1}{2}(-5°23'12'' + 5°22'00'') = -36''$$

将计算结果分别填入表 3－2 相应栏内，同理观测目标 B。

在竖直角观测中应注意，每次读数前必须使竖盘指标水准管气泡居中，才能正确读数。为防止遗忘并加快施测速度，有些厂家生产的经纬仪，采用了竖盘指标自动归零装置，其原理与自动安平水准仪补偿器基本相同。当经纬仪整平后，瞄准目标，打开自动补偿器，竖盘指标即居于正确位置，从而明显提高了垂直角观测的速度和精度。

第六节　经纬仪的检验及校正

一、经纬仪应满足的主要条件

从测角原理可知，为了能正确地测出水平角和竖直角。仪器要能够精确地安置在测站点上；仪器竖轴能安置在铅垂位置；视线绕横轴旋转时能够形成一个铅垂面；当视线水平时，竖盘读数应为 90°或 270°，经纬仪的主要轴线有竖轴 VV、横轴 HH、视准轴 CC 和水准管轴 LL。经纬仪各轴线之间应满足的主要条件有：

(1)照准部的水准管轴应垂直于竖轴。需利用水准管整平仪器后，竖轴才可以精确地位于铅垂位置。

(2)圆水准器轴应平行于竖轴。利用圆水准器整平仪器后，仪器竖轴才可粗略地位于铅垂位置。

(3)十字丝竖丝应垂直于横轴。当横轴水平时，竖丝位于铅垂位置。这样一方面可利用它检查照准的目标是否倾斜。同时也可利用竖丝的任一部位照准目标，以便于工作。

(4)视线应垂直于横轴。在视线绕横轴旋转时，应可形成一个垂直于横轴的平面。

(5)横轴应垂直于竖轴。当仪器整平后，横轴即水平，视线绕横轴旋转时，可形成一个铅垂面。

(6)光学对中器的视线应与竖轴的旋转中心线重合。利用光学对点器对中后，竖轴旋转中心才位于过地面点的铅垂线上。

(7)视线水平时竖盘读数应为 90°或 270°。如果有指标差存在，给竖直角的计算带来不便。

由于仪器的使用、运输、振动等，其轴线关系变化，从而产生测角误差。因此，测量规范要求，作业前应检查经纬仪主要轴之间是否满足上述条件，必要时调节相关部件加以校正，使之满足要求。

二、经纬仪光学对中器的检验与校正

1. 检验

由于光学对中器的构造有在照准部上和基座上两种。所以检验的方法也不同，对于安装在照准部上的光学对中器。将仪器架好后，在地面上铺以白纸，在纸上标出视线的位置，然后将照准部平转 180°，如果视线仍在原来的位置，则理想关系满足。否则，需要校正。

对于安装在基座上的光学对中器，由于它不能随照准部旋转，不能采用上述的方法。可将仪器平置于稳固的桌子上，使基座伸出桌面。在离仪器 1.3m 左右的墙面上铺以白纸，在纸上标出视线的位置，然后在仪器不动的条件下将基座旋转 180°，如果视线偏离原来的位置，则需校正。

安装在照准部上的对点器检验时，安置好仪器。整平后在仪器正下方地面上安置一块白色纸板。将对点器分划圈中心 A(或十字丝中心)投绘到纸板上，如图 3－17(a)所示；然后将照准部旋转 180°，如果 A 点仍在分划圈内表示条件满足；否则原绘制的 A 点偏离，如图 3－17(b)、(c)所示，此时应进行校正。

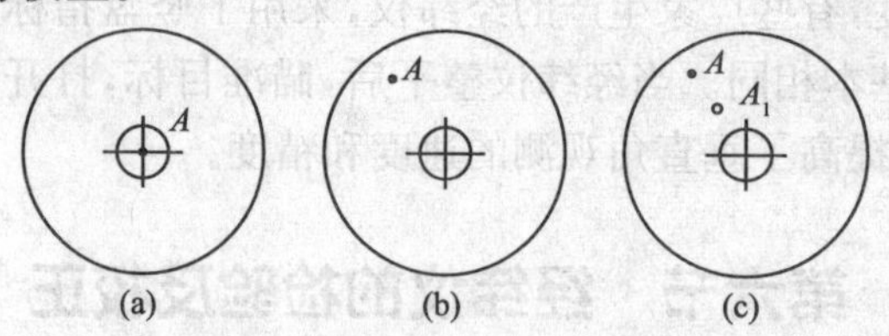

图 3－17 光学对中器的检验与校正

(a)不需要校正的情况；(b)、(c)需要校正的情况

安装在基座上的对点器检验时，将仪器整平后，把基座轮廓边用铅笔画在架头顶面，并把对点器分划圈中心（或十字丝中心）投绘在地面的纸板上，设为 A；拧松中心连接螺丝，将仪器（连同基座）在基座轮廓线内转 120°，整平仪器后又投绘分划圈中心（或十字丝中心），设为 B；同法再转 120°，投绘分划圈中心 C。若 A、B、C 三点重合，则表明条件满足：否则应校正。

2. 校正

此项校正，有的仪器校正转像棱镜。有的是校正分划板，有的二者均可校正。照准部上的对中器校正时，在纸板上画出分划圈中心与 A 点之间连线中点 A_1。调节光学对中器校正螺丝，使 A 点移至 A_1 点即可。基座上的对点器校正时，调节光学对点器校正螺丝，使分划圈中心与 A、B、C 三点构成的误差三角形中心一致即可。

图 3－18(a)为校正转像棱镜示意，松开支架间校正孔圆形护盖，调节螺丝 1 可使分划圈左右移动，调节螺丝 2 可使分划圈前后移动。图 3－18(b)为校正分划板示意，同望远镜十字丝分划板校正一样，调节校正螺丝 3 可使分划圈移动。该项检校也应反复进行，直至满足要求为止。

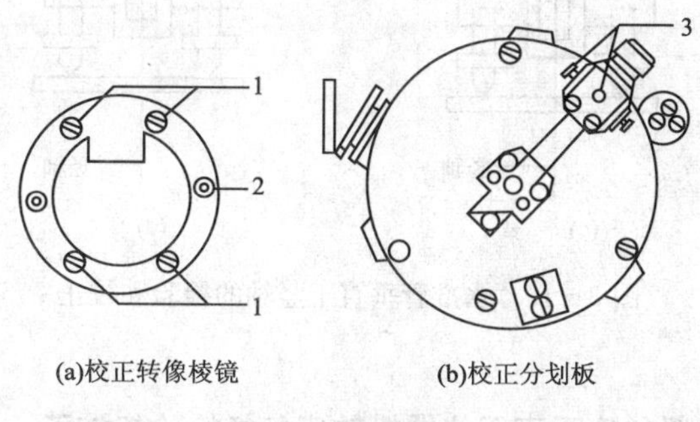

(a)校正转像棱镜　　(b)校正分划板

图 3－18　光学对中器的校正机构

三、经纬仪的水准管轴 LL 垂直于竖轴 VV 的检验与校正

1. 检验

先整平仪器，照准部水准管平行于任意一对脚螺旋，转动该对角螺旋使气泡居中，再将照准部旋转 180°，若气泡仍居中，说明此条件满足，否则需要校正。

2. 校正

如图 3－19(a)所示，设水准管轴与竖轴不垂直，倾斜了 α 角，当水准管气泡居中时，竖轴与铅垂线的夹角为 α。将仪器绕竖轴旋转 180°后，竖轴位置不变，而水准管轴与水平线的夹角为 2α，如图 3－19(b)所示。

校正时，先相对旋转这两个脚螺旋。使气泡向中心移动偏离值的一半，如图 3－19(c)所示，此时竖轴处于竖直位置。然后用校正针拨动水准管一端的校正螺钉，使气泡居中，如图 3－19(d)所示，此时水准管轴处于水平位置。

此项检验与校正比较精细。应反复进行。直至照准部旋转到任何位置，气泡偏离零点不超过半格为止。

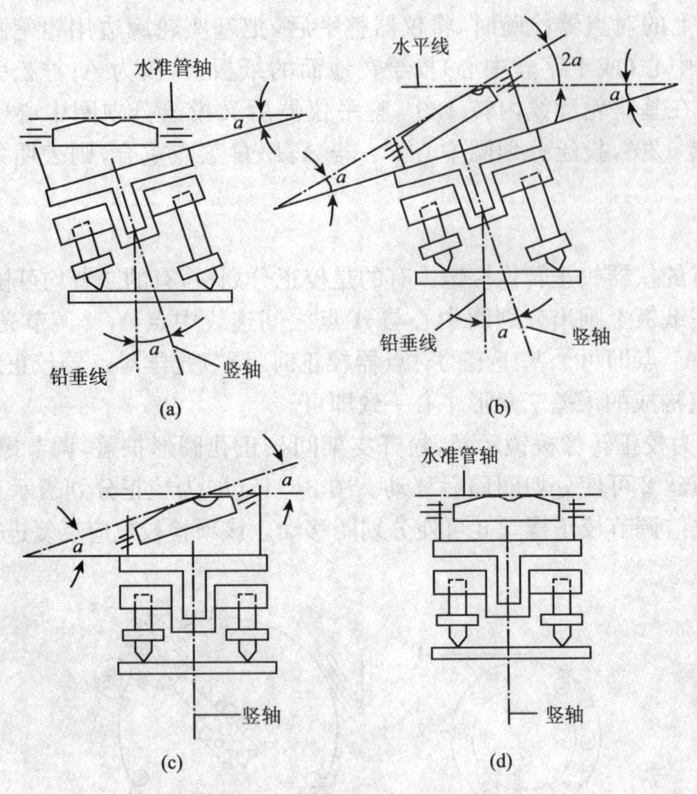

图 3－19　水准管垂直于竖轴的检验和校正

四、经纬仪的十字丝竖丝应垂直于仪器横轴应怎样检验与校正

1. 检验

首先整平仪器，用十字丝交点精确瞄准一明显的点状目标 P，如图 3－20 所示，然后制动照准部和望远镜，转动望远镜微动螺旋使望远镜绕横轴做微小俯仰，如果目标点 P 始终在竖丝上移动，说明条件满足，如图 3－20(a)所示；否则需要校正，如图 3－20(b)所示。

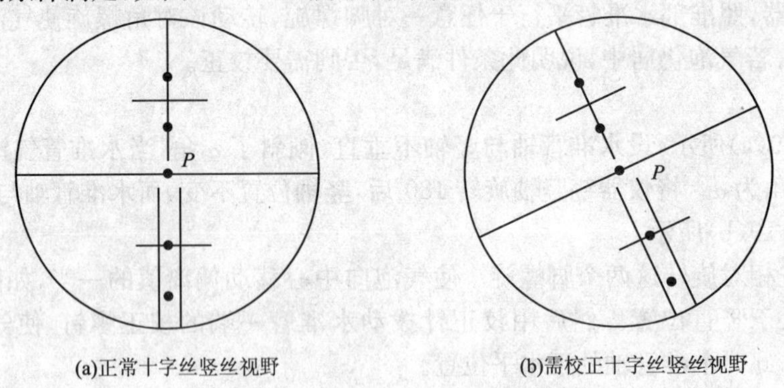

(a)正常十字丝竖丝视野　　(b)需校正十字丝竖丝视野

图 3－20　十字丝竖丝检验

2. 校正

旋下十字丝分划板护罩，用小改锥松开十字丝分划板的固定螺丝，微微转动十字丝分划

板，使竖丝端点至点状目标的间隔减小一半，再返转到起始端点，如图 3—21 所示。反复上述检验与校正，使目标点在望远镜上移动为止，最后旋紧固定螺钉，旋上护盖。

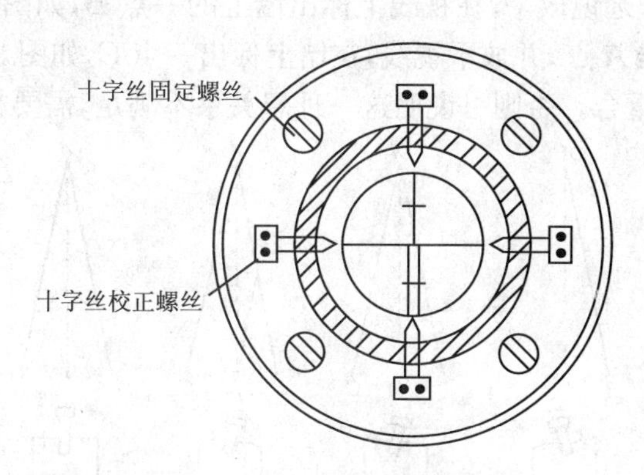

图 3—21　十字丝纵丝的校正

五、经纬仪视准轴应垂直于横轴的检验和校正

经纬仪视准轴应垂直于横轴的检验与校正方法如图 3—22 所示。

视准轴应垂直于横轴的检验与校正方法

- 方法一
  - (1)检验。盘左瞄准远处与仪器同高点 A，读取水平度盘读数 α 左，倒转望远镜盘右再瞄准 A 点，读取水平度盘读数 $\alpha_{右}$。若 $\alpha_{左}=\alpha_{右}\pm180°$，说明此条件已满足，若差值超过 $2'$，则需要校正。
  - (2)校正。计算正确读数。$\alpha_{右}=[\alpha_{右}+(\alpha_{左}\pm180°)]/2$，转动水平微动螺旋。使水平度盘读数为 α'右，此时目标偏离十字丝交点，用校正针拨动十字线左、右校正螺旋，使十字丝交点对准 A 点。如此重复检验校正，直到差值在 $2'$内为止。最后旋上十字丝分划板护罩。
- 方法二
  - (1)检验。在平坦场地选择相距 100m 的 A、B 两点，仪器安置在两点中间的 O 点，在 A 点设置和经纬仪同高的点标志(或在墙上设同高的点标志)，在 B 点设一根不平尺，该尺与仪器同高且与 OB 垂直。检验时用盘左瞄准 A 点标志，固定照准部，倒置望远镜，在 B 点尺上定出 B_1 点的读数，再用盘右同法定出 B_2 点读数。若 B_1 与 B_2 重合，说明此条件满足，否则需要校正。视准轴的检验如图 3—23 所示。
  - (2)校正。在 B_1、B_2 点间 1/4 处定出 B_3 读数，使 $B_3=B_2-(B_2-B_1)/4$。拨动十字丝左、右校正螺旋，使十字丝交点与 B_3 点重合。如此反复检校，直到 $B_1B_2\leqslant2$cm 为止。最后旋上十字丝分划板护罩。

图 3—22　视准轴应垂直于横轴的检验与校正方法

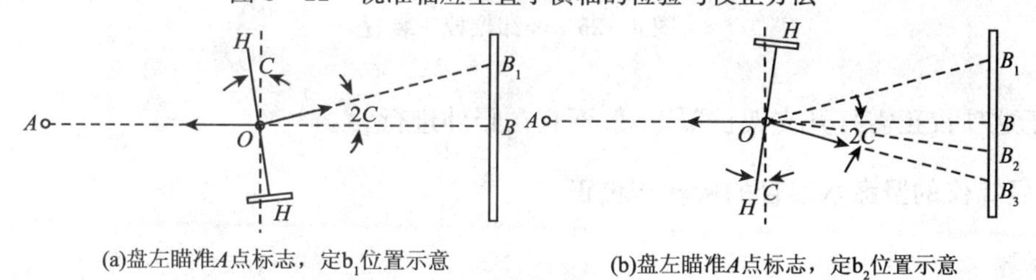

(a)盘左瞄准A点标志，定b_1位置示意　　(b)盘左瞄准A点标志，定b_2位置示意

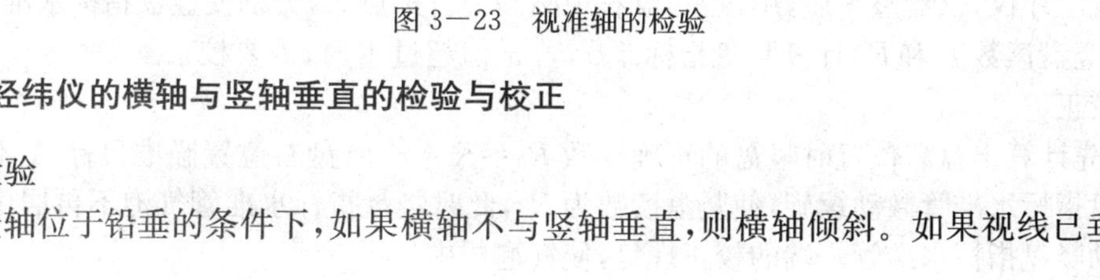

图 3—23　视准轴的检验

六、经纬仪的横轴与竖轴垂直的检验与校正

1. 检验

在竖轴位于铅垂的条件下，如果横轴不与竖轴垂直，则横轴倾斜。如果视线已垂直于横

轴，则绕横轴旋转时构成的是一个倾斜平面。根据这一特点，在做这项检验时。应将仪器架设在一个高的建筑物附近。当仪器整平以后，在望远镜倾斜约30°左右的高处，以盘左照准一清晰的目标点A，然后将望远镜放平，在视线上标出墙上的一点B，如图3－24(a)所示。再将望远镜改为盘右，仍然照准A点，并放平视线，在墙上标出一点C，如图3－24(b)，如果仪器理想关系满足，则B、C两点重合。否则。说明这一理想关系不满足，需要校正。

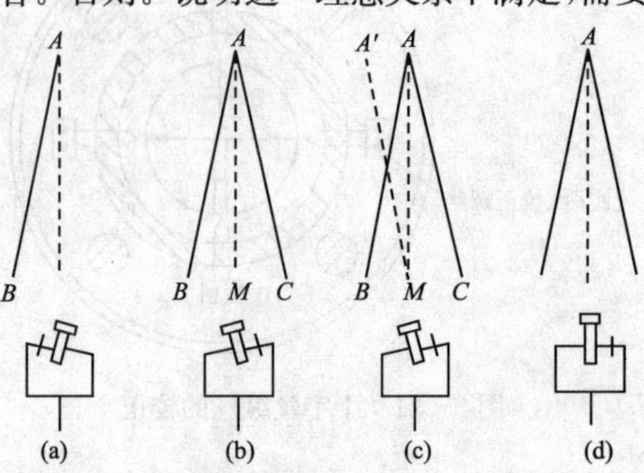

图3－24　经纬仪横轴与竖轴垂直的检验

2. 校正

由于盘左盘右倾斜的方向相反而大小相等，所以取B、C的中点M，则A、M在同一铅垂面内，然后照准M点，将望远镜抬高，则视线必然偏离A点，而落在A'处，如图3－24(c)所示。在保持仪器不动的条件下，校正横轴的一端，使视线落在A上，如图3－24(d)则完成校正工作。

在校正横轴时，需将支架的护罩打开。其内部的校正装置如图3－25所示，它是一个偏心轴承，当松开三个轴承固定螺旋后，轴承可作微小转动，以迫使横轴端点上下移动。待校正好后，要将固定螺旋旋紧，并上好护罩。

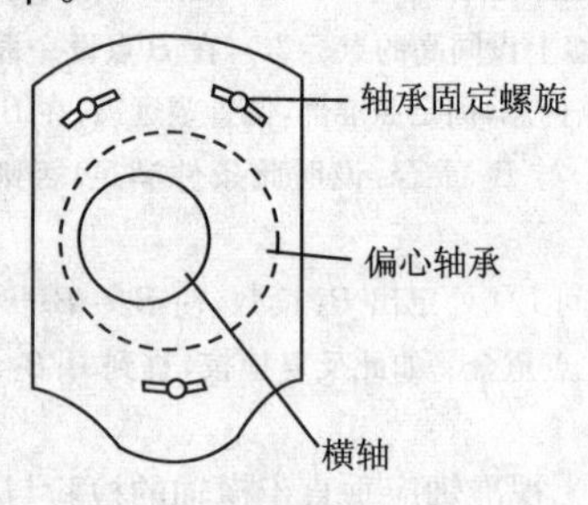

图3－25　经纬仪校正装置

由于这项校正需打开支架护罩，一般不宜在野外进行。

七、经纬仪的竖盘水准管的检验与校正

1. 检验

安置经纬仪，仪器整平后，用盘左、盘右观测同一目标点A，分别使竖盘指标水准管气泡居中，读取竖盘读数L和R，计算竖盘指标差x，若x值超过$1'$时，需要校正。

2. 校正

(1)先计算出盘右位置时竖盘的正确读数$R_0=R-x$，原盘右位置瞄准目标A不动，然后转动竖盘指标水准管微动螺旋，使竖盘读数为R_0，此时竖盘指标水准管气泡不再居中了，用校正针拨动竖盘指标水准管一端的校正螺钉，使气泡居中。

(2)检校需反复进行,直至指标差小于规定的限度为止。

(3)竖盘指针差如图 3—26 所示。

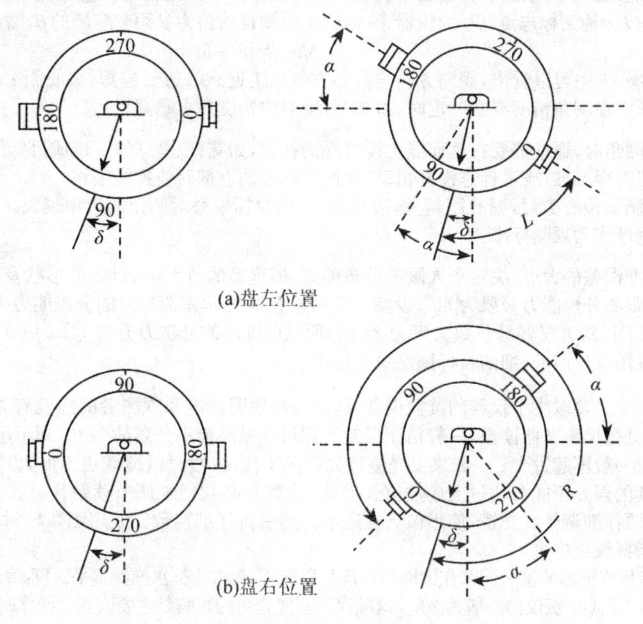

图 3—26　竖盘指针差

第七节　角度测量的误差分析

一、采用水平角测量时仪器误差产生的原因

仪器误差是指仪器不能满足设计理论要求而产生的误差。产生的原因有两方面:一是由于仪器制造和加工不完善而引起的误差,如度盘刻划不均匀,水平度盘中心和仪器竖轴不重合而引起度盘偏心误差。二是由于仪器检校不完善而引起的误差,如望远镜视准轴不垂直于水平轴、水平轴不垂直于竖轴、水准管轴不垂直于竖轴等。

消减误差的具体方法如下:

(1)采用盘左、盘右观测取平均值的方法,可以消除视准轴不垂直于水平轴、水平轴不垂直于竖轴和水平度盘偏心差的影响。

(2)采用在各测回间变换度盘位置观测,取各测回平均值的方法,可以减弱由于水平度盘刻划不均匀给测角带来的影响。

(3)仪器竖轴倾斜引起的水平角测量误差,无法采用一定的观测方法来消除。因此,在经纬仪使用之前应严格检校,确保水准管轴垂直于竖轴,同时,在观测过程中,应特别注意仪器的严格整平。

二、采用水平角测量时观测误差产生的原因

造成观测误差的原因有:一是工作时不够细心;二是受人的器官及仪器性能的限制。观测误差主要有测站偏心、目标偏心、照准误差及读数误差。对于竖直角观测,则有指标水准器的

调平误差，如图 3－27 所示。

采用水平角测量时观测误差产生的原因

- **测站偏心**：测站偏心的大小，取决于仪器对中装置的状况及操作的仔细程度。它对测角精度的影响如图 3－28 所示，设 O 为地面标志点，O_1 为仪器中心，则实际测得的角为 β' 而非应测的 β，两者相差为：

$$\Delta\beta=\beta-\beta'=\delta_1+\delta_2$$

  由图 3－28 中可以看出，观测方向与偏心方向越接近 90°，边长越短，偏心距 e 越大，则对测角的影响越大。所以在测角精度要求一定时，边越短，则对中精度要求越高。
- **目标偏心**：(1)在测角时，通常都要在地面点上设置观测标志，如花杆、垂球等。造成目标偏心的原因可能是标志与地面点对得不准，或者标志没有铅垂，而照准标志的上部时使视线偏移。
  (2)与测站偏心类似，偏心距越大，边长越短，则目标偏心对测角的影响越大。所以在短边测角时，尽可能用垂球作为观测标志。
- **照准误差**：(1)照准误差的大小，决定于人眼的分辨能力、望远镜的放大率、目标的形状及大小和操作的仔细程度。
  (2)人眼的分辨能力一般为 60″；设望远镜的放大率为 v，则照准时的分辨能力为 $6''/v$。我国统一设计的 DJ_6 及 DJ_2 级光学经纬仪放大率为 28 倍，所以照准时的分辨力为 2.14″。照准时应仔细操作，对于粗的目标宜用双丝照准，细的目标则用单丝照准。
- **读数误差**：读数误差主要取决于仪器的读数设备，同时也与照明情况和观测者的经验有关。对于 DJ_6 型光学经纬仪，用分微尺测微器读数，一般估读误差不超过分微尺最小分划的 1/10，即不超过±6″，对于 DJ_2 型光学经纬仪一般不超过±1″。如果反光镜进光情况不佳，读数显微镜调焦不好，以及观测者的操作不熟练，则估读的误差可能会超过上述数值。因此，读数时必须仔细调节读数显微镜，使度盘与测微尺影像清晰，也要仔细调整反光镜，使影像亮度适中。然后再仔细读数。使用测微轮时，一定要使度盘分划线位于双指标线正中央。
  竖盘指标水准器的整平误差在读取竖盘读数以前，需先将指标水准器整平。DJ_6 级仪器的指标水准器分划值一般为 30″，DJ_2 级仪器一般为 20″。这项误差对竖直角的影响是主要因素。操作时应分外注意。

图 3－27 采用水平角测量时观测误差产生的原因

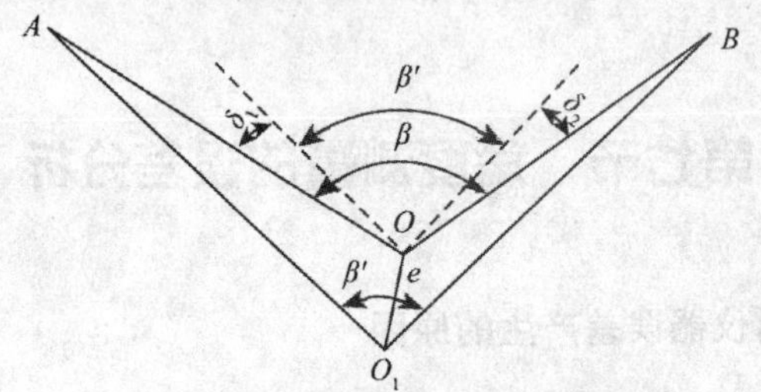

图 3－28 测站偏心对精度的影响

三、采用水平角测量时由于外介条件影响而产生误差的原因

外界条件的影响很多，如大风、松软的土质会影响仪器的稳定，地面的辐射热会引起物象的跳动，观测时大气透明度和光线的不足会影响瞄准精度，温度变化会影响仪器的正常状态等等，这些因素都直接影响测角的精度。因此，要选择有利的观测时间和避开不利的观测条件，使这些外界条件的影响降低到较小的程度。例如，安置经纬仪时要踩实三脚架腿；晴天观测时要打测伞，以防止阳光直接照射仪器；观测视线应尽量避免接近地面、水面和建筑物等，以防止物象跳动和光线产生不规则的折光，使观测成果受到影响。

第八节 其他测角经纬仪

一、光学经纬仪

1. DJ_2 型光学经纬仪的特点

DJ_2 型光学经纬仪精度较高，常用于国家三、四等三角测量和精密工程测量。与 DJ_6 型光学经纬仪相比主要有以下特点：

(1)轴系间结构稳定，望远镜的放大倍数较大，照准部水准管的灵敏度较高。

(2)在 DJ_2 型光学经纬仪读数显微镜中，只能看到水平度盘和竖直度盘中的一种影像，读数时，通过转动换像手轮，使读数显微镜中出现需要读数的度盘影像。

(3)DJ_2 型光学经纬仪采用对径符合读数装置，相当于取度盘对径相差180°处的两个读数的平均值，以可消除偏心误差的影响，提高读数精度。

图 3－29 是苏州第一光学仪器厂生产的 DJ_2 型光学经纬仪的外形示意图。

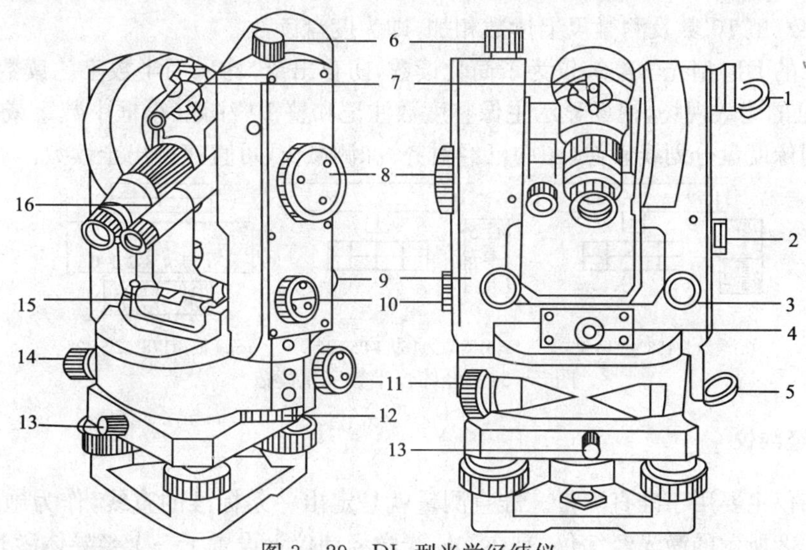

图 3－29　DJ_2 型光学经纬仪

1—读数显微镜；2—照准部水准管；3—照准部制动螺旋；4—座轴固定螺旋；5—望远境制动螺旋；6—光学瞄准器；7—测微手轮；8—望远镜微动螺旋；9—换象手轮；10—照准部；11—水平度盘变换手轮；12—竖盘反光镜；13—竖盘指标水准管观察镜；14—竖盘指标水准管微动螺旋；15—光学对点器；16—水平度盘反光镜

2. DJ_2 型光学经纬仪的读数方法

用对径符合读数装置是通过一系列棱镜和透镜的作用。将度盘相对180°的分划线，同时反映到读数显微镜中，并分别位于一条横线的上、下方。

DJ_2 型光学经纬仪一般采用图 3－30 所示的读数窗。度盘对径分划像及度数和10′的影像分别出现于两个窗口，另一窗口为测微器读数。当转动测微轮使对径上、下分划对齐以后，从度盘读数窗读取度数和10′数，从测微器窗口读取分数和秒数。

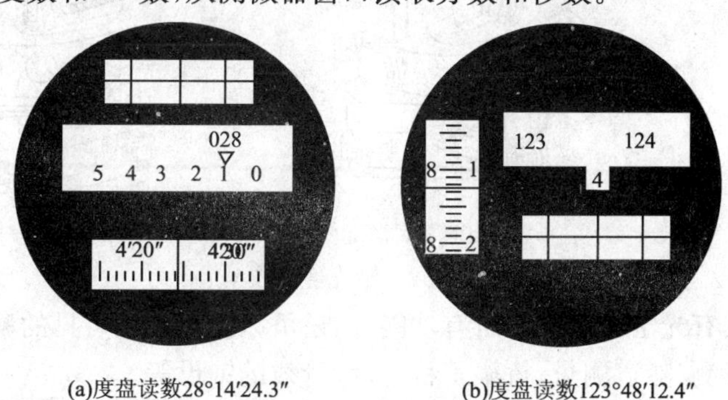

(a)度盘读数28°14′24.3″　　(b)度盘读数123°48′12.4″

图 3－30　DJ_2 型光学经纬仪的读数

测微尺刻划有600小格，最小分划为1″，可估读到0.1″，全程测微范围为10′。测微尺的读数窗中左边注记数字为分，右边注记数字为整10″数。读数方法如下：

(1)转动测微轮，使分划线重合窗中上、下分划线精确重合。

(2)在读数窗中读出度数。

(3)在中间凸出的小方框中读出整10′数。

(4)在测微尺读数窗中，根据单指标线的位置，直接读出不足10′的分数和秒数，并估读到0.1″。

(5)将度数、整10′数及测微尺上读数相加，即为度盘读数。

目前生产的DJ_2型光学经纬仪为了简化读数，防止出错，均采用半数字化读数。如图3—31所示为常见的读数视场，视场显示主像整度数注记和整10′注记(小框中数字或用符号标记的数字)、主副像度盘分划线影像(图中已经对齐)和测微窗，可直接读出全读数。

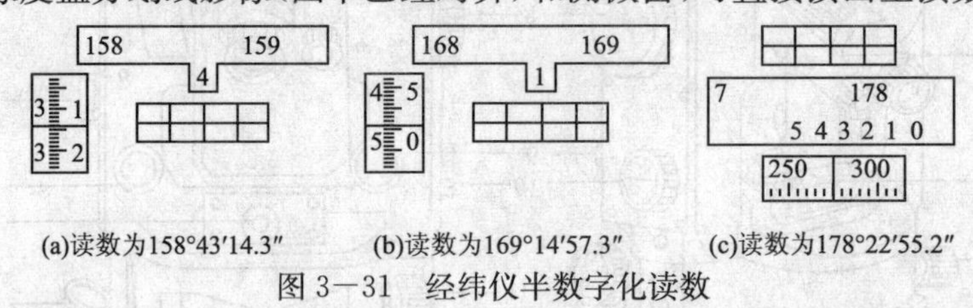

图3—31　经纬仪半数字化读数

二、激光经纬仪

激光经纬仪主要用于准直测量。准直测量就是定出一条标准的直线，作为施工放样的基准线。图3—32所示的激光经纬仪，是在DJ_2光学经纬仪上设置了一个半导体激光发射装置，将发射的激光导入望远镜的视准轴方向，从望远镜物镜端发射，激光光束与望远镜视准轴保持同轴、同焦矩。

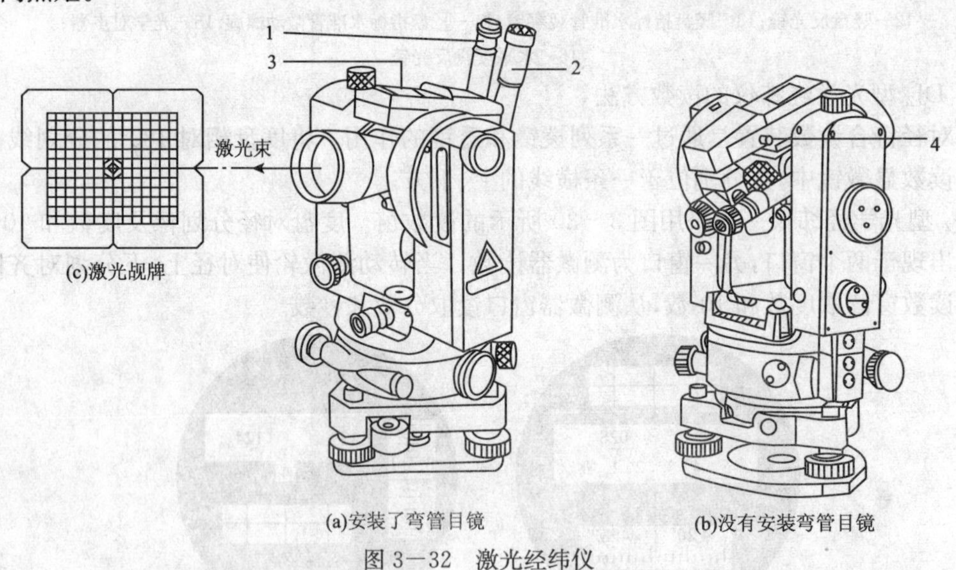

图3—32　激光经纬仪

激光经纬仪除具有光学经纬仪的所有功能外，还可以提供一条可见的激光光束，广泛应用于高层建筑的轴线投测、隧道测量、桥梁工程、大型管线的铺设等。

当用于倾斜角很大的测量作业时，可以安装上随机附件弯管目镜。为了使目标处的激光光斑更加清晰，以提高测量精度，可以使用随机附件激光觇牌。

三、电子经纬仪

1. 电子经纬仪的特点

电子经纬仪与光学经纬仪的根本区别在于它是用微机控制的电子测角系统代替光学读数系统。其主要特点是：

(1)使用电子测角系统，能将测量结果自动显示出来，实现了读数的自动化和数字化。

(2)采用积木式结构，可与光电测距仪组合成全站型电子速测仪，配合适当的接口，可将电子手簿记录的数据输入计算机，实现数据处理和绘图自动化。

2. 电子测角的原理

电子测角是采用度盘来进行。与光学测角不同的是，电子测角是从特殊格式的度盘上取得电信号，根据电信号再转换成角度，并且自动地以数字形式输出，显示在电子显示屏上，并记录在储存器中。电子测角度盘根据取得电信号的方式不同，可分为光栅度盘测角、编码度盘测角和电栅度盘测角等。

电子经纬仪与光学经纬仪相比较，主要差别在读数系统，其他如照准、对中、整平等装置是相同的。

四、DJD_2 电子经纬仪

1. DJD_2 电子经纬仪的构造组成

图 3—33 为北京拓普康仪器有限公司推出的 DJD_2 电子经纬仪，该仪器采用光栅度盘测角，水平、垂直角度显示读数分辨率为 1″，测角精度可达 2″。如图 3—34 所示，为液晶显示窗和操作键盘。键盘上有 6 个键，可发出不同指令。液晶显示窗中可同时显示提示内容、垂直角(V)和水平角(H_R)。

DJD_2 装有倾斜传感器，当仪器竖轴倾斜时，仪器会自动测出并显示其数值，同时显示对水平角和垂直角的自动校正，仪器的自动补偿范围为±3′。

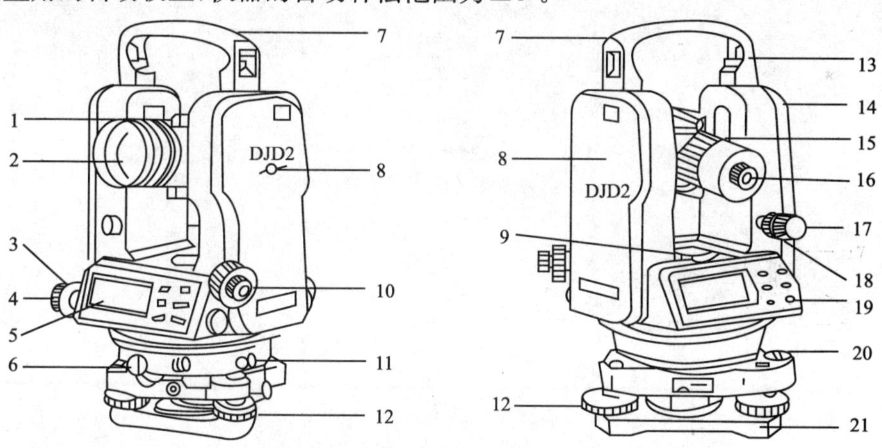

图 3—33　DJD_2 电子经纬仪

1—粗瞄准器；2—物镜；3—水平微动螺旋；4—水平制动螺旋；5—液晶显示屏；6—基座固定螺旋；7—提手；8—仪器中心标志；9—水准管；10—光学对点器；11—通讯接口；12—脚螺旋；19—手提固定螺钉；14—电池；15—望远镜调焦受轮；16—日镜；17—垂直微动手轮；18—垂直制动手轮；19—键盘；20—圆水准器；21—底版

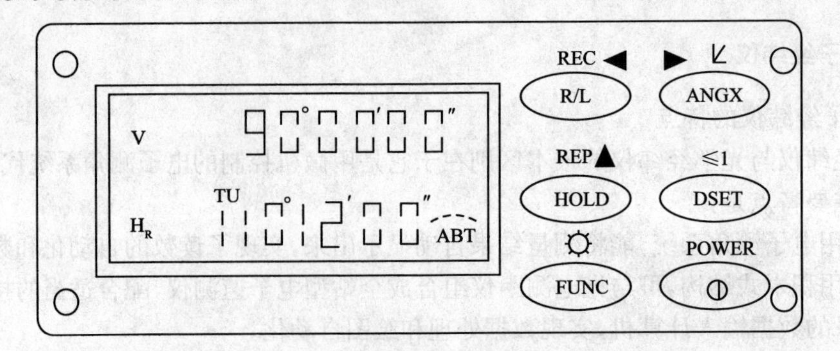

图 3－34　DJD_2 电子经纬仪的显示窗和操作键盘

2. 电子经纬仪的应用范围

电子经纬仪同光学经纬仪一样。可用于水平角、竖直角、视距测量。它配备有 RS 通信接口，与光电测距仪、电子记录手簿和成套附件相结合，可进行平距、高差、斜距和点位坐标等的测量和测量数据自动记录。它广泛应用于地形、地籍、控制测量和多种工程测量。其操作方法与光学经纬仪相同，分为对中、整平、照准和读数四步，读数时为显示器直接读数。

第四章　距离测量

距离测量是测量的基本工作之一。水平距离是指地面上两点垂直投影在同一水平面上的直线距离，或简述为两点间的水平长度，是确定地面点平面位置的要素之一。

距离测量方法有钢尺量距、视距测量、光电测距和 GPS 测量等。钢尺量距是用钢卷尺沿地面丈量距离；视距测量是利用经纬仪或水准仪望远镜中的视距丝及视距标尺按几何光学原理进行测距；光电测距是通过测定光波在测线两端点间往返传播的时间来解算出距离；GPS 测量是利用两台 GPS 接收机接收卫星发射的精密测距信号，通过解算得出两台 GPS 接收机之间的距离。本章介绍钢尺量距、视距测量和光电测距三种常用距离测量方法。

第一节　钢尺量距

一、量距的工具种类

主要量距工具为钢尺，还有测钎、垂球等辅助工具，如图 4－1 所示。

量距的主要工具

- 钢尺
  - 钢尺：又称钢卷尺，为了保护钢尺及便于携带，钢尺都是卷放在圆盒内或是绕在架子上，如图 4－2(a)、4－2(b)所示。钢尺是用薄钢带制成，尺宽 1～1.5cm，长度有 20m、30m、50m 等几种。有的钢尺全长刻有厘米分划，只在尺端一分米内刻有毫米分划；有的钢尺全尺刻有毫米分划。钢尺在每分米及米的分划处均注有数字。由于钢尺的零点位置不同，又分为刻线式与端点式，如图 4－3 所示。
  - 刻线式钢尺如图 4－3(a)所示，在尺的起始端刻有一细线作为尺的零点。端点式钢尺如图 4－3(b)所示，是以钢尺的外端点为零点。使用钢尺前应先看清分划注记，确认零点位置后再使用。
- 测钎
  - 测杆。用长 30～40cm 的粗铁丝制成，如图 4－2(c)，所示。在丈量距离时，用它固定尺段端点位置和计算钢尺丈量的段数。此外，可以用它作照准用的标志。
  - 标杆：又称花杆，多为木料制成，全长 2～4m，杆上涂以 20cm 间隔的红白油漆，花杆下端装有铁尖脚，以便插在土中，作为测量标志。
- 垂球
  - 垂球：用金属制成，如图 4－2(d)所示。在斜坡上量水平距离时，用于投射点位或在测站上对中时应用。

图 4－1　量距的主要工具

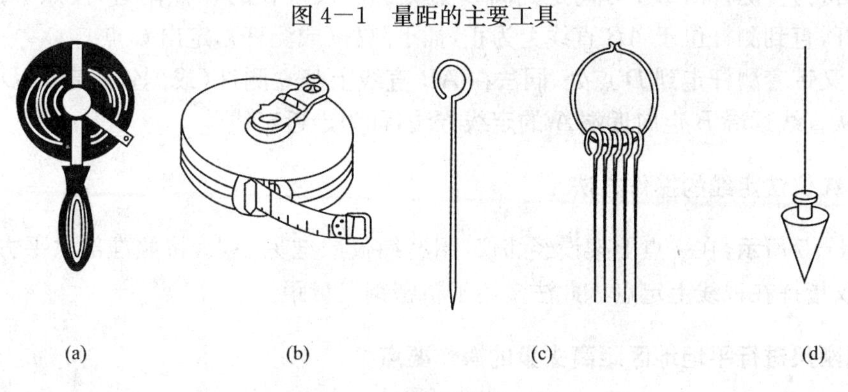

图 4－2　钢尺量距的工具

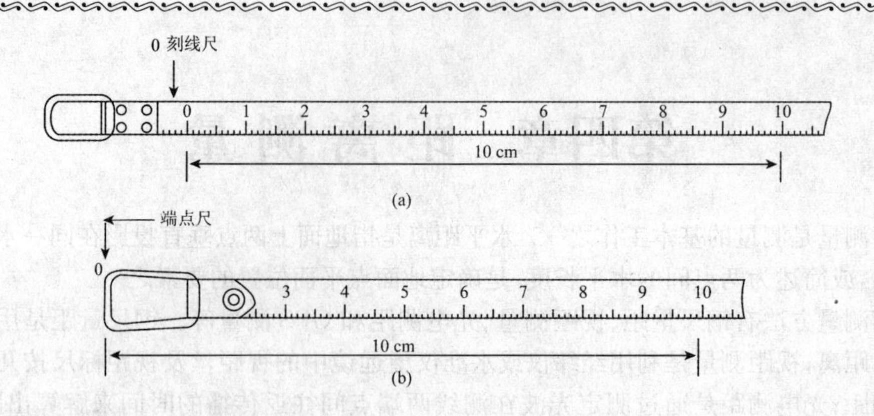

图 4—3 钢尺

量距的工具除上述外还有弹簧称和温度计等。

二、直线定线,直线定线的方法

水平距离测量时,当地面上两点间的距离超过一整尺长时。或地势起伏较大,一尺段无法完成丈量工作时,需要在两点的连线上标定出若干个点,这项工作称为直线定线。按精度要求的不同,直线定线有目估定线和经纬仪定线两种方法。

三、目估法定线的操作要点

如图 4—4 所示,*A*、*B* 两点为地面上互相通视的两点,欲在 *A*、*B* 两点间的直线上定出 *C*、*D* 等分段点。定线工作可由甲、乙两人进行。

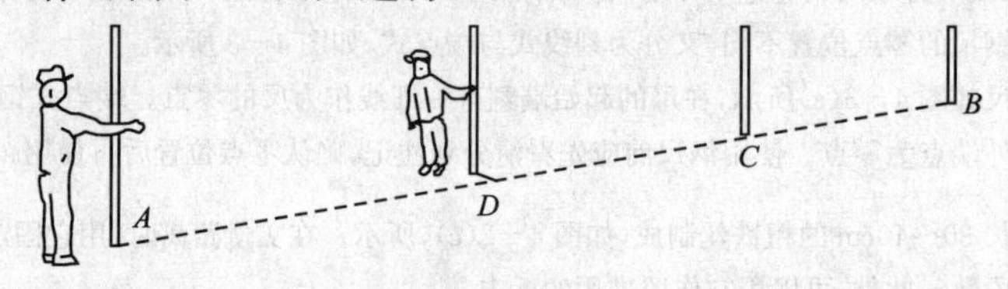

图 4—4 直线定位

(1)定线时,先在 *A*、*B* 两点上竖立测杆,甲立于 *A* 点测杆后面约 1～2m 处,用眼睛自 *A* 点测杆后面瞄准 *B* 点测杆。

(2)乙持另一测杆沿 *BA* 方向走到离 *B* 点大约一尺段长的 *C* 点附近,按照甲指挥手势左右移动测杆,直到测杆位于 *AB* 直线上为止,插下测杆(或测杆),定出 *C* 点。

(3)乙又带着测杆走到 *D* 点处,同法在 *AB* 直线上竖立测杆(或测钎),定出 *D* 点,依此类推。这种从直线远端 *B* 走向近端 *A* 的定线方法,称为走近定线。

四、经纬仪法定线的操作方法

如图 4—5 所示,在一点上架设经纬仪,用经纬仪照准另一点,将照准部水平方向制动,然后用经纬仪指挥在视线上定点。此法多用于精密钢尺量距。

五、用刚尺进行平坦地区距离丈量的操作要点

(1)丈量前,先将待测距离的两个端点 *A*、*B* 用木桩(桩上钉一小钉)标志出来,然后在端点的外侧各立一标杆,清除直线上的障碍物后,即可开始丈量。丈量工作一般由两人进行。后尺

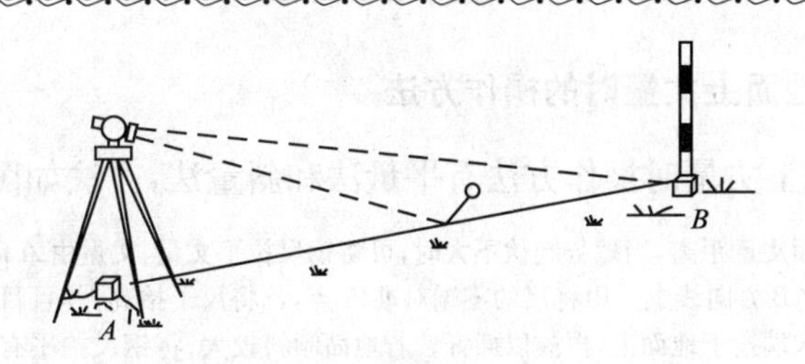

图 4－5　经纬仪定线

手持尺的零端位于 A 点，并在 A 点上插一测钎。前尺手持尺的末端并携带一组测钎的其余 5 根(或 10 根)，沿 AB 方向前进，行至一尺段处停下。后尺手以手势指挥前尺手将钢尺拉在 AB 直线方向上；后尺手以尺的零点对准 B 点，当两人同时把钢尺拉紧、拉平和拉稳后，前尺手在尺的末端刻线处竖直地插下一测钎，得到点 1，这样便量完了一个尺段。如图 4－6 所示。

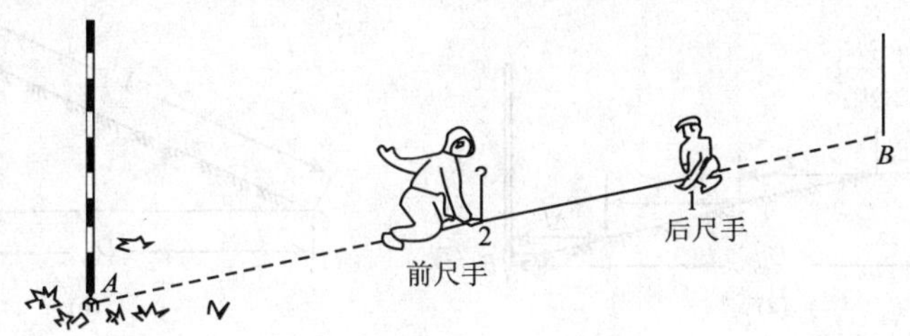

图 4－6　平坦地区的距离丈量

(2)随之后尺手拔起 A 点上的测钎与前尺手共同举尺前进，同法量出第二尺段。如此继续丈量下去，直至最后不足一整尺段($n-B$)时，前尺手将尺上某一整数分划线对准 B 点，由后尺手对准 n 点在尺上读出读数，两数相减。即可求得不足一尺段的余长，距离要往、返丈量。

A、B 两点间的水平距离为：

$$D_{AB}=nl+q$$

式中　n——整尺段数(即在 A、B 两点之间所拔测钎数)；

l——钢尺长度，m；

q——不足一整尺的余长，m。

(3)为了防止丈量错误和提高精度，一般还应由 B 点量至 A 点进行返测，返测时应重新进行定线。取往、返测距离的平均值作为直线 AB 最终的水平距离。

$$D_{av}=\frac{1}{2}(D_f+D_b)$$

式中　D_{av}——往、返测距离的平均值，m；

D_f——往测的距离，m；

D_b——返测的距离，m。

(4)量距精度通常用相对误差 K 来衡量，相对误差 K 化为分子为 1 的分数形式。即，

$$K=\frac{|D_f-D_b|}{D_{av}}=\frac{1}{\dfrac{D_{av}}{|D_f-D_b|}}$$

相对误差分母愈大，则 K 值愈小，精度愈高；反之，精度愈低。在平坦地区，钢尺量距一般方法的相对误差通常不应大于 1/3000；在量距较困难的地区，其相对误差也不应大于 1/1000。

六、用钢尺在倾斜地面上丈量时的操作方法

用钢尺在倾斜地面上丈量时操作方法有平量法和斜量法，方法如图 4－7 所示。

在倾斜地面上丈量时的操作方法

- 平量法：沿倾斜地面丈量距离，当地势起伏不大时，可将钢尺拉平丈量，丈量由 A 向 B 进行，甲立于 A 点，指挥乙将尺拉在 AB 方向线上。甲将尺的零端对准 A 点，乙将尺子抬高，并且目估使尺子水平，然后用垂球尖将尺段的末端投于地面上，再插以插钎。若地面倾斜较大，将钢尺抬平有困难对，可将一尺段分成几段来平量。
- 斜量法：当倾斜地面的坡度均匀时，可以沿着斜坡丈量出 AB 的斜距 L，测出地面倾斜角。然后计算 AB 的水平距离 D_{ab}。

图 4－7　在倾斜地面丈量时的操作方法

(2)倾斜地面距离丈量如图 4－8 所示。

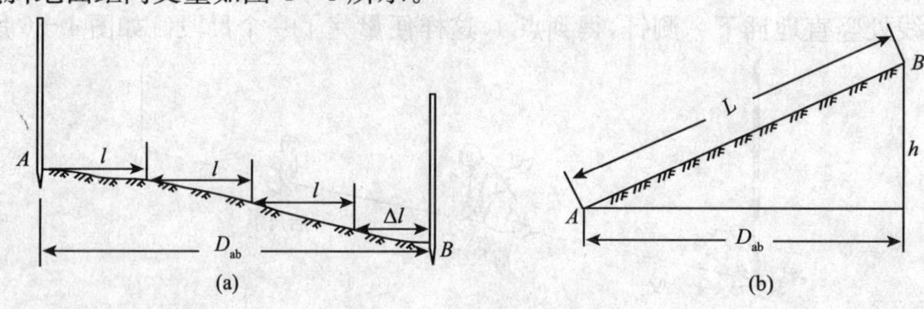

图 4－8　倾斜地面距离丈量

七、钢尺的检定的原因

钢尺由于其制造误差、经常使用中的变形以及丈量时温度和拉力不同的影响，使得其实际长度往往不等于名义长度。丈量之前必须对钢尺进行检定，求出它在标准拉力和标准温度下的实际长度，以便对丈量结果加以改正。

尺长方程式，其一般形式为：

$$l_t = l_0 + \Delta l + \alpha l_0 (t - t_0)$$

式中　l_t——钢卷尺在温度 t 时的实际长度，m；

l_0——钢卷尺名义长度，m；

Δl——尺长改正数，即钢卷尺在温度 t_0 时实际长度与名义长度之差，m；

α——钢卷尺热胀系数。1/℃；

t_0——钢卷尺检定时的温度，℃；t 为钢卷尺使用时的温度，℃。

八、钢尺检定的方法

钢尺应送没有比长台的测绘单位检定，但若有检定过的钢尺，在精度要求不高时，可用检定过的钢尺作为标准尺来检定其他钢尺。在地面上贴两张绘有十字标志的图纸，使其间距约为一整尺长。用标准尺施加标准拉力丈量这两个标志之间的距离，并修正端点使该距离等于标准尺的长度。然后再将被检定的钢尺施加标准拉力丈量该两标志间的距离。取多次丈量结果的平均值作为被检定钢尺的实际长度，从而求得尺长方程式。

应该注意的是参用的标尺与被检定的钢尺膨胀系数应相同，另外，检定宜选在阴天或背阴的地方，气温与钢尺温度基本一致。

九、钢尺量距的精密测量操作要点

用一般方法量距，其相对误差只能达到(1/1000)～(1/5000)，当要求量距的相对误差更小时，例如(1/10000)～(1/40000)，这就要求用精密方法进行丈量。

精密方法量距的主要工具有钢尺、弹簧秤、温度计、尺夹等。其中钢尺必须经过检验，并得到其检定的尺长方程式。

(1)定线。欲精密丈量直线 AB 的距离，首先清除直线上的障碍物，然后安置经纬仪于 A 点上，瞄准 B 点，用经纬仪进行定线。用钢尺进行概量，在视线上依次定出此钢尺一整尺略短的 A_1、A_2、A_3、……尺段。在各尺段端点打下大木桩。桩顶高出地面 3～5cm。在桩顶钉一白铁皮，利用 A 点的经纬仪进行定线，在各白铁皮上划一条线，使其与 AB 方向重合，另划一条线垂直于 AB 方向，形成十字，作为丈量的标志。

(2)量距。用检定过的钢尺丈量相邻两木桩之间的距离。丈量组一般由 5 人组成，2 人拉尺。2 人读数，1 人指挥兼记录和读温度。丈量时，拉伸钢尺置于相邻两木桩顶上，并使钢尺有刻划线一侧贴切十字线。后尺手将弹簧秤挂在尺的零端，以便施加钢尺检定时的标准拉力(30m 钢尺，标准拉力为 10kgf)；钢尺拉紧后，前尺手以尺上某一整分划对准十字线交点时，发出读数口令“预备”。后尺手回答“好”，在喊好的同一瞬间，两端的读尺员同时根据十字交点读取读数，估读到 0.5mm 记入手簿。每尺段要移动钢尺位置丈量三次。三次测得的结果的较差视不同要求而定，一般不得超过 2～3mm，否则要重测。如在限制以内，则取三次结果的平均值，作为此尺段的观测结果。每量一尺段都要读记温度一次，估读到 0.5℃。

由直线起点丈量到终点是为往测，往测完毕后立即返测，每条直线所需丈量的次数视量边的精度要求而定。

(3)测量桩顶高程。按上述方法所量的距离，是相邻桩顶间的倾斜距离，为了改算成水平距离，要用水准测量方法测出各桩顶的高程。以便进行倾斜改正。水准测量宜在量距前或量距后往、返观测一次，以资检核。相邻两桩顶往，返所测高差之差，一般不得超过±10mm；如在限差以内，取其平均值作为观测成果。

(4)尺段长度的计算。精密量距中，每一尺段长需进行尺长改正、温度改正及倾斜改正，求出改正后的尺段长度。计算各改正数如下。

根据尺长、温度改正和倾斜改正，计算尺段改正后的水平距离。

尺长改正：$\Delta l_d=\dfrac{\Delta l}{l_0}l$

温度改正：$\Delta l_t=\alpha(t-t_0)l$

倾斜改正：$\Delta l_h=-\dfrac{h^2}{2l}$

尺段改正后的水平距离：$D=l+\Delta l_0+\Delta l_t+\Delta l_h$

式中　Δl_d——尺段的尺长改正数，mm；

Δl_1——尺段的温度改正数，mm；

Δl_h——尺段的倾斜改正数，mm；

h——尺段两端点的高差，m；

l——尺段的观测结果，m；

D——尺段改正后的水平距离，m。

十、钢尺量距误差的影响因素

钢尺量距误差产生的原因是多方面的，具体如图 4－9 所示。

产生钢尺量距误差的影响因素

- 温度：由于用温度计测量温度，测定的是空气的温度，而不是尺子本身的温度，在夏季阳光暴晒下，此两者温度之差可大于5℃。因此，量距宜在阴天进行，并要设法测定钢尺本身的温度，按照钢的膨胀系数计算，温度每变化1℃，丈量距离为30m时对距离影响为0.4mm。
- 尺长：钢尺必须经过检定以求得其尺长改正数。尺长误差具有系统积累性，它与所量距离成正比。
- 定线：丈量时钢尺没有准确地放在所量距离的直线方向上，使所量距离不是直线而是一组折线，造成丈量结果偏大，这种误差称为定线误差。丈量30m的距离，当偏差为0.25m时。量距偏大1mm。
- 拉力：钢尺具有弹性，会因受拉而伸长。量距时，如果拉力不等于标准拉力，钢尺的长度就会产生变化。精密量距时，用弹簧秤控制标准拉力，一般量距时拉力要均匀，不要或大或小。如果拉力变化±2.6kgf。尺长将改变±1mm。一般量距时，只要保持拉力均匀即可。精密量距时，必须使用弹簧秤。
- 钢尺垂曲和反曲：
  - (1)钢尺悬空丈量时，中间下垂，称为垂曲。垂曲误差会使量得的长度大于实际长度，故在钢尺检定时，应按悬空与水平两种情况分别检定，得出相应的尺长方程式，按实际情况采用相应的尺长方程式进行成果整理，按此尺长方程式进行尺长改正。
  - (2)在凹凸不平的地面量距时，凸起部分将使钢尺产生上凸现象，称为反曲。设在尺段中部凸起0.5m，由此而产生的距离误差，这是不能允许的。应将钢尺拉平丈量。
- 钢尺本身：
  - 钢尺一般量距时，如果钢尺不水平，总是使所量距离偏大。精密量距时，测出尺段两端点的高差，进行倾斜改正。用普通水准测量的方法是容易达到的。
  - (1)钢尺易生锈，丈量结束后应用软布擦去尺上的泥和水，涂上机油以防生锈。
  - (2)钢尺易折断，如果钢尺出现卷曲，切不可用力硬拉。
  - (3)丈量时，钢尺末端的持尺员应该用尺夹夹住钢尺后手握紧尺夹加力。没有尺夹时可以用布或者纱手套包住钢尺代替尺夹，切不可手握尺盘或尽架加力，以免将钢尺拖出。
  - (4)在行人和车辆较多的地区量距时，中间要有专人保护，以防止钢尺被车辆碾压而折断。
  - (5)不准将钢尺沿地面拖拉，以免磨损尺面分划。
  - (6)收卷钢尺时，应按顺时针方向转动钢尺播柄，切不可逆转，以免折断钢尺。
- 人为感觉：它包括钢尺刻划对点的误差、插测钎的误座及钢尺读数误差等，这些误差是由人的感官能力所限而产生，误差有正有负，在丈量结果中可以互相抵消一部分。但仍是量距工作的一项主要误差来源。

图4—9 产生钢尺量距误差的影响因素

第二节 光电测距

一、光电测距仪的特点

光电测距是以光波作为载波，通过测定光波在测线两端点间往返传播的时间来测量距离。与钢尺量距和视距法测距相比，光电测距具有测程远、精度高、作业快、工作强度低、受地形限制少等优点。现在光电测距已成为距离测量的主要方法之一。

光电测距是一门利用光和电子技术测量距离的大地测量技术，它开始出现于20世纪40年代末期。20世纪60年代以来，光电测距的发展日新月异，从仪器的体积重量、应用范围、测距精度、测量速度等方面都有了长足的发展。

光电测距仪器的精度常用下式表示：

$$m_D=\pm(a+b\times10^{-6}\times D)$$

式中 m_D——测距中误差，mm；

a——仪器标称精度中的固定误差，mm；

b——仪器标称精度中的比例误差系数；

D——测距边长度，km。

光电测距仪按精度划分为3级：Ⅰ级测距中误差 $m_D\leqslant5$mm；Ⅱ级测距中误差 $5\text{mm}<m_D$

$\leqslant$10mm；Ⅲ级测距中误差 10mm$<m_D\leqslant$20mm。

光电测距仪按其测程可分为短程光电测距仪(2km 以内)。中程光电测距仪(3～15km)和远程光电测距仪(大于 15km)；按其采用的光源可分为激光测距仪和红外测距仪等。

二、光电测距的原理

如图 4—10 所示，欲测 A、B 两点的距离，在 A 点置测距仪，在 B 点置反光镜。由测距仪在 A 点发出的测距光波信号至反光镜经反射回到仪器。如果光波信号往返所需时间为 t，设信号的传播速度为 c，则 A、B 之间的距离为：

$$D=\frac{1}{2}ct$$

式中　c——光波信号在大气中的传播速度，其值约为 3×10^8m/s。

由此可见，测出信号往返 A、B 所需时间即可测量出 A、B 两点的距离。

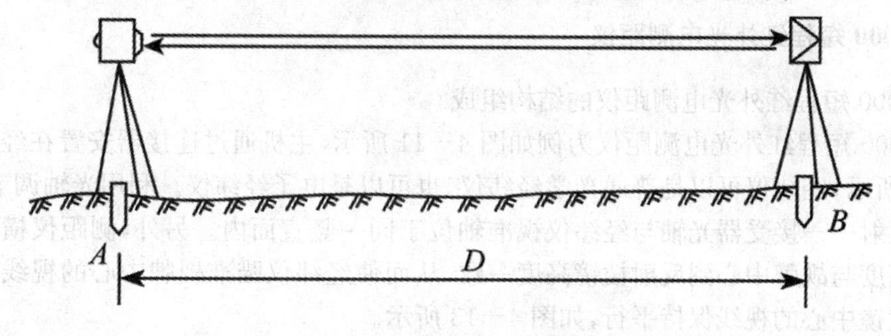

图 4—10　光电测距的基本原理

可以看出测量距离的精度主要取决于测量时间的精度。在电子测距中，测量时间一般采用两种方法：直接测时和间接测时。对于第一种方法，若要求测距误差 $\Delta D\leqslant$ 10mm，则要求时间 t 的测定误差 $\Delta t\leqslant 2/3\times10^{-10}$s，要达到这样的精度是非常困难的。因此，对于精密测距，多采用第二种方法。目前用得最多的是通过测量光波信号往返传播所产生的相位移来间接测时，即相位法。

三、光电测距仪的种类

1960 年 7 月美国宣布世界上第一台激光器研制成功，第二年就有了激光器测距仪的实验报告，创造了激光技术应用的最先范例。1967 年，瑞典 AGA 公司推出的世界第一台商品化激光测距仪 AGA—8 以及我国武汉地震大队继之研制成功的 JCY 系列激光测距仪，是具有一定代表性的第二代光电测距仪。

光电测距仪继续沿着小型轻便、一机多能和超高精度的方向发展。特别是 20 世纪 90 年代又出现了测距仪和电子经纬仪及计算机硬件组合成一体的电子全站仪。它便于测量人员进行所谓全站化测量，在现场完成归算等一系列成果处理，并发展成为全野外数字化测图。目前，光电测距仪正向着自动化、智能化和利用蓝牙技术实现测量数据的无线传输方向飞速发展。光电测距仪按其光源分为普通光测距仪、激光测距仪和红外测距仪。按测定载波传播时间的方式分为脉冲式测距仪和相位式测距仪；按测程又可分为短程、中程和远程测距仪三种(见表，按其精度分为Ⅰ、Ⅱ、Ⅲ三个级别(表 4—1)。

表 4—1　光电测距仪测程分类与技术等级

	仪器种类	短程光电测距仪	中程光电测距仪	远程光电测距仪
测程分类	测程(km)	＜3	3～15	＞15
	精度	±(5mm＋5ppm$D$)	±(5mm＋2ppm$D$)	±(5mm＋1ppm$D$)
	光源	红外光源(GaAs，发光二极管)	红外光源(GaAs 发光二极管) 激光光源(激光管)	He-Ne 激光器
技术等级	测距原理	相位式	相位式	相位式
	使用范围	地形测量，工程测量	大地测量，精密工程测量	大地测量，航空、航天、制导等空间距离测量
	技术等级	Ⅰ	Ⅱ	Ⅲ
	精度(mm)	＜5	5～10	11～20

四、D2000 短程红外光电测距仪

1. D2000 短程红外光电测距仪的结构组成

以 D2000 短程红外光电测距仪为例如图 4—11 所示，主机通过连接器安置在经纬仪上部如图4—12所示，经纬仪可以是普通光学经纬仪，也可以是电子经纬仪。利用光轴调节螺钉，可使主机的发射——接受器光轴与经纬仪视准轴位于同一竖直面内。另外，测距仪横轴到经纬仪横轴的高度与觇牌中心到反射棱镜高度一致，从而使经纬仪瞄准觇牌中心的视线与测距仪瞄准反射棱镜中心的视线保持平行，如图 4—13 所示。

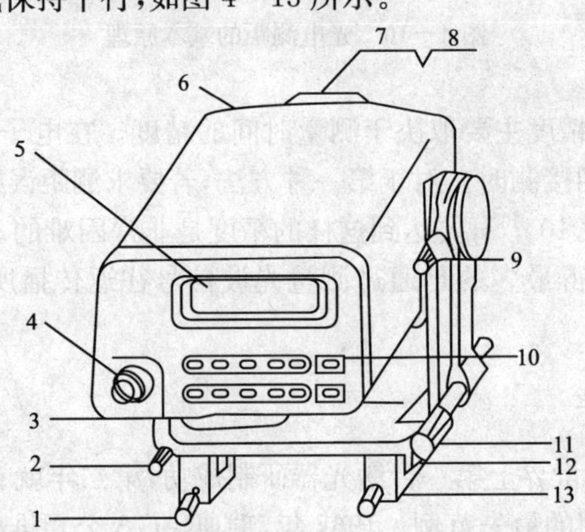

图 4—11　D2000 短程红外光电测距仪

1—显示器；2—望远镜目镜；3—键盘；4—电池；5—照准轴水平调整手轮；6—座架；7—俯仰调整手轮；8—座架固定手轮；9—间距调整螺钉；10—俯仰固定手轮；11—物镜；12—物镜罩；13—RS 232 接口

配合主机测距的反射棱镜如图 4—14 所示，根据距离远近，可选用单棱镜(1500m 内)或三棱镜(2500m 内)，棱镜安置在三脚架上，根据光学对中器和长水准管进行对中整平。

2. D2000 短程红外光电测距仪的主要技术指标及功能

(1)D2000 短程红外光电测距仪的最大测程为 2500m，测距精度可达$\pm(3\text{mm}+2\times10^{-6}\times D)$(其中 D 为所测距离)。

(2)最小读数为 1mm；仪器设有自动光强调节装置，在复杂环境下测量时也可人工调节光强。

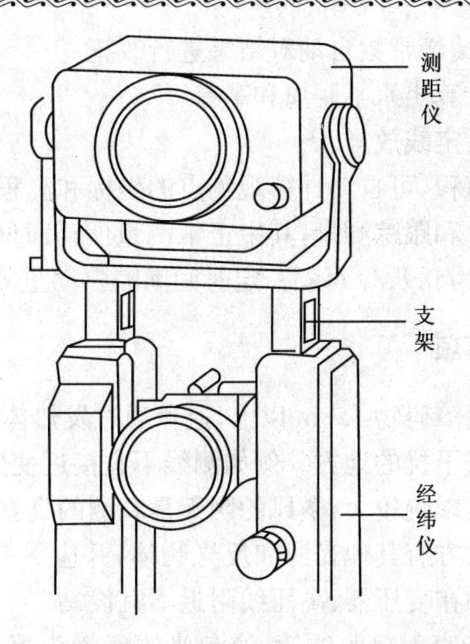

图 4—12　电测距仪与经纬仪的连接

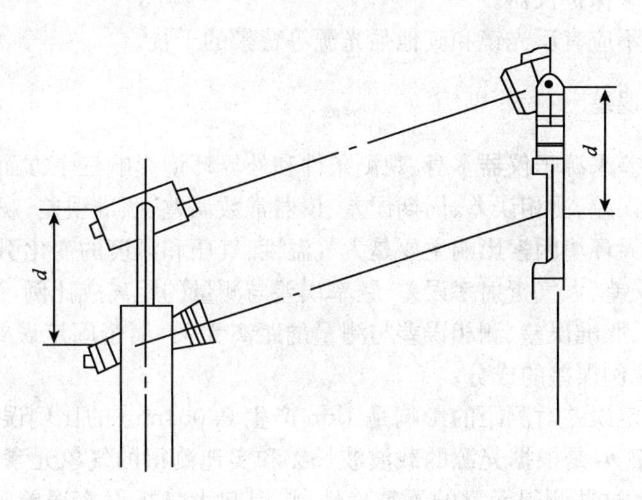

图 4—13　经纬仪瞄准觇牌中心的视线与测距仪瞄准反射棱镜中心的视线平行

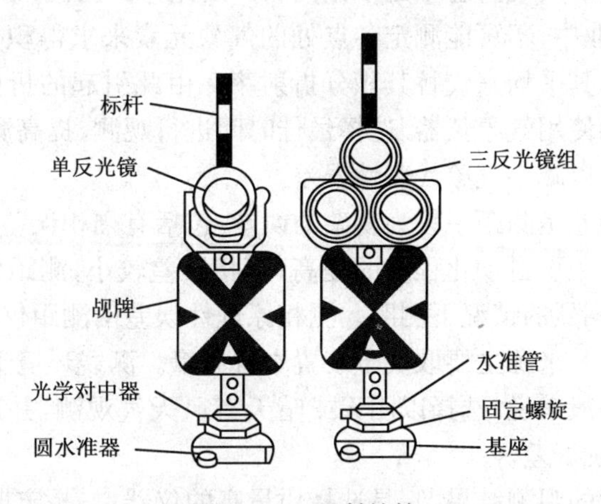

图 4—14　反射棱镜

(3)可输入温度、气压和棱镜常数自动对结果进行改正。

(4)可输入垂直角自动计算出水平距离和高差。

(5)可通过距离预置进行定线放样。

(6)若输入测站坐标和高程,可自动计算观测点的坐标和高程。

(7)测距方式有正常测量和跟踪测量,其中正常测量所需时间为 3s,还能显示数次测量的平均值。跟踪测量所需时间为 0.8s。每隔一定时间间隔自动重复测距。

五、光电测距操作注意事项

(1)测线应尽量离开地面障碍物 1.3m 以上,避免通过发热体和较宽水面的上空。

(2)测线应避开强电磁场干扰的地方。例如测线不宜接近变压器、高压线等。

(3)气象条件对光电测距影响较大,微风的阴天是观测的良好时机。视场内只能有皮光棱镜,应避免测线两侧及镜站后方有其他光源和反光物体,并应尽量避免逆光观测;设置测站时要避免强电磁场的干扰,例如在变压器、高压线附近不宜设站。

(4)严防阳光及其他强光直射接收物镜,避免光线经镜头聚焦进入机内。将部分元件烧坏,阳光下作业应撑伞保护仪器。

(5)镜站的后面不应有反光镜和其他强光源等背景的干扰。

六、光电测距的误差

(1)光电测距误差来源于仪器本身、观测条件和外界环境影响三个方面。仪器误差主要是光速测定误差、频率误差、测相误差、周期误差、仪器常数误差、照准误差;观测误差主要是仪器和棱镜对中误差;外界环境因素影响主要是大气温度、气压和湿度的变化引起的大气折射率误差。其中光速测定误差、大气折射率误差、频率误差与测量的距离成比例,为比例误差;而对中误差、仪器常数误差、照准误差、测相误差与测量的距离无关,属于固定误差;周期误差既有固定误差的成分也有比例误差的成分。

(2)真空光速测定误差对测距的影响是 1km 产生 0.004mm 的比例误差,可以忽略不计,测距时的大气折射率 n,是根据光源的载波波长 λ 和实地测得的气象元素大气温度 t、大气压力 p 等才能算得的。这些测得元素的不精确性,将引起大气折射率误差:由于测距光波往返于测线时,光线上每点处的大气折射率是不相同的。因此,大气折射率应该是整个测线上的积分折射率。但在实际作业中,不可能测定各点处的气象元素来求得积分折射率。只能在测线两端测定气象元素,并取其平均来代替其积分折射率。由此引起的折射率误差称为气象代表性误差。实践表明,正确使用气象仪器、选择最佳时间进行观测、提高测线高度、利用阴天有微风天气观测等措施,都可以减小气象代表性误差。

(3)测距仪的测相误差是测距中较为复杂的误差,包括有幅相误差、测相原理性误差、测线环境干扰误差等,随着测距仪自动化程度的提高,幅相误差较小,测距仪应避免在规定测程以外的场合以及环境变化剧烈的情况下测距。测相原理性误差由测距仪内部测相信号传输误差及测相装置误差所引起,其来源主要取决于装置本身质量。测线环境干扰误差包括大气湍流、大气衰减、光噪声等。一般来说,选择以阴天或晴天有风天气观测,并避免测距仪受到强烈热辐射等可以减少环境干扰误差。

总之,要获得高精度的观测结果,一是选择质量高的仪器;二是定期检定仪器,获得相应的技术参数,以便人为改正:三是选择有利的外界环境观测,降低外界因素的影响。

第三节　视距测量

一、视距测量的原理

视距测量是一种间接测距方法，是利用测量仪器望远镜中的视距丝并配合视距尺，根据几何光学及三角学原理，同时测定两点间的水平距离和高差的一种方法。这种方法具有操作方便，速度快，不受地面高低起伏限制等优点。但精度较低，普通视距测量的相对精度约为(1/300)～(1/200)，测定高差的精度低于水准测量和三角高程测量；只能满足地形测量的要求，因此被广泛用于地形碎部测量中，也可用于检核其他方法量距可能发生的粗差。精密视距测量可达1/2000，可用于山地的图根控制点加密。

二、视线水平时的视距测量经验公式

测定A、B两点间的水平距离，如图4－15所示，在A点安置经纬仪。在B点竖立视距尺，当望远镜视线水平时，视准轴与尺子垂直，经对光后，通过上、下两条视距丝m、n就可读得尺上M、N两点处的读数，两读数的差值l称为视距间隔或视距。f为物镜焦距，p为视距丝间隔，δ为物镜至仪器中心的距离，由4－15图可知，A、B点之间的平距为：

$$D=d+f\delta$$

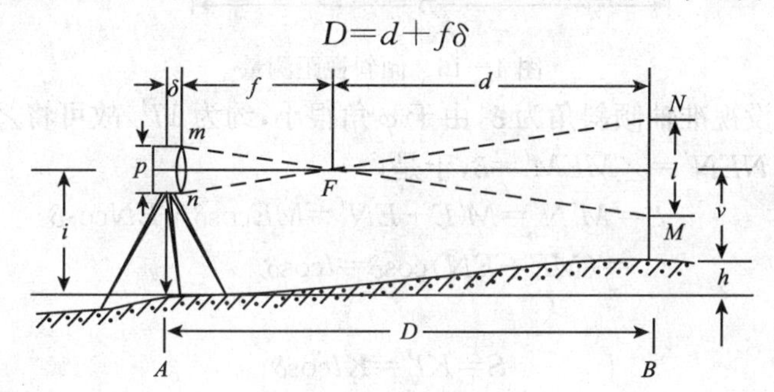

图4－15　水平视距测量

其中，d由两相似三角形MNF和mnF求得：

$$\frac{d}{f}=\frac{l}{p}$$

$$d=\frac{f}{p}l$$

因此，$D=\frac{f}{p}l+(f+\delta)$

令$K=\frac{f}{p}$，K称为视距乘常数；$c=f+\delta$，c称为视距加常数，则，

$$D=Kl+c$$

在设计望远镜时，适当选择有关参数后，可使$K=100$，$c=0$。于是，视线水平时的视距公式为，两点间的高差为：

$$D=100l$$

两点间的高差为：

$$h=i-v$$

式中 i——仪器高；

v——望远镜的中丝在尺上的读数。

视线倾斜时的视距测量经验公式是如何推导出来的。

当地面起伏较大时，必须将望远镜倾斜才能照准视距尺，如图 4－16 所示。此时的视准轴不再垂直于尺子，视线水平时的视距测量公式就不适用了。若想引用前面的公式，测量时则必须将尺子置于垂直于视准轴的位置。但不易操作，因此。在推导倾斜视线的视距公式时，必须加上两项改正：视距尺不垂直于视准轴的改正；倾斜视线（距离）化为水平距离的改正。

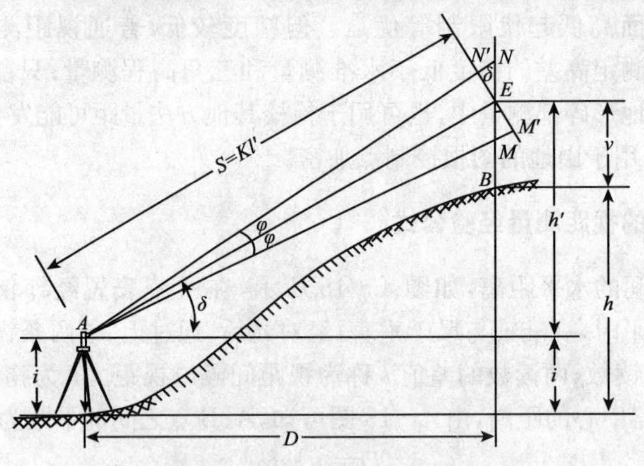

图 4－16 倾斜视距测量

在图4－11中，设视准轴倾斜角为 δ，由于 φ 角很小，约为 $17'$，故可将$\angle NN'E$ 和$\angle MM'E$ 近似看成直角，则$\angle NEN'=\angle MEM'=\delta$，于是，

$$l'=M'N'=M'E+EN'=ME\cos\delta+EN\cos\delta$$

$$=(ME+EN)\cos\delta=l\cos\delta$$

得倾斜距离：

$$S=Kl'=Kl\cos\delta$$

化算为平距为：

$$D=S\cos\delta=Kl\cos^2\delta$$

A、B 两点间的高差为：

$$h=h'+i-v$$

$$h'=S\sin\delta=Kl\cos\delta\cdot\sin\delta=\frac{1}{2}Kl\sin2\delta$$

h'称为初算高差。故视线倾斜时的高差公式为：

$$h=\frac{1}{2}Kl\sin2\delta+i-v$$

三、视距测量的观测要点

(1)施测时，安置仪器于 A 点，量出仪器高 i，转动照准部瞄准 B 点视距尺，分别读取上、下、中三丝的读数，计算视距间隔。再使竖盘指标水准管气泡居中，转动仪器照准部照准视距尺，在望远镜中分别用上、下、中丝读得读数 M、N、V。

(2)再使竖盘指标水准管气泡居中，在读数显微镜中读取竖盘读数。

(3)根据读数 M、N 算得视距间隔 l。

(4)根据竖盘读数算得竖角 δ。

(5)利用视距公式计算平距 D 和高差 h。

四、视距常数的测定

在进行视距测量前必须把视距公式中的乘常数 K 加以精确测定。其方法如下:在平坦地区选择一段直线 AB,在 A 点打一木桩,从这木桩起沿直线依次在 25m、50m、100m、150m、200m 的距离分别打下木桩 B_1、B_2、B_3、B_4、B_5。各桩距 A 点的长度为 S_i。将仪器安置于 A 点、在各 B_i 点上依次竖立标尺,按盘左和盘右两个位置使望远镜大致水平瞄准各点所立标尺。用上、下丝读数,每次测定视距间隔各两次。再由 B_5 点测向 B_1 点通法返测一次。这样往、返各测得每立尺点的视距间隔两次,所以每桩所得的视距间隔 l_1、l_2、l_3、l_4、l_5 各 4 次。各取其平均值后分别代入公式 $K=S_i/l_i$,计算出不同距离所测定的 K 值,取其平均值即为所求的 K 值。

五、视距测量误差

(1)视距尺倾斜误差。视距公式是在视距尺铅垂竖直的条件下推得的,视距尺倾斜对视距测量的影响与竖直角的大小有关,竖直角越大对视距测量的影响越大,特别在山区测量时,应尽量扶直视距尺。

(2)读数误差的影响。用视距丝在视距尺上读数的误差是影响视距测量精度的主要因素。读数误差与视距尺最小分划的宽度、距离远近、望远镜的放大倍数及成像的清晰程度等因素有关。所以在作业时,应使用厘米刻画的板尺,根据测量精度限制最远视距,使成像清晰、消除误差、读数仔细。

六、视距测量时的注意事项

(1)要在成像稳定的情况下进行观测。

(2)要严格测定视距常数,扩值应在 100±0.1 之内,否则应加以改正。

(3)为减少垂直折光的影响,观测时应尽可能使视线离地面 1m 以上。

(4)作业时,要将视距尺竖直,并尽量采用带有水准器的视距尺。

(5)视距尺一般应是厘米刻划的整体尺。如果使用塔尺应注意检查各节尺的接头是否准确。

第五章　直线定向

确定地面点的平面位置，除了要已知直线的长度外，还必须已知直线的方向，所以直线方向的测量也是基本的测量工作。确定直线方向首先要有一个共同的标准方向作为依据，使各个直线在定向中都与这个标准方向相联系。直线定向就是确定地面直线与标准方向间的水平夹角的工作。

确定直线方向首先要有一个共同的基本方向，此外要有一定的方法来确定直线与基本方向之间的角度关系。

测量上常用的标准方向有三种，即真子午线方向、磁子午线方向和坐标纵轴方向。

第一节　标准方向的种类

一、真子午线方向

通过地球上某点和地球的两极所作的平面(真子午面)与地面相交，该交线即为真子午线。如图 5—1 所示，真子午线一端指向北极，另一端指向南极。地面上任一点在其真子午线处的切线方向，为该点的真子午线方向。真子午线方向指出地面上某点的真北和真南方向。地球上某点的真子午线方向是一个完全固定的方向，因此它适于作为测量中直线方向的标准方向。真子午线方向可用天文测量方法或用陀螺经纬仪来测定。

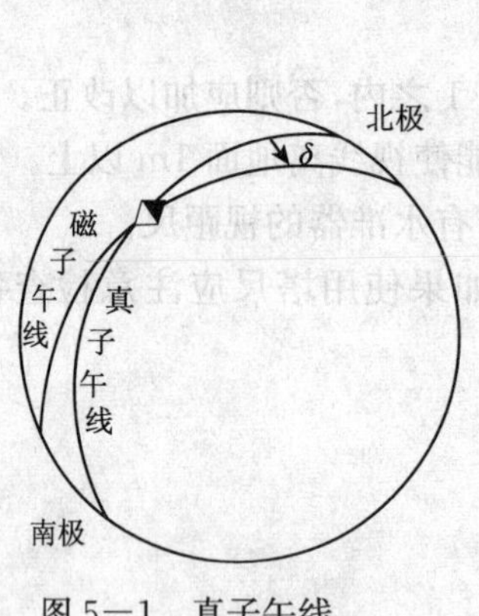

图 5—1　真子午线

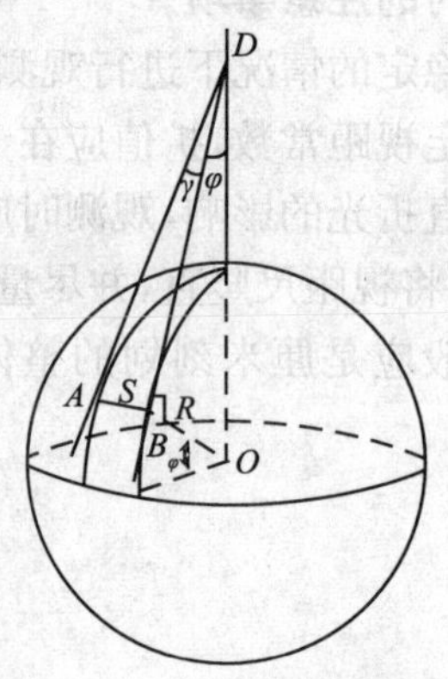

图 5—2　子午线收敛角

地球上各点的真子午线方向都是指向真北和真南，因而在经度不同的点上，真子午线方向互不平行。两点真子午线方向间的夹角称为子午线收敛角。

子午线收敛角可按下述方法近似计算。如图 5—2 所示，将地球看作圆球体，其半径为 R，设 A、B 两点位于同一纬度 φ，距离为 S。A、B 两点的真子午线方向与地轴的延长线相交于 D 点，夹角 γ 即为 A、B 两点间的子午线收敛角。从图中可知：

$$\gamma=\frac{S}{BD}\cdot\rho$$

在直角三角形 BOD 中，

$$BD=\frac{R}{\tan\varphi}$$

所以，$\gamma=\rho\cdot\frac{S}{R}\tan\varphi$

式中，$R=6\ 371\text{km}$，$\rho=3438'$或 $206265''$。

可以看出，子午线收敛角 γ 随纬度增大而增大，与两点间的距离成正比。当 A、B 两点不在同一纬度时 φ 可取两点的平均纬度代入，S 取两点的横坐标之差代入。

二、磁子午线方向是指什么方向

过地球上某点及地球南北磁极的半个大圆称为该点的磁于午线。所以自由旋转的磁针静止下来所指的方向，就是磁子午线方向。磁子午线方向可用罗盘来确定。

由于地磁的两极与地球的两极并不一致，北磁极约位于西经 100.0°北纬 76.1°；南磁极约位于东经 139.4°南纬 65.8°，所以同一地点的磁子午线方向与真子午线方向不能一致，其夹角称为磁偏角，用符号 δ 表示。

如图 5－3 所示。磁子午线方向北端在真子午线方向以东时为东偏，δ 定为“＋”，在西时为西偏，δ 定为“－”。磁偏角的大小随地点、时间而异，在我国磁偏角的变化约为＋6°(西北地区)～－10°(东北地区)之间。由于地球磁极的位置不断地在变动，以及磁针受局部吸引等影响。所以磁子午线方向不宜作为精确定向的基本方向。但由于用磁子午线定向方法简便，所以在独立的小区域测量工作中仍可采用。

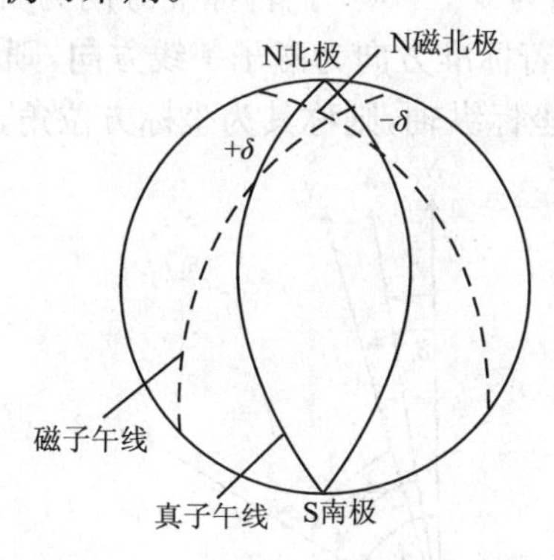

图 5－3　真子午线与磁子午线

三、坐标轴方向

过地面任一点且与其所在的高斯平面直角坐标系或者假定坐标系的坐标纵轴平行的直线称为该点的坐标纵轴方向。

不同点的真子午线方向或磁子午线方向都是不平行的，这使直线方向的计算很不方便。采用坐标纵轴方向作为标准方向，这样各点的标准方向都是平行的，使得计算十分方便。

在图 5－4 中，以过 O 点的真子午线方向作为坐标纵轴，因此任意点 A 或 B 的真子午线方向与坐标纵轴方向间的夹角就是子午线收敛角 γ，当坐标纵轴方向的北端偏向真子午线方向以东时，γ 为“＋”，以西时 γ 为“－”。

图 5－5 所示为三个标准方向间的基本关系，即三北方向之间的关系。

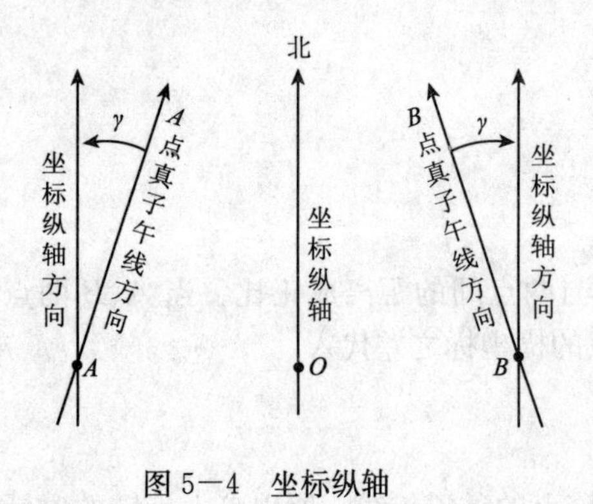

图 5－4　坐标纵轴

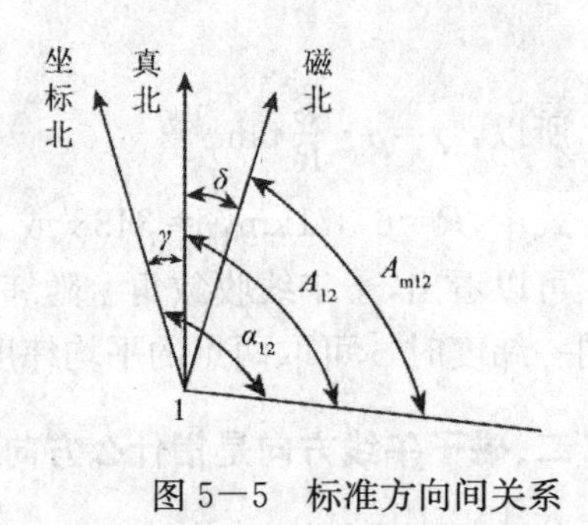

图 5－5　标准方向间关系

第二节　直线方向的表示方法

一、方位角的概念

测量工作中，常采用方位角来表示直线的方向。

测量工作中，常用方位角来表示直线的方向。方位角是由标准方向的北端起，顺时针方向度量到某直线的夹角，取值范围为 0°～ 360°。若标准方向为真子午线方向，则其方位角称为真方位角，用 A 表示真方位角；若标准方向为磁子午线方向，则其方位角称为磁方位角，用 A_m 表示磁方位角。若标准方向为坐标纵轴，则称其为坐标方位角，用 α 表示。如图 5－6 所示。

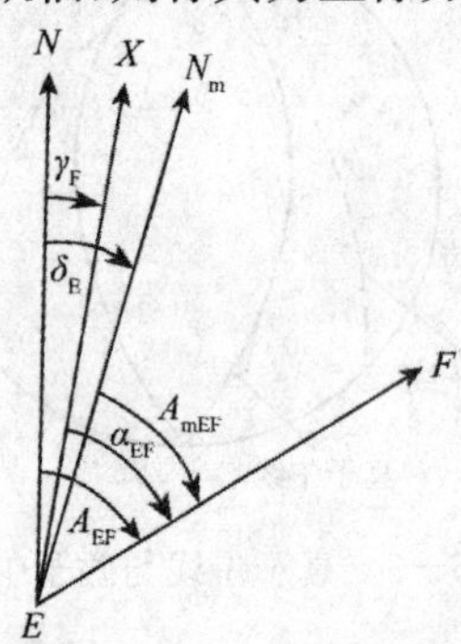

图 5－6　方位角的确定

由于一点的真子午线方向与磁子午线方向之间的夹角是磁偏角 δ，真子午线方向与坐标纵轴方向之间的夹角是子午线收敛角 γ，所以从图 5－6 中不难看出：真方位角和磁方位角之间的关系为

$$A_{EF}=A_{mEF}+\delta_E$$

真方位用和坐标方位角的关系为

$$A_{EF}=\alpha_{EF}+\gamma_E$$

式中，δ 和 γ 的值东偏时为“＋”，西偏时为“－”。

方位角的关系有哪几种：

(1)真方位角与磁方位角的关系。直线的真方位角与磁方位角可用下式进行换算，

$$A=A_m+\delta$$

δ东偏取正值，西偏取负值。我国磁偏角的变化在$+6°\sim-10°$之间。

(2)真方位角与坐标方位角之间的关系。地面点M、N等点的真子午线方向与中央子午线之间的夹角，称为子午线收敛角γ，γ有正有负。在中央子午线以东地区，各点的坐标纵轴偏在真子午线的东边，γ为正值；在中央子午线以西地区，γ为负值。

真方位角与坐标方位角之间的关系，可用下式进行换算，

$$A_{12}=\alpha_{12}+\gamma$$

(3)坐标方位角与磁方位角的关系；若已知某点的磁偏角δ与子午线收敛角γ，则坐标方位角与磁方位角之间的换算式为

$$\alpha=A_m+\delta-\gamma$$

子午线收敛角如图5—7所示。

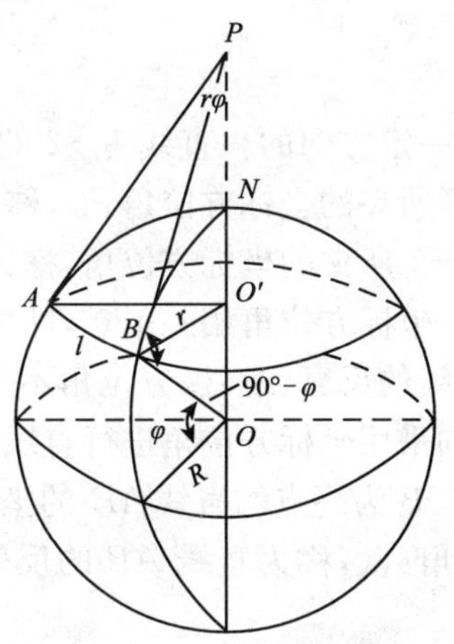

图5—7　子午线收敛角

二、象 限 角

直线的方向还可以用象限角来表示。由标准方向(北端或南端)度量到直线的锐角，称为该直线的象限角，用R表示，取值范围为$0°\sim90°$，如图5—8所示。为了确定不同象限中相同R值的直线方向，将直线的R前冠以把Ⅰ～Ⅳ象限分别用北东、南东、南西和北西表示的方位。同理，象限角亦有真象限角、磁象限角和坐标象限角。测量中采用的磁象限角R用方位罗盘仪测定。

坐标方位角α与象限角R的关系见表5—1。

表5—1　坐标方位角α与象限角R的关系

象限	坐标增量	$R\rightarrow\alpha$	$\alpha\rightarrow R$
Ⅰ	$\Delta x>0,\Delta y>0$	$\alpha=R$	$R=\alpha$
Ⅱ	$\Delta x<0,\Delta y>0$	$\alpha=180°-R$	$R=360°-\alpha$
Ⅲ	$\Delta x<0,\Delta y<0$	$\alpha=180°+R$	$R=\alpha-180°$
Ⅳ	$\Delta x>0,\Delta y<0$	$\alpha=360°-R$	$R=360°-\alpha$

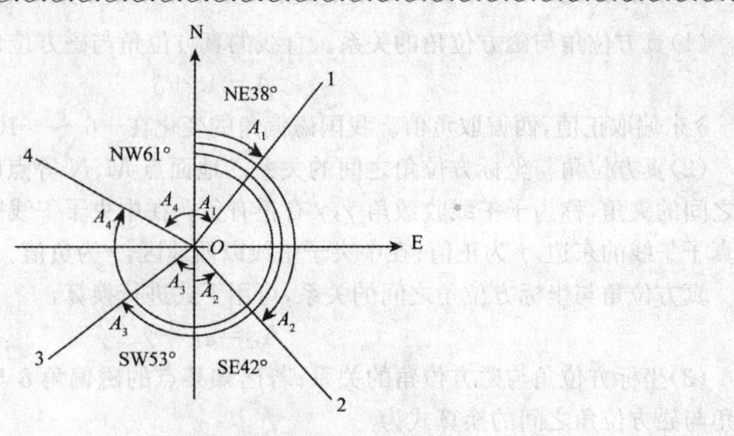

图 5－8 象限角示意

三、正、反坐标方位角

测量工作中的直线都是具有一定方向的。直线 1－2 的点 1 是起点，点 2 是终点；通过起点 1 的坐标纵轴方向与直线 1－2 所夹的坐标方位角 α_{12}，称为直线 1－2 的正坐标方位角。过终点 2 的坐标纵轴方向与直线 2－1 所夹的坐标方位角，称为直线 1－2 的反坐标方位角（是直线 2－1 的正坐标方位角）。正、反坐标方位角相差 180°，即由于地面各点的真（或磁）子午线收敛于两极，并不互相平行，致使直线的反真（或磁）方位角不与正真（或磁）方位角差 180°，给测量计算带来不便，故测量工作中均采用坐标方位角进行直线定向。

如图 5－9 所示，以 A 为起点、B 为终点的直线 AB 的坐标方位角 α_{AB} 称为直线 AB 的坐标方位角。而直线 BA 的坐标方位角 α_{BA}，称为直线 AB 的反坐标方位角。由图中可以看出正、反坐标方位角间的关系为：

$$\alpha_{AB}=\alpha_{BA}\pm180°$$

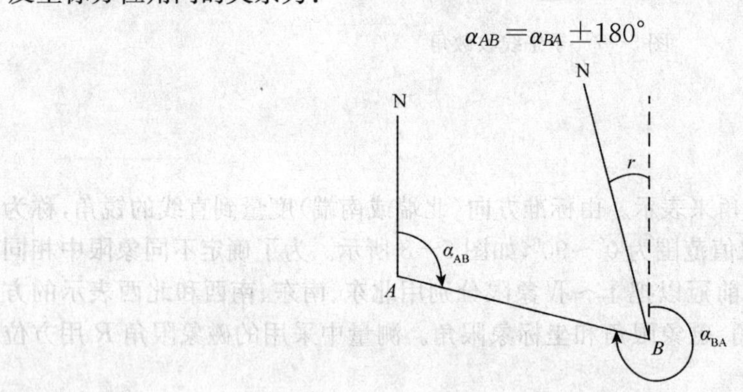

图 5－9 正、反方位角

第三节 方位角测量

为了整个测区坐标系统的统一，测量工作中并不直接测定每条边的方向，而是通过与已知点，（其坐标为已知）的连测，以推算出各边的坐标方位角。如图 5－10 所示，A、B 为已知点，$A-B$ 边的坐标方位角 α_{AB} 为已知，通过连测求得 $A-B$ 边与 $B-1$ 边的连接角为 β，测出了各点的右(或左)角,现在要推算 B_1、1—2、2—3 和 3—4 边的坐标方位角。所谓右(或左)角是指位于以编号顺序为前进方向的右(或左)边的角度。

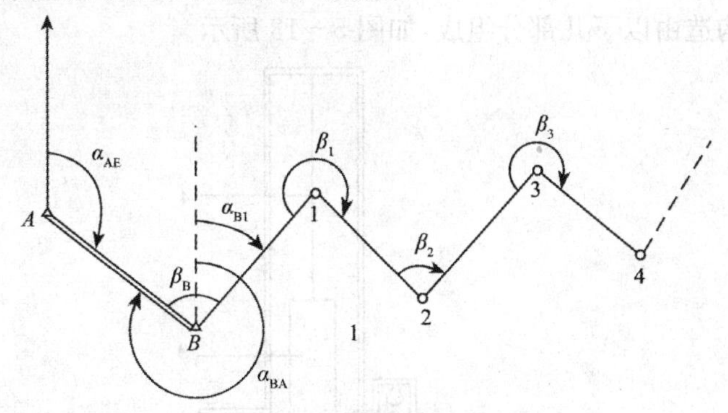

图 5—10　方位角的推算

一、罗盘仪的主要构成

罗盘仪的种类很多,其构造大同小异,主要部件有磁针、刻度盘和瞄准设备等。

(1)磁针。磁针用人造磁铁制成,其中心装有镶着玛瑙的圆形球窝。在刻度盘的中心装有顶针。磁针球窝支在顶点上。为了减轻顶针尖的磨损。装置了杠杆和螺旋 P,磁针不用时,用杠轩将磁针升起,使它与顶针分离,把磁针压在玻璃盖下。

(2)刻度盘。刻度盘为铜或铝的圆环,最小分划为 1°或 30°,按逆时针方向从 0°注记到 360°。

(3)瞄准设备。罗盘仪的瞄准没备,现在大都采用望远镜,老式仪器采用觇板。

二、用罗盘仪测定磁方位角

用罗盘仪测定直线的磁方位,首先将罗盘仪安置在直线的起点,对中、整平后,瞄准直线的另一端,然后放松磁针,当磁针静止后,即可进行读数。

对于方位罗盘仪,如观测时物镜靠近 0°,目镜靠近 180°,则用磁针的北端读出磁方位角。反之则用磁针的南端读数。如图 5—11 所示,读出方位角为 40°。

对于象限罗盘仪,如观测时物镜靠近度盘上的“北”,目镜靠近“南”,则用磁针的北端读出磁方位角。反之则用磁针的南端读数。如图 5—12 所示,读出磁象限角为南西 41°。

使用罗盘仪时,要避开高压电线,要避免铁质物体接近仪器。为保护磁针和顶针,测量完毕后应旋紧磁针固定螺旋,将磁针托起,压紧在玻璃盖上。

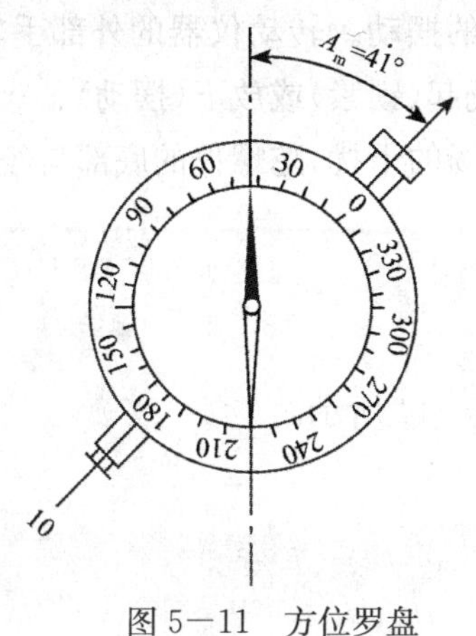

图 5—11　方位罗盘

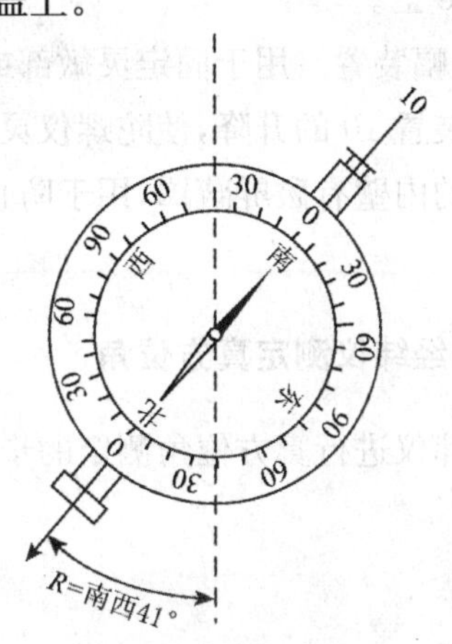

图 5—12　象限罗盘

三、陀螺仪的主要构成

陀螺经纬仪的构造由以下几部分组成，如图 5－13 所示。

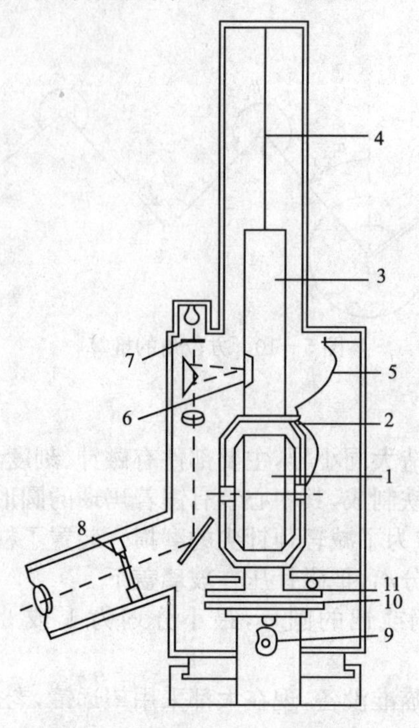

图 5－13　陀螺经纬仪的构造

1—陀螺电机；2—陀螺房；3—悬挂柱；4—悬挂带；5—导流丝；6—反光镜；
7—光标线；8—分划板；9—凸轮；10—锁紧限幅装置；11—灵敏部底座

(1)灵敏部。陀螺仪的核心部分是陀螺电机 1，它的转速为 21500r/min。安装在密封充氢的陀螺房 2 中，通过悬挂柱 3 由悬挂带 4 悬挂在仪器的顶部，有两根导流丝 5 和悬挂带 4 及旁路结构为电机供电，悬挂柱上装有反光镜 6，它们共同组成陀螺仪的灵敏部。

(2)光学观测系统。有与支架固连的光标线 7，经过反射棱镜和反光镜反射后，通过透镜成像在分划板 8 上。

(3)锁紧限幅装置。用于固定灵敏部或限制它的摆动。转动仪器的外部手轮，通过凸轮 9 带动锁紧限幅装置 10 的升降，使陀螺仪灵敏部被托起(锁紧)或放下(摆动)。

仪器外壳的内壁有磁屏蔽罩，用于防止外界磁场的干扰，陀螺仪的底部与经纬仪的桥形支架相连。

四、用陀螺经纬仪测定真方位角

用陀螺经纬仪进行真方位角测定的步骤如图 5－14 所示。

用陀螺经纬仪进行真方位角测定的步骤

- 准备：先将陀螺经纬仪安置在测线起点。对中、整平，盘左位置装上陀螺仪，并使经纬仪和陀螺仪的目镜同侧。打开电源箱。接通电缆。旋波段开关至“照明”，钮式开关扳至“电池电压”，电表指针在红区内，说明电源接通。观察目镜中可观察到已照明的光标和分划板的影像。
- 粗定向：
  - (1)粗定向是为了将经纬仪视线近似安置在北方向。其方法有两逆转点法、1/4 周期法和罗盘法。
  - (2)启动电动机，当电源逆变器电压指标为 36V 时、陀螺达到额定转速。旋转陀螺仪操作手轮，放下灵敏部，松开经纬仪水平制动螺旋，由观测目镜中观察光标线游动的方向和速度，用手扶住照准部进行跟踪，使光标线随时与分划板零刻划线重合。当光标线游动速度减慢时，表明已接近逆转点。在光标线快要停下来的时候，旋紧水平制动螺旋，用水平微动螺旋继续跟踪，当光标出现短暂停顿到达逆转点时。立即读出水平度盘读数 u'_1；随后光标反向移动，同法继续反向跟踪，当到达第二个逆转点时读取 u'_2。托起灵敏部制动陀螺，取两次读数的平均值，即得近似北方向左度盘上的读数。将照准部安置在此平均读数的位置上，这时，望远镜视准轴就近似指向北方向。
- 精密定向：
  - (1)经粗略定向后望远镜已近似指北，即可进行精密定向。一般采用跟踪逆转点法和中天法。
  - (2)将水平微动螺旋放在行程中间位置，制动经纬仪照准部。启动电动机，达到额定转速并继续运转 3min 后，缓慢地放下陀螺灵敏部，并进行限幅(摆幅 3～7 为宜)，使摆幅不要超过水平微动螺旋行程范围。用微动螺旋跟踪。跟踪要平稳和连续，不要触动仪器各部位。当到达一个逆转点时，在水平度盘上读数，然后朝相反的方向继续跟踪和读数，如此连续读取 5 个逆转点读数 u_1、u_2、u_3、u_4、u_5。结束观测，托起灵敏部，关闭电源，收测。
  - (3)陀螺在子午面上左右摆动、其轨迹符合正弦规律，但摆幅会略有衰减，如图 5－15 所示。两次取 5 个逆转点读数的平均值，就得到陀螺北方向的读数 N_T。

图 5－14　用陀螺经纬仪进行真方位测定的步骤

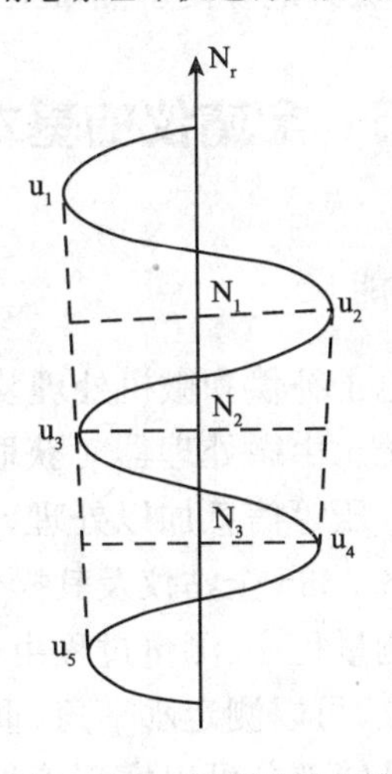

图 5－15　跟踪逆转点法

第六章　全站仪及其使用

全站型电子速测仪简称全站仪，是一种由机械、光学、电子元件组合而成的测量仪器，可以进行角度(水平角、竖直角)、距离(斜距、平距)、高差测量和数据处理，只需一次安置仪器便可以完成测站上所有的测量工作。

全站仪上半部分包含有测量的四大光电系统，即水平角测量系统、竖直角测量系统、水平补偿系统和测距系统。通过键盘可以输入操作指令、数据和设置参数。以上各系统通过Ⅰ/O接口接入总线与微处理机联系起来。

微处理器(CPU)是全站仪的核心部件，主要有寄存器系列(缓冲寄存器、数据寄存器、指令寄存器)、运算器和控制器组成。微处理机的主要功能是根据键盘指令启动仪器进行测量工作，执行测量过程中的检核和数据传输、处理、显示、储存等工作，保证整个光电测量工作有条不紊地进行，输入输出设备是与外部设备连接的装置(接口)，输入辅出设备使全站仪能与磁卡和微机等设备交互通讯，传输数据。

全站仪实现了观测结果的完全信息化、观测信息处理的自动化和实时化，并可实现观测数据的野外实时存储以及内业输出等，极大地方便了测量工作。

第一节　全站仪的基本构成

一、全站仪的基本组成及主要功能

全站仪由电子测角、电子测距、电子补偿和微机处理装置四大部分组成。全站仪本身就是一个带有特殊功能的计算机控制系统。由微处理器对获取的倾斜距离、水平角、垂直角、轴系误差、竖盘指标差、棱镜常数、气温、气压等信息加以处理，从而获得各项改正后的观测数据和计算数据，图6－1和图6－2为GTS－335全站仪及其操作面板。

在仪器的只读存储器中固化了测量程序、测量过程由程序完成。

全站仪的测角部分为电子经纬仪，可以测定水平角、垂直角、设置方位角；测距部分为光电测距仪，可以测定两点之间的距离；补偿部分可以实现仪器垂直轴倾斜误差对水平角、垂直角测量影响的自动补偿改正；中央处理器接受输入命令、控制各种观测作业方式、进行数据处理等。

全站仪的功能组合框架如图6－3所示。

二、全站仪的等级

1.等级

全站仪作为一种光电测距与电子测角和微处理器综合的外业测量仪器，其主要的精度指标为测距标准差 m_D 和测角标准差 m_β。仪器根据测距标准差和国家标准分为三个等级。小于5mm为Ⅰ级仪器，标准差大于5mm小于10mm为Ⅱ级仪器，大于10mm小于20mm为Ⅲ级仪器。

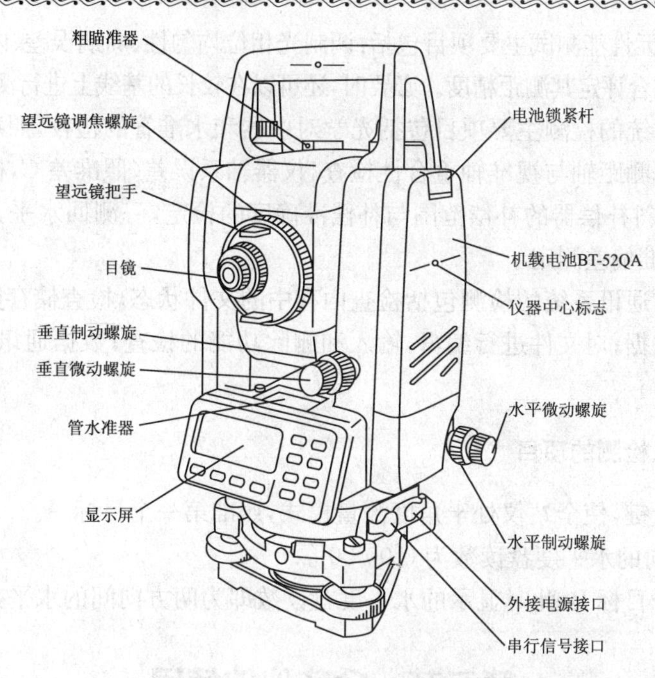

图 6－1　GTS－335 全站仪

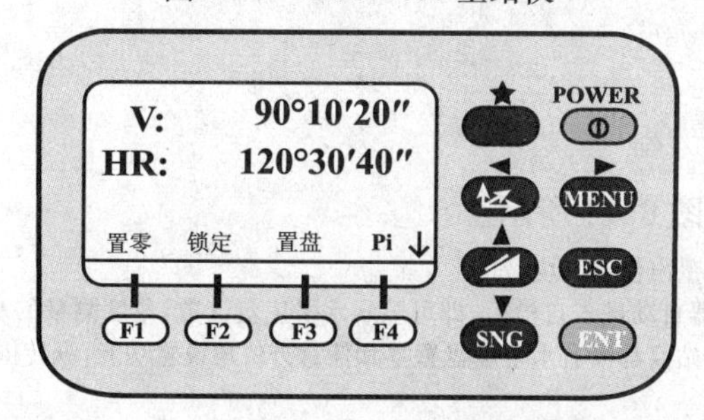

图 6－2　GTS－335 全站仪操作面板

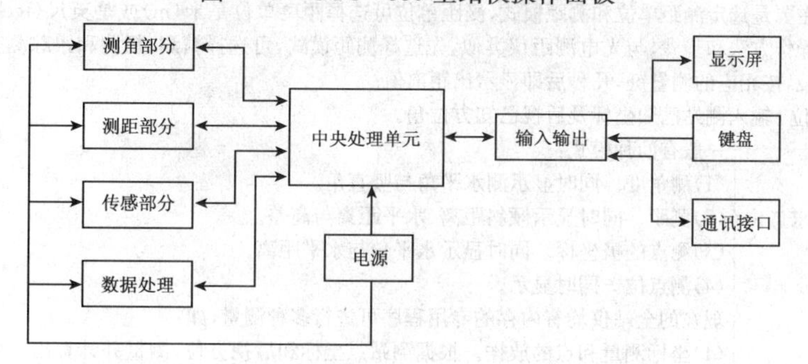

图 6－3　全站仪的组合框架图

全站仪设计中，关于测距和测角的精度一般遵循等影响的原则。可表示为：

$$\frac{m_D}{D}=\frac{m_\beta}{\beta}\text{或}\frac{m_\beta}{\beta}=2\times\frac{m_D}{D}$$

2. 检测

全站仪作为一种现代化的计量工具，必须依法对其进行计量检定，以保证量度的统一性，标准性及合格性。检定周期最多不能超过一年。对全站仪的检定分为三个方面，对测距性能的检测、对测角性能的检测和对其数据记录数据通讯及数据处理功能的检查。

(1)光电测距单元性能测试主要项目包括:调制光相位均匀性、周期误差、内符合精度、精测尺频率,加、乘常数及综合评定其测距精度。必要时,还可以在较长的基线上进行测距的外符合检查。

(2)电子测角系统的检测主要项目包括光学对中器和水准管的检校,照准部旋转时仪器基座方位稳定性检查,测距轴与视准轴重合性检查,仪器轴系误差(照准差 C,横轴误差 i,竖盘指标差 I)的检定。倾斜补偿器的补偿范围与补偿准确度的检定,一测回水平方向指标差的测定和一测回竖直角标准偏差测定。

(3)数据采集与通讯系统的检测包括检查内存中的文件状态,检查储存数据的个数和剩余空间;查阅记录的数据;对文件进行编辑,输入和删除功能的检查;数据通讯接口、数据通讯专用电缆的检查等。

三、全站仪可以检测的项目

(1)按角度测量键,使全站仪处于角度测量模式,照准第一个目标 A。

(2)设置 A 方向的水平度盘读数为 $0°00'00''$。

(3)照准第二个目标 B,此时显示的水平度盘读数即为两方向间的水平夹角。

第二节 全站仪的使用

一、全站仪的使用程序

全站仪使用的程序如图 6－4 所示。

全站仪使用的程序
- 安置仪器:对中、整平后,量出仪器高度。
- 开机自检:打开电源,仪器自动进入自检后,即可显示水平度盘读数,角度测量的基本操作方法和步骤与经纬仪类似。目前的全站仪都具有水平度盘置零和任意方位角设置功能,纵转望远镜进行初始化后,可显示竖直度盘读数。
- 输入参数:主要是输入棱镜常数、温度、气压及湿度等气象参数。
- 选定模式:主要是选定测距单位和测距模式,测距单位可选择距离单位是米(m)或是英尺(feel),距离测量的基本操作方法和步骤,与光电测距仪类似,先选择测距模式,可选择精测、粗测和跟踪测三种;然后瞄准反射镜,按相应的测量键,几秒后即显示出距离值。
- 后视已知方位:输入测站已知坐标及后视已知方位角。
- 观测前视欲求点位:
  - 一般有四种模式:
  - (1)测角度。同时显示测水平角与竖直角。
  - (2)测距。同时显示倾斜距离、水平距离与高差。
  - (3)测点的极坐标。同时显示水平角与水平距离。
  - (4)测点位一同时显示。
- 应用内存程序测量:
  - 现在的全站仪均有内存的专用程序可进行多种测量,如:
  - (1)坐标测量和点的放样。根据测站点坐标和后视方位,测量并计算出三维坐标,也可根据输入的坐标值进行点坐标放样(目前绝大多数的全站仪提供的放样功能都是基于极坐标法),并示意放样点的位置。
  - (2)对边测量。观测两个目标点,即可测得两目标点之间倾斜距离、水平距离、高差及方位角。
  - (3)面积测量。观测几点坐标后,即测算出各点连线所围成的面积。
  - (4)后方交会。在需要的地方安置仪器,观测 2～5 个已知点的距离与夹角,即可以用后方交会的原理测定仪器所在的位置。
  - (5)悬高测量。通过测量某点,可以直接测出该点正上方高压线、桥梁等不易放置棱镜地点的高程和垂直距离。
  - (6)其他测量程序。导线测量、直线放样、弧线放样、坐标转换等。

图 6－4 全站仪使用的程序

二、全站仪测量距离时的操作方法

(1)设置棱镜常数。测距前需将棱镜常数输入仪器中,仪器会自动对所测距离进行改正。

(2)设置大气改正值或气温、气压值。光在大气中的传播速度会随大气的温度和气压而变化,15℃和70mmHg是仪器设置的一个标准值,此时的大气改正为0ppm。实测时可输入温度和气压值,全站仪会自动计算大气改正值(也可直接输入大气改正值),并对测距结果进行改正。

(3)量仪器高、棱镜高并输入全站仪。

(4)距离测量。照准目标棱镜中心,按测距键,距离测量开始,测距完成时显示斜距、平距与高差。

全站仪的测距模式有精测模式、跟踪模式与粗测模式三种。精测模式是最常用的测距模式,测量时间约2.5s,最小显示单位为1mm;跟踪模式常用于跟踪移动目标或放样时连续测距。最小显示单位为1cm。每次测距时间约0.3s;粗测模式测量时间约0.7s。最小显示单位为1cm或1mm。在距离测量或坐标测量时,可按测距模式(MODE)键选择不同的测距模式。应注意,有些型号的全站仪在距离测量时不能设定仪器高和棱镜高,显示的高差值是全站仪横轴中心与棱镜中心的高差。

三、全站仪进行坐标测量时的操作方法

(1)设定测站点度盘读数为其方位角;当设定后视点的坐标时,全站仪会自动计算后视方向的方位角,并设定后视方向的水平度盘读数为其方位角。

(2)设置棱镜常数。

(3)设置大气改正值或气温、气压值。

(4)量仪器高、棱镜高并输入全站仪。

(5)照准目标棱镜,按坐标测量键,全站仪开始测距并计算显示测点的三维坐标。

四、全站仪使用注意事项

(1)使用全站仪前,应认真阅读仪器使用说明书。先对仪器有全面的了解,然后着重学习一些基本操作,如测角、测距、测坐标、数据存储、系统设置等。在此基础上再掌握其他如导线测量,放样等测量方法。然后可进一步学习掌握存储卡的使用。

(2)凡迁站都应先关闭电源并将仪器取下装箱搬运。

(3)电池充电时间不能超过专用充电器规定的充电时间,否则有可能将电池烧坏或者缩短电池的使用寿命。若用快速充电器,一般只需要60～80min。电池如果长期不用,则一个月之内应充电一次。存放温度以0～40℃为宜。

(4)仪器安置在三脚架上之前,应检查三脚架的三个伸缩螺旋是否已旋紧。在用连接螺旋将仪器固定在三脚架上之后才能放开仪器。在整个操作过程中,观测者决不能离开仪器,以避免发生意外事故。

(5)严禁在开机状态下插拔电缆,电缆、插头应保持清洁、干燥。插头如有污物,需进行清理。

(6)在阳光下或阴雨天气进行作业时,应打伞遮阳、遮雨。

(7)望远镜不能直接照准太阳,以免损坏测距部的发光二极管。

(8)仪器应保持干燥，遇雨后应将仪器擦干，放在通风处，待仪器完全晾干后才能装箱。仪器应保持清洁、干燥。由于仪器箱密封程度很好，因而箱内潮湿会损坏仪器。

(9)电子手簿(或存储卡)应定期进行检定或检测，并进行日常维护。

(10)全站仪长途运输或长久使用以及温度变化较大时，宜重新测定并存储视准轴误差及整盘指示差。

第七章 测量误差

测量工作的实践表明，对某量进行多次观测，无论测量仪器多么精密，观测得多么仔细认真，观测值之间总存在着差异。

研究测量误差是为了认识测量误差的基本特性及其对观测结果的影响规律。建立处理测量误差的数学模型，确定未知量的最可靠值及其精度。进而判定观测结果是否可靠或合格。在认识了测量误差的基本特性和影响规律之后，能指导测量员在观测过程中如何制定观测方案、采取措施尽力减少测量误差对测量结果的影响。研究观测误差的来源及其规律，采取各种措施消除或减小其误差影响，是测量工作者的一项主要任务。

第一节 测量误差概述

一、测量误差产生的因素

测量时，产生误差的因素是多方面的，如图 7－1 所示。

产生测量误差的因素
- 观测者：观测者是通过自己的感觉器官进行观测的，由于感觉器官鉴别能力的局限性，在进行仪器安置、瞄准、读数等工作时，都会产生一定的误差。与此同时，观测者的技术水平、工作态度等也会对观测结果产生不同的影响。
- 测量仪器和工具：测量工作所使用的仪器和工具，由于加工制造不完善和校正之后残余误差的存在，导致观测值的精度受到一定的影响，不可避免地存在误差。
- 外界条件：各种观测都是在一定的自然环境下进行的，外界条件如阳光、温度、风力、气压、湿度等都是随时变化的，这些因素都会给测量结果带来一定的误差。

图 7－1 产生误差的因素

仪器和外界条件是引起测量误差的主要因素，通常称为观测条件。观测条件相同的各次观测，称为等精度观测；观测条件不相同的各次观测，称为非等精度观测。观测成果的精度与观测条件有着密切的关系，观测条件好时，观测成果精度就高，观测条件差时，观测成果精度就低。

在观测结果中，有时还会出现错误。例如读错、记错或测错等，统称之为粗差。粗差在观测结果中是不允许出现的，为了杜绝粗差，除认真仔细作业外，还必须采取必要的检核措施。

二、系统测量误差

在相同的观测条件下作一系列观测，若误差的大小及符号表现出系统性，或按一定的规律变化，这类误差称为系统误差。例如，用一把名义为 30m 长、而实际长度为 30.02m 的钢尺丈量距离，每量一尺段就要少量 2cm，该 2cm 误差在数值上和符号上都是固定的，且随着尺段的倍数呈累积性。

系统误差在测量成果中具有累积性，对测量成果影响较大，一般可采用下列方法消除或减弱其影响：

(1)进行计算改正。如在钢尺量距时，对测量结果加上尺长改正数和温度的改正数，即可消除尺长误差和温度变化的影响。

(2)选择适当的观测方法。例如、在经纬仪测角时,用盘左、盘右取平均值的方法,可以消除视准轴不垂直于横轴和横轴不垂直于竖轴的误差。又如,在水准测量中,可以用前后视距相等的方法来消除或减小由于水准仪视准轴不平行于水准管轴以及地球曲率和大气折光而给观测结果带来的影响。

三、偶然误差

偶然误差也叫随机误差,在相同的观测条件下进行一系列观测,若误差的大小及符号都表现出偶然性,即从单个误差来看,该误差的大小及符号没有规律,但从大量误差的总体来看。具有一定的统计规律。

(1)偶然误差的产生取决于观测进行中的一系列不可能严格控制的因素(如湿度、温度、空气振动等)的随机扰动。在同一条件下获得的观测列中,其数值、符号不定,表面看没有规律性,实际上是服从一定的统计规律的。

(2)产生偶然误差的原因很多,主要是由于仪器或人的感觉器官能力的限制,以及环境中不能控制的因素,如观测者的估读误差、照准误差等,如不断变化着的温度、风力等外界环境的影响。

就单个偶然误差而言,其大小和符号都没有规律性,呈现出随机性,但就其总体而言却呈现出一定的统计规律性,并且是服从正态分布的随机变量,即在相同观测条件下,大量偶然误差分布表现出一定的特性。在一定时观测条件下,偶然误差的绝对值不会超过一定的限值,绝对值较小的误差比绝对值大的误差出现的概率大;绝对值相等的正、负误差出现的概率相同;同一量的等精度观测。其偶然误差的算术平均值,随着观测次数的无限增加而趋近于零。即,

$$\lim_{n \to \infty} \frac{[\Delta]}{n} = 0$$

式中 Δ——偶然误差。

例如,在相同的观测条件下,观测了 217 个三角形的全部内角。已知三角形内角之和等于 180°,由于观测存在误差,每一个三角形内角之和观测值 L_i 都不等于 180°,其差值 Δ_i 为三角形内角和的真误差,即,$\Delta_i = L_i - 180°$,将 217 个三角形内角和的真误差的大小和正负按一定的区间统计误差个数,列于表 7—1 中。

表 7—1 区间统计误差个数表

误差区间	正误差的个数	负误差的个数	总个数
0″～3″	30	29	59
3″～6″	21	20	41
6″～9″	15	18	33
9″～12″	14	16	30
12″～15″	12	10	22
15″～18″	8	8	16
18″～21″	5	6	11
21″～24″	2	2	4
24″～27″	1	0	1
27″以上	0	0	0
合计	(108)	(109)	(217)

由表 7—1 可以看出:小误差的个数比大误差个数多;绝对值相等的正、负误差的个数大致

相等;最大误差不超过 27″。

四、粗　　差

粗差是一些不确定因素引起的误差,国内外学者在粗差的认识上还未有统一的看法,目前的观点主要有几类:

(1)一类是将粗差看作与偶然误差具有相同的方差,但期望值不同;另一类是将粗差看作与偶然误差具有相同的期望值,但其方差十分巨大。

(2)还有一类是认为偶然误差与粗差具有相同的统计性质。但有正态与病态的不同。以上的理论均是建立在把偶然误差和粗差均为属于连续型随机变量的范畴。

(3)还有一些学者认为粗差属于离散型随机变量。

当观测值中剔除了粗差,排除了系统误差的影响,或者与偶然误差相比系统误差处于次要地位后,占主导地位的偶然误差就成了我们研究的主要对象。从单个偶然误差来看,其出现的符号和大小没有一定的规律性,但对大量的偶然误差进行统计分析,就能发现其规律性。误差个数愈多,规律性愈明显。

五、方差和中误差

在同等观测条件下,对真值为 X 的某一量进行了 n 次观测,其观测值为 L_1、L_2、…、L_n,相应的真误差为 Δ_1、Δ_2、…、Δ_n。各个真误差平方和的平均值的平方根,称为该列观测值的中误差,以 m 表示,即,

$$\Delta_i = L_i - X$$

$$m = \pm\frac{[\Delta\Delta]}{n}$$

式中　n——观测次数;

m——观测值中误差(又称均方误差);

$[\Delta\Delta]$——各个真误差 Δ_i 的平方和,$[\Delta\Delta]=\Delta_1\Delta_1+\Delta_2\Delta_2+\cdots+\Delta_n\Delta_n$。

中误差也叫绝对误差,中误差并不等于每个观测值的真误差,中误差仅是真误差的代表值。中误差代表的是一组观测值的精度。一组观测值的测量误差愈大,中误差也就愈大,精度也就愈低;测量误差愈小,中误差也就愈小,精度也就愈高。

六、相对误差

在距离丈量中,中误差不能准确地反映出观测值的精度。例如,丈量两段距离,$D_1=100\text{m}$,$m_1=\pm1\text{cm}$ 和 $D_2=300\text{m}$,$m_2=\pm1\text{cm}$,虽然两者中误差相等,$m_1=m_2$,显然,不能认为这两段距离丈量精度是相同的,这时应采用相对中误差 K 来作为衡量精度的标准。

相对中误差是中误差的绝对值与相应观测结果之比,并化为分子为 1 的分数,即,

$$K=\frac{|m|}{D}=\frac{1}{\frac{D}{|m|}}$$

在上面所举例中:

$$K_1=\frac{|m_1|}{D_1}=\frac{0.01}{100}=\frac{1}{10000}\quad K_2=\frac{|m_2|}{D_2}=\frac{0.01}{30}=\frac{1}{3000}$$

显然，前者的精度比后者高。

相对误差用于距离丈量的精度评定，而不能用于角度测量和水准测量的精度评定，这是因为后两者的误差大小与观测量角度、高差的大小无关。

七、极限误差

在一定观测条件下，偶然误差的绝对值不应超过的限值，称为极限误差，也称限差或容许误差。偶然误差的第一特性说明，在一定观测条件下，偶然误差的绝对值有一定的限值。根据误差理论和大量的实践证明，在等精度观测某量的一组误差中，大于2倍中误差的偶然误差，出现的机会为4.5%，大于3倍中误差的偶然误差，出现的机会仅为0.3%。因此，在观测次数有限的情况下，可以认为大于2倍或3倍中误差的偶然误差出现的可能性极小，所以通常将2倍或3倍中误差作为偶然误差的容许值，即，

$$\Delta_p=2m \text{ 或 } \Delta_p=3m$$

如果某个观测值的偶然误差超过了容许误差，就可以认为该观测值含有粗差，应舍去不用或返工重测。

第二节　算术平均值及其中误差

一、算术平均值

在相同的观测条件下，对某量进行多次重复观测，根据偶然误差特性，可取其算术平均值作为最终观测结果。研究误差的目的之一，就是把带有误差的观测值给予适当处理，以求得最可靠值。取算术平均值的方法就是其中最常见的一种。

例如，在等精度观测条件下对某量独立观测 n 次，观测结果为 L_1、L_2、…、L_n 该量的算术平均值 x 为：

$$x=\frac{L_1+L_2+\cdots+L_n}{n}=\frac{[L]}{n}$$

若该量的真值为 X，各观测值的真误差为 Δ_1、Δ_2、…、Δ_n，则，

$$\Delta_1=L_1-X$$

$$\Delta_2=L_2-X$$

$$\cdots$$

$$\Delta_n=L_n-X$$

将上列各式求和得，$[\Delta]=[L]-nX$

上式两端各除以 n 得，$\frac{[\Delta]}{n}=\frac{[L]}{n}-X$

$\frac{[\Delta]}{n}$为 n 个观测值真误差的平均值。根据偶然误差的第四个特性，当 $n\to\infty$ 时，$\frac{[\Delta]}{n}\to 0$，

即：$\lim\limits_{n\to\infty}\frac{[\Delta]}{n}=0$

这时算术平均值$\frac{[L]}{n}$就是该量的真值 X，即：$X=\frac{[L]}{n}$。

在实际工作中，算术平均值并不等于真值，然而它与所有的观测值比较是最接近真值的，但是可以认为算术平均值是未知量的最可靠值(又称最或是值)。

二、算术平均值的中误差

在实际工作中，大部分情况下，观测量的真值是不知道的，此时，由于求不出 Δ，所以也求不出 m。由于算术平均值是真值的最或是值；所以可以使用算术平均值代替真值计算中误差 m。

算术平均值 X 与各观测值 L_i 之差称为最或是误差，又名观测值的改正数，用 υ_i 表示，即，

$$\upsilon_i = x - L_i$$

$i=1、2、\cdots、n$，上式取和得，

$$[\upsilon] = nx - [L]$$

将上式合并得，

$$[\upsilon] = 0$$

已知 $\Delta_i = L_i - X$，将此式与上式合并得，

$$\upsilon_i + \Delta_i = x - X$$

令 $x - X = \delta$，则，

$$\Delta_i = -\upsilon_i + \delta$$

对上式两端取平方，再求和，则

$$[\Delta\Delta] = [\upsilon\upsilon] - 2\delta[\upsilon] + n\delta^2$$

总结上式得，

$$[\Delta\Delta] = [\upsilon\upsilon] + n\delta^2$$

而，

$$\delta = x - X = \frac{L}{n} = \frac{[L - X]}{n} = \frac{[\Delta]}{n}$$

$$\delta^2 = \frac{[\Delta]^2}{n^2} = \frac{1}{n^2}(\Delta_1^2 + \Delta_2^2 + \cdots + \Delta_n^2 + 2\Delta_1\Delta_2 + 2\Delta_2\Delta_3 + \cdots + 2\Delta_{n-1}\Delta_n)$$

$$= \frac{[\Delta\Delta]}{n^2} + \frac{2(\Delta_1\Delta_2 + \Delta_2\Delta_3 + \cdots + \Delta_{n-1}\Delta_n)}{n^2}$$

根据偶然误差的特性可知，当 $n \to \infty$ 时，上式的第二项趋近于零，当 n 为较大的有限值时，其值远比第一项小，可忽略不计，故取，

$$\delta^2 = \frac{[\Delta\Delta]}{n^2}$$

此式即是等精度观测用改正数计算观测值中误差的公式，又称“白塞尔公式”。

三、用观测值的改正数计算中误差

一组等精度观测值为 $L_1、L_2、\cdots、L_n$，其中误差相同均为 m，最或是值 x 即为各观测值的算水平均值，则有，

$$x = \frac{[L]}{n} = \frac{1}{n}L_1 + \frac{1}{n}L_2 + \cdots + \frac{1}{n}L_n$$

根据误差传播定律，可得出算术平均值的中误差 M 为，

$$M^2=(\frac{1}{n^2}m^2)\cdot n=\frac{m^2}{n}$$

因此，$M=\frac{m}{\sqrt{n}}$

式中 n——观测次数；

m——观测值中误差。

在实际工作中，某些未知量不可能或不便于直接进行观测，而需要由另一些直接观测量根据一定的函数关系计算出来，这时函数中误差与观测值中误差必定有一定的关系。阐述这种关系的定律称为误差传播定律。

设有一般函数，

$$Z=F(x_1,x_1,\cdots,x_n)$$

其分微分为，

$$dZ=\frac{\partial F}{\partial x_1}dx_1+\frac{\partial F}{\partial x_2}dx_2+\cdots+\frac{\partial F}{\partial x_n}dx_n$$

$$\Delta Z=\frac{\partial F}{\partial x_1}\Delta x_1+\frac{\partial F}{\partial x_2}\Delta x_2+\cdots+\frac{\partial F}{\partial x_n}\Delta x_n$$

可写成，

$$\Delta Z=f_1\Delta x_1+f_2\Delta x_2+\cdots+f_n\Delta x_n$$

其相应的函数中误差式为：

$$m_Z^2=f_1^2m_1^2+f_2^2m_2^2+\cdots+f_n^2m_n^2$$

即，$m_Z=\pm\sqrt{(\frac{\partial F}{\partial x_1})^2m_1^2+(\frac{\partial F}{\partial x_2})^2m_2^2+\cdots+(\frac{\partial F}{\partial x_n})^2m_n^2}$

四、线性函数的中误差

设线性函数，

$$Z=k_1x+k_2y$$

式中 k_1、k_2——常数；

x、y——独立直接观测值。

设独立直接观测值 x、y 相应的中误差为 m_x、m_y，函数 Z 的中误差为 m_z。当观测值 x、y 中分别含有真误差 Δx、Δy 时，函数 Z 产生真误差 ΔZ，即，

$$Z-\Delta Z=k_1(x-\Delta x)+k_2(y-\Delta y)$$

上式合并得，

$$\Delta Z=k_1\Delta x+k_2\Delta y$$

设对 x、y 各独立观测了 n 次，则有，

$$\Delta Z_1=k_1\Delta x_1+k_2\Delta y_1$$
$$\Delta Z_2=k_1\Delta x_2+k_2\Delta y_2$$
$$\cdots$$
$$\Delta Z_n=k_1\Delta x_n+k_2\Delta y_n$$

取上式两端平方和，并除以 n，得，

$$\frac{[\Delta Z^2]}{n}=\frac{k_1^2[\Delta x^2]}{n}+\frac{k_2^2[\Delta y^2]}{n}+2\frac{k_1k_2[\Delta x\Delta y]}{n}$$

从偶然误差的特性可知，当 $n\to\infty$ 时，$\frac{[\Delta x\Delta y]}{n}$ 趋近于零。所以，上式可变为，

$$\frac{[\Delta Z^2]}{n}=k_1^2\frac{[\Delta x^2]}{n}+k_2^2\frac{[\Delta y^2]}{n}$$

根据中误差的定义，得，

$$m_Z^2=k_1^2m_x^2+k_2^2m_y^2$$

或 $m_Z=\pm\sqrt{k_1^2m_x^2+k_2^2m_y^2}$

当 Z 是一组观测值 $x_1,x_2,\cdots,x_n$ 的线性函数时，即，

$$Z=k_1x_1+k_2x_2+\cdots+k_nx_n$$

根据上面的推导方法，可求得 Z 的中误差为，

$$m_Z=\pm\sqrt{k_1^2m_1^2+k_2^2m_2^2+\cdots+k_n^2m_n^2}$$

由上式可推知和差函数与倍数函数的中误差。

(1)对于和差函数 $Z=\pm x\pm y$，有，

$$m_Z=\pm\sqrt{m_x^2+m_y^2}$$

如果 $m_x+m_y=m$，则，

$$m_Z=\sqrt{2}m$$

当 Z 是 n 个独立观测值的代数和时，即，

$$Z=\pm x_1\pm x_2\pm\cdots\pm x_n$$

可推得，

$$m_Z=\pm\sqrt{m_1^2+m_2^2+\cdots+m_n^2}$$

如果 $m_1=m_2=\cdots=m_n=m$，则，

$$m_Z=\pm\sqrt{n}m$$

(2)对于倍数函数 $Z=kx$，有，

$$m_Z=km_x$$

五、非线性函数中误差

设非线性函数为，

$$Z=f(x_1,x_2,\cdots,x_n)$$

式中　$x_1,x_2,\cdots,x_n$——独立直接观测值；

Z——未知量。

设 $x_1,x_2,\cdots,x_n$。为独立直接观测值，中误差分别为 $m_1,m_2,\cdots,m_n$，函数 Z 的中误差为 m_z。如果 $x_1,x_2,\cdots,x_n$ 包含有真误差 $\Delta x_1,\Delta x_2,\cdots,\Delta x_n$，则函数 Z 也产生真误差 ΔZ。

非线性函数方程式用泰勒级数展开成线性函数的形式，再对线性函数取全微分，得，

$$\mathrm{d}Z=\frac{\partial F}{\partial x_1}\mathrm{d}x_1+\frac{\partial F}{\partial x_2}\mathrm{d}x_2+\cdots+\frac{\partial F}{\partial x_n}\mathrm{d}x_n$$

由于真误差均很小,用其近似地代替式中的 dZ、dx_1、dx_2、…、dx_n 可得真误差关系式,

$$\Delta Z=\frac{\partial F}{\partial x_1}\Delta x_1+\frac{\partial F}{\partial x_2}\Delta x_2+\cdots+\frac{\partial F}{\partial x_n}\Delta x_n$$

式中 $\frac{\partial F}{\partial x_i}(i=1,2,\cdots,n)$是函数对各独立观测值 x_i 的偏导数,由于各独立观测值 x_i 的值可知,代入函数中,可计算出它们的数值,并视为常数。因此,真误差关系式可认为是线性函数的真误差关系式。则函数 Z 的中误差为,

$$m_Z=\pm\sqrt{(\frac{\partial F}{\partial x_1})^2m_1^2+(\frac{\partial F}{\partial x_2})^2m_2^2+\cdots+(\frac{\partial F}{\partial x_n})^2m_n^2}$$

第八章　小地区控制测量

为了保证所测点的位置精度，减少误差积累，测量工作必须遵循“从整体到局部”、“先整体后碎步”的组织原则，即先在测区内测定少数控制点，建立统一的平面和高程系统。由这些控制点互相联系形成的网络，称为控制网。

在测图租放样之前，应首先在测区内进行控制测量。工程控制测量为工业建设测量而建立的平面控制测量和高程控制测量的总称。它是工程建设中各项测量工作的基础。

控制测量是在测区内选定若干个起控制作用的点（控制点），构成一定的几何图形（控制网），用比较精密的测量仪器、工具和比较严密的测量方法，精确测定控制点的平面位置(x,y)和高程(H)。其中，测定控制点的(x,y)坐标称为平面控制测量，常用的方法有三角测量、导线测量、GPS测量等；测定控制点的H坐标称为高程控制测量，常用的方法有水准测量、三角高程测量等。

控制测量应按由高等级到低等级逐级加密进行，直至最低等级的图根控制测量，再在图根控制点上安置仪器进行碎部测量或测设工作。

第一节　控制测量概述

一、控制网及控制测量

1. 控制网

(1)在测区范围内选择若干有控制意义的点（称为控制点），按一定的规律和要求构成网状几何图形，称为控制网。

(2)控制网分为平面控制网和高程控制网。

2. 控制测量

(1)测定控制点位置的工作，称为控制测量。

(2)测定控制点平面位置(x,y)的工作，称为平面控制测量。测定控制点高程(H)的工作，称为高程控制测量。

(3)控制网有国家控制网、城市控制网和小地区控制网等。

二、国家平面控制网

在全国范围内建立的控制网，称为国家控制网。它是全国各种比例尺测图的基本控制，并为确定地球的形状和大小提供研究资料。国家控制网是用精密测量仪器和方法依照施测精度按一、二、三、四等四个等级建立的，它的低级点受高级点逐级控制。一等三角锁是国家平面控制网的骨干。二等三角网布设于一等三角锁环内，是国家平面控制网的全面基础。三、四等三角网为二等三角网的进一步加密。建立国家平面控制网，主要采用三角测量的方法。

一等三角锁沿经线和纬线布设成纵横交叉的三角锁系，锁长200～250km，构成许多锁环。一等三角锁内由近于等边的三角形组成，边长为20～30km。二等三角测量有如图8－1

和图 8—2 所示的两种布网形式。一种是由纵横交叉的两条二等基本锁将一等锁环划分成 4 个大致相等的部分，这 4 个空白部分用二等补充网填充，称纵横锁系布网方案。另一种是在一等锁环内布设全面二等三角网，称全面布网方案。二等基本锁的边长为 20～25km，二等网的平均边长为 13km。一等锁的两端和二等网的中间，都要测定起算边长、天文经纬度和方位角。所以国家一、二等网合称为天文大地网。我国天文大地网于 1951 年开始布设，1961 年基本完成，1975 年修补测工作全部结束，全网约有 5 万个大地点。

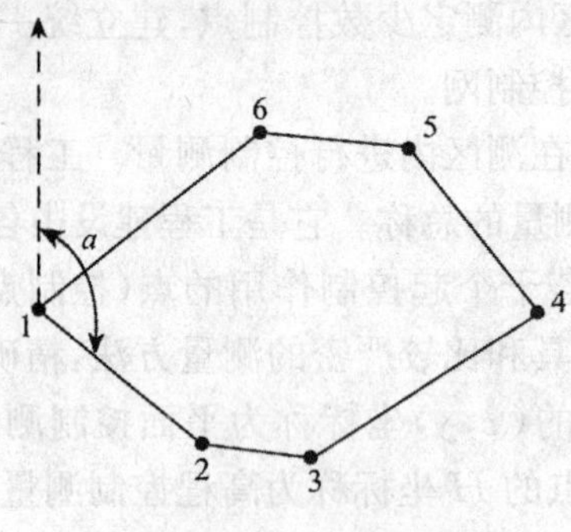

图 8—1 等线网

三、国家高程控制网

国家高程控制网是用精密水准测量方法建立的，所以又称国家水准网。国家水准网的布设也是采用从整体到局部，由高级到低级，分级布设逐级控制的原则。国家水准网分为 4 个等级。一等水准网是沿平缓的交通路线布设成周长约 1500km 的环形路线。一等水准网是精度最高的高程控制网，它是国家高程控制的骨干。也是地学科研工作的主要依据，二等水准网是布设在一等水准环线内，形成周长为 500～750km 的环线。它是国家高程控制网的全面基础。三、四等级水准网是直接为地形测图或工程建设提供高程控制点。三等水准网一般布置成附合在高级点间的附合水准路线，长度不超过 200km。四等水准网均为附合在高级点间的附合水准路线，长度不超过 80km，如图 8—2 所示。

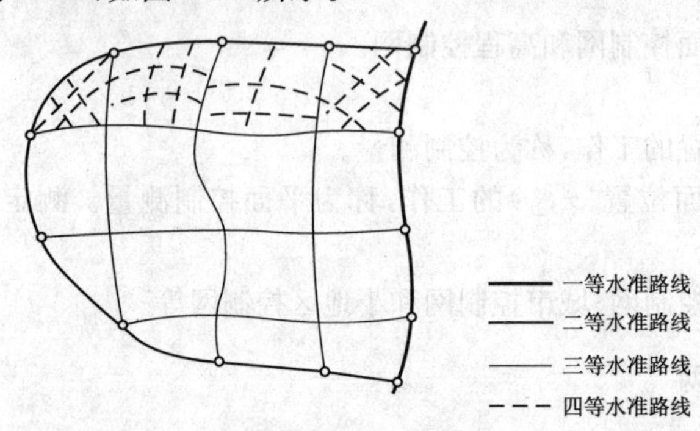

图 8—2 国家高程控制网

四、图根控制网

图根控制网是直接为测图建立的控制网，图根控制网点称为图根点。图根控制网也应尽可能与上述控制网连接，形成统一系统。个别地区连接有困难时，也可建立独立控制网。由于图根控制专为测图而做，所以图根点的密度和精度要满足测图要求。表 8—1 是对开阔地区图根点密度的规定。对山区或特别困难地区，图根点的密度可适当增大。

表 8—1 开阔地区图根点的密度

测图比例尺	1∶500	1∶1000	1∶2000	1∶5000
图根点个数(km^2)	150	50	15	5
50cm×50cm	9～10	12	15	20

五、城市平面控制网

在城市地区为满足大比例尺测图和城市建设施工的需要，布设城市平面控制网。城市平面控制网在国家控制网的控制下布设，按城市范围大小布设不同等级的平面控制网，分为二、三、四等三角网，一、二级及图根小三角网或三、四等。一、二、三级和图根导线网。国家一、二等三角网如图 8—3 所示，城市三角测量和导线测量的主要技术要求见表 8—2、表 8—3。

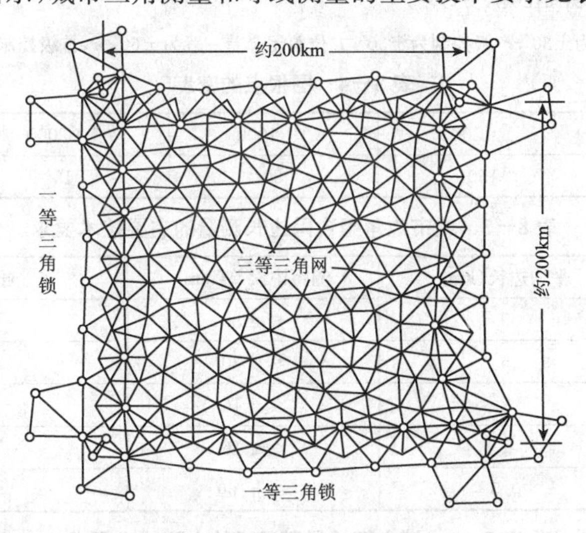

图 8—3 国家一、二等三角网

直接供地形测图使用的控制点，称为图根控制点，简称图根点。测定图根点位置的工作，称为图根控制测量。图根控制点的密度(包括高级控制点)，取决于测图比例尺和地形的复杂程度。平坦开阔地区图根点的密度一般不低于表 8—4 的规定；地形复杂地区、城市建筑密集区和山区，可适当加大图根点的密度。

《城市测量规范》规定的三角网、边角组合网、导线网的主要技术要求见表 8—5～表 8—8。

表 8—2 城市三角测量的主要技术要求

等级	平均边长(km)	测角中误差(″)	起始边相对中误差	最弱边边长相对中误差	测回数			三角形最大闭合差(″)
					DJ_1	DJ_2	DJ_6	
二等	9	±1	1/300000	1/120000	12	—	—	±3.5
三等	5	±1.8	首级 1/200000	1/80000	6	9	—	±7
四等	2	±2.5	首级 1/200000	1/45000	4	6	—	±9
一级小三角	1	±5	1/40000	1/20000	—	2	6	±15
二级小三角	0.5	±10	1/20000	1/10000	—	1	2	±30
图根	最大视距的 1.7 倍	±20	1/10000					±60

注：(1)最大测图比例尺为 1∶1000 时，一、二级小三角边长可适当放长，但最长不大于表中规定的 2 倍。

(2)图根小三角方位角闭合差为$\pm 40''\sqrt{n}$，n 位测站数。

表 8—3　城市导线测量的主要技术要求

等级	平均边长(km)	测角中误差(″)	起始边相对中误差	最弱边边长相对中误差	测回数			方位角闭合差(″)	导线全长相对闭合差
					DJ_1	DJ_2	DJ_6		
三等	15	3	±1.5	±18	8	12	—	$\pm 3\sqrt{n}$	1/60000
四等	10	1.6	±2.5	±18	4	6	—	$\pm 5\sqrt{n}$	1/40000
一级	3.6	0.3	±5	±15	—	2	4	$\pm 10\sqrt{n}$	1/14000
二级	2.4	0.2	±8	±15	—	1	3	$\pm 16\sqrt{n}$	1/10000
三级	1.5	0.12	±12	±15	—	1	2	$\pm 24\sqrt{n}$	1/6000
图根	≤1.0M		±30					$\pm 60\sqrt{n}$	1/2000

注：(1)n 为测站数，M 为测图比例尺分母。

(2)图根测角中误差为±30″，产级控制为±30″，方位角闭合差一般为$\pm 60''\sqrt{n}$，首级控制为$\pm 40''\sqrt{n}$。

表 8—4　图根点的密度

测图比例尺	1∶500	1∶1000	1∶2000	1∶5000
图根点密度(点·km^{-2})	150	50	15	5

表 8—5　城市边角组合网边长测量的主要技术要求

等级	平均边长(km)	测距中误差(mm)	测距相对中误差差
二等	9	≤±30	≤1/300000
三等	5	≤±30	≤1/160000
四等	2	≤±16	≤1/120000
一级小三角	1	≤±16	≤1/60000
一级小三角	0.5	≤±160	≤1/30000

表 8—6　城市钢尺量距导线的主要技术要求

等级	附合环或附合导线长度(km)	平均边长(m)	往返丈量较差相对误差	测角中误差(″)	导线全长相对闭合差
一级	2.5	250	≤1/20000	≤±5	≤1/10000
二级	1.8	180	≤1/15000	≤±5	≤1/7000
三级	1.2	120	≤1/10000	≤±12	≤1/5000

注：上述各等级的平面控制网，根据城市或测区的规模均可作为首级网。首级网下用次级网加密时，视条件许可，可以越级布网。

表 8—7　图根光电测距导线测量的技术要求(n 为测站数)

比例尺	附合导线长度(m)	平均边长(m)	导线相对闭合差	测回数 DJ_6	方位角闭合差(″)	测距	
						仪器类型	方法与测回数
1∶500	900	80					
1∶1000	1800	150	≤1/4000	1	$\leqslant \pm 40\sqrt{n}$	Ⅱ级	单程观测 1
1∶2000	3000	250					

表 8—8　图根钢尺量距导线测量的技术要求(n 测站数)

比例尺	附合导线长度(m)	平均边长(m)	导线相对闭合差	测回数 DJ_6	方位角闭合差(″)
1∶500	500	75			
1∶1000	1000	120	≤1/2000	1	$\leqslant \pm 60\sqrt{n}$
1∶2000	2000	200			

六、城市高程控制网

城市高程控制网是用水准测量方法建立的，称为城市水准测量。按其精度要求分为二、三、四等水准和图根水准。根据测区的大小，各级水准均可首级控制。首级控制网应布设成环形路线，加密时宜布设成附合路线或结点网。水准测量主要技术要求见表 8—9。

表 8—9　水准测量主要技术要求

等级	线公里高差中误差(mm)	路线长度(km)	水准仪的型号	水准尺	观测次数		往返较差、附合或环线闭合差	
					与已知点联测	附合路线或环线	平地(mm)	山地 mm
二等	2	—	DS_1	因瓦	往返各一次	往返各一次	$4\sqrt{L}$	—
三等	6	≤50	DS_1	因瓦	往返各一次	往一次	$12\sqrt{L}$	$4\sqrt{L}$
			DS_3	双面		往返各一次		
四等	10	≤16	DS_3	双面	往返各一次	往一次	$20\sqrt{L}$	$6\sqrt{L}$
图根	20	≤5	DS_{10}		往返各一次	往一次	$40\sqrt{L}$	$12\sqrt{L}$

注：(1)结点之间或结点与高级点之间，其路线的长度不应大于表中规定的 0.7 倍。

(2)L 为往返测段，附合或环线的水准路线长度以 km 为单位；n 为测站数。

在丘陵或山区，高程控制量测边可采用三角高程测量。

七、小地区控制网

所谓小地区控制网，是指在面积小于 15km² 范围内建立的控制网。小地区控制网原则上应与国家或城市控制网相连，形成统一的坐标系和高程系。但当连接有困难时，为了满足建设的需要，也可以建立独立控制网。测区内最高精度的控制网称为首级控制网。小区域平面控制网应根据面积大小分级建立，其面积和等级的关系见表 8—10。

表 8—10　小地区控制网的建立

测区面积	首级控制	图根控制
2～15km²	一级小三角或一级导线	二级图根控制
0.5～2km²	二级小三角或二级导线	二级图根控制
0.5km² 以下	图根控制	

小地区高程控制测量的主要方法有水准测量和三角高程测量。一般是以国家水准点或相应等级的水准点为基础，在测区范围内建立三、四等水准网，再在三、四等的基础上建立图根高程控制点。

八、GPS 控制网

20 世纪 80 年代末，卫星全球定位系统(GPS)开始在我国用于建立平面控制网，目前已成为建立平面控制网的主要方法。应用 GPS 卫星定位技术建立的控制网称为 GPS 控制网，如图 8—4 所示。根据全球定位系统(GPS)测量规范 GB/T 18314—2001 的规定，GPS 测量按其精度划分为 AA、A、B、C、D、E 级。GPS 快速静态定位测量可用于 C、D、E 级 GPS 控制网的布设。详见表 8—4 所列的标准。AA 级主要用于全球性的地球动力学研究、地壳形变测量和精密定轨；A 级主要用于区域性的地球动力学研究和地壳形变测量：C 级主要用于大、中城市、城镇及测图、地籍、土地信息、房产、物探、勘测、建筑施工等的控制测量。AA、A 级可作为建立地心参考框架的基础。AA、A、B 级可作为建立国家空间大地测量控制网的基础。

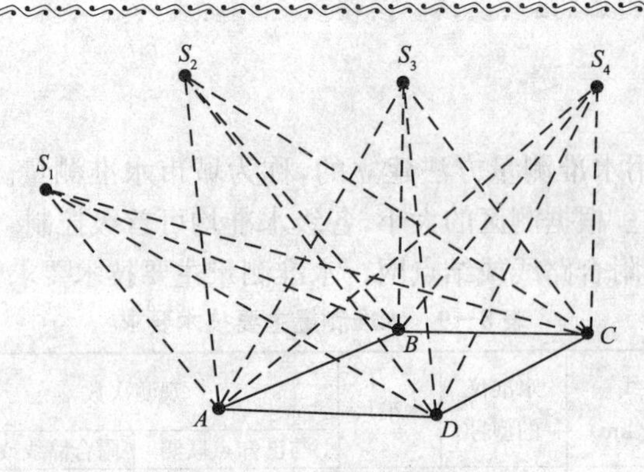

图 8—4 GPS 控制网

我国国家 A 级和 B 级 GPS 大地控制网分别由 30 个点和 800 个点构成。它们均匀地分布在我国大陆，平均边长相应为 650km 和 150km，它不仅在精度方面比以往的全国性大地控制网大体提高了两个量级，而且其三维坐标体系是建立在有严格动态定义的先进的国际公认的 ITRF 框架之内。这一高精度三维空间大地坐标系的建成将为我国 21 世纪前 10 年的经济和社会持续发展提供基础测绘保障。市高级控制点的坐标作为小地区控制网的起算和校核数据。如果测区内或测区周围无高级控制点，或者是不便于联测时，也可建立独立平面控制网。

表 8—11 GPS 相对定位的精度指标

级别	固定误差 a_1(mm)	比例误差系数	级别	固定误差 a_1(mm)	比例误差系数
AA	≤3	≤0.01	C	≤10	≤5
A	≤5	≤0.1	D	≤10	≤10
B	≤8	≤1	E	≤10	≤20

九、控制网最优设计的必要性

(1)由于各种控制网的布网条件和精度要求不同，因此在它们的技术设计阶段，应对预期所能达到的精度进行估算，以便对设计方案是否合理进行评价。

(2)估算元素(点位中误差、边长或方位角的中误差，高程中误差)是观测元素平差值的函数，因而可用最小二乘法中求平差值函数中误差的方法进行精度估算。但技术设计阶段，观测尚未进行，精度估算所需观测元素的近似值可以在控制网的设计图上量取。

(3)随着测量成果数学处理理论的发展以及电算技术的应用，控制网的技术设计已发展到一个崭新的高度，即将最优化的理论与方法应用于控制网的技术设计；控制网优化设计时，首先建立一个能体现所考虑的决策问题的数学模型，即具有确定变量的、有待于实现最优化的目标函数，以及附加的一个或几个约束条件，其次对这个数学模型进行分析，选择一个适当的求最优解的计算方法，以求得最优的布网方案。

十、控制网平差计算的目的及应用

控制网中的观测数据，一般应有多余观测，如在一个三角形中观测了三个角度。观测数据不可避免地存在误差，使得由多余观测而形成的约束条件得不到满足，如三角形中三个角度观测值之和不等于 180°。

当起算数据多于必要的个数时，也产生矛盾，如三角形中有两条起算边时，应用水平角观测值由其中的一条边推算到另一条边其值不符。对于这些问题应采用最小二乘法原理进行测量平差。平差的目的在于消除各观测值间的矛盾,求得最佳的结果和评定测量的精度。

严密平差可分为条件平差和间接平差两大类。在间接平差中,某些未知量之间可能存有条件。将这种条件方程式连同误差方程式一起按最小二乘法求解。这种平差方法称为附有条件间接平差。

当控制网按坐标平差时,对基线和方位角条件的处理,就采用这种平差方法。近年来,数理统计、矩阵代数、可编程袖珍计算机以及微型计算机的迅速发展,丰富了最小二乘法的理论,加速了微机在工程控制测量平差计算中的应用。

例如,可以对平面控制网计算和绘画出每个控制点的点位误差椭圆与任意两个控制点间的相对误差椭圆,较为全面、精确地提供计算和分析。又可以进行三维控制网的平差计算,一次得出控制点的平面坐标和高程成果。

第二节　导线测量

一、导线测量的概念

将相邻控制点连成直线而构成的折线称为导线。控制点又称为导线点。相邻导线点间的连线称为导线边。导线分精密导线和普通导线,前者多用于国家或城市平面控制测量,后者多用于小地区或图根平面控制测量。

导线测量就是测量导线边长和转折角,然后根据已知数据和观测值计算各导线点的平面坐标。用经纬仪测角、钢尺量边的导线称为经纬仪导线,用光电测距仪测边的导线称为光电测距导线,导线测量是进行平面控制测量的主要方法。

二、导线测量的等级及技术要求

用导线测量方法建立小地区平面控制网,通常分为一级导线、二级导线、三级导线和图根导线几个等级,光电测距导线测量的主要技术要求见表 8—12。

表 8—12　光电测距导线测量的主要技术要求

等级	测图比例尺	附合导线长度(m)	平均边长(m)	测距中误差(mm)	测角中误差(″)	导线全长相对闭合差	测回数		方位角闭合差(″)
							DJ_2	DJ_6	
一级		3600	300	±15	±5	1/14000	2	4	$\pm10\sqrt{n}$
二级		2400	200	±15	±8	1/10000	1	3	$\pm16\sqrt{n}$
三级		1500	120	±15	±12	1/6000	1	2	$\pm24\sqrt{n}$
图根	1∶500	900	80					1	$\pm40\sqrt{n}$
	1∶1000	1800	150						
	1∶2000	3000	250						

注:几为测站数。

表 8—13 是《铁路工程测量规范》中对小区域和图根导线测量的技术要求。在表 8—13 中,图棍导线的平均边长和导线的总长度是根据测图比例尺确定的。因为图根导线点是测图时的测站点,测图中要求两相邻测站点上测定同一地物作为检核,而测 1∶500 地形图时,规定测站到地物的最大距离为 40m,即两测站之间的最大距离为 80m,对应的导线边最长为 80m,

所以表中规定平均边长为 75m 测图中又规定点位中误差不大于图上 0.5mm，在 1∶500 地形图上 0.5mm 对应的实际点位误差为 0.25m。如果把 0.25m 视为导线的全长闭合差，根据全长相对闭合差计算出导线的全长为 500m。

表 8－13　小区域和图根导线测量的技术要求

等级	测图比例尺	附合导线长度(m)	平均边长(m)	测距相对中误差	测角中误差(″)	导线全长相对闭合差	测回数		方位角闭合差(″)
							DJ_2	DJ_6	
一级		2500	250	1/20000	±5	1/10000	2	4	$\pm10\sqrt{n}$
二级		1800	180	1/15000	±8	1/7000	1	3	$\pm16\sqrt{n}$
三级		1200	120	1/10000	±12	1/5000	1	2	$\pm24\sqrt{n}$
图根	1∶500	500	75	1/3000	±20	1/2000		1	$\pm60\sqrt{n}$
	1∶1000	1000	110						
	1∶2000	2000	180						

三、导线测量时的布线形式

导线测量时的布线形式有附合导线、闭合导线及支导线等，如图 8－5 所示。

导线测量的布线形式
- 附合导线：起始于一个高级控制点，最后附合到另一高级控制点的导线称为附合导线，如图 8－6 所示。由于附合导线附合在两个已知点和两个已知方向上，所以具有较好的检核条件，图形强度好，是小区域控制测量的首选方案。
- 闭合导线：如图 8－7 所示。导线从已知控制点 B 和已知方向 BA 出发，经过 1、2、3、4 最后仍回到起点 B，形成一个闭合多边形，这样的导线称为闭合导线。闭合导线本身存在着严密的几何条件，具有检核作用。
- 支导线：支导线是由一已知点和已知方向出发，既不附合到另一已知点，又不回到原起始点的导线，称为支导线。如图 8－8 所示，B 为已知控制点，αBA 为已知方向，1、2 为支导线点。由于支导线缺乏检核条件，不易发现错误，因此其点数一般不超过两个，它仅用于图根导线测量。

图 8－5　导线测量的布线形式

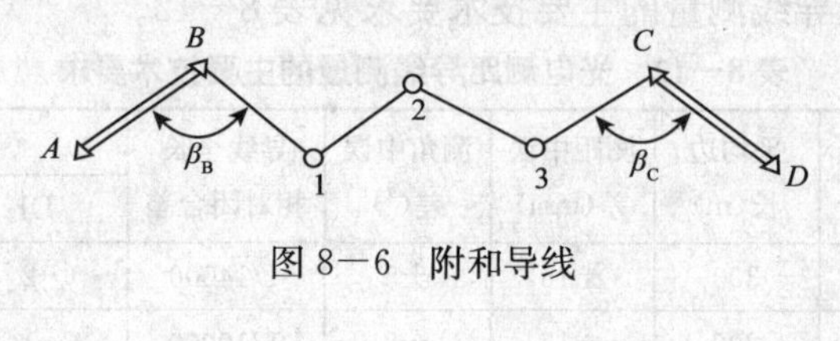

图 8－6　附和导线

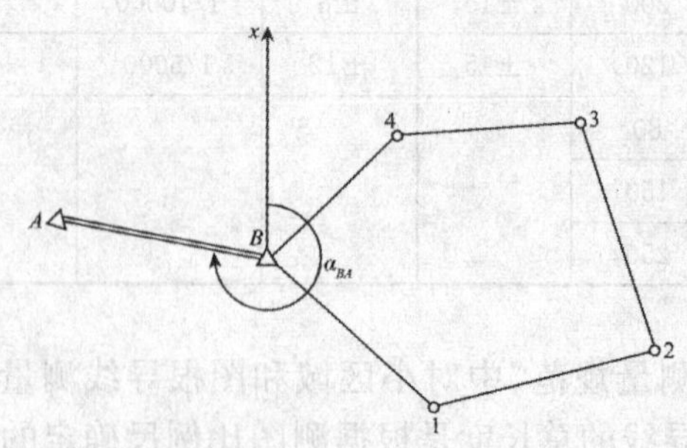

图 8－7　闭合导线

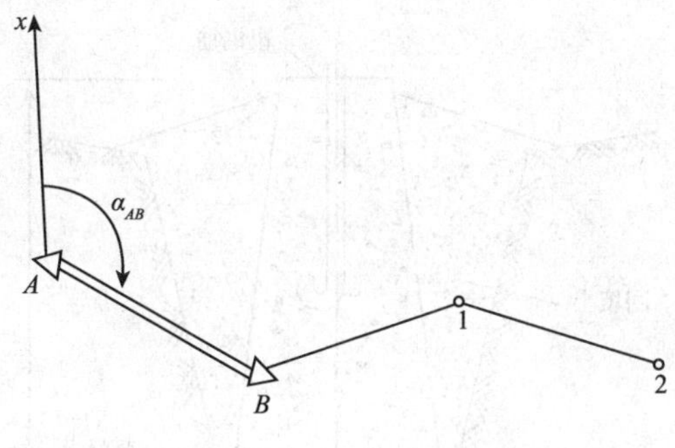

图 8－8　支导线

四、导线测量时踏勘点的选择

选点前，应调查搜集测区已有地形图和高一级的控制点的成果资料，把控制点展绘在地形图上，然后在地形图上拟定导线的布设方案。最后到野外去踏勘，实地核对、修改、落实点位和建立标志。如果测区没有地形图资料，则需详细踏勘现场，根据已知控制点的分布、测区地形条件及测图和施工需要等具体情况，合理地选定导线点的位置。

实地选点时应注意的要点有：

(1)相邻点间通视良好，地势较平坦，便于测角和量距。

(2)点位应选在土质坚实处，便于保存标志和安置仪器。

(3)视野开阔，相邻导线点间通视良好，便于测角、量边，便于测绘周围地物和地貌。

(4)导线各边的长度应大致相等，除特殊情形外，应不大于 350m，也不宜小于 50m。

(5)导线点数量足够、密度均匀、方便测量，即导线边长应大致相等，避免过长、过短，相邻边长之比不应超过 3。

五、导线测量时踏勘点的标志制作

(1)临时性标志。导线点位置选定后，要在每一点位上打一个木桩，在桩顶钉一小钉，作为点的标志，如图 8－9 所示。也可在水泥地面上用红漆划一圆，圆内点一小点，作为临时标志。

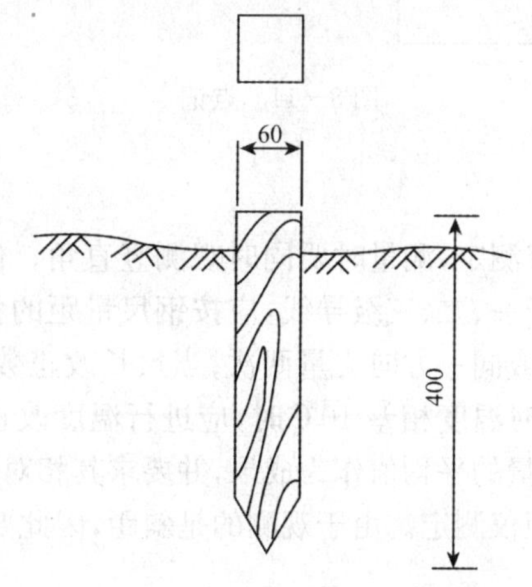

图 8－9　临时性标志

(2)永久性标志。需要长期保存的导线点应埋设混凝土桩，如图 8－10 所示。桩顶嵌入带“十”字的金属标志，作为永久性标志。

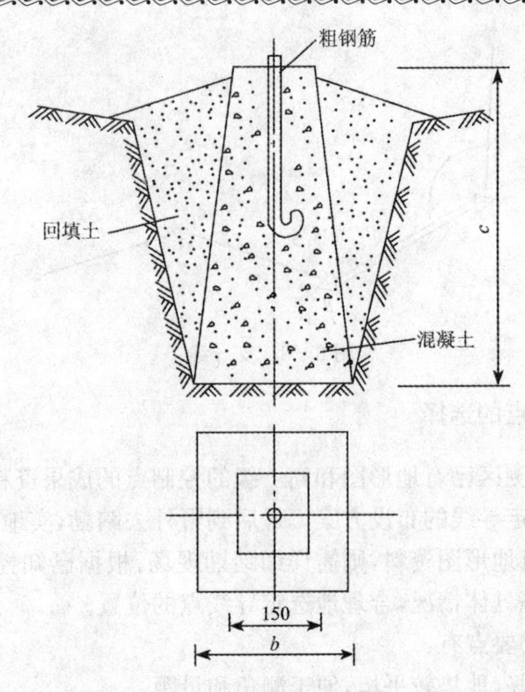

图 8－10　永久性标志

(3)导线点应统一编号。为了便于寻找,应量出导线点与附近明显地物的距离,绘出草图,注明尺寸,该图称为“点记”,如图 8－11 所示。

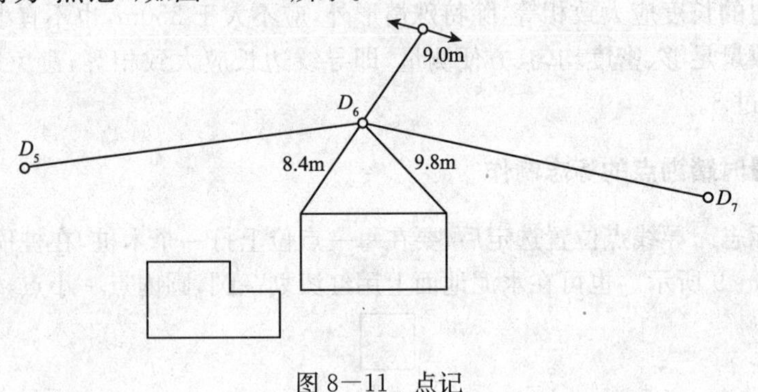

图 8－11　点记

六、导线边长的测量

导线边长可用光电测距仪测定,测量时要同时观测竖直角。供倾斜改正之用。若用钢尺丈量、钢尺必须经过检定.对于一、二、三级导线,应按钢尺量距的精密方法进行丈量。对于图根导线,用一般方法往返丈量或同一方向丈量两次;当尺长改正数大于 1/10000 时,应加尺长改正;量距时平均尺温与检定时温度相差 10℃时,应进行温度改正; 尺面倾斜大于 1.5%时,应进行倾斜改正;取其往返丈量的平均值作为成果,并要求其相对误差不大于 1/3000。

导线边长常用电磁波测距仪测定。由于观测的是斜距,因此要同时观测竖直角,进行平距改正。

七、导线的角度的测量

导线水平角测量主要是指转折角测量。附合导线按导线前进方向可观测左角或右角;闭合导线一般是观测多边形内角；支导线无校核条件，要求既观测左角，也观测右角，以进行校核。导线水平角的观测方法一般采用测回法和方向观测法。

八、导线的连接测量

导线与高级控制点进行连接，以取得坐标和坐标方位角的起算数据，称为连接测量。如图8－12所示，A、B为已知点，1～5为新布设的导线点，连接测量就是观测连接角β_B、β_1和连接边D_{B1}。

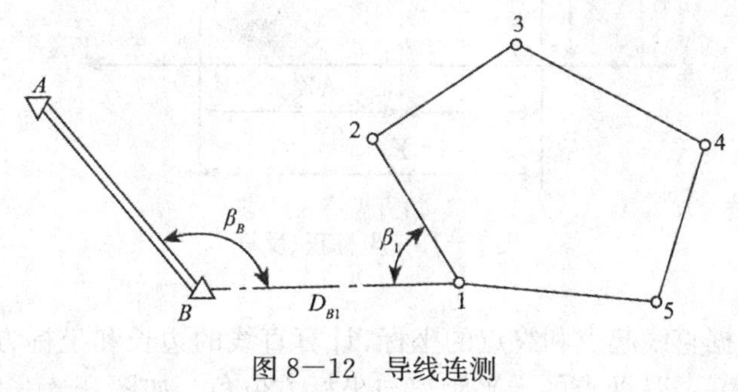

图8－12　导线连测

如果附近无高级控制点，则应用罗盘仪测定导线起始边的磁方位角，并假定起始点的坐标作为起算数据。

九、导线测量的内业计算

(1)导线测量内业计算的目的就是计算各导线点的坐标x、y。

(2)计算之前，应全面检查导线测量外业记录，数据是否齐全，有无记错、算错，成果是否符合精度要求，起算数据是否准确。然后绘制导线略图，把各项数据注于图上相应位置。

(3)内业计算中数字的取位，对于四等以下的小三角及导线，角值取至秒，边长及坐标取至毫米。

十、坐标计算的基本公式

1.坐标正算

坐标正算是指根据直线起点的坐标、直线长度及其坐标方位角计算直线终点的坐标的方法。

如图8－13所示，已知A点的坐标，AB边的方位角，AB的水平距离，计算待定点B的坐标ΔX_{AB}、ΔY_{AB}是两导线点的坐标之差，称为坐标增量，即

$$\begin{cases}\Delta X_{AB}=D_{AB}\cos\alpha_{AB}\\ \Delta Y_{AB}=D_{AB}\sin\alpha_{AB}\end{cases}$$

式中　D_{AB}——AB边长；

α_{AB}——AB边方位角。

待定点B的坐标可由下式计算，

$$\begin{cases}X_B=X_A+\Delta X_{AB}\\ Y_B=Y_A+\Delta Y_{AB}\end{cases}$$

说明：坐标正算主要就是由边长和方位角计算坐标增量；本计算公式适用于任意象限。

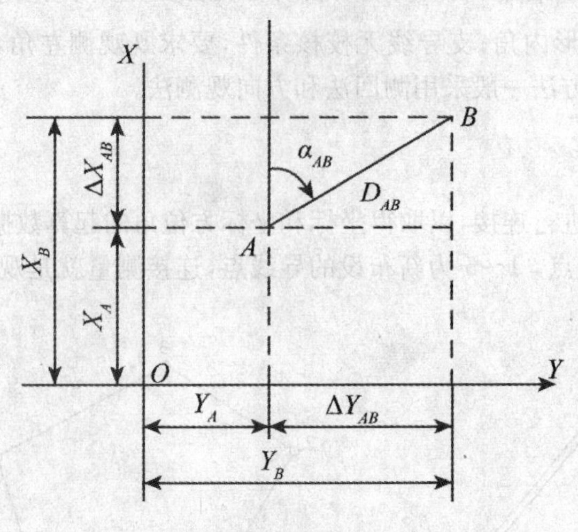

图 8—13 坐标正、反算

2.坐标反算

坐标反算是指根据直线起点和终点的坐标，计算直线的边长和坐标方位角的方法。已知 A、B 两点的坐标，计算 A、B 两点的水平距离与坐标方位角。如图 8—13 所示，坐标反算按下列步骤进行：

(1)计算坐标增量，

$$\begin{cases}\Delta X_{AB}=X_B-X_A\\ \Delta Y_{AB}=Y_B-Y_A\end{cases}$$

根据 ΔX_{AB}、ΔY_{AB} 的正负号可以判断直线 AB 所在的象限，如图 8—14 所示。

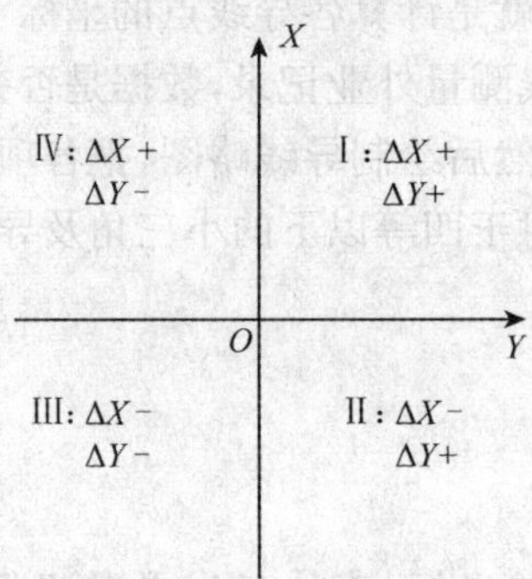

图 8—14 判断象限

计算象限角 R_{AB}，

因为， $\tan R_{AB}=\left|\dfrac{\Delta Y_{AB}}{\Delta X_{AB}}\right|$

所以， $R_{AB}=\arctan\left|\dfrac{\Delta Y_{AB}}{\Delta X_{AB}}\right|$

推算坐标方位角 α_{AB}。限角 R_{AB} 与方位角 α_{AB} 在各象限的关系如下：

第一象限 $\alpha_{AB}=R_{AB}$ （相等）

第二象限 $\alpha_{AB}=180°-R_{AB}$ （和为 180°或互补）

第三象限 $\alpha_{AB}=R_{AB}+180°$ （差为 180°）

第四象限 $\alpha_{AB}=360°-R_{AB}$ （和为 360°）

计算 AB 的距离。

$$D_{AB}=\sqrt{\Delta X_{AB}^2+\Delta Y_{AB}^2}$$

$$\tan R_{CD}=\left|\frac{\Delta Y_{CD}}{\Delta X_{CD}}\right|=\frac{261.047}{426.444}=0.612148371\cdots$$

$$R_{CD}=\arctan\left|\frac{\Delta Y_{CD}}{\Delta X_{CD}}\right|=\arctan 0.612148371\cdots=31°28'22''$$

计算坐标方位角 α_{CD}，

第四象限，$\alpha_{CD}=360°-R_{CD}=328°31'38''$

计算 CD 的距离，

$$D_{CD}=\sqrt{\Delta X_{CD}^2+\Delta Y_{CD}^2}=\sqrt{426.444^2+(-261.047)^2}=500.000\text{m}$$

十一、闭合导线坐标计算时角度闭合差的调整

(1)准备工作。将校核过的外业观测数据及起算数据填入“闭合导线坐标计算表”，起算数据用双线标明。

(2)角度闭合差的计算与调整，计算公式如下：

$$\sum\beta_{理}=(n-2)\times180°$$

式中　$\sum\beta_{理}$——理论内角之和；

n——测站数。

由于观测角不可避免地含有误差，致使实测的内角之和不等于理论值.而产生角度闭合差 f_β：

$$f_\beta=\sum\beta_{测}-\sum\beta_{理}$$

式中　f_β——角度闭合差；

$\sum\beta_{测}$——实测内角之和；

$\sum\beta_{理}$——理论内角之和。

各级导线角度闭合差的容许值超过，则说明所测角度不符合要求，应重新检测角度。若不超过：可将闭合差反符号平均分配到各观测角中。改正后的内角和应为 $(n-2)\times180°$，以作计算校核。

十二、闭合导线坐标计算时坐标方位角的推算

根据起始边的已知坐标方位角及改正角按下列公式推算其他各导线边的坐标方位角。

$$\alpha_{前}=\alpha_{后}+\beta_{左}-180°\text{(适用于测左角)}$$

$$\alpha_{前}=\alpha_{后}+\beta_{右}+180°\text{(适用于测右角)}$$

式中　$\alpha_{前}$——未知坐标方位角；

$\alpha_{后}$——起始边上已知坐标方位角；

$\beta_{左}$、$\beta_{右}$——起始边上已知坐标左、右改正角。

在推算过程中应注意：

(1)如果算出的 α 前>360°，则应减去 360°。

(2)如果 α 前<0，则应加 360°。

(3)闭合导线各边坐标方位角的推算，最后推算出起始边坐标方位角，它应与原有的已知坐标方位角值相等，否则应重新检查计算。

十三、闭合导线坐标计算时坐标增量的调整

(1)坐标增量的计算。

$$\Delta_{x12}=D_{12}\cdot\cos\alpha_{12}$$

$$\Delta_{y12}=D_{12}\cdot\sin\alpha_{12}$$

式中 Δ_{x12}——1、2 两点横坐标增量；

Δ_{y12}——1、2 两点纵坐标增量；

D_{12}——1、2 两点直线距离；

α_{12}——1、2 两点与参照原点的连接夹角。

(2)坐标增量闭合差的计算与调整。闭合导线纵、横坐标增量代数和的理论值应为零，实际上由于量边的误差和角度闭合差调整后的残余误差。往往不等于零，而产生纵坐标增量闭合差与横坐标增量闭合差，即，

$$f_x = \sum \Delta x_{测}$$
$$f_x = \sum \Delta y_{测}$$

式中 f_x——横坐标增量闭合差；

f_y——纵坐标增量闭合差；

$\Delta x_{测}$——横坐标增量代数和的实测值；

$\Delta y_{测}$——纵坐标增量代数和的实测值。

导线全长闭合差 f_D 为，

$f_D = \sqrt{f_x^2 + f_y^2}$式中 f_D——导线全长闭合差，导线全长相对误差 K 为，

$$K = \frac{f_D}{\sum D} = \frac{1}{\sum D / f_D}$$

式中 K——导线全长相对误差；

$\sum D$——导线全长的代数和。

坐标增量改正数计算，

$$V_{xi} = -\frac{f_x}{\sum D} \times D_i$$
$$V_{yi} = -\frac{f_y}{\sum D} \times D_i$$

式中 V_{xi}——i 点横坐标增量；

V_{yi}——i 点纵坐标增量；

D_i——i 点到参照原点的长度。

各点坐标推算，

$$x_{前} = x_{后} + \Delta x_{改}$$
$$y_{前} = y_{后} + \Delta y_{改}$$

式中 $x_{前}$——未知点横坐标实际值；

$x_{后}$——已知点横坐标实际值；

$\Delta x_{改}$——未知点参照已知点改正后的横坐标增量；

$y_{前}$——未知点纵坐标实际值；

$y_{后}$——已知点纵坐标实际值；

$\Delta y_{改}$——未知点参照已知点改正后的纵坐标增量。

十四、附合导线坐标计算与闭合导线坐标计算的区别

附合导线的坐标计算步骤与闭合导线相同。仅由于两者形式不同，致使角度闭合差与坐标增量闭合差和计算稍有区别。

$$f_B = \alpha_{始} + \sum \beta_{左} - n \times 180° - \alpha_{终}$$
$$f_x = \sum \Delta x_{测} - (x_{终} - x_{始})$$
$$f_x = \sum \Delta y_{测} - (y_{终} - y_{始})$$

十五、支导线的坐标计算步骤

支导线中没有检核条件，因此没有闭合差产生，导线转折角和计算的坐标增量均不需要进行改正。支导线的计算步骤为：

(1)根据观测的转折角推算各边的坐标方位角。

(2)根据各边坐标方位角和边长计算坐标增量。

(3)根据各边的坐标增量推算各点的坐标。

十六、使用全站仪进行导线坐标测量的实例应用

如图 8—15 所示附合导线，用全站仪进行坐标测量。观测时先置仪器于 B 上，后视 A 点，测量 2 点坐标，再将仪器置于 2 点，后视 B 点，测量 3 点坐标……以此类推，最后得到 C 点的坐标。

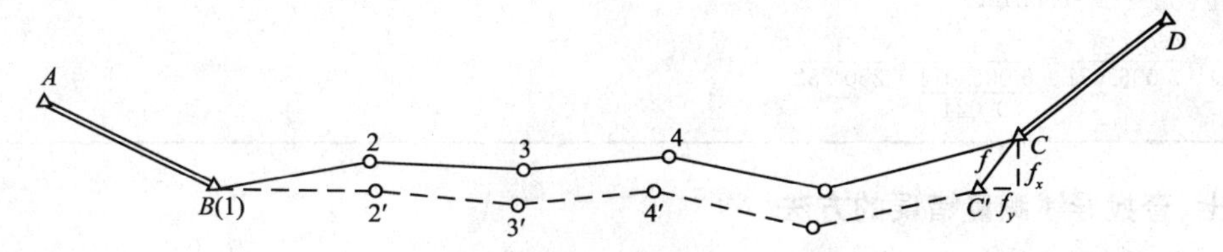

图 8—15　用全站仪进行附合导线测量

设 C 点的坐标观测值为 x'_C、y'_C，已知 C 点的坐标值为 x_C、y_C。可按下列步骤进行平差计算：

(1)计算坐标闭合差，

$$\begin{cases} f_x = x'_C - x_C \\ f_y = y'_C - y_C \end{cases}$$

(2)计算导线全长闭合差，

$$f = \sqrt{f_x^2 + f_y^2}$$

(3)计算导线全长相对闭合差，

$$K = \frac{f}{\sum D} = \frac{1}{\sum D / f}$$

式中　$\sum D$——导线全长。

(4)当导线全长相对闭合差不大于规定的允许值时，测量结果合格。按下式计算各点坐标的改正数，

$$\begin{cases} v_{x_i} = -\dfrac{f_x}{\sum D} \cdot \sum D_i \\ v_{y_i} = -\dfrac{f_y}{\sum D} \cdot \sum D_i \end{cases}$$

式中　$\sum D_i$——第 i 点之前导线边长之和，即坐标改正数为累计改正。

(5)计算改正后各点坐标，

$$\begin{cases} x_i = x'_i + v_{x_i} \\ y_i = y'_i + v_{y_i} \end{cases}$$

式中　　x'_i、y'_i——第 i 点的坐标观测值；

　　　　v_{xi}、v_{yi}——第 i 点的坐标改正数。

图 8—15 所示的附和导线，以坐标为观测量的平差计算见表 8—14。

表 8—14 以坐标为观测量的导线近似平差计算表

点号	坐标观测值(m)		边(m)	坐标改正数(mm)		坐标平差值(m)	
	x	y		v_x	v_y	x	y
A						31 242.685	19 631.274
$B(1)$						27654.173	16814.216
2	26 861.436	18 173.156	1 573.261	−5	+4	26 861.431	18 173.160
3	27 150.098	18 988.951	865.350	−8	+6	27150.090	18 988.957
4	27286.434	20 219.444	1 238.023	−12	+9	27 286.422	20 219.453
5	29104.742	20 331.319	1821.746	−18	+14	29 104.724	20 331.333
$C_{(6)}$	29 564.269	20 547.130	507.681	−19	+16	29 564.250	20 547.146
D			$\sum D=6\ 006.071$			30 666.511	21 880.362

$f_x=x'_C-X_C=29\ 564.269-29\ 564.250=+19$ mm

$f_y=y'_C-y_C=20\ 547.130-20\ 547.146=-16$ mm

$f=\sqrt{f_x^2+f_y^2}=24=0.024$m

$K=\frac{f}{\sum D}=\frac{0.024}{6\ 006.071}=\frac{1}{\frac{6\ 006.071}{0.024}}=\frac{1}{250\ 252}$

十七、查找导线测量错误的方法

(1)若为闭合导线,可按边长和角度,用一定的比例尺绘出导线图,并在闭合差的中点作垂线。如果垂线通过或接近通过某导线点,则该点发生错误的可能性最大。

(2)若为附合导线,先将两个端点展绘在图上,则分别自导线的两个端点 B、C 按边长和角度绘出两条导线,在两条导线的交点处发生测角错误的可能性最大。如果误差较小,用图解法难以显示角度测错的点位,则可从导线的两端开始,分别计算各点的坐标,若某点两个坐标值相近,则该点就是测错角度的导线点。

第三节 交会定点

一、交会定点的概念及方法

内已有控制点的密度不能满足工程施工或测图要求,而且需要加密的控制点数量又不多时,可以采用交会法加密控制点,称为交会定点。交会定点的方法有角度前方交会、侧方交会、单三角形、后方交会和距离交会。

二、前方交会的应用

所谓前方交会,就是在两个已知控制点上观测角度,通过计算求得待定点的坐标。

如图 8—16 所示,在已知点 A、B 上设站测定待定点 P 与控制点的夹角 α、β 即可得到 AP 边的方位角 $\alpha_{AP}=\alpha_{AB}-\alpha$,$BP$ 边的方位角 $\alpha BP\alpha_{BA}+\beta$。$P$ 点的坐标可由两已知直线 AP 和 BP 交会求得. 直线 AP 和 BP 的点斜式方程为:$x_P-x_A=(y_P-y_A)\cot\alpha_{AP}$

$$x_P-y_P\cot\alpha_{AP}+y_A\cot\alpha_{AP}-x_A=0$$

$$x_P-x_B=(y_P-y_B)\cot\alpha_{BP}$$

$$x_P-y_P\cot\alpha_{AP}+y_B\cot\alpha_{BP}-x_B=0$$

总和上述二式得,

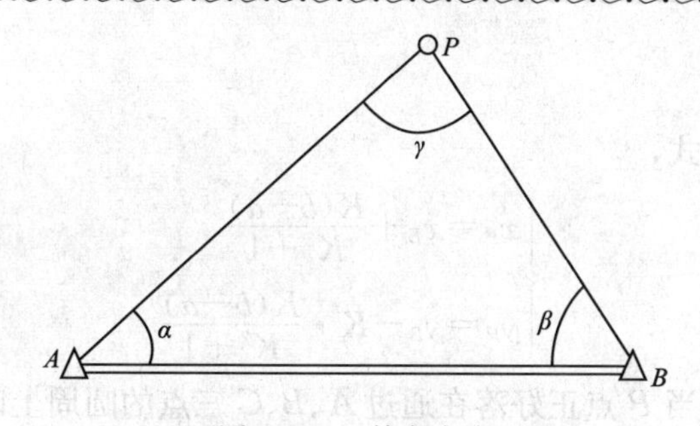

图 8－16　前方交会

$$y_P=\frac{y_A\cot\alpha_{AP}-y_B\cot\alpha_{BP}-x_A+x_B}{\cot\alpha_{AP}-\cot\alpha_{BP}}$$

则，$x_P=x_A+(y_P-y_A)\cot\alpha_{AP}$

前方交会中，由未知点至相邻两起始点方向间的夹角称为交会角。交会角过大或过小，都会影响 P 点位置测定精度，要求交会角一般应大于 30°，并小于 150°。一般测量中，都布设三个已知点进行交会. 这时可分两组计算 P 点坐标，设两组计算 P 点坐标分别为 (x'_P, y'_P)，(x''_P, y''_P)。当两组计算 P 点的坐标较差 ΔD(mm)在容许限差内，即

$$\Delta D=\sqrt{(x'_P-x''_P)^2+(y'_P-y''_P)^2}\leqslant 0.2M$$

式中　M——测图比例尺分母，mm。

则取它们的平均值作为 P 点的最后坐标。

三、后方交会的应用

如图 8－17 所示，A、B、C 为已知控制点，P 点为待定点。在 P 点上安置经纬仪，观测 α、β 角，根据已知控制点坐标即可解算出 P 点坐标的方法称为后方交会法。后方交会法的计算公式很多，这里只介绍一种方法。

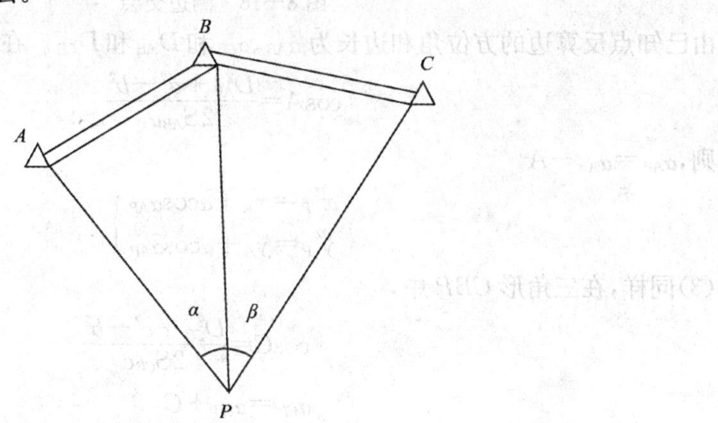

图 8－17　后方交会

(1)引入辅助量 a、b、c、d 和 K，

$$a=(x_B-x_A)+(y_B-y_A)\cot\alpha$$
$$b=(y_B-y_A)+(x_B-x_A)\cot\alpha$$
$$c=(x_B-x_C)+(y_B-y_C)\cot\alpha$$
$$d=(y_B-y_C)+(x_B-x_C)\cot\alpha$$

令，$K=\frac{a-c}{b-d}$

(2)P 点坐标计算公式，

$$\begin{cases} x_P=x_B+\frac{K(b-a)}{K^2+1} \\ y_P=y_B-K\cdot\frac{K(b-a)}{K^2+1} \end{cases}$$

(3)危险圆的判别。当 P 点正好落在通过 A、B、C 三点的圆周上时，后方交会点将无法解算，此圆称为危险圆。即当 $a=c,b=d,K=\frac{a-c}{b-d}=\frac{0}{0}$ 时，P 点为不定解。此式就是 P 点落在危险圆上的判别式。

四、距离交会的应用

边长交会法就是分别测定两个已知控制点到待定点的距离，进而求出待定点坐标的方法。

(1)除测角交会法外.还可测边交会定点.通常采用三边交会法。如图 8－18 所示。图中 A、B、C 为已知点。a、b、c 为测定的边长。

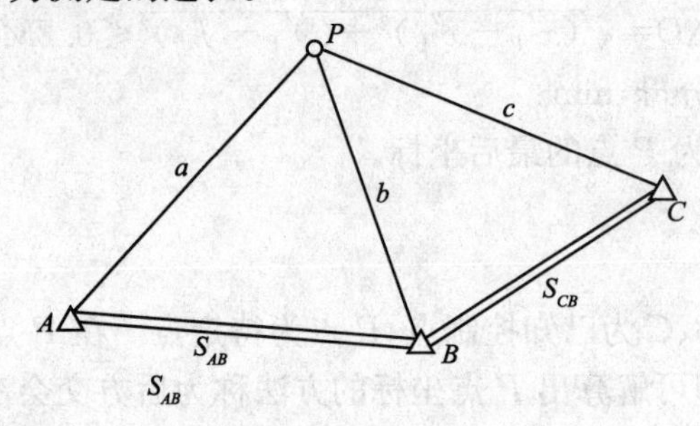

图 8－18 测边交会

由已知点反算边的方位角和边长为 α_{AB}、α_{CB} 和 D_{AB} 和 D_{CB}。在三角形 ABP 中，

$$\cos A=\frac{D_{AB}^2+a^2-b^2}{2S_{AB}\alpha}$$

则，$\alpha_{AP}=\alpha_{AB}-A$

$$\left.\begin{aligned} x'_P=x_A+\alpha\cos\alpha_{AP} \\ y'_P=y_A+\alpha\cos\alpha_{AP} \end{aligned}\right\}$$

(3)同样，在三角形 CBP 中，

$$\cos C=\frac{D_{CB}^2+c^2-b^2}{2S_{CB}c}$$

$$\alpha_{CP}=\alpha_{CB}+C$$

$$\begin{cases} x''_P=x_C+c\cos\alpha_{CP} \\ y''_P=y_C+c\cos\alpha_{CP} \end{cases}$$

(4)按上式计算的两组坐标，其较差在容许限差内.则取它们的平均值作为 P 点的最后坐标。

第四节　高程控制测量

一、小地区高程控制测量的方法

(1)小地区高程控制测量常用的方法有水准测量及三角高程测量。

(2)小地区高程控制的水准测量,主要有三、四等水准测量及图根水准测量。

二、水准测量

1. 三、四等及铁路五等水准测量的技术要求

有关国家三、四等及铁路五等水准测量的技术要求,见表 8－15。

表 8－15　国家三、四等及铁路五等水准测量的技术要求

技术项目＼等级	三等	四等	铁路五等
使用仪器工具	DS3 水准仪双面水准尺	DS3 水准仪双面水准尺	DS3 水准仪双面水准尺
测站观测顺序	后→前→前→后	后→后→前→前	后→后→前→前
视线最低高度	三丝能读数	三丝能读数	中丝读数＞0.3m
允许最大视距	75m	100m	150m
每段前后视视差	≤±2.0m	≤±3.0m	≤±20m
视距累计差	≤±6.0m	≤±10.0m	
视距读数法	三丝读数(下一上)	三丝读数(下一上)	直接读出视距
K＋黑－红	≤±2mm	≤±3mm	≤±4mm
红黑面高差之差	≤±3mm	≤±5mm	≤±6mm
路线总长(L)	≤200km	≤80km	≤30km
高差闭合差	$\leqslant\pm 12\sqrt{L}$mm	$\leqslant\pm 20\sqrt{L}$mm	$\leqslant\pm 30\sqrt{L}$mm

2. 三、四等水准路线长度和水准点的间距参考值

(1)三、四等水准网作为测区的首级控制网,一般应布设成闭合环线,然后用附合水准路线和结点网进行加密。只有在山区等特殊情况下,才允许布设支线水准。

(2)水准路线一般尽可能沿铁路、公路以及其他坡度较小、施测方便的路线布设。尽可能避免穿越湖泊、沼泽和江河地段。水准点应选土质坚实、地下水位低、易于观测的位置。凡易受淹没、潮湿、振动和沉陷的地方,均不宜作水准点位置。水准点选定后,应埋设水准标石和水准标志,并绘制点之记.以便日后查寻。

水准路线长度和水准点的间距,可参照表 8－16 的规定。对于工矿区。水准点的距离还可适当减小。一个测区更少应埋设三个水准点。

表 8－16 三、四等水准路线长度和水准点间距

项目		
水准点间距(km)	建筑物	1～2
	其他地区	2～4
环线或附合于高级点水准路线的最大长度(km)	三等	50
	四等	16

3. 三、四等水准测量时每一站的观测顺序

(1)后视水准尺黑面，使圆水准器气泡居中，读取下、上丝读数，转动微倾螺旋，使符合水准气泡居中，读取中丝读数。

(2)前视水准尺黑面.读取下、上丝读数，转动微倾螺旋，使符合水准气泡居中，读取中丝读数。

(3)前视水准尺红面，转动微倾螺旋，使符合水准气泡居中，读取中丝读数。

(4)后视水准尺红面，转动微顿螺旋，使符合水准气泡居中，读取中丝读数。

上述的观测顺序简称为后—前—前—后。其优点是可以大大减弱仪器下沉误差的影响。四等水准测量每站观测顺序可为后—后—前—前。

4. 三、四等水准测量时的注意事项

(1)三等水准测量必须进行往返观测，当使用 DS_1 和因瓦标尺时，可采用单程双转点观测，观测程序仍按后—前—前—后，即黑—黑—红—红。

(2)四等水准测量除支线水准必须进行往返和单程双转点观测外。对于闭合水准和附合水准路线，均可单程观测。每个观测程序也可为后—后—前—前，即黑—红—黑—红，采用单面尺。用后—前—前—后的读数程序时，在两次前视之间必须重新安置仪器，用双仪高法进行测站检查。

(3)在每一测站上，三等水准测量不得两次对光。四等水准测量尽量少作两次对光。

(4)三、四等水准测量每一测段的往测和返测.测站数均应为偶数，否则应加入标尺点误差改正。由往测转向返测时，两根标尺必须互换位置，并应重新安置仪器。

(5)在一个测站上，只有当各项检核符合限差要求时，才能迁站。如其中有一项超限，可以在本站立即重测，但需变更仪器高。如果仪器已迁站后才发现超限.则应前一水准点或间歇点重测。

(6)工作间歇时，最好能在水准点上结束观测。否则应选择两个坚固可靠、便于放置标尺的固定点作为间歇点，并做出标记。间歇后，应进行检查。如检查两点间歇点高差不符值，三等水准小于 3mm，四等小于 5mm，则可继续观测。否则须从前一水准点起重新观测。

(7)当成像清晰、稳定时，三、四等水准的视线长度，可容许按规定长度放大 20％。

(8)当采用单面标尺进行三、四等水准观测时，变更仪器高前后所测两尺垫高差之差的限差，与红黑面所测高差之差的限差相同。

(9)水准网中，结点与结点之间或结点与高级点之间的附合水准路线长度，应为规定的0.7倍。

(10)当每公里测站数小于 15 站时，闭合差按平地限差公式计算；如超过 15 站，则按山地限差公式计算。

三、三角高程测量

1. 三角高程测量的特点

三角高程测量是两点间的水平距离或斜距离以及竖直角按照三角公式来求出两点间的高差。

三角高程控制网一般是在平面网的基础上,布设成三角高程网或高程导线。为保证三角高程网的精度,应采用四等水准测量联测一定数量的水准点,作为高程起算数据。山地测定控制点的高程.若用水准测量,则速度慢,困难大。故可采用三角高程测量的方法。但必须用水准测量的方法在测区内引测一定数量的水准点,作为高程起算的依据。

2.三角高程测量的原理

三角高程测量所经过的路线称为三角高程路线,所测定的地面点称为三角高程点。若用三角高程测量方法确定导线点的高程,则三角高程路线与导线重合。三角高程路线也可以根据实际需要,布设独立的光电测距三角高程导线。当三角高程点是平面控制测量的导线点或三角点时,水平距离一般不另行观测,而是直接采用平面控制测量中已确定的水平距离;如果布设单独的三角高程路线,则需要在观测竖直角的同时进行距离观测,以获得两点间的水平距离。

如图 8—19 所示,已知 A 点高程 H_A,欲求 B 点高程 H_B,在 A 点安置经纬仪或测距仪仪器高为 i_a,在 B 点设置觇标或棱镜。其高度为 v_b,望远镜瞄准觇标或棱镜的竖直角为 α_a,则 AB 两点的高差为:

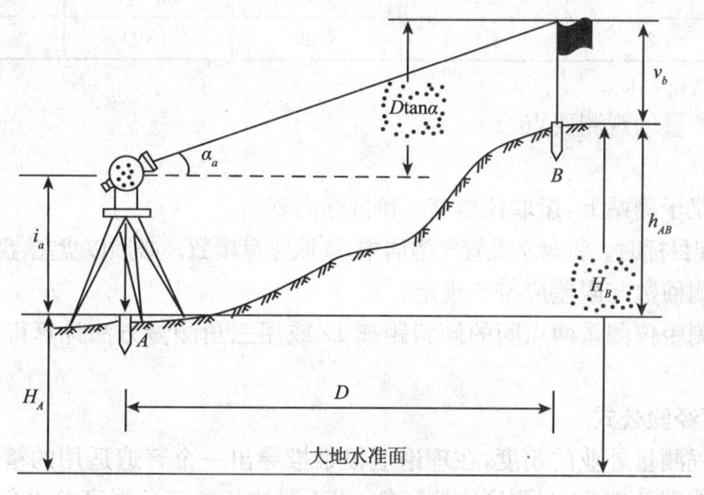

图 8—19　三角高程测量原理

$$h_{ab}=h'+i_a-v_b$$

式中,h'计算因观测方法不同而异。利用平面控制已知的边长 D,用经纬仪测量竖角 α 求两点高差.称为经纬仪三角高程测量。$h'=D\tan\alpha$;利用测距仪测定斜距 S 和α。求算 h_{ab},称为光电测距三角高程测量,它通常与测距仪导线一道进行,$h'=S\sin\alpha$。此外,当 AB 距离较长时,上式还需加上地球曲率和大气折光的合成影响,称为球气差,按公式 $f=0.43D^2/R$,故 AB 两点高差为:

$$h_{ab}=D\tan\alpha_a+i_a-v_a+f_a$$

和 $h_{ab}=S\sin\alpha_a+i_a-v_a+f_a$

为了消除或削弱地球气差的影响,通常三角高程应进行对向观测。由 A 向 B 观测得 h_a,由 B 向 A 观测得 h_{bc},当两高差的校差在容许值内,则取其平均值,得:

$$h_{AB}=\frac{1}{2}(h_{ab}-h_{ba})=\frac{1}{2}[(h'-h'')+(i_a-i_b)+(v_a-v_a)+(f_a-f_b)]$$

$$h_{AB}=\frac{1}{2}(h_{ab}-h_{ba})=\frac{1}{2}[(h'-h'')+(i_a-i_b)+(v_a-v_a)+(f_a-f_b)]$$

当外界余件相同,$f_a=f_b$。上式的最后一项为零。消除其影响。但在检查高差校差时,计算中仍须加入地球气差改正，这一点应引起注意。最后，B 点高程为：

$$H_B = H_A + h_{AB}$$

3. 光电测距三角高程的技术要求

光电测距三角高程测量的精度较高，且可提高工效，故应用较广。高程路线应起闭于高级水准点，高程网或高程导线的边长应不大于 1km，边数不超过 6 条。竖直角用 DJ_2 型经纬仪，在四等高程测 3 个测回，五等测 2 个测回。距离应采用标称精度不低于(5mm＋5mm)的测距仪，四等高程测往返各一测回，五等测一个测回。光电测距三年高程测量的各项技术要求见表 8－17。

表 8－17 光电测距三角高程测量主要技术要求

等级	仪器	竖直角测回数(中丝法)	指标差较差(″)	竖直角较差(″)	对向观测高差较差(mm)	附合路线或环线闭合差(mm)
四等	DJ_2	3	≤7	≤7	$40\sqrt{D}$	$20\sqrt{\sum D}$
五等	DJ_2	2	≤10	≤10	$60\sqrt{D}$	$30\sqrt{\sum D}$
图根	DJ_6	2	≤25	≤25	$400D$	$40\sqrt{\sum D}$

注：D 为光电测距边长度，km。

4. 三角高程测量的观测要点

(1)观测要点

1)安置经纬仪于测站上，量取仪器高 i 和目标高 v。

2)当中丝瞄准目标时。将盘水准管气泡居中，读取竖盘读数。必须以盘左、盘右进行观测。

3)竖直观测测回数与限差应符合规定。

4)用电磁波测距仪测量两点间的倾斜距离 D' 或用三角测量方法计算得两点间的水平距离 D。

(2)测量精度经验公式

估算三角高程测量外业的精度，在理论上很难推导出一个普遍适用的精度估算公式。我国根据不同地区地理条件 20 个测区实测资料，用不同边长的三角形高差闭合差来估算三角高程测量的精度，有经验公式：

$$M_h = PS$$

式中 M_h——对向观测高差平均值的中误差，m；

S——边长，km；

P——每公里的高差中误差，m/km；$P=0.013\sim0.022$，取 $P=0.025$。

$$M_h = 0.025S$$

高差中误差与边长成正比。

第九章　地形图的基本知识测绘及其应用

在工程建设中，需要把建设地点的地面高低起伏、地面上的物体情况用图纸表达出来，以利于工程设计、施工单位的技术人员开展相应的工作。这种把建设地点的地面起伏及地面物体都表示到一张图纸上的图形就叫做地形图。地形图是普通地图的一种，是按一定比例尺表示地貌、地物平面位置和高程的一种正射投影图。

地形图是土木工程中最基本的资料之一，作为工程技术人员，必须掌握地形图测绘和应用的技能。

地形图测绘是在测区内完成了控制测量工作之后，以控制点为测站，进行地物、地貌特征点的测定工作，并绘出地形图。

地形图是规划、设计的重要依据。在新建、扩建、改建工程建筑物时，都必须对拟建地区的地形、地质情况做认真的调查研究，并把这些资料绘制成图，以便于更好地开展工作。

第一节　地形图的比例尺

一、比例尺的种类

地形图上任一线段的长度与它所代表的实地水平距离之比，称为地形图比例尺。比例尺是地形图最重要的参数，它既决定了地形图图上长度与实地长度的换算关系，又决定了地形图的精度与详细程度。

比例尺的种类如图 9－1 所示。

- 比例尺的种类
  - 数字比例尺
    - (1)以分数形式表示的比例尺，称为数字比例尺。数字比例尺一般都写成分子为 1 的形式。即，

      $$\frac{l}{L}=\frac{1}{\frac{L}{l}}=\frac{1}{M}=1:M$$

      式中，M 称为比例尺分母。比例尺的大小，是用它的比值来度量的。M 愈小，比例尺愈大；M 愈大，比例尺愈小。
    - (2)我国地形图的比例尺通常分为三类：1∶500、1∶1000、1∶2000、1∶5000 称为大比例尺；1∶1万；1∶2.5万、1∶5 万、1∶10 万称为中比例尺；1∶25 万、1∶50 万、1∶100 万称为小比例尺。不同比例尺的地形图有着不同的用途。大比例尺地形图通常用于各种工程建设的规划和设计；中比例尺地形图是国家基本比例尺地形图，用于国防和经济建设的规划和设计；小比例尺地形图主要用于行政管理和大范围的发展规划工作。铁路测量中地形图的比例尺一般在 1∶500～1∶5000 之间。
  - 图示比例尺
    - 常见的图示比例尺为直线比例尺。如图 9－2 所示为 1∶500 的直线比例尺，由间距为 2mm 的两条平行直线构成，以 2cm 为单位分成若干大格。

图 9－1　比例尺的种类

二、常用地形图的比例尺精度

通常人眼能分辨的图上最小距离为 0.1mm。因此，地形图上 0.1mm 的长度所代表的实水平距离，称为比例尺精度，用 ε 表示；即，

10 5 0 10 20 30 40 50
23.8m
18.9m

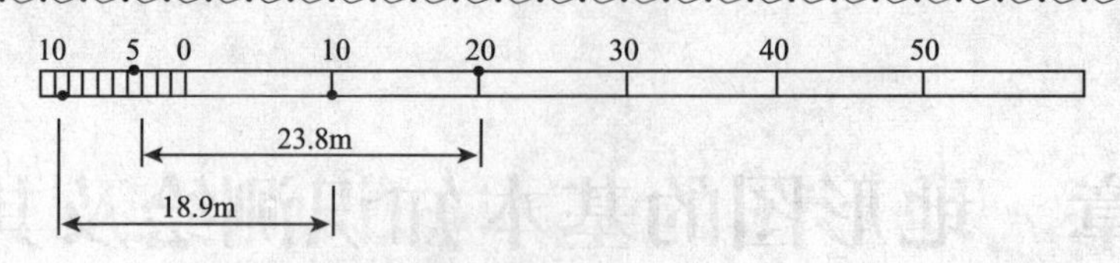

图 9－2　图示比例尺

$$\varepsilon = 0.1M$$

正常人的眼睛能分辨的最短距离一般为 0.1mm。地形图上 0.1mm 代表的实地水平距离称为比例尺的精度。根据比例尺的精度，可以确定在实际地形测量中量距所需的精度。例如用 1∶1000 的比例尺测图，图上 0.1mm 表示实地 0.1m，所以量距精度达到 0.1m 即可，因为小于 0.1m 的长度在图上也无法表示。此外，根据所需要在图上表示的最小尺寸，可确定应选用的比例尺。如需要在图上表示出 0.2m 的实际长度，则选用的比例尺应不小于 1∶2000 几种比例尺地形图的比例尺精度见表 9－1。

表 9－1　比例尺的精度

比例尺	1∶500	1∶1 000	1∶2 000	1∶5 000	1∶10 000	1∶25 000
比例尺精度(m)	0.05	0.1	0.2	0.5	1.0	2.5

例 9－1　如果规定在地形图上应表示出的最短距离为 0.3m，则测图比例尺最小为多大？

解　$\frac{1}{M}=\frac{0.1\text{mm}}{\varepsilon}=\frac{0.1\text{mm}}{300\text{mm}}=\frac{1}{3000}$

第二节　大比例尺地形图的分幅编号及图廓

一、大比例尺地形图分幅法

1. 分幅

大比例尺地形图的分幅一般采用 50cm×50cm 正方形分幅或 40cm×50cm 矩形分幅，根据需要也可以采用其他规格的分幅，1∶2000 地形图也可以采用经纬度统一分幅。

2. 编号

(1)地形图编号一般采用西南角坐标公里数编号法，也可选用流水线编号法或行列编号法等。

(2)采用图幅西南角坐标公里数编号法时 x 坐标在前，y 坐标在后，1∶500 地形图取至 0.01km(如 10.40～21.75)，1∶1000、1∶2000 地形图取至 0.1km(如 10.0～21.0)。

(3)带状测区或小面积测区，可按测区统一顺序进行流水号法编号，一般从左到右，从上到下用阿拉伯数字 1、2、3、4…编定，如图 9－3 所示，XX—15(XX 为测区)。

(4)行列编号法一般以代号(如/A、B、C、O…)的横行，由上到下排列，以阿拉伯数字为代号的纵列，从左到右排列来编定的，先行后列，如图 9－4 中 A—4 所示。

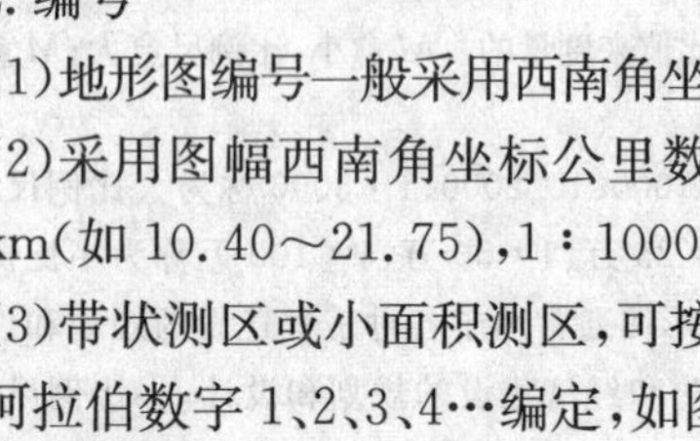

1 2 3 4
5 6 7 8 9 10
11 12 13 14 15 16

图 9－3　流水号法编号

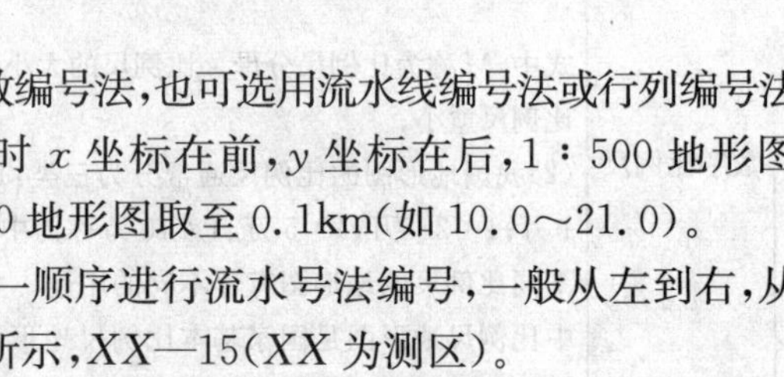

A-1 A-2 A-2 A-4 A-5 A-6
B-1 B-2 B-2 B-4
C-2 C-2 C-4 C-5 C-6

图 9－4　行列编号法

二、大比例尺地形图的图廓

图廓是地形图的边界线，有内、外图廓线之分。内图廓就是坐标格网线，也是图幅的边界线，用 0.1mm 细线绘出。在内图廓线内侧，每隔 10cm，绘出 5mm 的短线，表示坐标格网线的位置。外图廓线为图幅的最外围边线，用 0.5mm 粗线绘出。内、外图廓线相距 12mm，在内外图廓线之间注记坐标格网线坐标值。

在 1∶500，1∶1000，1∶2000 地形图中，按照下面的规定来进行图廓的处理。

图廓示意图如图 9－5 所示。图名为两个字的其字间距为两个字，三个字的字间距为一个字，四个字以上的字间距一般为 2～3mm。图名标注在图号上方并与图号一起标在北图廓上方中央。左上角为图幅接合表，可采用图名（或图号）注出。图上每隔 10cm 绘出一坐标网线交叉点；图廓线上的坐标网线在图廓内侧绘 5mm 的短线，根据需要也可以连通描绘。

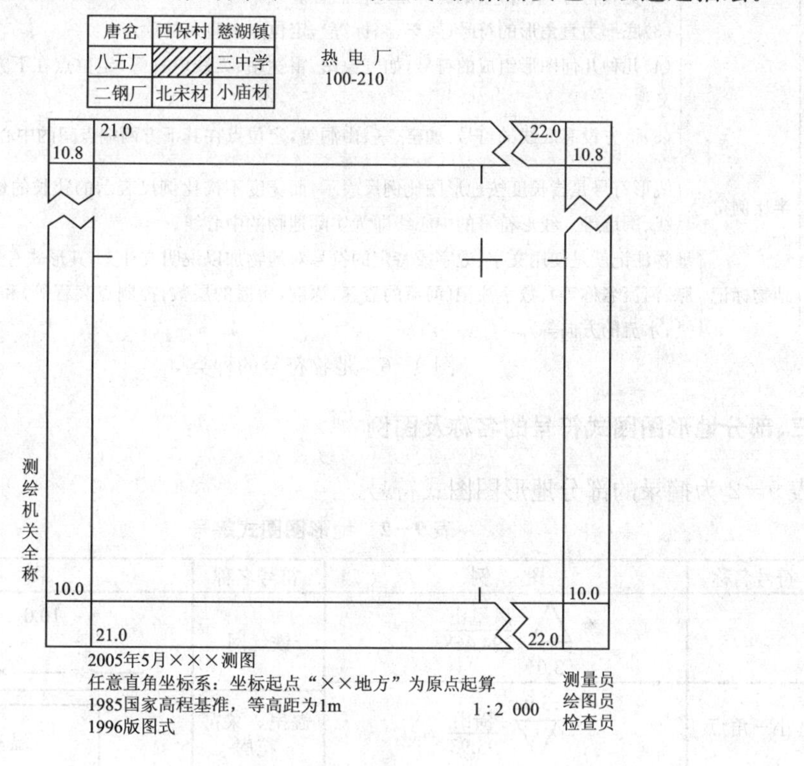

图 9－5　图廓

在图 9－5 中，可以看出图名、图号、图幅接合表、网线交叉点、以及其他注记，因为版面篇幅所限，把图做了简化处理。在图中，还可以看出 x 坐标增量为 0.8km，按 1∶2000 比例尺可以知道，其图上尺寸为 40cm；y 坐标增加了 1.0km，其图上尺寸为 50cm。

第三节　地物符号

一、地物符号的概念

地形图上表示地物类别、形状、大小及位置的符号称为地物符号。地物符号由国家测绘总局统一制订，由国家技术监督局批准颁布发行；从事测绘工作的任何单位和个人都必须遵守执行。

地物符号可以分成依比例符号、非比例符号、线形符号和地物注记四种类型。

二、符号的种类

地物符号的种类如图 9－6 所示。

地物符号的种类
- 比例符号：当地物的轮廓尺寸较大时，常按测图的比例尺将其形状大小缩绘到图纸上，绘出的符号称为比例符号。如一般房屋、简易房屋等符号。
- 非比例符号：当地物的轮廓尺寸较小，如三角点、水准点、独立树、消火栓等，无法将其形状和大小按测图的比例尺缩绘到图纸上。但这些地物又很重要，必须在图上表示出来，则不管地物的实际尺寸大小，均用规定的符号表示在图上，这类符号称为非比例符号。非比例符号中表示地物中心位置的点，叫定位点。定位点的使用规定如下：
  (1)圆形、矩形、三角形等单个几何图形符号，定位点在其几何图形的中心。如导线点、水准点等。
  (2)宽底符号(蒙古包、烟囱等)，定位点在底线中心。
  (3)底部为直角形的符号(风车、路标等)，定位点在直角的顶点。
  (4)几种几何图形组成的符号，如气象站、雷达站、无线电杆等，定位点在下方图形的中心点或交叉点。
  (5)下方没有底线的符号，如窑、亭、山洞等，定位点在其下方两端点间的中心点。
- 半比例符号：线形符号是指长度按地形图比例尺表示，而宽度不按比例尺表示的狭长的地物符号，如电线、管线、围墙等。线形符号的中心线即为实际地物的中心线。
- 地物标记：地物注记就是使用文字、数字或特定的符号对地物加以说明或补充，其形式有文字注记(居民地、山脉、河流名称等)、数字注记(河流的流速、深度，房屋的层数，控制点高程等)和符号注记(植被的种类；水流的方向等)。

图 9－6 地物符号的种类

三、部分地形图图式符号的名称及图例

表 9－2 为摘录的部分地形图图式符号。

表 9－2 地形图图式等号

符号名称	图 例	符号名称	图 例
三角点	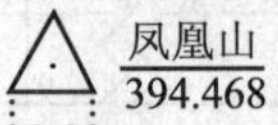 3.0 凤凰山 394.468	铁丝网	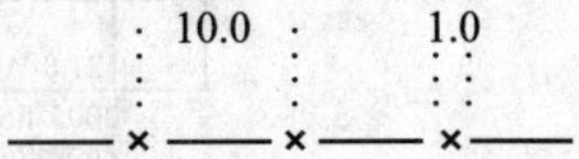 10.0 1.0
小三角点	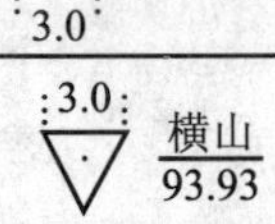 3.0 横山 93.93	温室、菜窖花房	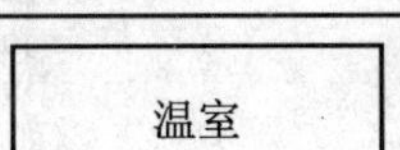 温室
导线点	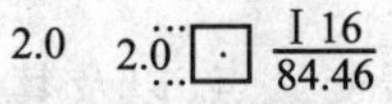 2.0 2.0 I 16 84.46	宣传橱窗	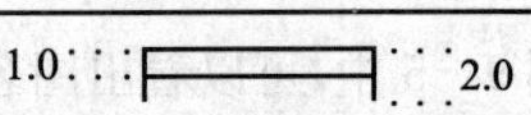 1.0 2.0
小准点	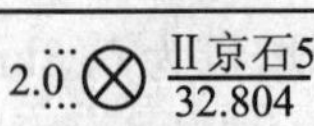 2.0 Ⅱ京石5 32.804	学 校	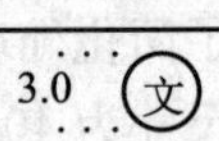 3.0 文
GPS点	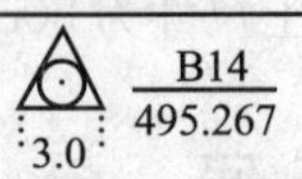 3.0 B14 495.267	路 灯	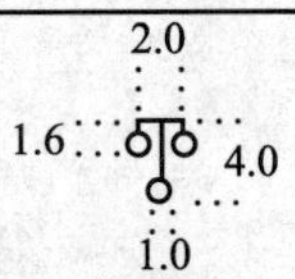 2.0 1.6 4.0 1.0
埋石图根点	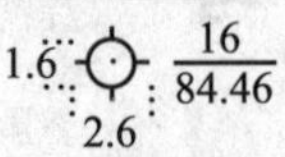 1.6 2.6 16 84.46		
不埋石图根点	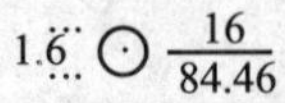 1.6 16 84.46	纪念碑	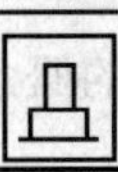

续上表

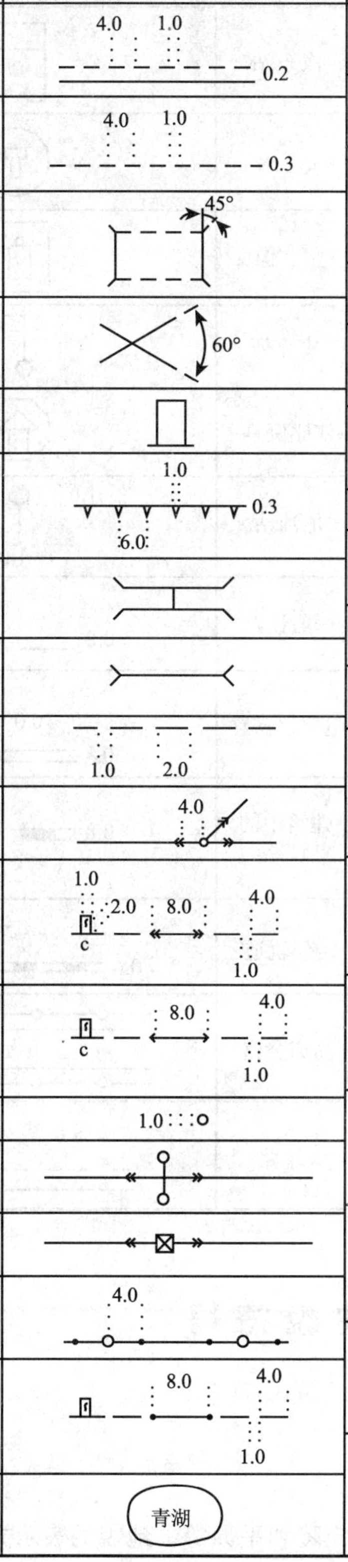

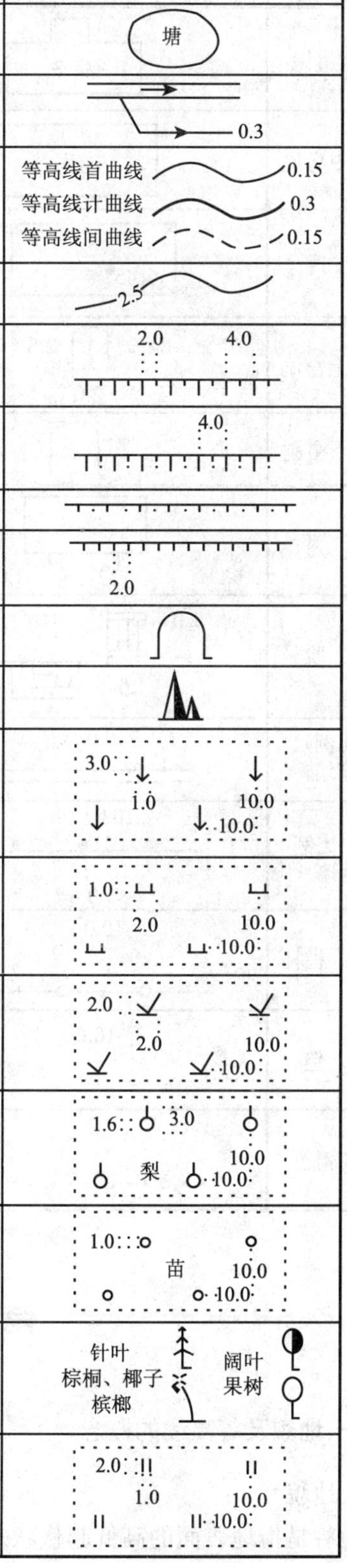

符号名称	图　例	符号名称	图　例
乡村路	4.0　1.0　0.2	池　塘	塘
小　路	4.0　1.0　0.3	沟　渠	0.3
依比例涵洞	45°	等高线	等高线首曲线 0.15 等高线计曲线 0.3 等高线间曲线 0.15
不依比例涵洞	60°	等高线注记	25
里程碑		未加固斜坡	2.0　4.0
挡土墙	1.0　0.3　6.0	加固斜坡	4.0
人行桥依比例		未加固陡坎	
人行桥不依比例		加固陡坎	2.0
渡　口	1.0　2.0	山　洞	
地面上输电线	4.0	假　山	
地面下输电线	1.0　2.0　8.0　4.0　c　1.0	稻　田	3.0　1.0　10.0　10.0
地面下配电线	8.0　4.0　c　1.0	旱　地	1.0　2.0　10.0　10.0
电　杆	1.0	菜　地	2.0　2.0　10.0　10.0
电线架		果　园	1.6　3.0　10.0　梨　10.0
依比例电线塔		苗　圃	1.0　苗　10.0　10.0
地面上通信线	4.0	独立树	针叶 棕榈、椰子 槟榔 阔叶 果树
地面下通信线	8.0　4.0　1.0	天然草地	2.0　1.0　10.0　10.0
常年湖	青湖		

续上表

符号名称	图 例	符号名称	图 例
一般房屋	 混 3	汽车站	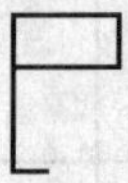
建筑中房屋	 建	水 塔	
棚 房	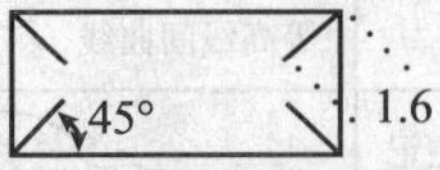 45° 1.6	塑 像	
地面上窑洞	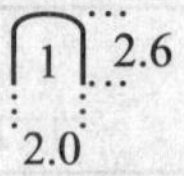 1 2.6 2.0	旗 杆	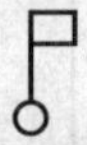
地面下窑洞	 1	依比例亭	
门 廊	 混 5 1.0	加油站	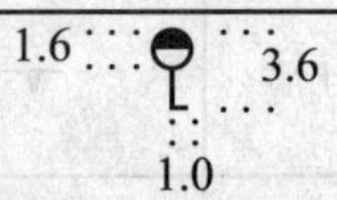 1.6 3.6 1.0
台 阶	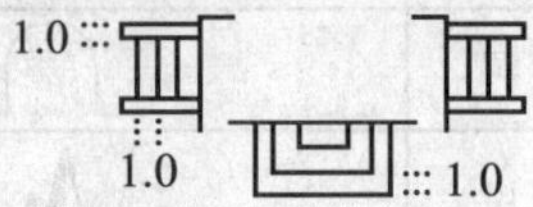 1.0 1.0 1.0	一般铁路	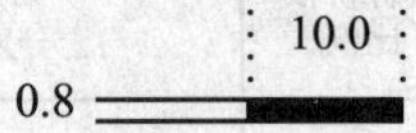 10.0 0.8
依比例尺围墙	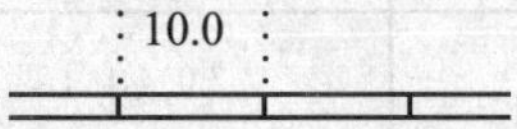 10.0	电气化铁路	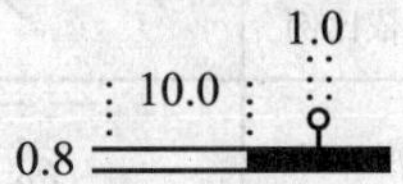 1.0 10.0 0.8
不依比例围墙	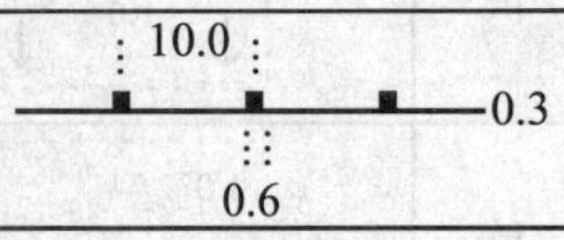 10.0 0.3 0.6	建筑中的铁路	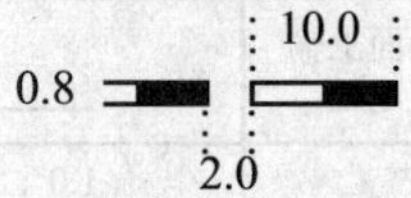 10.0 0.8 2.0
栅栏、栏杆	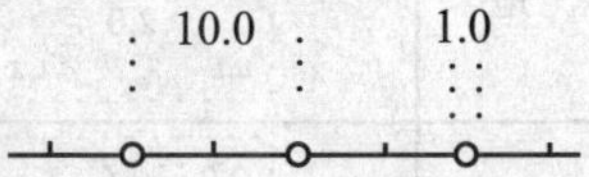 10.0 1.0	转便轨道	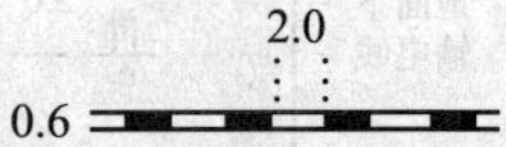 2.0 0.6
篱 笆	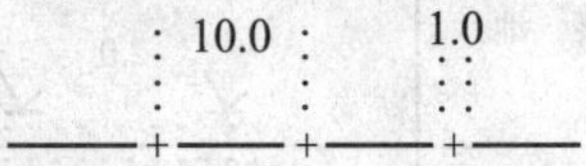 10.0 1.0	高速公路	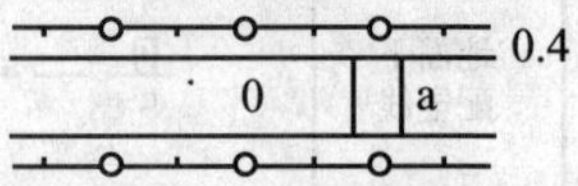 0.4 0 a
活树篱笆	 6.0 1.0	大车路	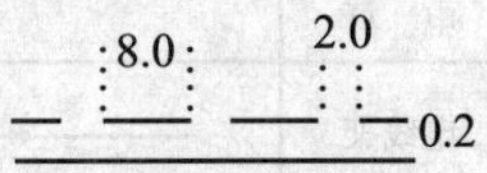 8.0 2.0 0.2

第四节 地貌符号

一、地貌及等高线的概念

1. 地貌

地貌是指地表面的高低起伏状态，如山地、丘陵和平原等。地貌的表示方法很多，大比例尺地形图中常用等高线表示地貌。用等高线表示地貌不仅能表示出地面的高低起伏状态，且可根据它求得地面的坡度和高程等。

2. 等高线

地面上高程相等的相邻点连接而成的封闭曲线称为等高线。如图 9－7 所示，假设某个湖泊中有一座小山，设山顶的高程为 100m，刚开始，湖水淹没在小山上高程为 95m 处，则水平面与小山相截，构成一条闭合曲线（水迹线），在此曲线上各点的高程都相等，这就是等高线。当水面每下降 5m，可分别得到 90m、85m、80m……一系列的等高线。

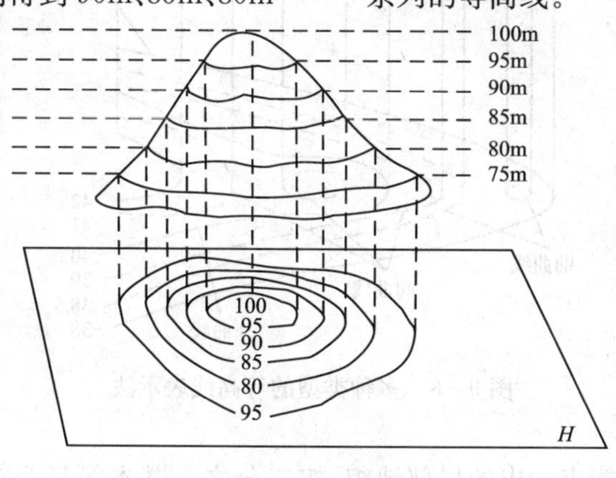

图 9－7　等高线

如果将这些等高线沿铅垂线投影到某一水平面 H 上，并按一定比例缩绘到图纸上，就获得表示实地小山地貌的等高线。

二、等高线的特性

（1）等高性。同一条等高线上各点的高程相同。

（2）闭合性。等高线必定是闭合曲线。如不在本图幅内闭合，则必在相邻的图幅内闭合。所以，在描绘等高线时，凡在本图幅内不闭合的等高线，应绘到内图廓，不能在图幅内中断。

（3）非交性。除在悬崖、陡崖处外，不同高程的等高线不能相交。

（4）正交性。山脊、山谷的等高线与山脊线、山谷线正交。

（5）密陡稀缓性。等高线平距 d 与地面坡度为 i 成反比。

三、地形图上等高线的表示方法

在地形图上，为了更好地表达地貌特征，可以使用首曲线、计曲线、间曲线以及助曲线等高线来表示，如图 9－8 所示。

1. 首曲线

在同一幅地形图上，按规定的基本等高距描绘的等高线称为首曲线，也称基本等高线。首曲线用 0.15mm 的细实线描绘。如图 9－8 中高程为 38m、42m 的等高线。

2. 计曲线

凡是高程能被 5 倍基本等高距整除的等高线称为计曲线，也称加粗等高线。为了计算和读图的方便，计曲线要加粗描绘并注记高程，计曲线用 0.3mm 粗实线绘出。如图 9－8 中高程为 40m 的等高线。

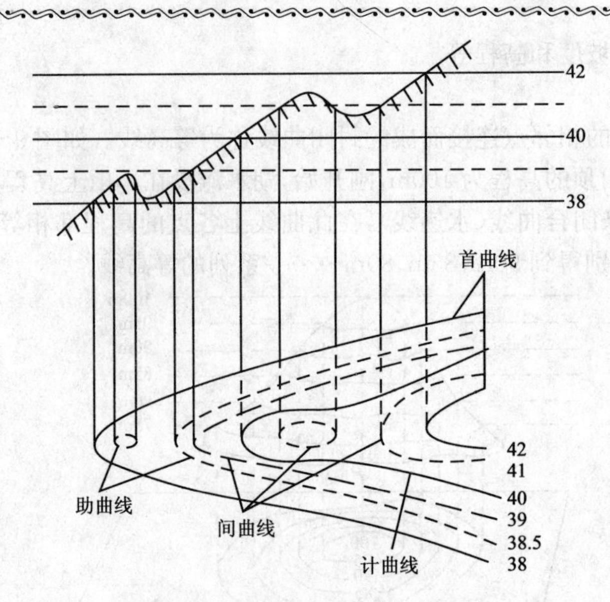

图 9－8 多种类型的等高线表示法

3. 间曲线

为了显示首曲线不能表示出的局部地貌，按二分之一基本等高距描绘的等高线称为间曲线，也称半距等高线。间曲线用 0.15mm 的细长虚线表示。如图 9－8 中高程为 39m、41m 的等高线。

4. 助曲线

用间曲线还不能表示出的局部地貌，可按四分之一基本等高距描绘的等高线称为助曲线。助曲线用 0.15mm 的细短虚线表示。图 9－8 中高程为 38.5m 的等高线。

四、等高距和等高线平距的概念

1. 等高距

地形图上相邻等高线之间的高差，称为等高距，也称为等高线间隔，用 h 表示。图 9－6 中的等高距 h 为 5m。在应用中，等高距的大小是根据地形图的比例尺、地面坡度及用图的目的而选定的。大比例尺地形图常用的等高距为 0.5m、1m、2m 等，同一幅图上的等高距是相同的。

2. 等高线平距

地形图上两相邻等高线间的水平距离，称为等高线平距。一般用字母 d 表示。在同一幅地形图上，等高线平距是由地面坡度的陡缓决定的，地面坡度越小，等高线平距越大；地面坡度越大，等高线平距越小；若地面坡度均匀，则等高线平距相等。

五、山头和洼地等高线的表示方法

山头和洼地的等高线都是一圈圈闭合的曲线。如图 9－9 所示，若里圈的高程大子外圈的高程，则地貌为山头。若里圈的高程小于外圈的高程，则地貌为洼地。

山头和洼地的地貌有时候也采用示坡线来区分。示坡线为一段垂直于等高线的短线，用以指示坡度降落的方向。山头的示坡线指向外侧，而洼地的示坡线指向内侧。

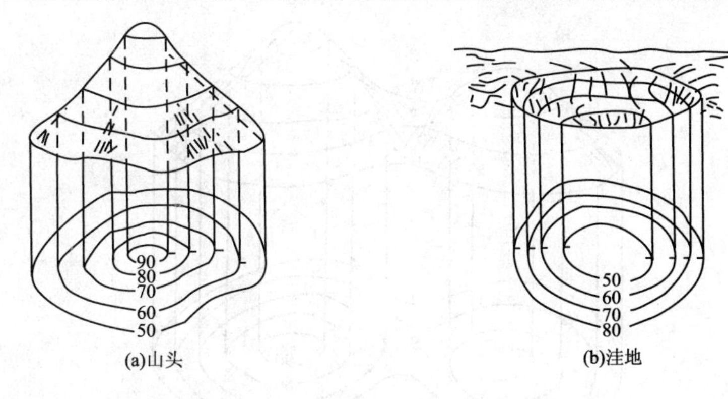

图 9－9　山头和洼地等高线表示方法

六、山脊与山谷等高线的表示方法

(1)山脊是指沿着一个方向延伸的高地,山脊上最高点的连线称为山脊线或分水线。山脊的等高线是一组凸向低处的曲线,如图 9－10(a)所示。

(2)山谷是指在两山脊间沿着一个方向延伸的洼地,山谷中最低点的连线称为山谷线。山谷的等高线是一组凸向高处的曲线,如图 9－10(b)所示。

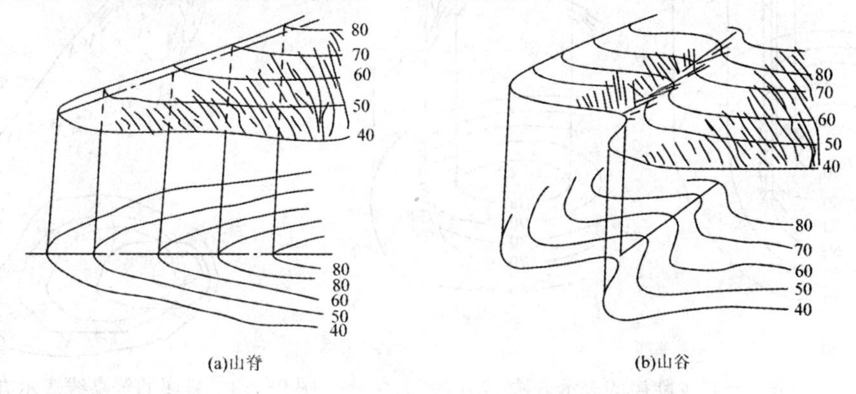

图 9－10　山脊和山谷的等高线表示方法

山脊线、山谷线与等高线是正交。

七、鞍部等高线的表示方法

鞍部是指相邻两山头之间呈马鞍形的低凹部分,鞍部是两个山脊和两个山谷会合的地方。鞍部的等高线由两组相对的山脊和山谷的等高线组成,即在一圈大的闭合曲线内,套有两组小的闭合曲线。如图 9－11 所示。

八、陡崖与悬崖等高线的表示方法

(1)陡崖是指坡度在 70°以上或为 90°的陡峭崖壁。陡崖处的等高线非常密集,甚至会重叠,因此,在陡崖处不再绘制等高线,改用陡崖符号表示,如图 9－12 所示。图 9－12(a)为石质陡崖,图 9－12(b)土质陡崖。

(2)悬崖是指上部向外空出,中间凹进的陡崖。

陡崖上部的等高线投影到水平面时与下部的等高线相交,下部凹进的等高线用虚线表示。悬崖的等高线如图 9－13 所示。

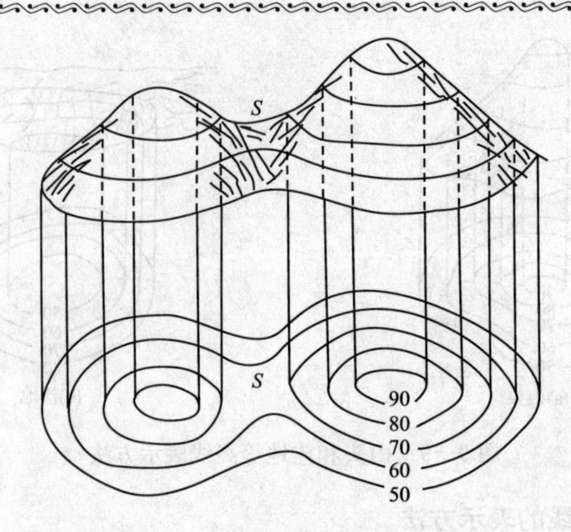

图 9－11 鞍部等高线的表示方法

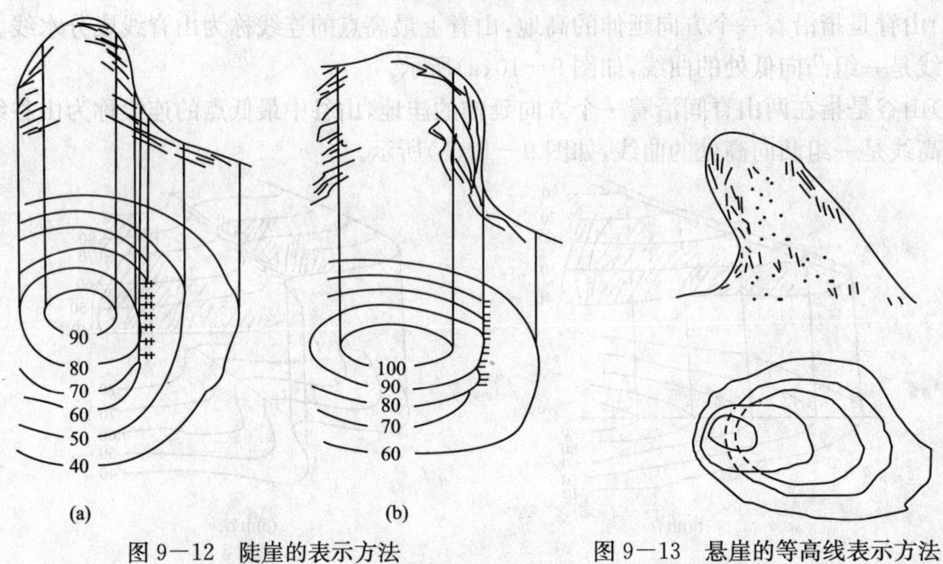

图 9－12 陡崖的表示方法　　图 9－13 悬崖的等高线表示方法

九、冲沟等高线的表示方法

冲沟应依照实测范围按图例用相应符号表示。如果范围较大，在冲沟范围内立尺，加绘出冲沟范围内的等高线，如图 9－14 所示。

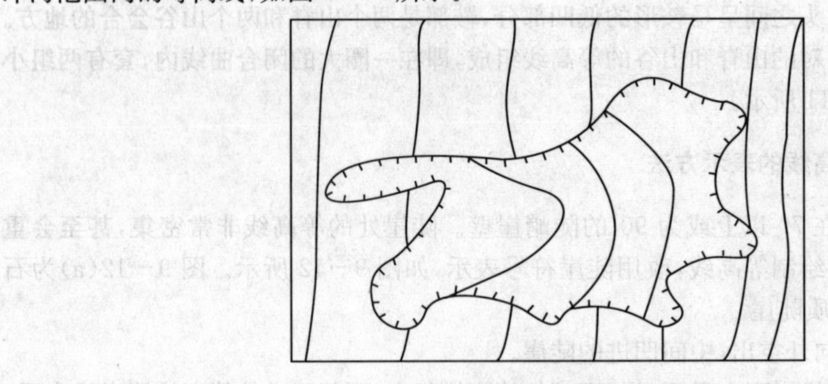

图 9－14 冲沟等高线的表示方法

陡坎一般用等高线、符号、注记相结合的方式来表示，如图 9－15 所示。

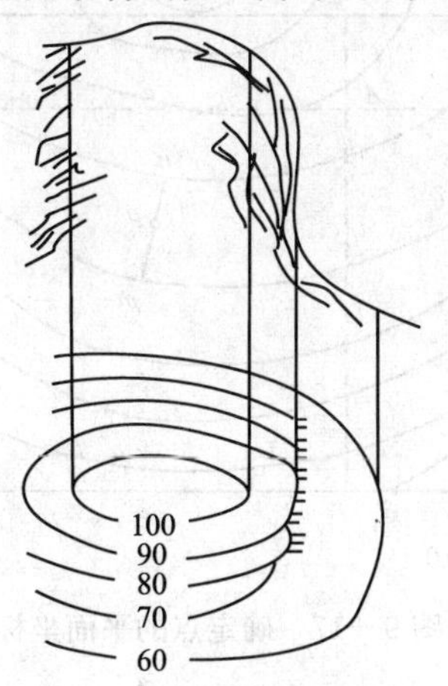

图 9－15　陡坎表示方法

十、综合性地貌透视图及相应地形图

图 9－16 为一综合性地貌的透视图及相应地形图。

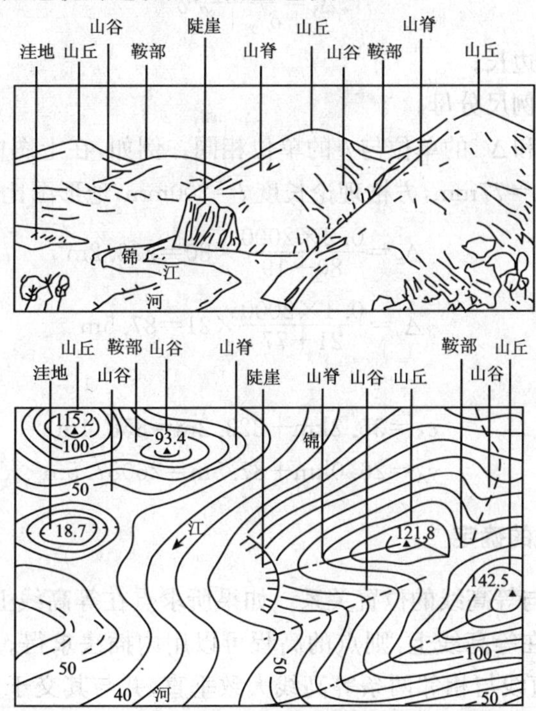

图 9－16　综合性地貌透视图及相应地形图

十一、地形图上点的坐标的确定

(1)如图 9－17 所示，为确定 A 点的坐标，首先应确定该点所在方格西南角点 O 的坐标 x_0 和 y_0，再量算 A 点相对于 O 点的坐标增量 Δ_x 和 Δ_y 则：

$$x_A = x_0 + \Delta_x$$

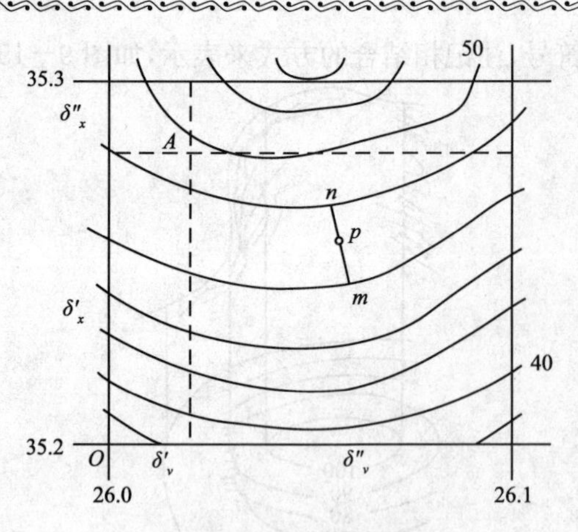

图 9－17　确定点的平面坐标

$$y_A = y_0 + \Delta_y$$

(2)为了确定 Δ_x 和 Δ_y，量取 δ'_x、δ''_x、δ'_y、δ''_y 四个线段长度，则：

$$\Delta_x = \frac{l \cdot M}{\delta'_x + \delta''_x}\delta'_x$$

$$\Delta_y = \frac{l \cdot M}{\delta'_y + \delta''_y}\delta'_y$$

式中　l——方格的理论边长；

M——地形图的比例尺分母。

(3)计算时注意，Δ_x 和 Δ_y 的单位与 l 的单位相同。例如，在上图中，量得 $\delta'_x = 80\text{mm}$，$\delta''_x = 19\text{mm}$，$\delta'_y = 21\text{mm}$，$\delta''_y = 77\text{mm}$，方格理论长度 $l = 200\text{mm}$，地形图比例尺为 1∶2000，则：

$$\Delta_x = \frac{0.2 \times 2000}{80 + 19} \times 80 = 323.2\text{m}$$

$$\Delta_y = \frac{0.1 \times 2000}{21 + 77} \times 21 = 87.5\text{m}$$

A 点坐标为：

$$x_A = 35.2\text{km} + 323.2\text{m} = 358.4\text{m}$$

$$y_A = 26.0\text{km} + 87.5\text{m} = 26087.5\text{m}$$

十二、地形图上高程的确定

点的高程取决于点与等高线的位置关系。如果所求点在等高线上，则点的高程就等于等高线的高程。如果点不在等高线上，则点的高程可以用内插法求得。如图 9－17 所示，求 P 点的高程时，过 P 点做直线与相邻两条等高线大致垂直，并与其交于 m 和 n 点。最取 mn 线段的长度 d，再取线段 mP 的长度 d_1，则 P 点高程为：

$$H_P = H_m + \frac{d_1}{d}h_0$$

式中　H_m——m 点所在等高线的高程；

h_0——地形图的基本等高距。

例如，在上图中，m 点高程为 53m，$d = 1.93\text{m}$，$d_1 = 1.93\text{cm}$，$d_1 = 1.08\text{cm}$，地形图的基本等高距为 2m，p 点高程计算如下：

$$H_P=53+\frac{1.08}{1.93}\times 2=54.1$$

在实际应用中，可以直接根据所求点与相邻等高线的关系目估确定。

十三、用CASS软件法确定点的坐标和高程应用原理

(1)在打开一幅地形图后，如果要查看一点的坐标，可以按下面的方法来查看。

(2)用鼠标点取“工程应用”菜单中的“查询指定点坐标”。用鼠标点取所要查询的点即可。也可以先进入点号定位方式，再输入要查询的点号。在CASS中，可以直接查询到该点的平面坐标和高程。

(3)说明：系统左下角状态栏显示的坐标是迪卡尔坐标系中的坐标，与测量坐标系的 x 和 y 的顺序相反。用此功能查询时，系统在命令行给出的 x、y 是测量坐标系的值。

十四、在地形图上确定两点间的水平距离的方法

在图上确定两点间的水平距离有解析法及圆上直接量取法。

1. 解析法

如图9—18所示，欲求 AB 的距离，可按图上 A、B 两点坐标(x_A，y_A)和(x_B，y_B)，然后按下式计算 AB 的水平距离，

$$D_{AB}=\sqrt{(x_B-x_A)^2+(y_B-y_A)^2}$$

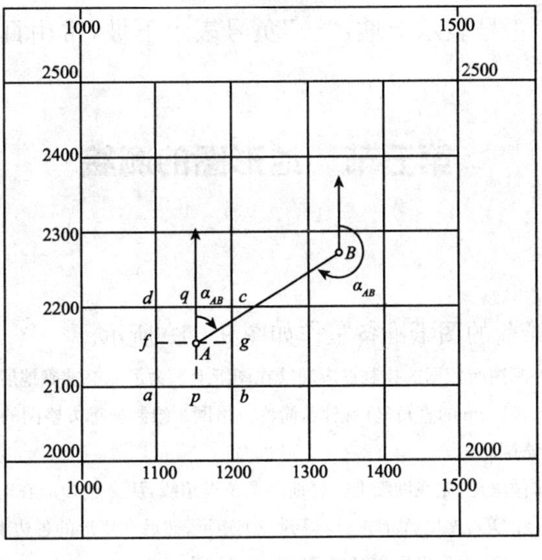

图9—18　地形图的应用

2. 直接量取法

直接量取是指用量距工具量取图上 A、B 两点线段长度后，与图解比例尺进行比较得到所量线段的实际长度。线段的坐标方位角可以直接用量角器量取直线与坐标网格线的夹角，为了提高精度，可以量取对顶角的数值后取平均值。

这种方法适用于精度要求较低的情况。

十五、在地形图上确定某一直线的坐标方位

1. 解析法

如图9—18所示，如果 A、B 两点的坐标已知，可按坐标反算公式计算 AB 直线的坐标方

位角，

$$\alpha_{AB}=\arctan\frac{y_B-y_A}{x_B-x_A}=\arctan\frac{\Delta y_{AB}}{\Delta x_{AB}}$$

2. 图解法

当精度要求不高时，可由量角器在图上直接量取其坐标方位角。如图 9－18 所示，通过 A、B 两点分别作坐标纵轴的平行线，然后用量角器的中心分别对准 A、B 两点量出直线 AB 的坐标方位角 α'_{AB} 和直线 BA 的坐标方位角 α'_{BA}，则直线 AB 的坐标方位角为：

$$\alpha_{AB}=\frac{1}{2}(\alpha'_{AB}+\alpha'_{BA}\pm180°)$$

十六、在地形图上确定某一直线的坡度

在地形图上求得直线的长度以及两端点的高程后，可按下式计算该直线的平均坡度 i，即

$$i=\frac{h}{dM}=\frac{h}{D}$$

式中　d——图上量得的长度(mm)；

M——地形图比例尺分母；

h——两端点间的高差(m)；

D——直线实地水平距离(m)。

坡度有正负号，“＋”正号表示上坡，“－”负号表示下坡，常用百分率(%)或千分率(‰)表示。

第五节　地形图的测绘

一、图纸准备工作

大比例尺地形图测绘前的图纸准备工作如图 9－19 所示。

大比例尺地形图测绘前的图纸准备工作

- 绘制方格网
  - (1)野外测图所依据的控制点应展绘在图纸上。为了能够准确地展绘控制点，必须先在图纸上绘出 10cm×10cm 的直角坐标格网，简称方格网。绘制坐标方格网的方法很多，这里介绍对角线法绘制方格网。
  - (2)具体做法是：先在图纸上轻轻地画两条对角线，从交点 O 起在对角线上截取相等长度的 OA、OB、OC 和 OD，连接 A、B、C、D 得到一个矩形，然后在矩形的各边上每隔 10cm 标注一个点，连接相应的点就可得到坐标方格网，如图 9－20 所示。
  - (3)坐标方格网绘好后，用直尺检查方格网的各交点是否在一条直线上，其误差应不大于 0.2mm，用比例尺检查各方格的边长和对角线长，它们与理论值之差应分别不大于 0.21mm 和 0.3m。
- 展绘控制点
  - (1)先根据图幅位置，将坐标格网线的坐标值标注在相应网格线的外侧，再根据控制点的坐标值确定该点所在的方格。在图 9－20 中，如果某点的坐标为(740.48，1059.52)，应在 JMLK 方格内。再按比例来确定该点在方格内具体位置就可以了。
  - (2)一幅图内各控制点都展出后，应检查相邻两点之间的距离，其误差不得大于图工 0.3mm，如果超限，必须重新绘制。

图 9－19　大比例尺地形图测绘前的图纸准备工作

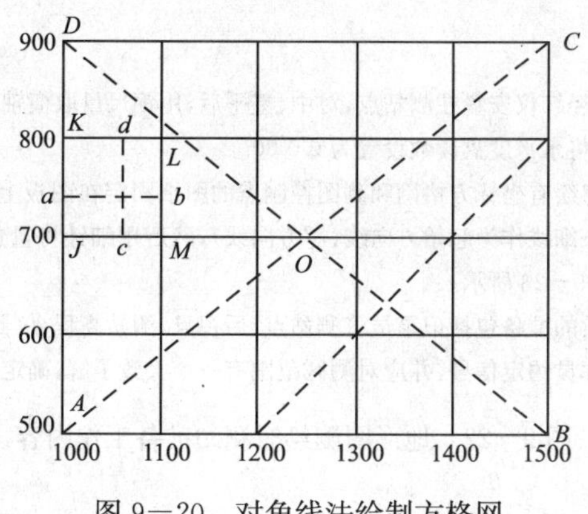

图 9—20　对角线法绘制方格网

二、工具的准备

大比例尺地形图测绘前工具应主要准备:经纬仪、绘图板、塔尺、量角器、铅笔、大头针、计算器等。

三、地形图的测图原理

如图 9—21 所示,已知 A、B 两点,要测出 C 点的空间位置。

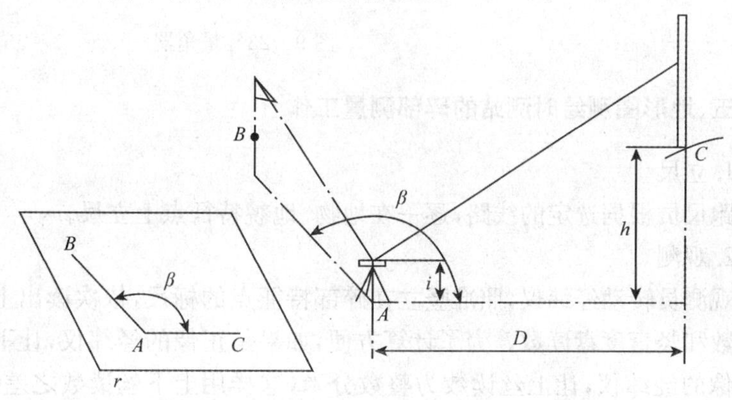

图 9—21　地形图图原理

在 A 点安置仪器,对中、整平后,瞄准后视点 B 后,把水平度盘归零,转动照准部,瞄准 C 点,读出水平读数,即可以测出水平角 β,再结合 AC 的水平距离 D 即可确定 C 点的平面位置。加上已经用视距测量的方法测出 A、C 两点的高差 h,就可以推算出 C 点的高程。将 C 点按比例描绘在图纸上,并注记高程,即完成这个点的测量工作。用同样的方法可以测出其他各点的位置。当图幅内所有点的位置都测出来并按规定的符号绘制在图纸上以后,就完成了一张地形图的原图测绘工作。

四、测站准备工作内容

测站工作包括准备、跑尺、观测、记录、计算、绘图等。一般一人观测,一人记录计算,一人画图,两人跑尺。,测站准备工作内容有安置仪器、定向、绘图准备以及其他人员的准备等,如图

9—22 所示。

地形图测绘时测站准备工作内容
- 安置仪器、量取仪器｛将经纬仪安置在测站点，对中、整平后，用钢尺量取横轴中心到桩顶的距离。
- 定向｛后视一个控制点，将水平度盘读数设置为 0°0′00″。
- 绘图准备｛先用胶带纸将绘有坐标方格网和测图控制点的图纸固定在图板上，再用铅笔在图上的测站点和后视点间画一条细线作为起始方向线（零方向线），然后用细针将量角器的圆心固定在图上相应的测站点上，如图 9—23 所示。
- 其他人员准备｛其他人员的准备包括记录员将测站点、后视点、测站高程、仪器高等数据记录在手簿上；跑尺员应与指挥员约定信号，并应对测区范围有一个大致了解，确定跑尺路线。

图 9—22 地形图测绘时测站准备工作内容

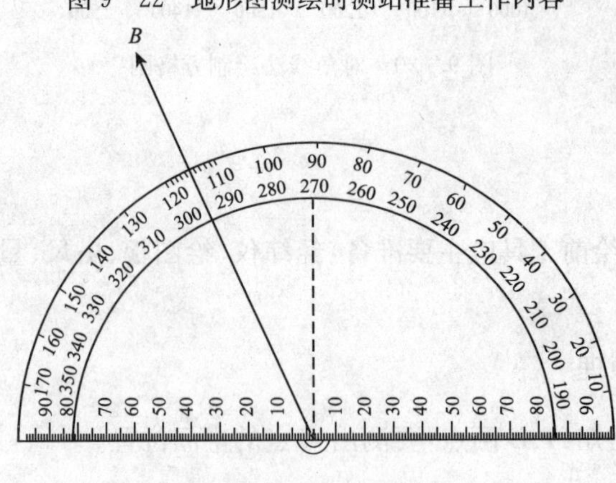

图 9—23 量角器

五、地形图测绘时测站的碎部测量工作

1. 立尺

跑尺员根据选定的线路，逐一在地物、地貌特征点上立尺。

2. 观测

观测员转动经纬仪，照准竖立在碎部特征点的标尺，依次读出上、中、下三丝读数，水平度盘读数和竖直度盘读数。为了计算方便，如果是正像的经纬仪，让下丝读数为整数分米；如果是倒像的经纬仪，让上丝读数为整数分米，这样用上下丝读数之差计算视距读数就相对简单一些。

3. 记录计算

记录员把观测数据记录在相应的手簿上（格式见表 9—3），根据测出的数据，计算水平距离、高差和高程等数据，并填入手簿内。

表 9—3 碎部测量记录计算表

测站	测点	视距读数	水平角 (°′)	竖盘读数 (°′)	水平距离 D(m)	h' (m)	仪器高 i(m)	中横丝读数 l(m)	高差 $h'+i-l$(m)	高程 (m)	备注
C5	C4		0.00								
	1	33.9	43 56	89 08	33.9	0.52	1.30	1.30	0.52	81.72	$H_{C5}=$ 81.20m
	2	78.5	8 19	88 58	78.5	1.40	1.30	1.30	1.40	82.60	

4. 展点

绘图员展点时，先根据碎部点的水平方向读数，在图纸上用量角器确定出碎部点的方向，然后沿此方向根据水平距离按比例尺确定出碎部点的点位，并在该点上注记高程。例如，要将表 9－3 中的 1 号点展在图纸上，先使量角器的刻划线 45 度 36′处精确对准图纸上的起始方向线固定不动，此时量角器直径方向（黑色刻画边）即为图纸上碎部点的方向；然后，在该方向上按图上距离（33.9m 乘以比例尺）点出 1 号点位置，并在点旁注记高程 81.72m。当水平方向读数大于 180 度时，图上距离应沿量角器的红色刻画边定点。

5. 勾绘地形图

测出若干碎部点后，绘图员要根据已绘出的点，参照实际地形勾绘地物、地貌。

六、地形图上面积量算的方法

在工程设计中，有时需要在地形图上量算一定边界范围内的面积。如在桥梁、涵洞等设计中，就要确定工程建筑物上游汇水面积的大小。

面积量算的方法有多种，常用有几何法及 CASS 软件法，具体内容如图 9－24 所示。

面积量算的方法

- 几何法
  - (1)几何法适用于量算轮廓比较规则的图形面积。采用几何法时，先将需要量算面积的范围分解成几个简单的几何图形，分别量算各简单图形的面积后，求和即可。
  - (2)如图 9－25 所示，要计算多边形 1－2－3－4－5－1 面积，可以把该多边形分成三个小三角形 2－3－4，1－2－4 和 1－4－5 来量算，最后累加就可以得到这个多边形的面积。
  - (3)为了提高量算的精度，各简单图形的面积一般应量两次，符合精度要求后取其平均值作为最后结果。面积量算的精度用两次量算的面积之差与平均面积之比来表示。一般来说，量测的面积越大，面积相对误差的容许值就越小。不同大小的面积的相对误差见表 9－4。
- CASS 软件法
  - (1)在 CASS 软件中，选用“工具”菜单下面的“画复合线”功能确定要进行面积量算的面积。
  - (2)点取“工程应用”菜单下面的“确定实体面积”功能。
  - (3)用鼠标点取用复合线确定的待查询的实体的边界线即可。要注意复合线应该是闭合的。

图 9－24　面积量算的方法

表 9－4　面积量算相对误差允许值

图上面积 $S(mm^2)$	<50	50～100	100～400	400～1000	1000～3000	3000～5000	>5000
允许相对误差	1/20	1/30	1/50	1/100	1/150	1/200	1/250

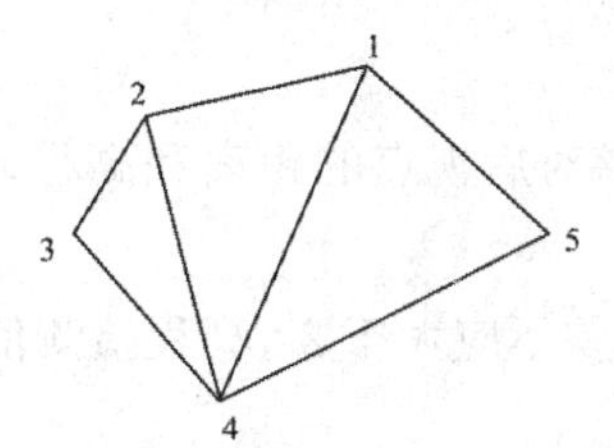

图 9－25　地形图上多边形面积

七、手工绘制已知方向线的纵断面图

纵断面图是反映指定方向地面起伏变化的剖面图。在道路、管道等工程设计中，为进行填、挖土（石）方量的概算、合理确定线路的纵坡等，均需较详细地了解沿线路方向上的地面起伏变化情况，为此常根据大比例尺地形图的等高线绘制线路的纵断面图。

如图 9－26 所示，欲绘制直线 AB、BC 纵断面图。具体步骤如下：

(1)在图纸上绘出表示平距的横轴 PQ，过 A 点作垂线，作为纵轴，表示高程。平距的比例尺与地形图的比例尺一致;为了明显地表示地面起伏变化情况,高程比例尺往往比平距比例尺放大 10～20 倍。

(2)在纵轴上标注高程,在图上沿断面方向量取两相邻等高线间的平距,依次在横轴上标出,得 b、c、d、…、l 及 C 等点。

(3)从各点作横轴的垂线,在垂线上按各点的高程,对照纵轴标注的高程确定各点在剖面上的位置。

(4)用光滑的曲线连接各点,即得已知方向线 $A-B-C$ 的纵断面图。

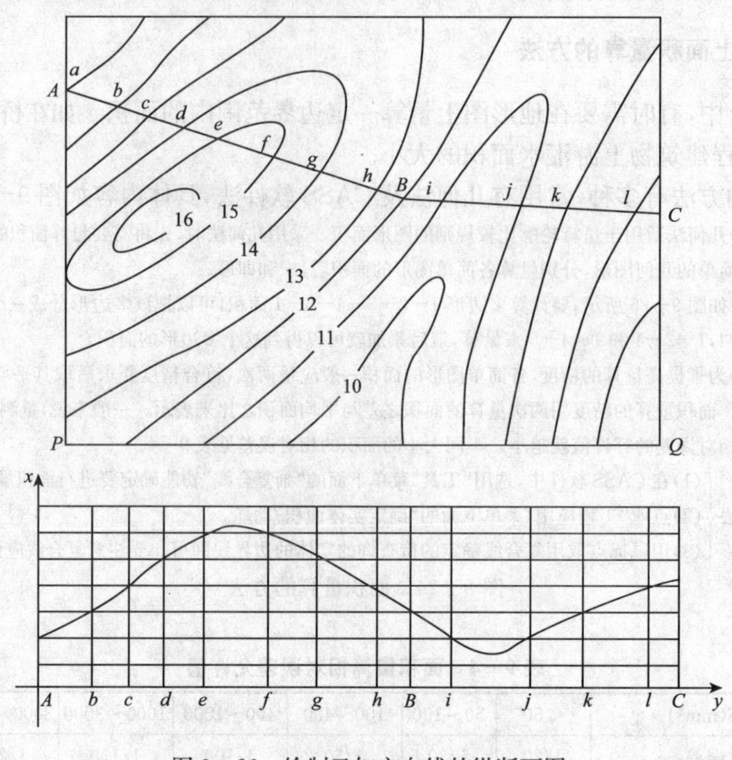

图 9－26　绘制已知方向线的纵断面图

八、测站检查

(1)在测站上开始作业时,应核对后视点的距离和高程,并应重测前站所测的明显地物或数个地形点,进行开板检查。

(2)其角度检测值与原角值之差不应大于 2′,高程检测值与原高程值之差不应大于 1/5 基本等高距。

(3)当一个测站周围的地形点都测完后,观测员应将仪器重新照准后视点检查定向读数,归零误差不大于 4′。

(4)绘图员应将已勾绘的地形图与实地对照,检查有无遗漏和错误,若有,应及时补测或更正。

(5)在两图拼接处,应测至图框线外 10～20mm。

九、地形特征点的选择

在地形图测绘中,决定地物、地貌位置的特征点称为地形特征点,也称碎部点。

1. 地物特征点

地物特征点主要有房屋的房角、围墙、电力线的转折点、道路河岸线的转弯点、交叉点，电杆、独立树的中心点等，如图 9－27 所示的立尺处。连接这些特征点，便可得到与实地相似的地物形状。由于地物形状极不规则，一般规定，主要地物凹凸部分在图上大于 0.4mm 时均应表示出来；在地形图上小于 0.4mm，可以用直线连接。

2. 地貌特征点

地貌特征点应选在最能反映地貌特征的山脊线、山谷线等地性线上，如山顶、鞍部、山脊和山谷的地形变换处、山坡倾斜变换处和山脚地形变换的地方，如图 9－27 所示的立尺处。

如图 9－27 所示，为一地物、地貌的透视图。在图上画有尺子的地方就是立尺点，说明在实地选择碎部点的情况。

图 9－27　碎部点的选择

十、地物的描绘

测出地物的轮廓线后，按地形图图式规定的符号绘制地物。房屋轮廓线需要用直线连接起来，而道路、河流的弯曲部分应逐点连成光滑的曲线。不依比例尺描绘的地物，应按规定的非比例尺符号表示。

测绘地物碎部点的方法是分类立尺，分片扫光。地物较多时要分类立尺，不能为了立尺方便，一类地物未测完又去测另一类地物。地物较少时，一般由测站点起将附近分成几个区，由近到远跑完一个区后，再由远到近测另一区。

十一、等高线的勾绘

(1)勾绘等高线时，首先用铅笔轻轻描绘出山脊线、山谷线等地性线，再根据碎部点的高程勾绘等高线。不能用等高线表示的地貌，如悬崖、陡坎、土堆、冲沟、雨裂等应按图示规定的符号表示。

(2)等高线必须按照基本等高距的整数倍进行勾绘，而实际测定的地貌特征点一般不会恰好在等高线位置上，这就需要用内插法确定某一等高线的位置。因为测图在地面坡度变化处或地性线上立尺，所以可认为图上相邻两点之间的地面坡度是均匀的，两点之间的高差与平距成正比。如图 9－28 所示，在同一坡度上有 A、B 两个碎部点，其高程分别为 23.8m 和27.8m，

a、b 是它们在图上的位置。如果基本等高距为 1m，那么在 A、B 两点间就有 24、25、26、27 四条等高线通过。需要确定图上的 c、d、e、f 四点。由于 AB 之间地面认为坡度没有变化，所以根据同坡度地面的平距和高差成比例的原理，很容易确定出 a、b 连线上各等高线通过点 c、d、e、f 的位置。由图可知：

$$ac=\frac{24-23.8}{27.8-23.8}\times ab$$

$$ad=\frac{25-23.8}{27.8-23.8}\times ab$$

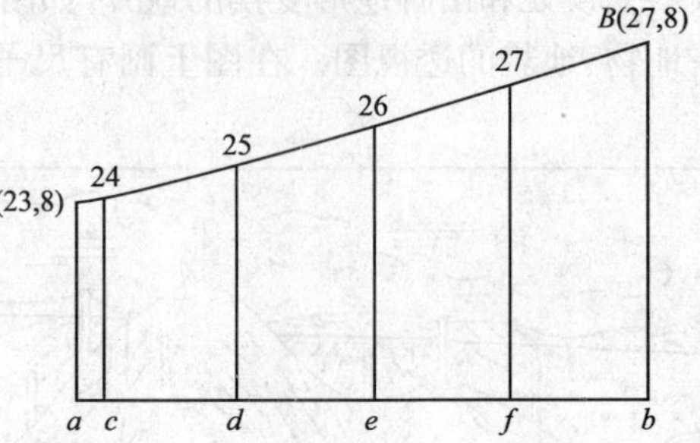

图 9－28　确定基本等高线位置

(3)由上式可以确定出 c、d、e、f 各点。依次用平滑曲线连接高程相等的相邻点就可以勾绘出等高线。

(4)在实际作业中，往往是根据上述原理用目估法来勾绘等高线，不用精确计算。勾绘等高线时，要注意地性线的走向，要在确认两相邻碎部点间地面坡度没有明显变化后，才能在它们之间内插等高线，否则可能使勾绘的地形图与实际不一致。

十二、测站点的增补

(1)地形测图时，应充分利用图根控制点设站测绘碎部点，若因视距限制或通视影响，在图根点上不能完全测出周围的地物和地貌时，可以采用测边交会、测角交会等方法增设测站点。

(2)可以根据图根控制点布设经纬仪视距支导线，增设测站点，为了保证精度，支导线点的数目不能超过两个，布设支导线的精度要求不得超过相关规定。布设经纬仪视距支导线的方法简便易行，测图时经常利用。

如图 9－29 所示，从图根控制点 A 测定支导线点 1。经纬仪视距支导线法的具体施测步骤如下：

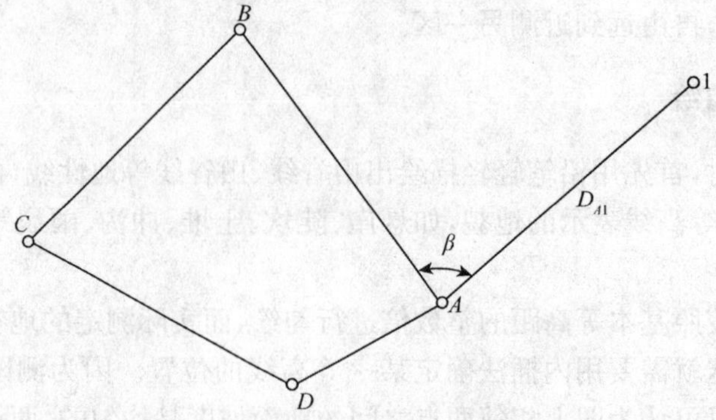

图 9－29　经纬仪视距支导线法增补测站点

(1)将经纬仪安置在控制点 A 上,对中、整平。用测回法测量 AB 与 $A1$ 之间的水平角 β 一测回,用量角器在图上画出 $a1$ 方向线。

(2)用视距法测出 A、1 两点间的水平距离 D_{A1} 和高差 h_{A1},概略定出 1 点在图上的位置。

(3)再将经纬仪安置在 1 点上,在控制点 A 上立尺,用同样的方法测定两点间的水平距离 D_{1A} 和高差 h_{1A}。

(4)若往、返两次测得距离之差不超过表 9－5 规定时,取其平均值,按测图比例尺在方向线上定出补充测站 1 点。

表 9－5　视距支导线技术要求

测图比例尺	总长(m)	最大视距(m)	边数	往返距离较差	说　明
1∶1000	100	70	2	1/150	当距离小于 100m 时,按比例 100m 要求
1∶2000	200	100	2		
1∶5000	400	250	2		

十三、高程注记点的分布要求

(1)城市建筑区高程注记点应测设在街道中心线、街道交叉中心、建筑物墙基脚和相应的地面、管道检查井井口、桥面、广场、较大的庭院内或空地上以及其他地面倾斜变换处。

(2)山顶、鞍部、山脊、山脚、谷底、谷口、沟底、沟口、凹地、台地、河川湖池岸旁、水涯线上以及其他地面倾斜变换处,均应测高程注记点。

(3)地形图上高程注记点应分布均匀,丘陵地区高程注记点间距宜符合表 9－6 的规定。

表 9－6　丘陵地区高程注记点间距

比例尺	1∶500	1∶1000	1∶2000
高程注记点间距(m)	15	30	50

注:平坦及地形简单地区可放宽至 1.5 倍,地貌变化较大的丘陵地、山地与高山地应适当加密。

(4)基本等高距为 0.5m 时,高程注记点应注至厘米,基本等高距大于 0.5m 时可注至分米。

十四、地形图测绘的内容调整要点

(1)各类建筑物、构筑物及其主要附属设施均应进行测绘,房屋外廓以墙角为准。居民区可视测图比例尺大小或用图需要,内容及其取舍可适当加以综合。临时性建筑可不测。当建筑物、构筑物轮廓凹凸部分在图上小于 0.5mm 或 1∶500 比例尺图上小于 1mm 时,可用直线连接。

(2)独立地物能按比例尺表示的,应实测外廓,填绘符号;不能按比例尺表示的,应准确表示其定位点或定位线。

(3)道路及其附属物,均应按实际形状测绘。铁路应测注轨面高程,在曲线段应测注内轨面高程。涵洞应测注洞底高程。

(4)各种天然形成的斜坡、陡坎,其比高小于等高距的 1/2 或图上长度小于 10mm 时,可不表示。当坡、坎较密时,可适当取舍。

(5)管线转角均应实测。线路密集时或居民区的低压电力线路和通讯线路,可选择要点测绘。当管线直线部分的支架、线杆和附属设施密集时,可适当取舍。当多种线路在同一杆柱上时,应表示主要的。

(6)地貌宜以等高线表示,明显的特征地貌,应以符号表示。山顶、鞍部、山脊、谷底及倾斜变换点处,必须测注高程点。露岩、独立石、土堆、陡坎等,应注记高程或比高。

(7)1∶2000、1∶5000 比例尺地形图,可适当舍去车站范围内的附属设施。人行小道可选择要点测绘。

(8)植被的测绘,应按其经济价值和面积大小适当取舍。

十五、地形的拼接

采用分幅测图时,为了保证相邻图幅的拼接,每幅图的四边均须测出图廓线外 5mm。拼接时用一张长 60cm、宽 4～5cm 的透明纸蒙在一幅图的接图边上,描绘出距图廓线 1～1.5cm 范围内的所有地物、等高线、坐标格网及图廓线,然后将此透明纸按坐标格网蒙到相邻图幅的接图边上,描下相同的内容,就可看出相应地物与等高线的吻合情况,如图 9－30 所示。如果不吻合,其接图误差不超过表 9－7 中所规定的平面与高程中误差的 $2\sqrt{2}$倍时,可先在透明纸上按平均位置修改,再依此修改相邻两图幅。若超过限差时,应到现场检查予以纠正或重测。

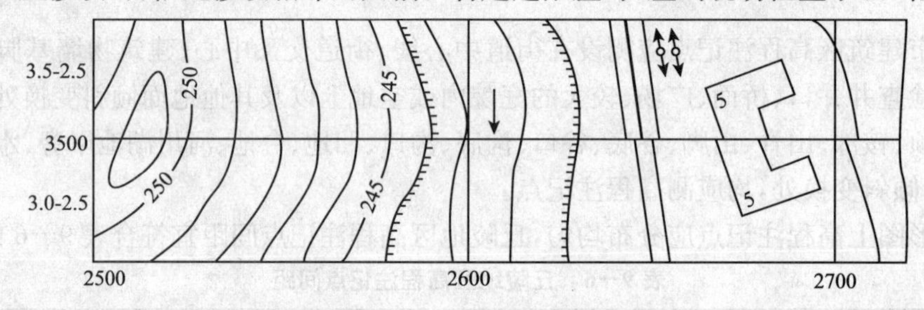

图 9－30　地形图的拼接

如用聚脂薄膜测图,可直接将相邻两幅的相应图边,按坐标格网叠合在一起进行拼接。

表 9—7　地物点位、点间距和等高线高程中误差

地区类别	点位中误差(图上/mm)	地物点间距中误差(图上/mm)	等高线高程中误差(等高距)			
			平地	丘陵地	山地	高山地
平地、丘陵地和城市建筑区	0.5	0.4	1/3	1/2	2/3	1
山地、高山地和施测困难的旧街坊内部	0.75	0.6				

十六、地形图的检查

1. 地形测绘图室内检查内容

在测图中,测量人员应做到随测随检查。为了确保成图的质量,在地形图测完后,作业人员和作业小组必须对完成的成果成图资料进行严格的自检和互检,确认无误后方可上交。图的检查可分为室内检查和室外检查两部分。

室内检查的内容有图面地物、地貌是否清晰易读,各种符号、注记是否正确,等高线与地貌特征点的高程是否相符,接边精度是否合乎要求等。如发现错误和疑点,不可随意修改,应加记录,并到野外进行实地检查、修改。

2. 地形测绘图室外检查方法

(1)巡视检查

检查时应携带测图板，根据室内检查的重点，。按预定的巡视检查路线，进行实地对照查看。查看项目有地物、地貌各要素测绘是否正确、齐全，取舍是否恰当。等高线的勾绘是否逼真，图式符号运用是否正确等。

(2)仪器设站检查

仪器检查是在室内检查巡视检查的基础上进行的。除对发现的问题进行补测和修正外，还要对本测站所测地形进行检查，看所测地形图是否符合要求，如果发现点位的误差超限；应按正确的观测结果修正。

仪器检查量一般为10%。

十七、地形测绘图的整饰

原图经过拼接和检查后，还应按规定的地形图图式符号对地物、地貌进行清绘和整饰，使图画更加合理、清晰、美观。

整饰的顺序是先图内后图外，先注记后符号，先地物后地貌。最后写出图名、比例尺、坐标系统及高程系统、施测单位、测绘者及施测日期等。

如果是独立坐标系统，还需画出指北方向。

第六节　地形图测绘应用

一、全站仪内外业一体化数字测图的控制原则

内外业一体化成图是通过全站仪、电子手簿、应用软件、操作系统以及相关配件，利用极坐标原理，由作业人员在现场采集地形要素，同时一次性直接绘制成图。这种成图方式把传统的外业内业分开的测量模式综合化，内业和外业在测量中进行了集成，大大提高了测量工作的效率和准确性，使测量成果具有可量测性。

全站仪内外业一体化数字测图的控制原则：

(1)在一个测区内进行等级控制测量时，应该尽可能多选制高点(如山顶或楼顶)，在规范允许的范周内布设最大边长，以提高等级控制测量的效率。

(2)完成等级控制测量后，可用辐射法布设图根点，点位及点之密度完全按需要而设，灵活多变。尽量减少控制点的数量。

(3)在进行碎部测量时，对于比较开阔的地方，在一个制高点上可以测完大半幅图，就不要因为距离太远(一般也就几百米)而忙于搬站。

(4)对于比较复杂的地方，也不要因为麻烦而不愿搬站，要充分利用电子手簿的优势和全站仪的精度，测一个支导线是很容易的事情。

二、全站仪内外业一体化数字测图时测区分幅与碎部测量的特点

1.测区分幅

对于数字测图来说，测区分幅是以路、河、山脊等为界线，以自然地块进行分期分块测绘。这与普通测图的分幅方法是有区别的。

2.碎部测量方法

(1)数字化测图的碎部测量一般用全站仪进行，工作时应将全站仪与电子手簿用数据连接

线正确连接,具体连接方法参见相应说明书,如果全站仪带内存时,则可以不用电子手簿。具体的方法有草图法和电子平板法等。

(2)在操作中,为了提高效率,可适当采用皮尺丈量的方法测量,室内编辑时,这种测点的高程不参与建模。在 CASS 中利用坐标显示功能,将这些点设置成不参与建模即可。

(3)具体设置方法为:在 CASS 中,左键点击菜单:绘图处理—高程点建模设置,用鼠标选择相应点后按回车键,在出现的快捷菜单中进行选择即可,如图 9—31、图 9—32 所示。

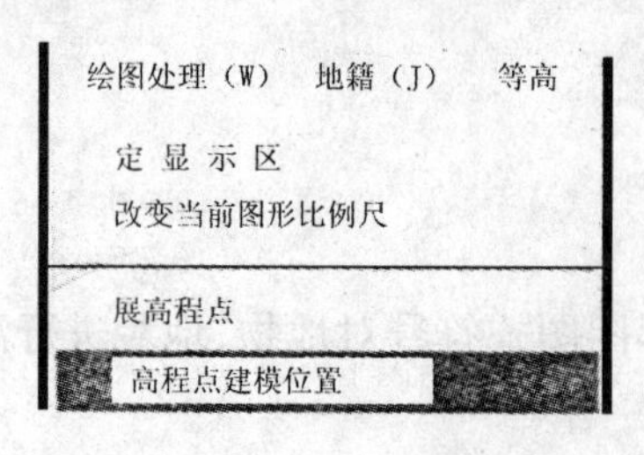

图 9—31　高程点建模

图 9—32　高程点建模设置

三、全站仪内外业一体化数字测图时人员安排与数据通讯的要求

1. 人员安排

一般每个作业小组配测站一人,镜站 1～3 人,领尺 2 人;如果配套使用测图精灵,则不用领尺员。

领尺员必须与测站保持良好的通讯,使草图上的点号与手簿或全站仪上的点号保持一致。

2. 数据通讯

数据通讯如果使用电子手簿,必须保证在测量前全站仪与电子手簿可靠连接。

在测完外业时,需要把测量成果传输到计算机,用 CASS 软件进行处理。连接的方法见各手簿或全站仪的使用说明书。

四、地形图图外注记识读的作用

根据地形图图廓外的注记,可全面了解地形图的基本情况。例如由地形图的比例尺可以知道该地形图反映地物、地貌的详略;根据测图日期的注记可以知道地形图的新旧,从而判断地物、地貌的变化程度;从图廓坐标可以掌握图幅的范围;通过接合图表可以了解与相邻图幅的关系。了解地形图所使用的《地形图图式》版别,对地物、地貌的识读非常重要。了解地形图的坐标系统、高程系统、等高距等,对正确用图有很重要的作用。

五、地物与地貌识读

1. 地物识读

地物识读前,要熟悉一些常用地物符号,了解地物符号和注记的确切含义。根据地物符号,了解图内主要地物的分布情况,如村庄名称、公路走向、河流分布、地面植被、农田等。如图 9—32 所示,图幅西南有凤凰山小三角点 B_1,图幅东面有李家村,一条铁路从西北往东南穿过图幅。图的东北角有一片梨树林,往下是一片水田,李家村的四周为旱地,图幅西南角为大片灌木林。李家村有四处砖平房。清水河自西北向东南穿越图幅,清水河中有一座人渡。

2. 地貌识读

地貌识读前,要正确理解等高线的特性,根据等高线,了解图内的地貌情况。

在图 9—33 中，等高距是 1m，国内最高点为凤凰岭上的小三角点 B_1，其高程为 202.7m。从凤凰岭往北坡度逐渐变缓，至清水河附近为本图幅的较低处，其高程为 180m 左右。图幅西南角和南部延伸着小山丘，高差在 20m 左右。

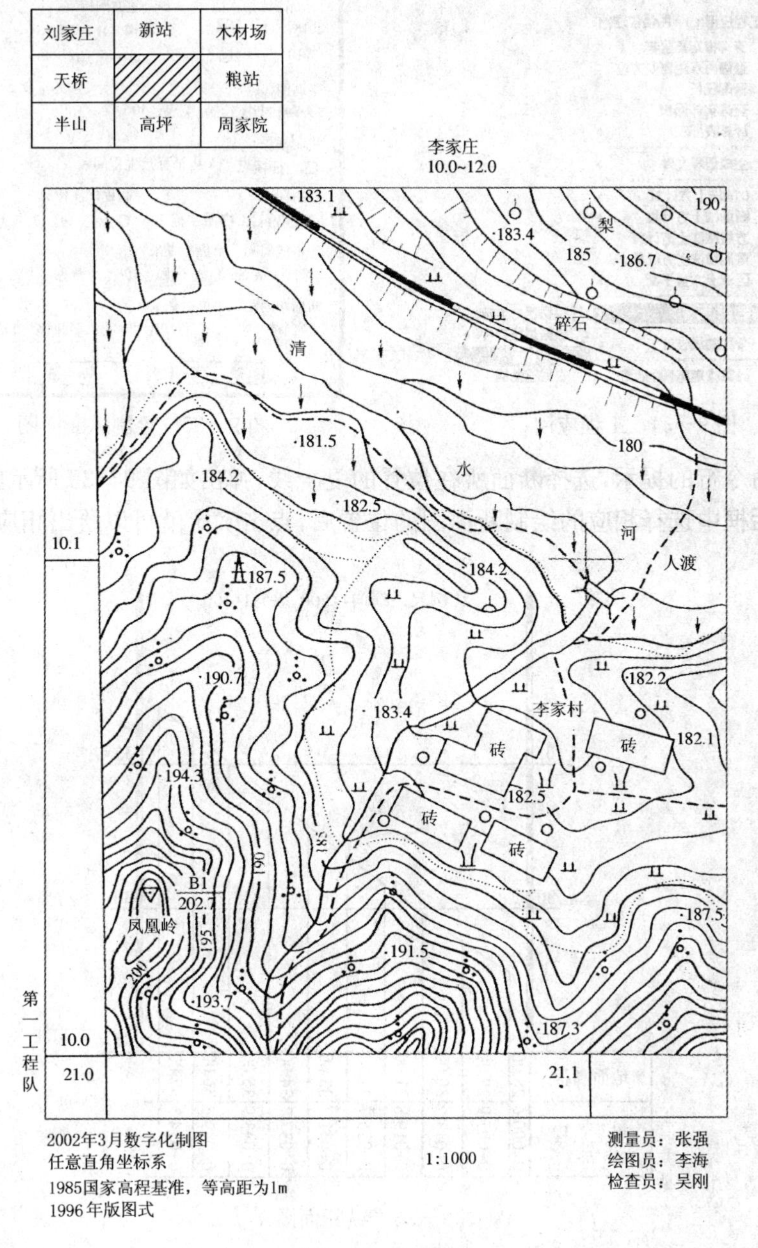

图 9—33　地形图

六、用 CASS 软件绘制已知方向线的纵断面图的操作步骤

用 CASS 软件，根据等高线绘制断面图的操作步骤如下：

(1)打开数字地形图。

(2)选用“工具”菜单下面的“画复合线”功能，在地形图上需要绘制断面图的位置绘制复合线。

(3)点取“工程应用”菜单下面的“绘断面图”功能，在下级功能中选择“根据等高线”项，如图 9—34 所示。

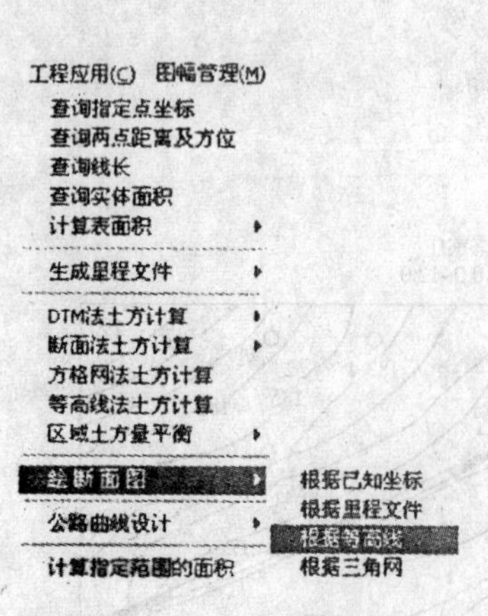

图 9—34 工程应用

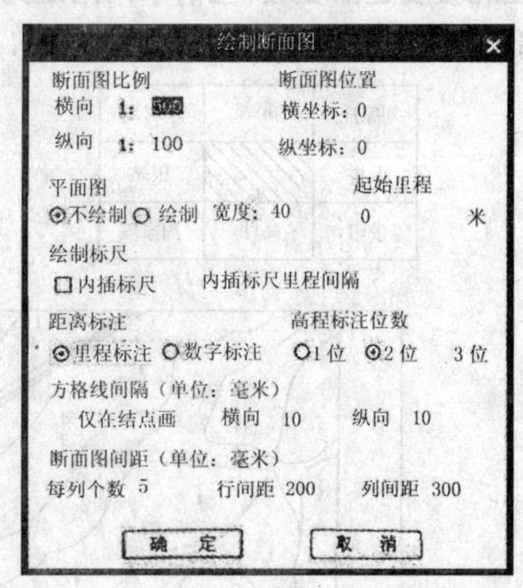

图 9—35 绘制纵断面图

(4)根据命令行的提示，选择断面所在位置的复合线，弹出如图 9—35 所示的对话框。

(5)在对话框中选择相应的绘制断面图的位置后，点击确定就可以绘出相应的断面图如图 9—36 所示。

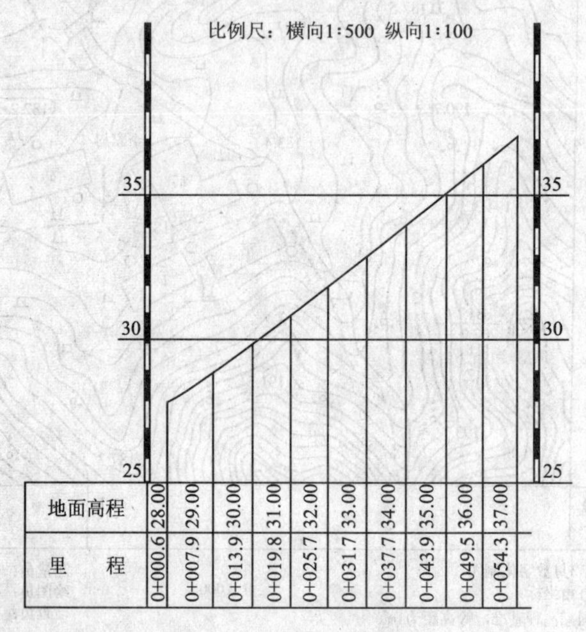

图 9—36 纵断面图

七、地形图上坡度最短路线的选取

在道路、管道等工程规划中，一般要求按限制坡度选定一条最短路线。

如图 9—37 所示，设从公路旁 A 点到山头 B 点选定一条路线，限制坡度为 4%，地形图比例尺为 1∶2000，等高距为 1m。具体操作方法如下：

(1)确定线路上两相邻等高线间的最小等高线平距。

$$d=\frac{h}{iM}=\frac{1}{0.04\times2000}\text{m}=12.5\text{m}$$

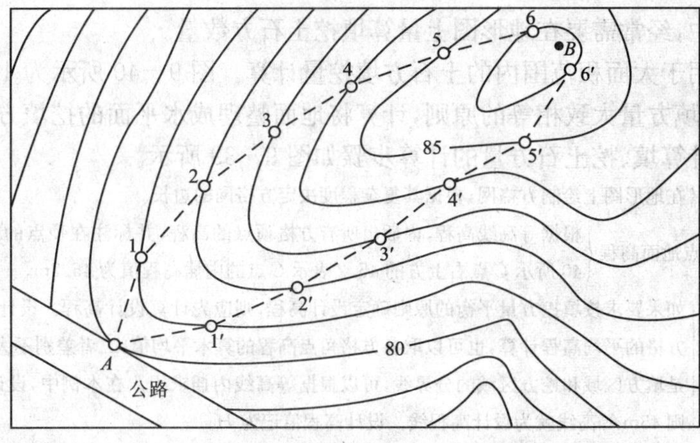

图 9—37 工程地形图设计中,按规定坡度选定最短路线

(2)先以 A 点为圆心,以 d 为半径,用圆规划弧,交 81m 等高线与 1 点,再以 1 点为圆心同样以 d 为半径划弧,交 82m 等高线于 2 点,依次到 B 点。连接相邻点,便得同坡度路线 A—1—2—…—B。在选线过程中,有时会遇到两相邻等高线间的最小平距大于 d 的情况,即所作圆弧不能与相邻等直线相交,说明该处的坡度小于指定的坡度,则以最短距离定线。

(3)在图上还可以沿另一方向定出第二条线路 A—1′—2′—…—B,可作为方案的比较。

在实际工作中,还需在野外考虑工程上其他因素,如少占或不占耕地,避开不良地质构造,减少工程费用等,最后确定一条最佳路线。

八、地形图上汇水区域的界限确定

当线路穿过山谷或经过河流时,要修建涵洞或桥梁,此时,需要知道流过涵洞或桥梁的最大水量,为此应先确定汇水区域的界限。

如果是已经印制好的地形图,可以用手工方式确定汇水面积。如图 9—38 所示,要确定此桥所在位置妁汇水面积,先定出桥两端一定距离内的最高点 A、B,再从 A、B 连接各山脊线,这些山脊线围成的面积就是汇水面积。图中 $ABCDEA$ 就是汇水区域的界限。

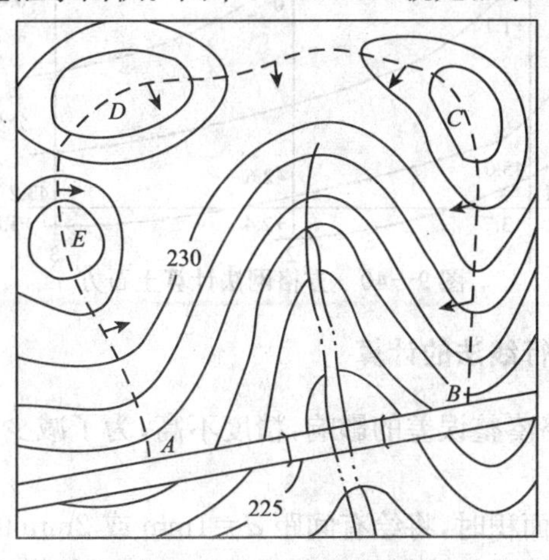

图 9—38 确定汇水范围

九、在地形图上填、挖土石方数量的量算

在工程设计中，经常需要在地形图上量算填挖土石方数量。

方格网法常用于大面积范围内的土石方填挖量计算。图 9－40 所示为 1∶1000 比例尺的地形图，要求按挖填方量大致相等的原则，计算将地面整理成水平面的挖填方数量。

用方格网法计算填、挖土石方量的计算步骤如图 9－39 所示。

方格网法计算填、挖土石方量的计算步骤

- 绘制方格网：在地形图上绘制方格网，根据其复杂程度决定方格网的边长。
- 求各方格顶点地面高程：根据等高线高程，内插出所有方格顶点的高程，并标注在顶点的右上方，如图 9－40 所示 C 点右上方的 45.2 表示 C 点的内插高程值为 45.2m。
- 绘制高程线：如果要求按填挖方量平衡的原则确定设计高程，则应先计算设计高程。设计高程可以根据各方格的平均高程计算，也可以取各方格角点高程的算术平均值，二者差别不大。设计高程线就是填方区域和挖方区域的分界线，可以根据等高线内插求得。在本例中，设计高程值为 45m，则 45m 等高线就为设计高程线。设计高程值记为 H_0。
- 计算网格填挖高度：设计高程 H_0 与 i 点的地面高程 H_i 之差 h_i 称为填挖高度，即 $h=H_0-H_i$。其中 h_i 为正时为填方，h_i 为负时为挖方。各点填挖高度标注在该点右下方，如图 9－40 中 C 点右下方的－0.2 表示该点为挖方，其挖方高度为 0.2m。
- 计算填挖量：填方量和挖方量应分别计算。设计高程线是填方区域和挖方区域的分界线，对于填挖分界线未穿过的方格，每个方格四个角点的平均填挖高度乘以方格面积，即为该方格的填挖数量。而填挖边界线穿过的方格，分别根据填方面积和挖方面积，以及平均填方高度和挖方高度计算填挖方数量，最后分别计算出填方量和挖方量的总和。如果要将场地整理成倾斜平面，可以先计算出各方格角点的设计高程，再用同样的办法计算填挖高度，进而计算出填挖方数量。

图 9－39　方格网法计算填、挖土石方量的计算步骤

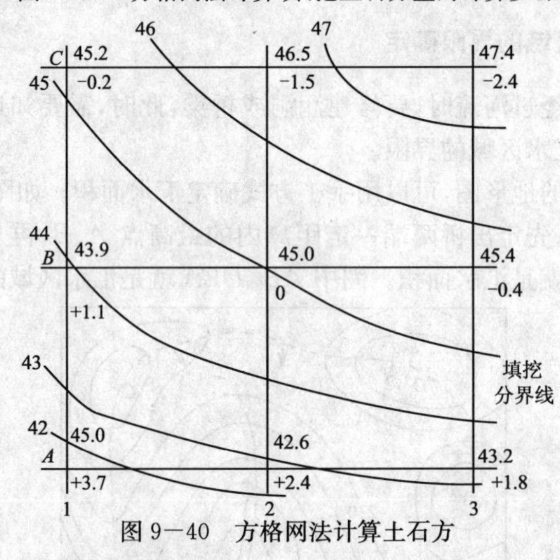

图 9－40　方格网法计算土石方

十、地形图上面积的平行线法的计算

方格法的量算受到方格凑整误差的影响，精度不高，为了减少边缘因目估产生的误差，可采用平行线法。

如图 9－41 所示，量算面积时，将绘有间距 d＝1mm 或 2mm 的平行线组的透明纸覆盖在待算的图形上，则整个图形被平行线切割成若干等高 d 的近似梯形，上、下底的平均值以 l_i 表示，则图形的总面积，

$$S=dl_1+dl_2+\cdots+dl_n$$

则，$S=d\sum l$

图形面积 S 等于平行线间距乘以梯形各中位线的总长。最后，再根据图的比例尺将其换算为实地面积：

$$S=d\sum lM^2$$

式中　M——地形图的比例尺分母。

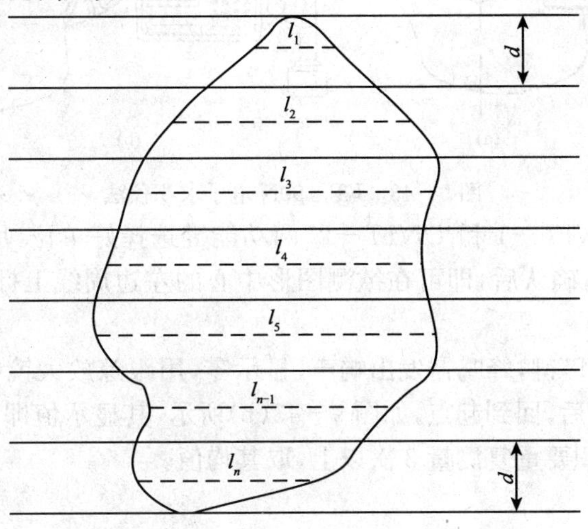

图 9－41　平行线法

十一、地形图上图形面积的求积仪法计算

求积仪是一种专门用来量算图形面积的仪器。其优点是量算速度快，操作简便，适用于各种不同几何图形的面积量算而且能保持一定的精度要求。

图 9－42 为 KP－90N 电子求积仪的构造，用它测量面积方法如下：

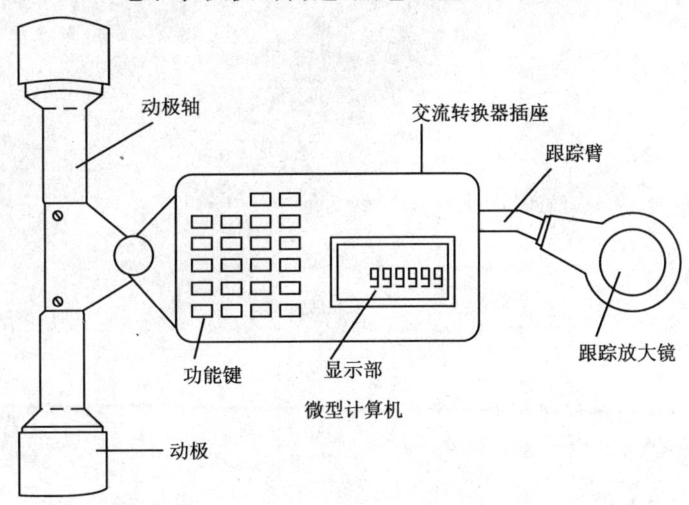

图 9－42　KP－90N 电子求积仪的构造组成

(1)将图纸水平固定在图板上，把跟踪放大镜放在图形中央，并使动极轴与跟踪臂成 90°，如图 9－43(a)所示。

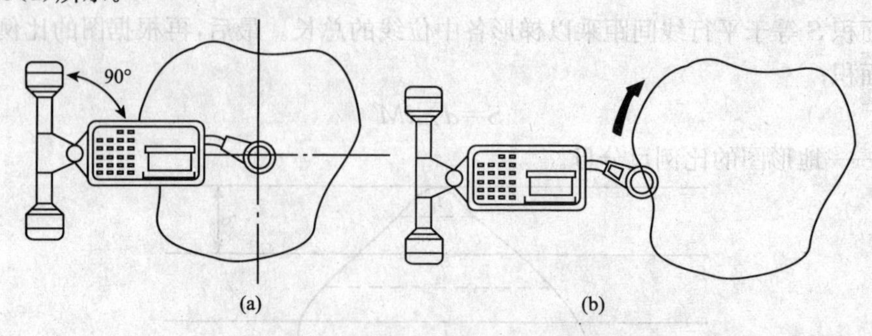

图 9－43　KP－90N 电子求积仪法

(2)开机后，用“*UNIT*－1 和“*UNIT*－2”两功能键选择好单位，用“SCALE”键输入图的比例尺，并按“R－S”键，确认后，即可在欲测图形中心的左边周线上标明一个记号，作为量测的起始点。

(3)然后按“START”键，蜂鸣器发出响声，显示零，用跟踪放大镜中心准确地沿着图形的边界线顺时针移动一周后，回到起点，如图 9－43(b)所示，其显示值即为图形的实地面积。为了提高精度，对同一面积要重复测量 3 次以上，取其均值。

第十章　建筑施工测量

施工测量是以控制点为基础，根据图纸上的建筑物的设计数据，计算出建(构)筑物各特征点与控制点之间的距离、角度、高差等数据。将建(构)筑物的特征点在实地标定出来，以便施工，这项工作称为测设，又称施工放样。

施工测量的目的与一般测图工作相反。它是按照设计和施工的要求将设计的建(构)筑物的平面位置和高程测设在地面上，作为施工的依据，并在施工过程中进行一系列的测量工作，以衔接和指导各工序之间的施工。

施工测量主要内容包括：施工前施工控制网的建立，施工期间将图纸上所设计建(构)筑物的平面位置和高程标定在实地上的测设工作，工程竣工后测绘各种建(构)筑物建成后的实际情况的竣工测量，以及在施工和管理期间测定建筑物的平面和高程方面产生位移和沉降的变形观测。

第一节　施工测量概述

一、施工测量的特点

(1)施工测量贯穿于整个施工过程中。从场地平整、建筑物定位、基础施工，到建筑物构件的安装等，都需要进行施工测量，才能使建筑物、构筑物各部分的尺寸、位置符合设计要求。有些工程竣工后，为了便于维修和扩建。还必需作出竣工图。有些高大或特殊的建筑物建成后，还要定期进行变形观测，以便积累资料，掌握变形的规律，为今后建筑物的设计、维护和使用提供资料。

(2)一般来说，高层建筑物的放样精度要求高于低层建筑物；钢结构建筑物的放样精度要求高于钢筋混凝土结构建筑物；永久性建筑物的放样精度要求高于临时性建筑物；连续性自动化生产车间的放样精度要求高于普通车间；工业建筑的放样精度要求高于一般民用建筑；吊装施工方法对放样精度的要求高于现场浇灌施工方法。测量实践中，应根据具体的精度要求进行放样。

(3)施工测量工作与工程质量及施工进度有着密切的联系。测量人员必须了解设计的内容、性质及其对测量工作的精度要求，熟悉图纸上的尺寸和高程数据，了解施工的全过程，并掌握施工现场的变动情况，使施工测量工作能够与施工密切配合。

(4)施工现场工种多，交叉作业频繁，并有大量土、石方填挖，地面变动很大，又有动力机械的振动，因此各种测量标志必须埋设在稳固且在不易破坏的位置。还应做到妥善保护，经常检查，如有破坏，应及时恢复。

(5)施工测量人员在施工现场上工作，也应特别注意人员和仪器的安全。确定安放仪器的位置时，应确保下面牢固，上面无杂物掉下来，周围无车辆干扰。进入施工现场，测量人员一定要佩戴安全帽。同时，要保管好仪器、工具和施工图纸，避免丢失。

二、施工测量放样

施工放样，就是根据待建的建(构)筑物各特征点与控制点之间的距离、角度、高差等测设数据，以控制点为根据，将各特征点在实地标定出来。施工放样的基本工作包括：测设已知的水平距离、水平角和高程。

三、水平距离的测量

1. 钢尺测设水平

用钢尺进行水平距离测设的方法如图 10－1 所示。

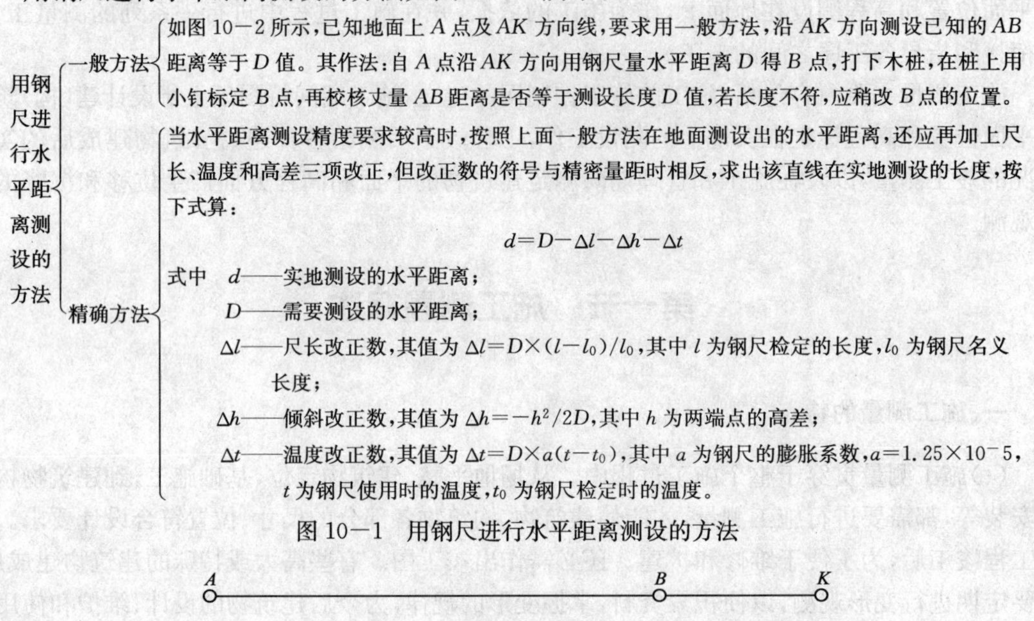

用钢尺进行水平距离测设的方法

一般方法：如图 10－2 所示，已知地面上 A 点及 AK 方向线，要求用一般方法，沿 AK 方向测设已知的 AB 距离等于 D 值。其作法：自 A 点沿 AK 方向用钢尺量水平距离 D 得 B 点，打下木桩，在桩上用小钉标定 B 点，再校核丈量 AB 距离是否等于测设长度 D 值，若长度不符，应稍改 B 点的位置。

精确方法：当水平距离测设精度要求较高时，按照上面一般方法在地面测设出的水平距离，还应再加上尺长、温度和高差三项改正，但改正数的符号与精密量距时相反，求出该直线在实地测设的长度，按下式算：

$$d=D-\Delta l-\Delta h-\Delta t$$

式中　d——实地测设的水平距离；

D——需要测设的水平距离；

Δl——尺长改正数，其值为 $\Delta l=D\times(l-l_0)/l_0$，其中 l 为钢尺检定的长度，l_0 为钢尺名义长度；

Δh——倾斜改正数，其值为 $\Delta h=-h^2/2D$，其中 h 为两端点的高差；

Δt——温度改正数，其值为 $\Delta t=D\times a(t-t_0)$，其中 a 为钢尺的膨胀系数，$a=1.25\times10^{-5}$，t 为钢尺使用时的温度，t_0 为钢尺检定时的温度。

图 10—1　用钢尺进行水平距离测设的方法

A　　　B　　K

图 10－2　一般方法测设水平距离

2. 光电测距仪测设已知水平距离

当测设精度要求较高时，一般采用光电测距仪测设法。测设方法如下：

(1)如图 10－3 所示，在 A 点安置光电测距仪，反光棱镜在已知方向上前后移动，使仪器显示值略大于测设的距离，定出 C' 点。

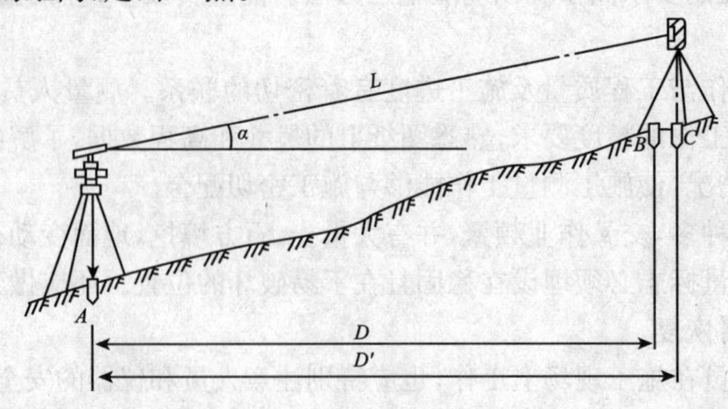

图 10－3　用测距仪测设已知水平距离

(2)在 C' 点安置反光棱镜，测出垂直角 α 及斜距 L(必要时加测气象改正)，计算水平距离 $D'=L\cos\alpha$，求出 D' 与应测设的水平距离 D 之差 $\Delta D=D-D'$。

(3)根据 ΔD 的数值在实地用钢尺沿测设方向将 C' 改正至 C 点，并用木桩标定其点位。

(4)将反光棱镜安置于 C 点，再实测 AC 距离，其不符值应在限差之内，否则应再次进行改正，直至符合限差为止。

四、水平角的测设

1. 已知水平角的测设

(1)一般测设方法

当测设水平角的精度要求不高时，可用盘左、盘右取中数的方法，如图 10－4 所示，设地面上已有 OA 方向线，从 OA 右测设已知水平角度值 。为此，将经纬仪安置在 O 点，用盘左瞄准 A 点，读取度盘数值；松开水平制动螺旋，旋转照准部，使度盘读数增加多角值，在此视线方向上定出 B' 点。为了消除仪器误差和提高测设精度，用盘右重复上述步骤，再测设一次，得 B'' 点，取 B' 和 B'' 的中点 B，则 OB 就是要测设的 β 角。此法又称盘左盘右分中法。

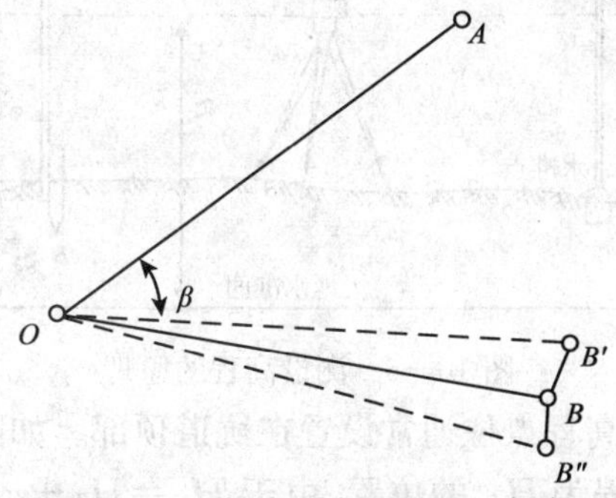

图 10－4　已知水平角测设的一般方法

(2)精确测设方法

测设水平角的精度要求较高时，可采用作垂线改正的方法，以提高测设的精度。如图 10－5所示，在 O 点安置经纬仪，先用一般方法测设 β 角，在地面定出 B 点；再用测回法测几个测回，较精确地测得角 AOB 为 β，再测出 OB 的距离。操作步骤如下：

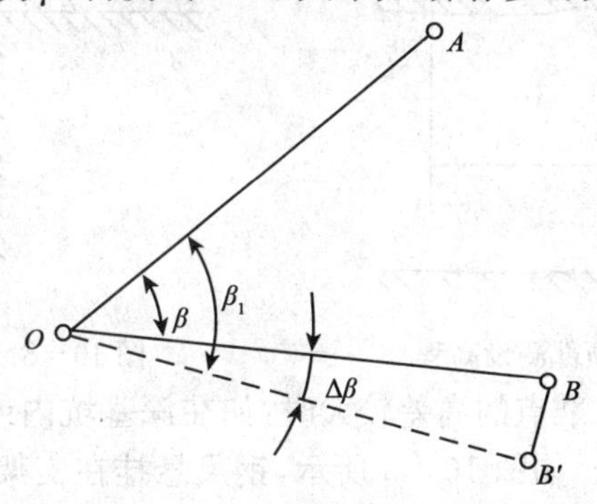

图 10－5　已知水平角测设的精确方法

1)先用一般方法测设出 B' 点。

2)用测回法对 $\angle AOB'$ 观测若干个测回(测回数根据要求的精度而定)，求出各测回平均值 β_1，并计算出 $\Delta\beta$。

$$\Delta\beta=\beta-\beta_1$$

3)量取 OB' 的水平距离。用下式计算改正距离。

4)自 B' 点沿 OB' 的垂直方向量出距离。

$$BB'=OB'\tan\Delta\beta\approx OB'\frac{\Delta\beta}{\rho}$$

5)自B'点沿OB'的垂直方向量出距离BB'，定出B点，则$\angle AOB$就是要测设的角度。量取改正距离时，如$\Delta\beta$为正，则沿OB'的垂直方向向外量取；如$\Delta\beta$为负，则沿OB'的垂直方向向内量取。

2. 已知高程的测设

测设已知高程就是根据已知点的高程，通过引测，把设计高程标定在固定的位置上。

(1)如图10－6所示，已知水准点A，其高程为$H_{水}$，需要在B点标定出已知高程为H_B的位置。方法是：在A点和B点中间安置水准仪，精平后读取A点的标尺读数为a，则仪器的视线高程为$H_i=H_{水}+d$，由图可知测设已知高程为H_B的B点标尺读数应为：$b=H_i-H_B$。将水准尺紧靠B点木桩的侧面上下移动，直到尺上读数为b时，沿尺底画一标志线，此线即为设计高程H_B的位置。

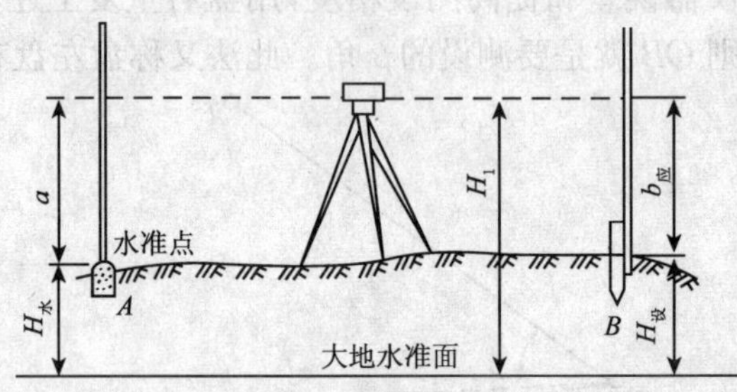

图10－6 测设高程的原理

(2)在地下坑道施工中，高程点位通常设置在坑道顶部。如图10－7所示，A为已知高程H_A的水准点，B为待测设高程为H_B的位置，由于$H_B=H_A+a+b$，则在B点应有的标尺读数$b=H_B-(H_A+a)$。因此，将水准尺倒立并紧靠B点木桩上下移动，直到尺上读数为b时，在尺底画出设计高程H_B的位置。

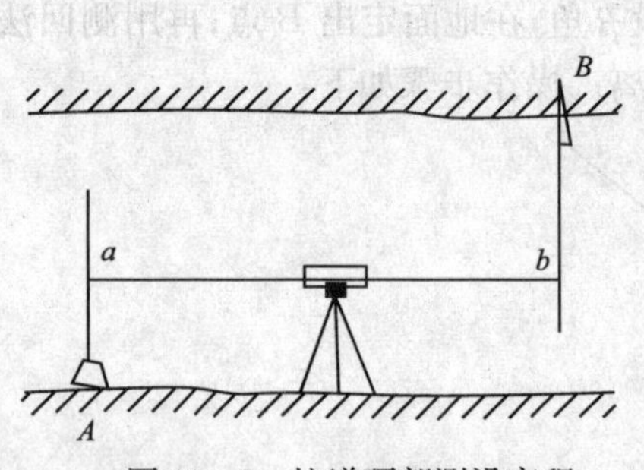

图10－7 坑道顶部测设高程

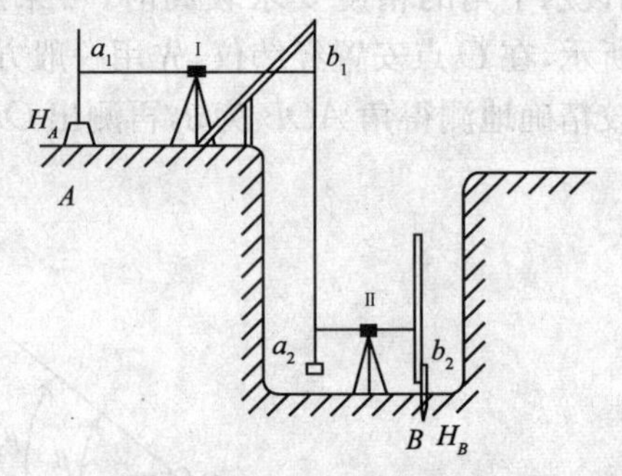

图10－8 深基抗测设高程

(3)若待测设高程点和水准点的高差较大时，如在深基坑内或在较高的楼板上，则可以采用悬挂钢尺的方法进行测设。如图10－8所示，钢尺悬挂在支架上，零端向下并挂一重物，A为已知高程为H_A的水准点，B为待测设高程为H_B的点位。在地面和待测设点位附近安置水准仪，分别在标尺和钢尺上读数a_1、b_1和a_2。由于$H_B=H_A+a_1-(b_1-a_2)\sim b_2$，则可以计算出$B$点处标尺的应有读数$b_2=H_A+a_1-(b_1-a_2)-H_B$。

五、坡度的测设

1. 用水平视线法对已知坡度线进行测设

在道路建设、铺设上下水管道及排水沟工程中进行已知坡度线的测设较为广泛。直线坡

度 i 是直线两端点的高差 h 与其水平距离 D 之比，即 $i=h/D$，常以百分率或千分率表示，如 $i=+2.0\%$（上坡）、$i=-1.5‰$（下坡）。测设方法有水平视线法和倾斜视线法两种，其中水平视线法测设的步骤如下：

如图 10－9 所示，A、B 为设计坡度线两端点，A 点已知高程为 H_A，要求每隔距离 d 打一木桩，并在桩上标定出设计坡度为 i 的坡度线。

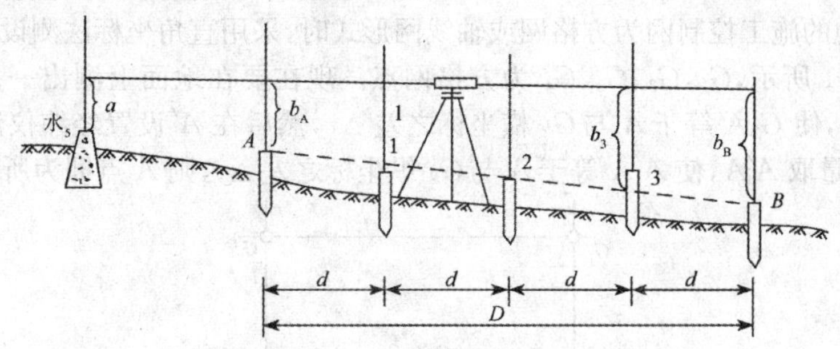

图 10－9　水平视线法测设坡度线

(1)按照下列公式计算各桩点的设计高程：

$$H_{设}=H_{起}+id$$

第 1 点的设计高程，$H_1=H_A+i\times d$

第 2 点的设计高程，$H_2=H_1+i\times d$

B 点的设计高程，$H_B=H_A+i\times D_{AB}$

(2)沿 AB 方向，按规定间距 d 标定出中间 1、2、3、…、n 各点。

(3)安置水准仪于水准点水 5 附近，读后视读数 a，并计算视线高程：$H_i=H_{水5}+a$。

(4)根据各桩的设计高程，计算各桩点上水准尺的应读前视数：$b_i=H_i-H_B$。

(5)在各桩处立水准尺，上下移动水准尺，当水准仪对准应读前视数时，水准尺零端对应位置即为测设出的高程标志线。

2. 用倾斜视线法对已知坡度进行测设

倾斜视线法是根据视线与设计坡度相同时，其竖直距离相等的原理，确定设计坡度线上谷点高程位置的一种方法，测设的步骤为：

(1)先用高程放样的方法，将坡度线两端点的设计高程标志标定在地面木桩上，如图 10－10所示。

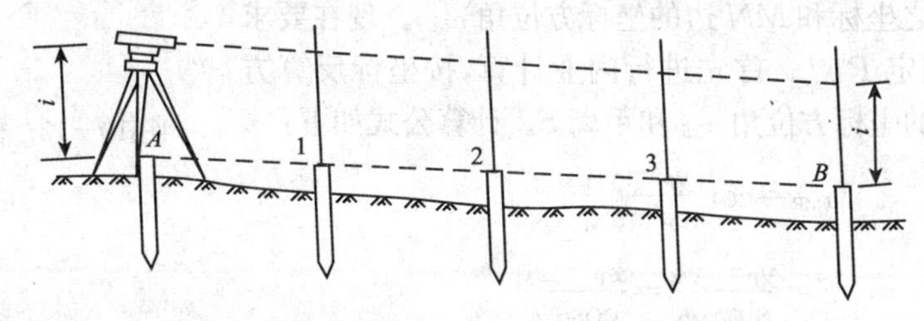

图 10－10　倾斜视线法测设坡度线

(2)将水准仪安置在 A 点上，并量取仪器高 i。安置时，使一对脚螺旋位于 AB 方向上，另一个脚螺旋连线大致与 AB 方向垂直。

(3)旋转 AB 方向上的一个脚螺旋或微倾螺旋，使视线在 B 尺上的读数为仪器高 i。此时，视线与设计坡度线平行。

(4)指挥测设中间 1、2、3、…各桩，当中间各桩的尺读数均为 i 时，尺底零端对应位置即为高程标志线，各桩高程标志线的连线就是设计坡度线。

若坡度较大时，可改用经纬仪进行。

六、平面位置的测设

1. 用直角坐标法测设点的平面位置

当建筑场地的施工控制网为方格网或轴线网形式时，采用直角坐标法测设最为方便。

如图 10－11 所示，G_1，G_2、G_3、G_4 为方格网点。现在要在地面上测出一点 A。为此，沿 G_2G_3 边量 G_2A'，使 G_2A' 等于 A 与 G_2 横坐标之差 Δx，然后在 A' 设置经纬仪测设 G_2G_3 边的垂线，在垂线上量取 $A'A$，使 $A'A$ 等于 A 与 G_2 纵坐标之差 Δy，则 A 点即为所求。

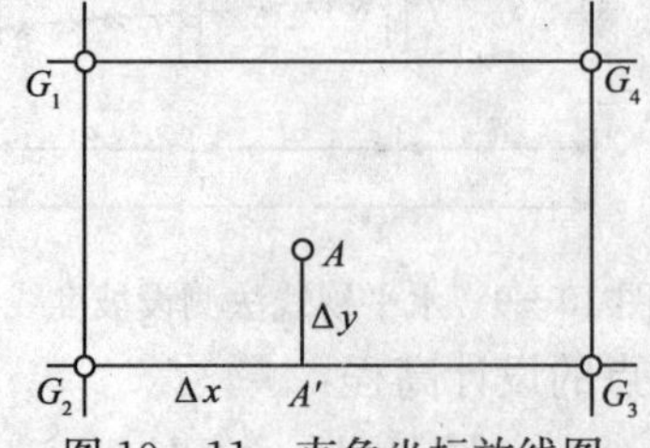

图 10－11　直角坐标放线图

从上述可见，用直角坐标法测定一已知点的位置时，只需要按其坐标差数量取距离和测设直角，用加减法计算即可，工作方便。并便于检查，测量精度亦较高。

2. 用极坐标法测设点的平面位置

极坐标法是根据水平角和距离测设点的平面位置；适用于便于量距的情况。当建筑物附近已有彼此垂直的主轴线时。可采用此法，其方法计算简单，施测方便，精度较高，是应用较广泛的一种方法。

极坐标法又称方向线交会法。当待测设点远离控制点且不便量距对，采用此法较为适宜。

由于测设误差，若三条方向线不交于一点时，会出现一个很小的三角形，称为误差三角形，当误差三角形边长在允许范围内时，可取误差三角形的重心作为点位。

用极坐标法测定一点的平面位置时。系在一个控制点上进行，但该点必须与另一控制点通视。根据测定点与控制点的坐标，计算出它们之间的夹角（极角 β）与距离（极距 S）。按 β 与 S 之值即可将给定的点位定出。如图 10－12 中，M、N 为控制点，即已知 M、N 之坐标和 MN 边的坐标方位角 α_{MN}。现在要求根据控制点 M 测定 P 点。首先进行内业计算，按坐标反算方法，求出 M 到 P 的坐标方位角 α_{MP} 和距离 S。计算公式如下：

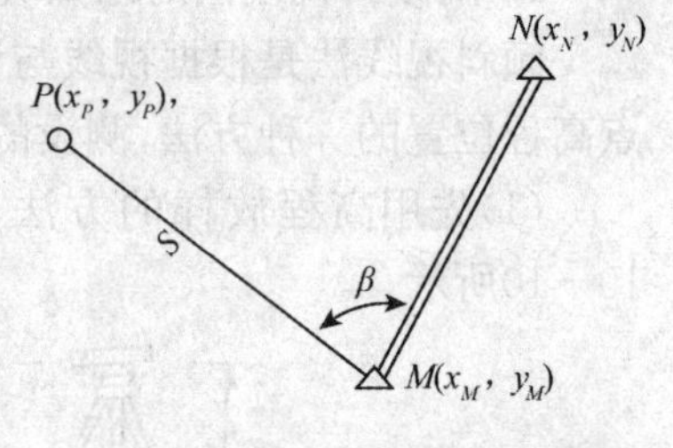

图 10－12　极坐标放线图

$$\alpha_{MP}=\cot\frac{y_P-y_M}{x_P-x_M}$$

$$S=\frac{y_P-y_M}{\sin\alpha_{MP}}=\frac{x_P-x_M}{\cos\alpha_{MP}}$$

$$\beta=\alpha_{MN}-\alpha_{MP}$$

在实地测定 P 点的步骤：将经纬仪安置于 M 点上，以 MN 为起始边，测设极角 β，定出 MP 的方向。然后在 MP 上量取 S，即得所求点 P。

当不计控制点 M 的误差。用极坐标法测定 P 之点位中误差 m_p，可按下式进行计算：

$$m_p=\sqrt{\frac{S^2}{\rho^2}m_\beta^2+m_S^2}$$

式中　m_β——测设 β 角度的中误差；

S——控制点至测定点的距离；

m_S——测定距离 S 的中误差；

ρ——两个控制点之间的距离。

3. 用角度交会法测设点的平面位置

角度交会法是在两个或多个控制点上安置经纬仪，通过测设两个或多个已知水平角角度，交会出点的平面位置。角度交会法适用于待测设点距控制点较远，且量距较困难的建筑施工场地。

如图 10－13(a)，所示，A、B、C 为已知平面控制点，P 为待测设点，现根据 A、B、C 三点，用角度交会法测设 P 点，其测设数据计算方法如下：

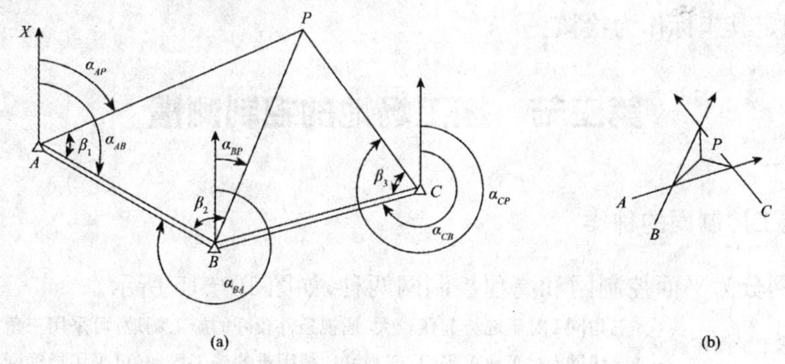

图 10－13　角度交会法

(1)按坐标反算公式，分别计算出 α_{AB}、α_{AP}、α_{BP}、α_{CB} 和 α_{CP}。

(2)计算水平角 β_1、β_2 和 β_3。

点位测设步骤如下：

(1)在 A、B 两点同时安置经纬仪，同时测设水平角 β_1 和 β_2 定出两条视线，在两条视线相交处钉下一个大木桩，并在木桩上依 AP、BP 绘出方向线及其交点。

(2)在控制点 C 上安置经纬仪，测设水平角 β_3，同样在木桩上依 CP 绘出方向线。

(3)如果交会没有误差，此方向应通过前两方向线的交点，否则将形成一个“示误三角形”，如图 10－13(b)，所示。若示误三角形边长在限差以内，则取示误三角形重心作为待测设点月的最终位置。

另外，测设 β_1、β_2 和 β_3 时，视具体情况，可采用一般方法和精密方法。

4. 用距离交会法测设点的平面位置

距离交会法是根据测设的距离相交会定出点的平面位置的一种方法。当测设时不便安置仪器、测设精度要求不高，且距离小于一整尺长度的情况下，常采用这种方法。

(1)根据控制点与待测点的坐标，计算出测设距离 D_1 和 D_2，如图 10－14 所示。

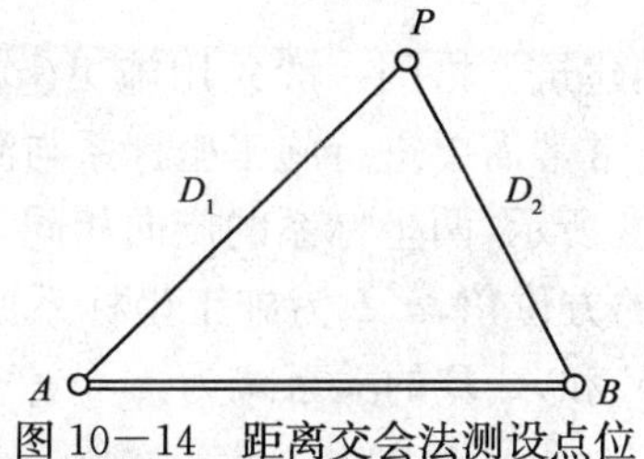

图 10－14　距离交会法测设点位

测设时，使用两把钢尺，分别使两钢尺的零刻线对准 A、B 两点，、同时拉紧和移动钢尺，两

尺上读数 D_1、D_2 的交点就是 P 点的位置。

(2)测设后，应对 P 点进行检核。使用距离交会法时，应注意两段距离相交时，角度不能太小，否则容易产生较大的交会误差，以致降低测设的精度。

5. 用全站仪坐标测设平面位置

全站仪坐标测设法，就是根据控制点和待测设点的坐标定出点位的一种方法。首先，仪器安置在控制点上，使仪器置于测设(坐标放样)模式，然后输入测站点和后视点坐标(或方位角)，再输入待测设点的坐标。一人持反光棱镜立在待测设点附近，用望远镜照准棱镜，按坐标测设功能键，全站仪显示出棱镜位置与测设点的坐标差。根据坐标差值，移动棱镜位置，直到坐标差值等于零，此时，棱镜位置即为测设点的点位。为了能够发现错误，每个测设点位置确定后，可以再测定其坐标作为检核。

第二节　施工场地的控制测量

一、建筑施工控制网的种类

施工控制网分为平面控制网和高程控制网两种，如图 10－15 所示。

- 施工控制网
  - 施工平面控制网
    - 三角网｛对于地势起伏较大，通视条件较好的施工场地，可采用三角网。
    - 导线网｛对于地势平坦，通视又比较困难的施工场地，可采用导线网。
  - 建筑方格网｛对于建筑物多为矩形且布置比较规则和密集的施工场地，可采用建筑方格网。
  - 建筑基线｛对于地势平坦且又简单的小型施工场地，可采用建筑基线。
  - 施工高程控制网｛施工高程控制网采用水准网。

图 10－15　施工控制网

二、建筑施工测量的坐标系统的表示

在设计总平面图上，建筑物的平面位置系用施工坐标系统的坐标来表示。坐标轴的方向与主建筑物轴线的方向相平行，坐标原点应虚设在总平面图西南角上，使所有建筑物坐标皆为正值，施工坐标系统与测量坐标系统之间关系的数据由设计书给出。

有的厂区建筑物因受地形限制，不同区域建筑物的轴线方向不相同，因而布设相应区域有不同施工坐标系统。

测量坐标系统系平面直角坐标。一般有国家坐标系统、城市坐标系统等。若总平面图上设计是采用测量坐标系统进行的，则测量坐标系统即为施工坐标系统。

三、施工坐标系与测量坐标系的坐标换算

施工控制测量的建筑基线和建筑方格网一般采用施工坐标系，而施工坐标系与测量坐标系往往不一致，因此，施工测量前常常需要进行施工坐标系与测量坐标系的坐标换算。以使它们的坐标系统统一。如图 10－16 所示，两坐标系的旋向相同，设 α 为施工坐标系($AO'B$)的纵轴 $O'A$ 在测量坐标系(XOY)内的方位角，a、b 为施工坐标系原点 O' 在测量系内的坐标值，则 P 点在两坐标系统内的坐标 X、Y 和 A、B 的关系式为：

$$\begin{cases}X=a+A\cos\alpha\mp B\sin\alpha\\Y=b+A\sin\alpha\mp B\cos\alpha\end{cases}$$

$$\begin{cases}A=(x-a)\cos\alpha+(Y-b)\sin\alpha\\B=\mp(X-a)\sin\alpha\mp(Y-b)\cos\alpha\end{cases}$$

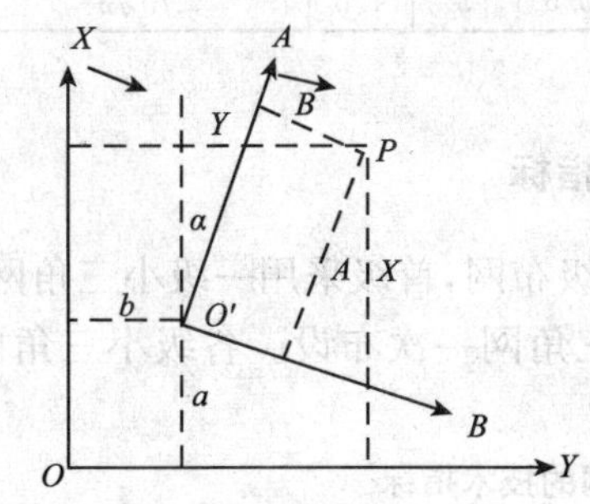

图 10－16　坐标值换算示意

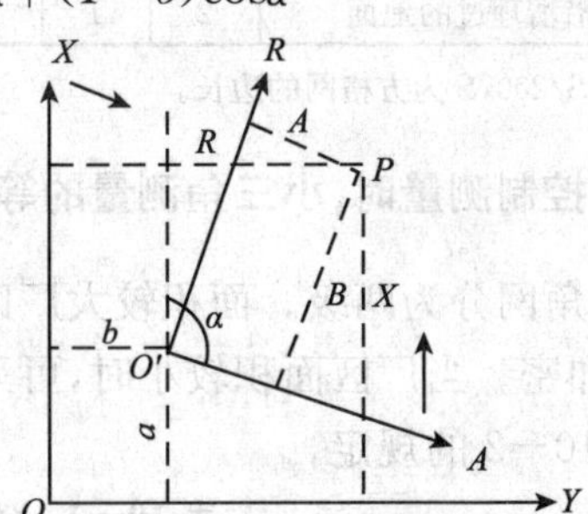

图 10－17　不同旋向坐标值换算示意

设已知 P_1、P_2 两点在两系内的坐标值(图 10－17)，则可按下列公式计算出 α、a、b：

$$\alpha=\cot\frac{Y_2-Y_1}{X_2-X_1}\mp\cot\frac{B_2-B_1}{A_2-A_1}$$

$$\begin{cases}a=X_2-A_2\cos\alpha\pm B_2\sin a\alpha\\b=Y_1-A_1\sin\alpha\mp B_1\cos\alpha\end{cases}$$

下列公式可做复核之用：

$$\begin{cases}a=X_1-A_1\cos\alpha\pm B_1\sin a\alpha\\b=Y_1-A_1\sin\alpha\mp B_1\cos\alpha\end{cases}$$

如果两坐标系统的旋向不同，如图 10－17 所示，其坐标换算公式与上列各式形式相同，仅有关项要取下面的符号。

四、施工控制测量时，钢尺精密量距边长测设技术要求

1. 丈量方法

(1)定线将经纬仪设置于量边的一端点，瞄准另一端点，由远而近地定出每一尺段位置，在各尺段的端点设置轴杆架或打下大木桩，桩顶高出地面 5～10cm，在每个桩顶上刻划十字线作标记。

(2)投影使各桩标记(指十字线交点)恰在经纬仪视线上。

(3)水准测量在丈量开始前和结束后，均应用水准仪直接测定轴杆头或木桩顶面的标高。

(4)量线根据对量线精度不同要求，分别采用重锤和弹簧秤检定钢尺。每一跨距应在钢尺不同分划处读取读数，同时计算各次读数的较差，是否符合有关规定的要求。在回测中要校对往测读数，如不符合要求，则应重测。在量线时须测量温度。

2. 丈量要求

用于丈量的钢尺、弹簧秤、温度计均应经过检定。钢尺检定的中误差不得超过±0.2mm。边长丈量后应分别加入尺长、温度和倾斜改正数，求出边长观测值。边长丈量的各项要求及限差应按表 10－1 的规定。

表 10－1　方格网边长丈量的要求

等级	丈量方法	钢尺	丈量次数			观测要求(mm)			各次全长经各项	全长相对
		根数	往	返	测回	估读	移动	较差	改正后的较差(mm)	中误差
Ⅰ	悬空	2	1	1	2	0.1	3	0.5	$6\sqrt{n}$	1/40000
Ⅱ	悬空或沿清理过的地面	2	1	0	1	0.5	3	1.0	$10\sqrt{n}$	1/20000

注：表中 $n=S/200$，S 为方格网的边长。

五、施工控制测量时，小三角测量的等级和技术指标

(1)小三角网分为两级。面积较大厂区，应分两级布网，首级采用一级小三角网，其下用二级小三角网加密。当厂区面积较小时，可采用二级三角网一次布设。各级小三角网的技术指标应符合表 10－2 的规定。

表 10－2　各级小三角网的技术指标

等级	网别		边长(m)	平均边长(m)	测角中误差(″)	三角形最大闭合差(″)	起算边相对中误差	最终边相对中误差
Ⅰ	独立		400～800	600	±2.5	±9	1/100000	1/40000
Ⅱ	独立		100～300	200	±5	±18	1/50000	1/20000
	加密	插网	100～300	200	±6	±20	1/40000	1/20000
		插点	200～500	350	±6	±20	1/40000	1/25000

注：表中测角中误差 $m_\beta=\pm\sqrt{\frac{[W^2]}{3n}}$，$W$ 为三角形闭合差，n 为三角形的个数。

(2)小三角网的角度观测应采用全圆测回法，其测回数及测量限差按表 10－3 的规定。

表 10－3　测回数及测量限差

仪器类型	测角中误差(″)	测回数	半测回归零差(″)	一测回中 2C 变动范围(″)	各测回方向较差(″)
J_1	±2.5	4	6	8	5
J_2	±2.5	6	8	12	8
	±5、±6	3	8	12	8

注：(1)当垂直角为 5～100 时，2C 的变动范围可增加 1/3 倍；超过 100 时，可增加 1/2 倍。

(2)2C 为二倍照准误差是同一台仪器观测同一方向盘左、盘右读数之差。它是由于视准轴不垂直于横轴引起的观测误差，计算公式为 2C＝盘整数－(盘右读数±180°)。

(3)各级三角网起算边均应悬空丈量，丈量时应按表 10－4 的规定进行。

表 10－4　起算边丈量的规定

三角网等级	尺子根数	丈量次数			观测要求			各次全长经尺长、温度、倾斜等改正后的较差(mm)	精度要求
		往	返	测回	估读(mm)	移动	较差(mm)		
Ⅰ	铟钢尺 2 根	1	1	2	0.1	3	0.3	$8\sqrt{n_1}$	1/100000
Ⅱ	钢尺 2 根	2	1	3	0.1	3	0.3	$5\sqrt{n_2}$	1/50000

六、建筑基线

1. 建筑基线的布线形式

建筑基线是建筑场地的施工平面控制基准线，即在建筑场地布置一条或几条轴线。它适用于建筑设计总平面图布置比较简单的小型建筑场地。

(1)布设形式

建筑基线的布设形式，应根据建筑物的分布、施工场地地形等因素来确定。常用的布设形式有一字形、L 形、十字形和 T 形，如图 10－18 所示。

(2)建筑基线的布设要求

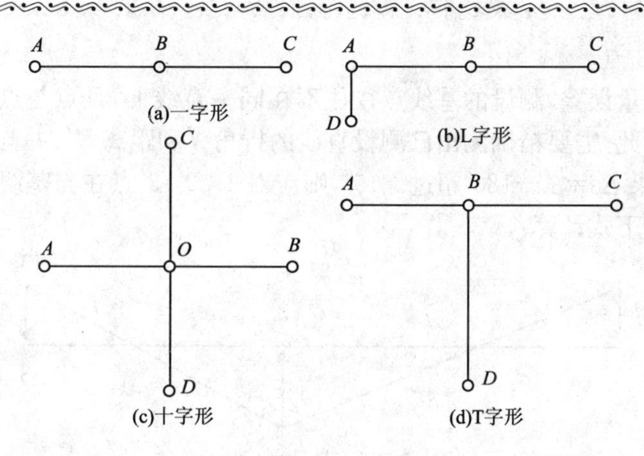

图 10－18　建筑基线的布设形式

1)建筑基线应尽可能靠近拟建的主要建筑物,并与其主要轴线平行,以便使用比较简单的直角坐标法进行建筑物的定位。

2)建筑基线上的基线点应不少于三个,以便相互检核。

3)建筑基线应尽可能与施工场地的建筑红线相连系。

4)基线点位应选在通视良好和不易被破坏的地方,为能长期保存,要埋设永久性的混凝土桩。

2. 建筑基线的红线测设

建筑红线是指由城市测绘部门测定的建筑用地界定基准线在城市建设区,建筑红线可用作建筑基线测设的依据。

(1)如图 10－19 所示,AB、AC 为建筑红线,1、2、3 为建筑基线点,利用建筑红线测设建筑基线的方法如下。

首先,从 A 点沿 AB 方向量取 d_2 定出 P 点,沿 AC 方向量取 d_1 定出 Q 点。

(2)过 B 点作 AB 的垂线,沿垂线量取 d_1 定出 2 点,作出标志;过 C 点作 AC 的垂线,沿垂线量取 d_2 定出 3 点,做出标志;用细线拉出直线 $P3$ 和 $Q2$,两条直线的交点即为 1 点,做出标志。

(3)在 1 点安置经纬仪,精确观测$\angle 213$,其与 $90°$的差值应小于$\pm 20''$。

3.用已有控制点测设建筑基线

在建筑场地上设有建筑红线作为依据时,可以利用建筑基线的设计坐标和附近已有控制点的坐标,用极坐标法测设建筑基线。

(1)如图 10－20 所示,A、B 为附近已有控制点,1、2、3 为选定的建筑基线点。

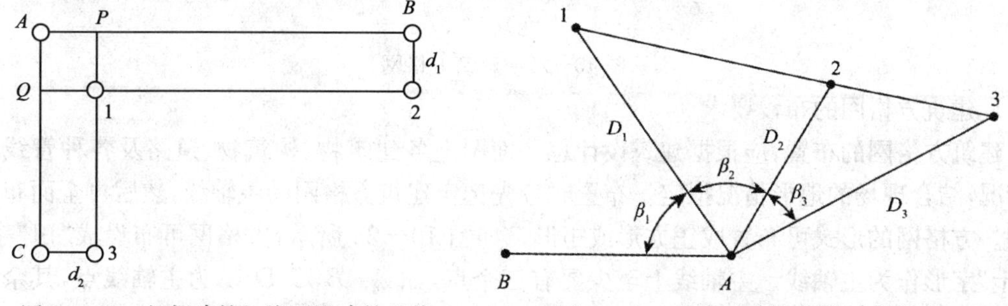

图 10－19　根据建筑红线测设建筑基线　　图 10－20　根据控制点测设建筑基线

(2)根据已知控制点和建筑基线点的坐标,计算出测设数据 β_1、D_1、β_2、D_2,β_3、D_3,然后用

极坐标法测设 1、2、3 点。

(3)由于存在测量误差，测设的基线点往往不在同一直线上，且点与点之间的距离与设计值也不完全相符，因此，需要精确测出已测设直线的折角 β' 和距离 D'，并与设计值相比较。如图 10－21 所示，如果 $\Delta\beta=\beta'-180°$ 超过 $\pm15''$，则应对 $1'$、$2'$、$3'$ 点在与基线垂直的方向上进行等量调整，调整量按下式计算：

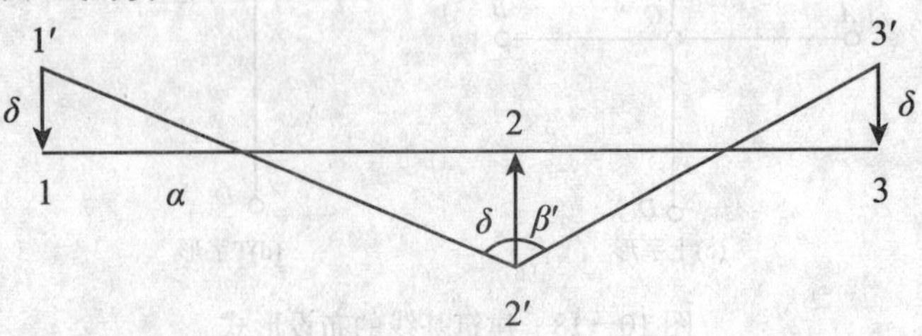

图 10－21　基线点的调整

$$\delta=\frac{ab}{a+b}\times\frac{\Delta\beta}{2\rho}$$

式中　δ——各点的调整值，m；

a、b——12、23 的长度，m。

(4)如果测设距离超限，如 $\frac{\Delta D}{D}=\frac{D'-D}{D}>\frac{1}{10000}$，则以 2 点为准，按设计长度沿基线方向调整 $1'$，$3'$点。

七、建筑方格网

在设计和施工部门，为了工作上的方便，常采用一种独立坐标系统，称为施工坐标系或建筑坐标系。由正方形或矩形组成的施工平面控制网，称为建筑方格网，或称矩形网，如图 10－22所示，建筑方格网适用于按矩形布置的建筑群或大型建筑场地。

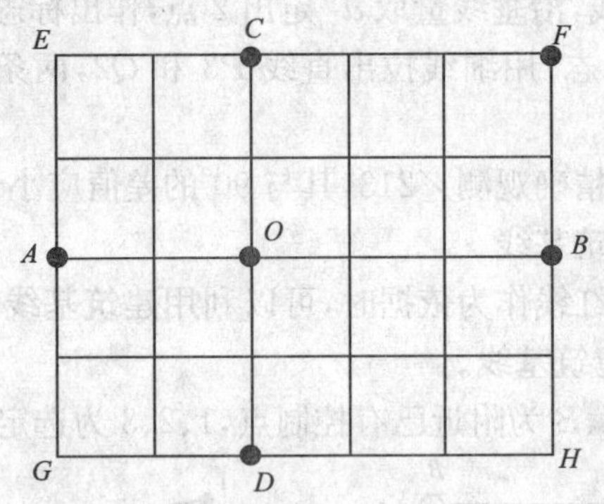

图 10－22　建筑方格网

1. 建筑方格网的布设要求

建筑方格网的布置，应根据建筑设计总平面图上各建筑物、构筑物、道路及各种管线的布设情况，结合现场的地形情况拟定。布置时应先选定建筑方格网的主轴线，然后再全面布置方格网。方格网的形式可布置成正方形或矩形。如图 10－23 所示，方格网可布设成“田”字形，或“十”字形作为主轴线。主轴线上至少要有三个点，如 A、B、C、D、O 为主轴线点，其余方格点为加密点。

建筑方格网的布网要求如下：

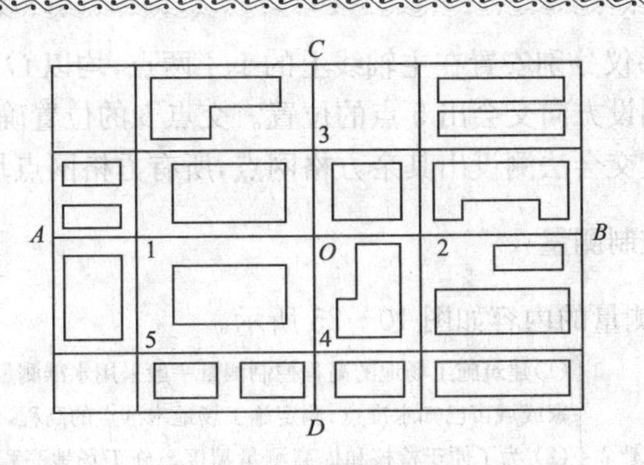

图 10－23　建筑方格网

(1)方格网的主轴线应尽量选在建筑场地的中央，并与总平面图上所设计的主要建筑物轴线平行或垂直。

(2)方格网的轴线应彼此严格垂直。

(3)主轴线的各端点应布设在场地的边缘，以便控制整个场地。

(4)方格网的边长一般为 100～200m，矩形方格网的边长视建筑物的大小和分布而定，为便于使用，边长尽可能为 50m 或其整倍数。

(5)方格网的边应保证通视且便于测距和测角，点位标石应能长期保存。

2. 建筑方格网主轴线的测设

如图 10－24 所示，AOB、COD 为建筑方格网的主轴线，A、B、C、D、O 是主轴线上的主点。根据附近已知控制点坐标与主轴线测量坐标计算出测设数据，测设主轴线点。先测设主轴线 AOB，其方法与建筑基线测设相同，要求测定$\angle AOB$ 的测角中误差不应超过$\pm 2.5''$，直线的限差在$\pm 5''$以内；测设与主轴线 AOB 相垂直的另一主轴线 COD 时，将经纬仪安置于 O 点，瞄准 A 点，分别向右、向左转 90°，以精密量距初步定出 C'和 D'点。精确测出$\angle AOC'$和$\angle AOD'$，分别算出它们与 90°之差 ε_1 和 ε_2，并按下式计算出调整值，即，

$$l=L\frac{\varepsilon''}{\rho''}$$

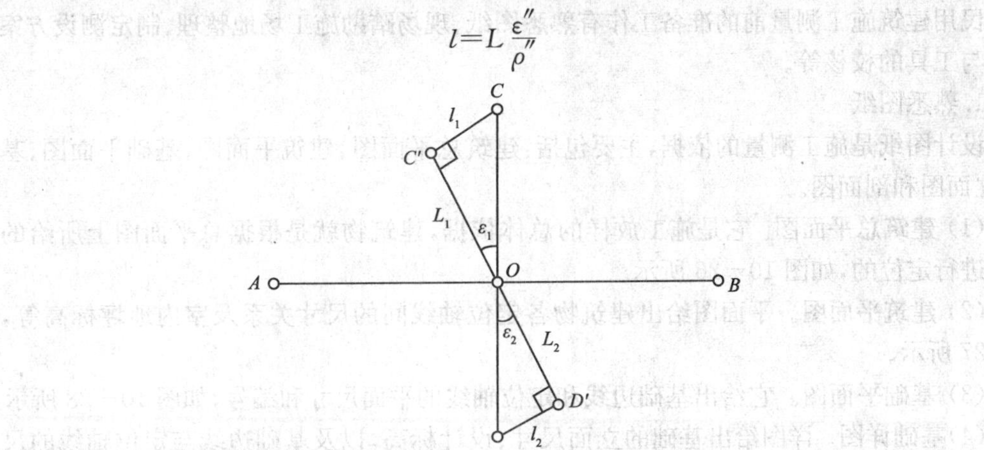

图 10－24　测设主轴线

点位按垂线改正法改正后，应检查两主轴线交角和主点间的水平距离，其均应在规定限差范围之内。测设时，各轴线点应埋设混凝土桩。

3. 建筑方格网点的测设

如图 10－23 所示，在测设出主轴线之后，从 O 点沿主轴线方向进行精密量距，定出 1、2、

3、4 点；然后将两台经纬仪分别安置在主轴线上的 1、4 两点，均以 O 点为起始方向，分别向左和向右精密测设角，按测设方向交会出 5 点的位置。交点 5 的位置确定后，即可进行交角的检测和调整。同法，用角度交会法测设出其余方格网点，所有方格网点均应埋设永久性标志。

八、施工场地高程控制测量

施工场地高程控制测量的内容如图 10－25 所示。

- 施工场地高程控制测量
  - 施工场地高程控制网的建立
    - (1)建筑施工场地的高程控制测量一般采用水准测量方法，应根据施工场地附近的国家或城市已知水准点，测定施工场地水准点的高程，以便纳入统一的高程系统。
    - (2) 为了便于检核和提高测量精度。施工场地高程控制网应布设成闭合或附合路线。高程控制网可分为首级网和加密网，相应的水准点称为基本水准点和施工水准点。
  - 基本水准点
    - 基本水准点应布设在土质坚实、不受施工影响、无振动和便于实测，并埋设永久性标志，一般情况下，按四等水准测量的方法测定其高程，而对于为连续性生产车间或地下管道测设所建立的基本水准点，则需按三等水准测量的方法测定其高程。
  - 施工水准点
    - (1) 施工水准点是用来直接测设建筑物高程的，为了测设方便和减少误差，施工水准点应靠近建筑物。
    - (2) 由于设计建筑物常以底层室内地坪高±0.000 标高为高程起算面。为了施工引测方便，常在建筑物内部或附近测设±0.000 水准点。±0.000 水准点的位置。一般选在稳定的建筑物墙、柱的侧面，用红漆绘成顶为水平线的“▼”形，其顶端表示±0.000 位置。

图 10－25 施工场地高程控制测量

第三节 多层民用建筑测量

一、测量前的准备工作

民用建筑施工测量前的准备工作有熟悉图纸、现场踏勘施工场地整理、制定测设方案以及仪器与工具的校核等。

1. 熟悉图纸

设计图纸是施工测量的依据，主要包括：建筑总平面图、建筑平面图、基础平面图、基础详图、立面图和剖面图。

(1) 建筑总平面图。它是施工放样的总体依据，建筑物就是根据总平面图上所给的尺寸关系进行定位的，如图 10－26 所示。

(2) 建筑平面图。平面图给出建筑物各定位轴线间的尺寸关系及室内地坪标高等，如图 10－27 所示。

(3) 基础平面图。它给出基础边线和定位轴线的平面尺寸和编号，如图 10－28 所示。

(4)基础详图。详图给出基础的立面尺寸、设计标高，以及基础边线与定位轴线的尺寸关系，这是基础施工放样的依据，如图 10－29 所示。

(5)立面图和剖面图。在建筑物的立面图和剖面图中，可以查出基础、地坪、门窗、楼板、屋面等设计高程，是高程测设的主要依据。

在熟悉上述主要图纸的基础上，要认真核对各种图纸总尺寸与各部分尺寸之间的关系是否正确，以免出现差错。

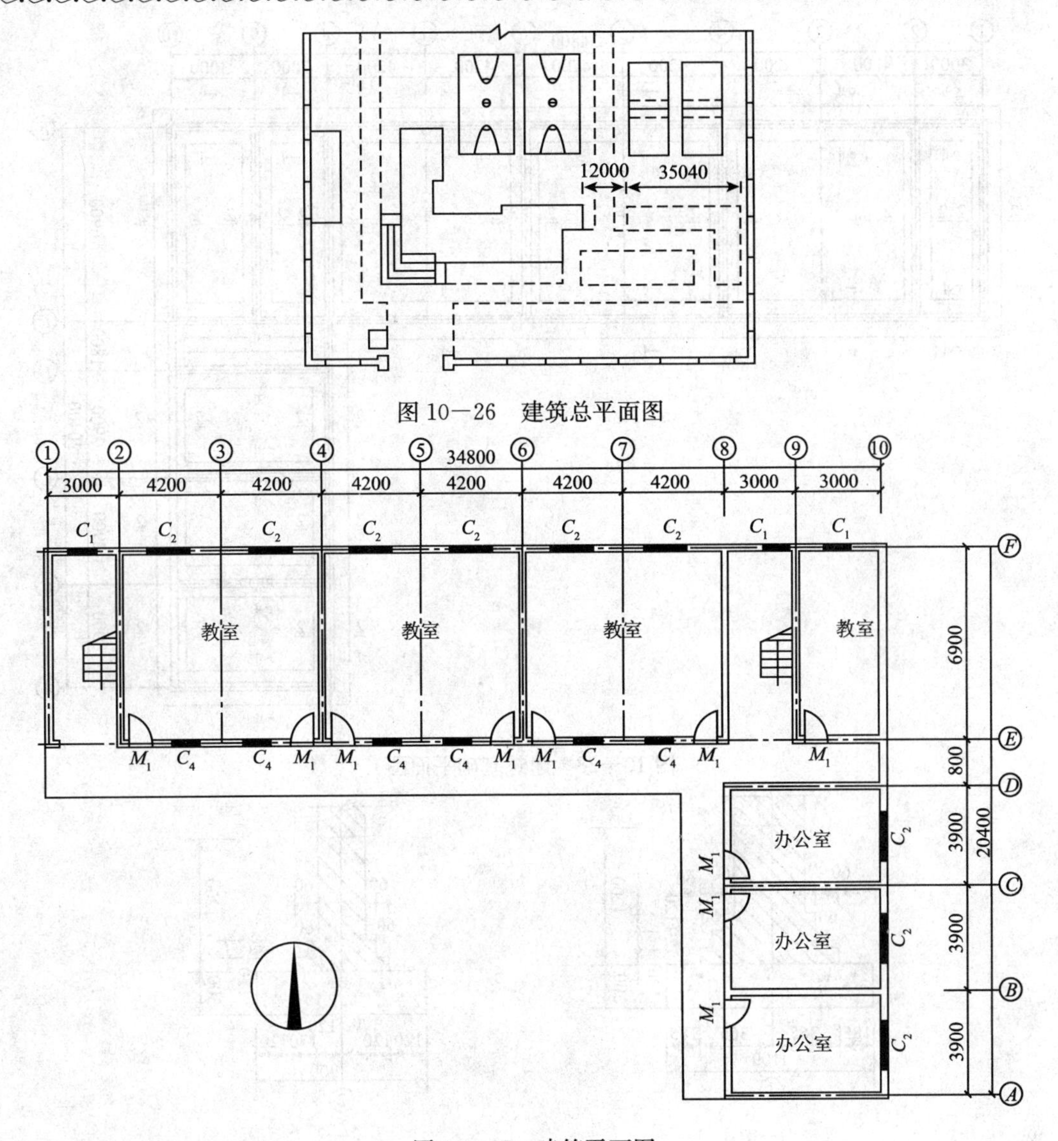

图 10—26　建筑总平面图

图 10—27　建筑平面图

2. 现场踏勘

现场踏勘的目的是为了掌握现场的地物、地貌和原有测量控制点的分布情况，对测量控制点的点位和已知数据进行认真地检查与复核，为施工测量获得正确的测量起始数据和点位。

3. 制定测设方案。

根据设计要求、定位条件、现场地形和施工方案等因素，制定测设方案，包括测设方法、测设数据计算和绘制测设略图。

4. 仪器和工具

对测设所使用的仪器和工具进行检核。

二、建筑物定位

建筑物的定位。就是把建筑物外廓各轴线交点（简称角桩，如图 10—30 所示的 M、N、P 和 Q）测设在地面上，然后再根据这些点进行细部放样。测设时。如现场已有建筑方格网或建

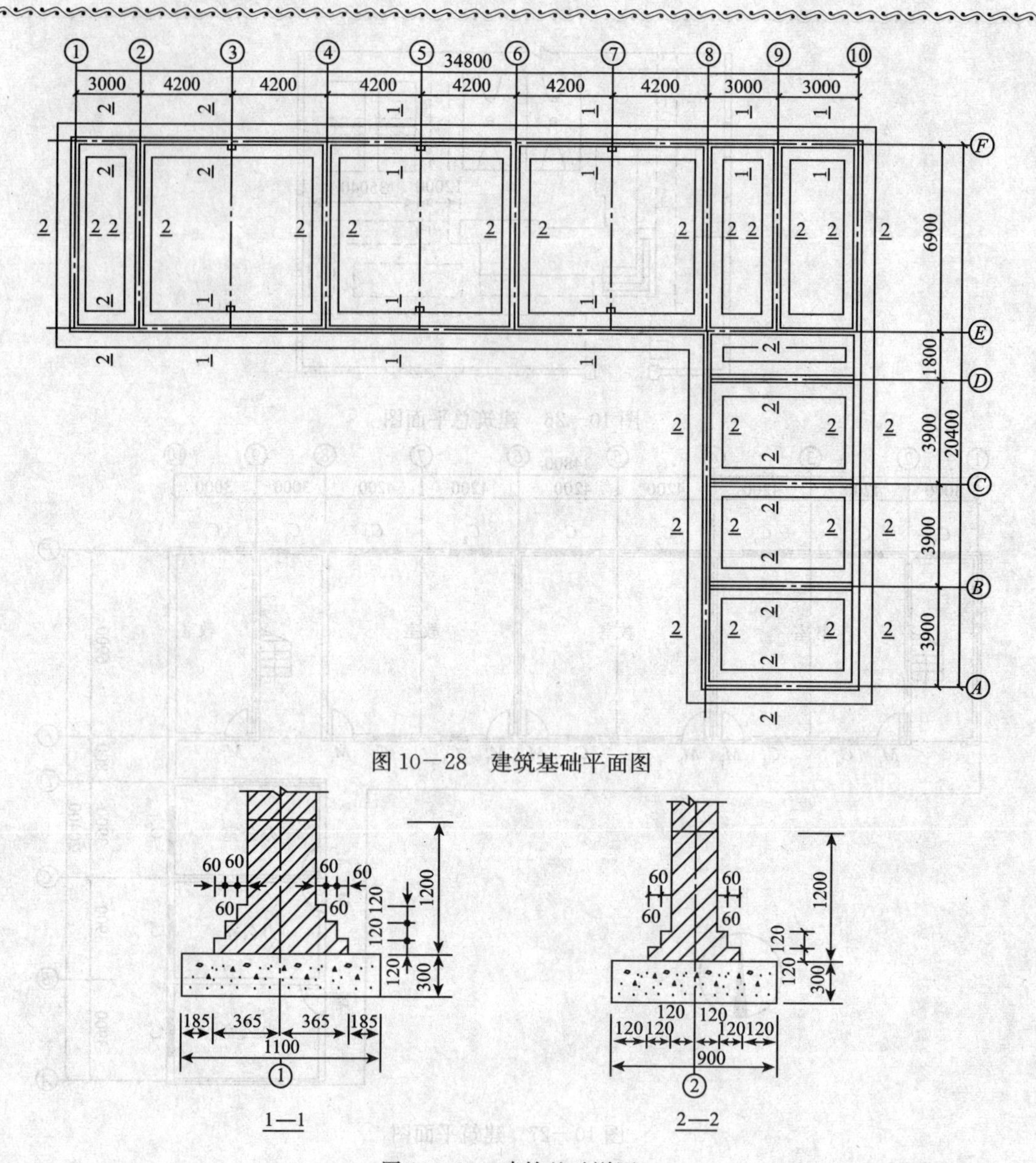

图 10—28　建筑基础平面图

图 10—29　建筑基础详图

筑基线时，可直接采用直角坐标法进行定位。

由于定位条件不同，定位方法也不同，根据已有建筑物测设拟建建筑物的定位方法如下：

(1)如图 10—30 中所示，用钢尺沿宿舍楼的东、西墙，延长出一小段距离 l 得 a、b 两点，做出标志。

(2)在 a 点安置经纬仪，瞄准 b 点，并从 b 沿 ab 方向量取 14.240m(因为教学楼的外墙厚 370mm，轴线偏里，离外墙皮 240mm)，定出 c 点，做出标志，再继续沿 ab 方向从 c 点起量取 25.800m，定出 d 点，做出标志，cd 线就是测设教学楼平面位置的建筑基线。

(3)分别在 c、d 两点安置经纬仪，瞄准 a 点，顺时针方向测设 90°，沿此视线方向量取距离 $l+0.240$m，定出 M、Q 两点，做出标志，再继续量取 15.000m，定出 N、P 两点，做出标志。M、N、P、Q 四点即为教学楼外廓定位轴线的交点。

(4)检查 NP 的距离是否等于 25.800m，$\angle N$ 和 $\angle P$ 是否等于 90°，其误差应在允许范围内。

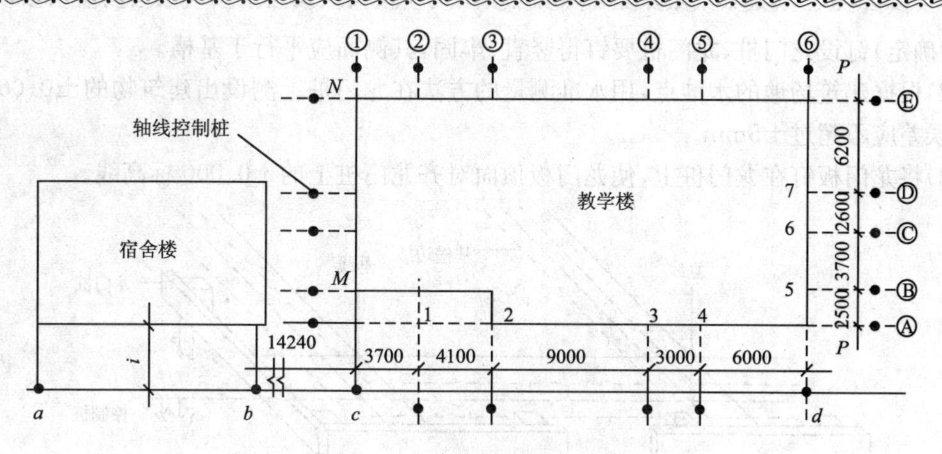

图 10—30 建筑物的定位和放线

如施工场地已有建筑方格网或建筑基线时，可直接采用直角坐标法进行定位。建筑物的定位如图 10—31 所示。

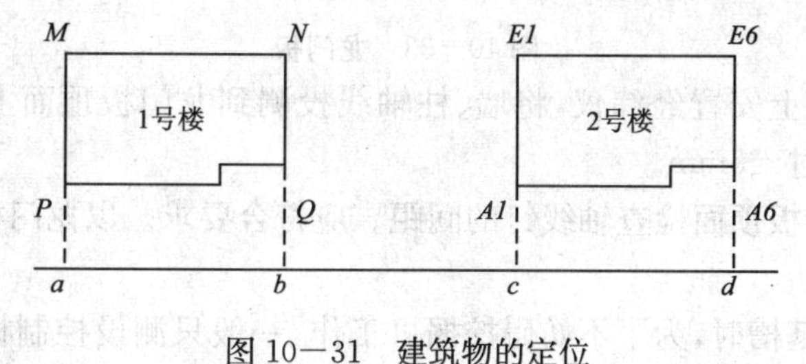

图 10—31 建筑物的定位

三、建筑物放线

建筑物的放线，是指根据已定位的外墙轴线交点桩(角桩)详细测设出建筑物各轴线的交点桩(或称中心桩)，然后根据交点桩用白灰撒出基槽开挖边界线。施工时为了能方便地恢复各轴线的位置，一般是把轴线延长到安全地点，并做好标志。

1.设置轴线控制桩

轴线控制桩一般设置在基槽外 2～4m 处，打下木桩，桩顶钉上小钉，准确标出轴线位置，并用混凝土包裹木桩，如图 10—32 所示。如附近有建筑物，亦可把轴线投测到建筑物上，用红漆做出标志，以代替轴线控制桩。

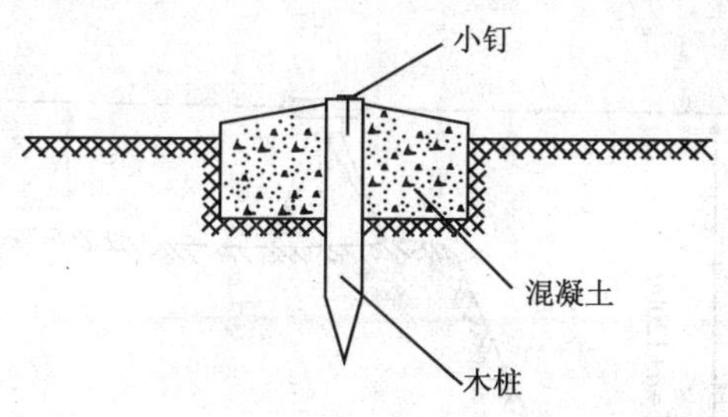

图 10—32 轴线控制桩

2.设置龙门板

在小型民用建筑施工中，常将各轴线引测到基槽外的水平木板上。水平木板称为龙门板，固定龙门板的木桩称为龙门桩，如图 10—33 所示。设置龙门板的步骤如下：

(1)在建筑物四角和隔墙两端基槽开挖边线以外的 1～1.5m 处(具体根据土质情况和挖

槽深度确定)钉设龙门桩,龙门桩要钉得竖直、牢固,其侧面应平行于基槽。

(2)根据建筑场地的水准点,用水准测量的方法在龙门桩上测设出建筑物的±0.000 标高线,其误差应不超过±5mm。

(3)将龙门板钉在龙门桩上,使龙门板顶面对齐龙门桩上的±0.000 标高线。

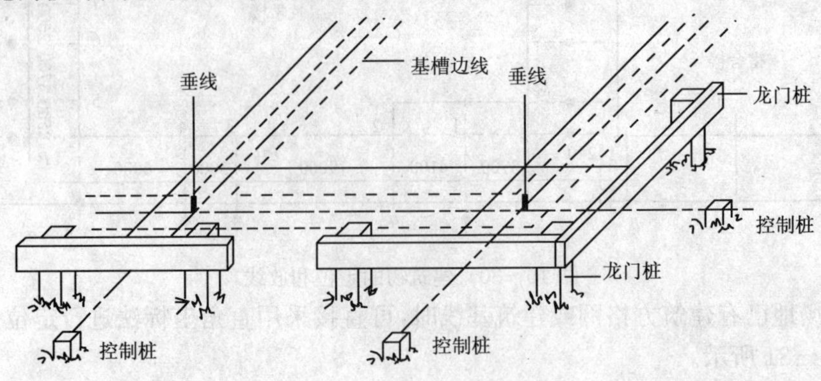

图 10—33　龙门板

(4)分别在轴线桩上安置经纬仪,将墙、柱轴线投测到龙门板顶面上,并钉上小钉作为标志。投点误差应不超过±5mm。

(5)用钢尺沿龙门板顶面检查轴线钉的间距。应符合要求。以龙门板上的轴线钉为准,将墙宽线划在龙门板上。

采用挖掘机开挖基槽时,为了不妨碍挖掘机工作,一般只测设控制桩,不设置龙门桩和龙门板。

四、抄　　平

1. 水平桩的设置

建筑施工中对基槽的高程测设,又称抄平。

为了控制基槽的开挖深度,当快挖到槽底设计标高时,应用水准仪根据地面上±0.000m 点,在槽壁上测设一些水平小木桩(称为水平桩),如图 10—34 所示,使木桩的上表面离槽底的设计标高为一固定值(如 0.500m)。

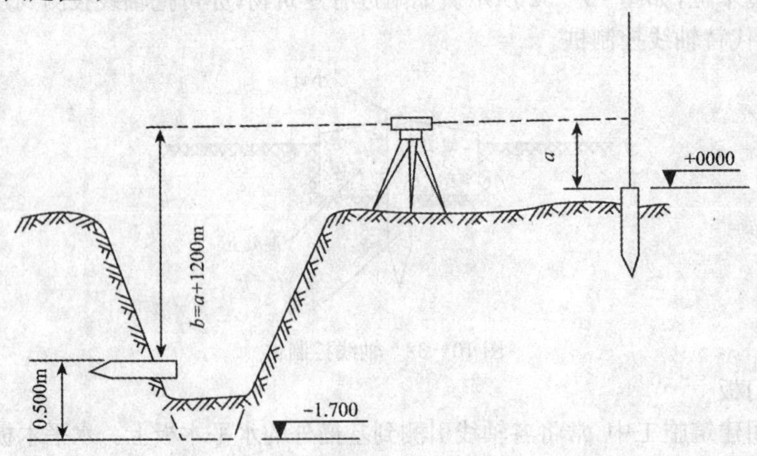

图 10—34　设置水平桩

为了施工时使用方便，一般在槽壁各拐角处、深度变化处和基槽壁上每隔 3～4m 测设一水平桩。

水平桩可作为挖槽深度、修平槽底和打基础垫层的依据。

2. 水平桩的测设方法

如图 10－34 所示，槽底没计标高为－1.700m，欲测设比槽底设计标高高 0.500m 的水平桩，测设方法如下：

(1)在地面适当地方安置水准仪，在±0.000 标高线位置上立水准尺，读取后视读数为1.318m。

(2)计算测设水平桩的应读前视读数 $b_{应}$ 为：

$$b_{应}=a-h=1.318-(-1.700+0.500)=2.518\text{m}$$

(3)在槽内一侧立水准尺，并上下移动，直至水准仪视线读数为 2.518m 时，沿水准尺尺底在槽壁打入一小木桩。

五、基础工程施工测量

1. 基层放样

(1)在基础势层打好后，根据龙门板上的轴线钉或轴线控制桩，用经纬仪或用拉绳挂垂球的方法，把轴线投测到垫层面上，如图 10－35 所示，并用墨线弹出墙中心线和基础边线，作为砌筑基础的依据。由于整个墙身砌筑均以此线为准，所以要进行严格校核。

(2)垫层面标高的测设是以槽壁水平桩为依据在槽壁弹线，或在槽底打入小木桩进行控制。如果垫层需支架模板可以直接在模板上弹出标高控制线。

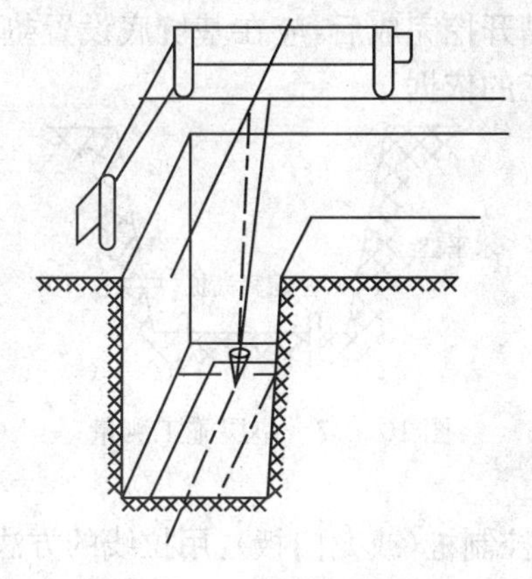

图 10－35　垫层中线的投测

2. 基础墙标高的控制要点

墙中心线投在垫层上，用水准仪检测各墙角垫层面标高后，即可开始基础墙体±0.000m 以下的墙)的砌筑，基础墙体的高度是用基础皮数杆来控制的，如图 10－36 所示。

基础皮数杆是一根木制的杆子，在杆上事先按照设计尺寸，将砖、灰缝厚度画出线条，并标明±0.000m 和防潮层的标高位置。

立皮数杆时，光在立杆处打一木桩，用水准仪在木桩侧面定出一条高于垫层某一数值（如 100mm)的水平线，然后将皮数杆上标高相同的一条线与木桩上的水平线对齐，并用大铁钉把皮数杆与木桩钉在一起，作为基础墙的标高依据。

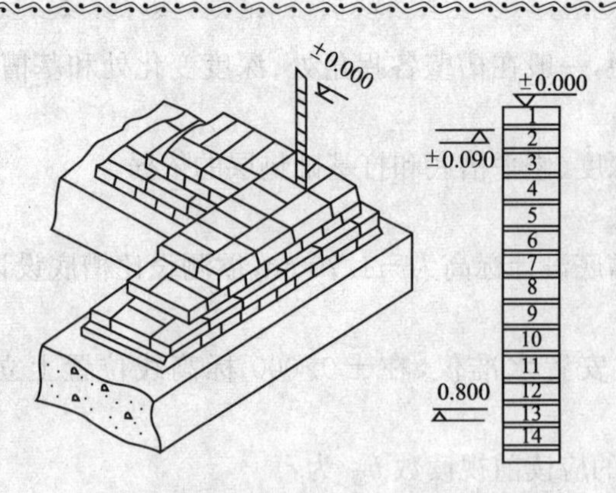

图 10—36　基础墙标高的控制

3. 基础面标高的检查

基础施工结束后，应检查基础面的标高是否符合设计要求（也可检查防潮层）。可用水准仪测出基础面上若干点的高程和设计高程比较，允许误差为±10mm。

(1)按照基础大样图上的基槽宽度，再加上口放坡的尺寸，计算出基槽开挖边线的宽度。由桩中心向两边各量基槽开挖边线宽度的一半，做出记号。在两个对应的记号点之间拉线，在拉线位置撒上白灰，就可以按照白灰线位置开挖基槽。

(2)为了控制基槽的开挖深度，当基槽挖到一定的深度后，用水准测量的方法在基槽壁上、离坑底设计高程 0.3～0.5m 处、每隔 2～3m 和拐点位置，设置一些水平桩，如图 10—37 所示。

(3)基槽开挖完成后，应根据控制桩或龙门板，复核基槽宽度和槽底标高，合格后，方可进行垫层施工。

(4)如图 10—37 所示，基槽开挖完成后，应在基坑底设置垫层标高桩，使桩顶面的高程等于垫层设计高程，作为垫层施工的依据。

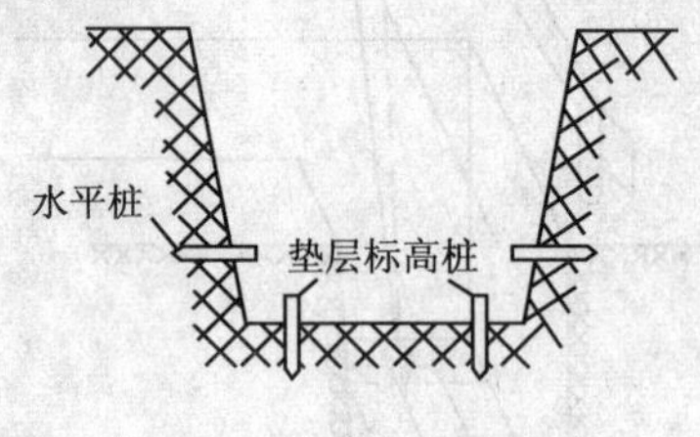

图 10—37　垫层施工测量

(5)垫层施工完成后，根据控制桩（或龙门板），用拉线的方法，吊垂球将墙基轴线投设到垫层上，用墨斗弹出墨线，用红油漆画出标记。墙基轴线投设完成后，应按设计尺寸复核。

六、墙体施工

1. 墙体施工测量的定位

(1)利用轴线控制桩或龙门板上的轴线和墙边线标志，用经纬仪或拉细绳挂锤球的方法将轴线投测到基础面上或防潮层上。

(2)用墨线弹出墙中线和墙边线。

(3)检查外墙轴线交角是否等于 90°。

(4)把墙轴线延伸并画在外墙基础上，如图 10—38 所示，作为向上投测轴线的依据。

(5)把门、窗和其他洞口的边线，也在外墙基础上标定出来。

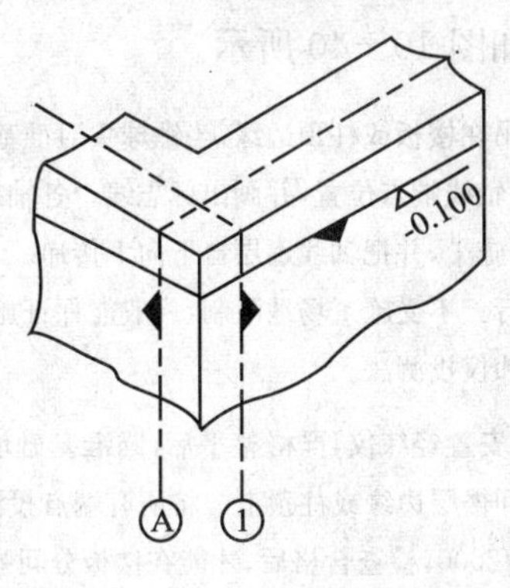

图 10－38　墙体定位

2.墙体各部位标高的控制要点

在墙体施工中，墙身各部位标高通常也是用皮数杆控制。

(1)在墙身皮数杆上，根据设计尺寸，按砖、灰缝的厚度画出线条，并标明 0.000m、门、窗、楼板等的标高位置，如图 10－39 所示。

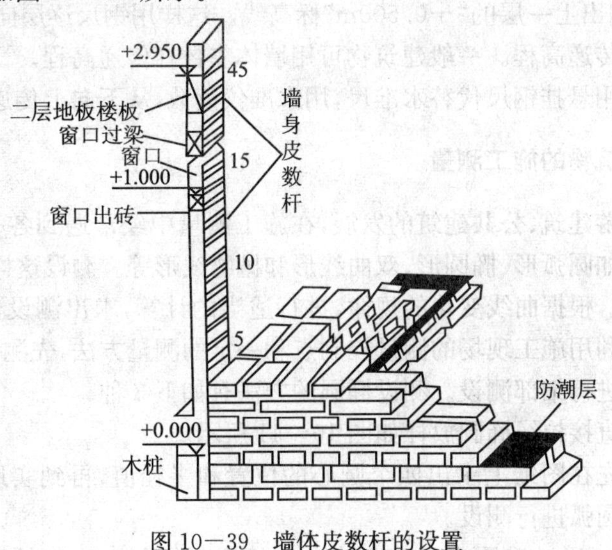

图 10－39　墙体皮数杆的设置

(2)墙身皮数杆的设立与基础皮数杆相同，使皮数杆上的 0.000m 标高与房屋的室内地坪标高相吻合。在墙的转角处，每隔 10～15m 设置一根皮数扦。

(3)在墙身砌起 1m 以后，就在室内墙身上定出＋0.500m 的标高线，作为该层地面施工和室内装修用。

(4)第二层以上墙体施工中，为了使皮数杆在同一水平面上，要用水准仪测出楼板四角的标高。取平均值作为地坪标高。并以此作为立皮数杆的标志。

框架结构的民用建筑，墙体砌筑是在框架施工后进行的，故可在柱面上画线，代替皮数杆。

七、建筑物的轴线投测方法

在多层建筑墙身砌筑过程中，为了保证建筑物轴线位置正确，可用吊锤球或经纬仪将轴线投测到各层楼板边缘或柱顶上，如图 10—40 所示。

建筑物的轴线投测方法
- 吊锤球法
  - (1)将较重的锤球悬吊在楼板或柱顶边缘，当锤球尖对准基础墙面上的轴线标志时。线在楼板或柱顶边缘的位置即为楼层轴线端点位置，并画出标志线。各轴线的端点投测完后，用钢尺检核各轴线的间距，符合要求后，继续施工，并把轴线逐层自下向上传递。
  - (2)吊锤球法简便易行。不受施工场地限制，一般能保证施工质量。但当有风或建筑物较高时，投测误差较大，应采用经纬仪投测法。
- 经纬仪投测法
  - 在轴线控制桩上安置经纬仪，严格整平后，瞄准基础墙面上的轴线标志，用盘左、盘右分中投点法，将轴线投测到楼层边缘或柱顶上。将所有端点投测到楼板上之后，用钢尺检核其间距，相对误差不得大于 1/2000，检查合格后，才能在楼板分间弹线，继续施工。

图 10—40　建筑物的轴线投测方法

八、建筑物高程传递方法

(1)利用钢尺直接丈量。对于高程传递精度要求较高的建筑物，通常用钢尺直接丈量来传递高程。对于二层以上的各层。每砌高一层，就从楼梯间用钢尺从下层的“+0.500m”标高线，向上量出层高，测出上一层的“+0.500m”标高线。这样用钢尺逐层向上引测。

(2)利用皮数杆传递高程。一般建筑物可用墙体皮数杆传递高程。

(3)吊钢尺法。用悬挂钢尺代替水准尺，用水准仪读数，从下向上传递高程。

九、复杂民用建筑物的施工测量

近年来，随着旅游建筑、公共建筑的发展，在施工测量中经常遇到各种平面图形比较复杂的建筑物和构筑物，如圆弧形、椭圆形、双曲线形和抛物线形等。测设这样的建筑物，要根据平面曲线的数学方程式，根据曲线变化的规律，进行适当的计算，求出测设数据。然后按建筑设计总平面图的要求，利用施工现场的测量控制点和一定的测量方法，先测设出建筑物的主要轴线，根据主要轴线再进行细部测设。测设椭圆的方法有如下 3 种。

(1)直线拉线法直接拉线椭圆放样如图 10—41 所示。

(2)四心圆法。先在图纸上求出四个圆心的位置和半径值，再到实地去测设。实地测设时，椭圆可当成四段圆弧进行测设。

(3)坐标计算法。通过椭圆中心建立直角坐标系，椭圆的长、短轴即为该坐标系的 x、y 轴。直角坐标椭圆放样如图 10—42 所示。

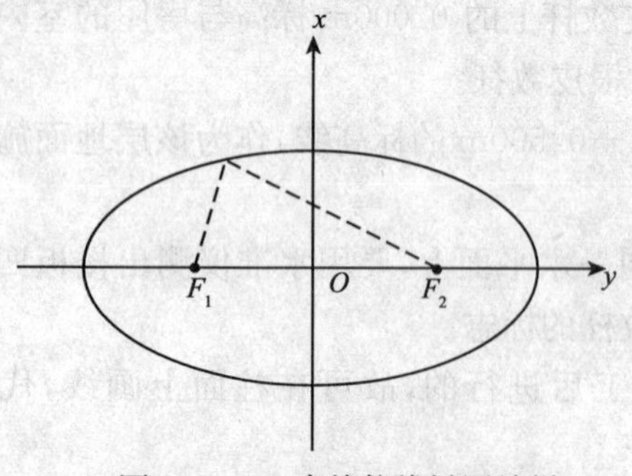

图 10—41　直接拉线椭圆放样

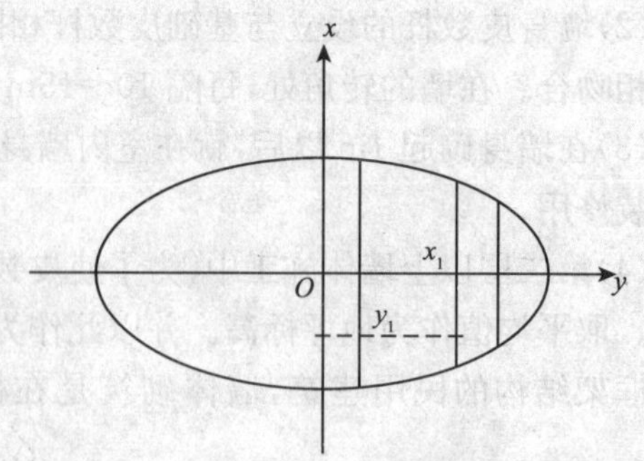

图 10—42　直角坐标椭圆放样

第四节 高层建筑测量

一、高层建筑施工测量的主要任务

高层建筑的特点是层数多,高度大,结构复杂。高层建筑施工测量的主要任务是将建筑物的基础轴线准确地向高层引测,并保证各层相应的轴线位于同一竖直面内,要控制与检核轴线向上投测的竖向偏差每层不超过 5mm,全楼层累计误差不大于 20mm。在高层建筑施工中,要由下层楼面向上层传递高程,以使上层楼板、门窗口、室内装修等工程的标高符合设计要求。

二、高层建筑的高程传递方法

(1)利用皮数杆传递高程。在皮数杆上自±0.000m 标高线起,门窗口、过梁、楼板等构件的标高都已注明。一层楼砌好后,则从一层皮数杆起一层一层往上接。

(2)利用钢尺直接丈量。在标高精度要求较高时,可用钢尺沿某一墙角自±0.000m 标高处起向上直接丈量,把高程传递上去。然后根据由下面传递上来的高程立皮数杆,作为该层墙身砌筑和安装门窗、过梁及室内装修、地坪抹灰等控制标高的依据。

(3)悬吊钢尺法。在楼梯间悬吊钢尺,钢尺下端挂一重锤,使钢尺处于铅垂状态,用水准仪在下面与上面楼层分别读数,按水准测量原理把高程传递上去。

三、用激光铅垂仪进行高层建筑轴线投测的方法

(1)为了把建筑物轴线投测到各层楼面上,根据梁、柱的结构尺寸,投测点距轴线 500~800mm 为宜。每条轴线至少需要两个投测点,其连线应严格平行于原轴线。

(2)为了使激光束能从底层直接打到顶层,在各层楼面的投测点处需预留孔洞,或利用通风道、垃圾道以及电梯升降道等。

(3)如图 10—43 所示,将激光铅垂仪安置在底层测站点 O,进行严格对中、整平,接通电源,启动激光器发射铅垂激光束,作为铅垂基准线。

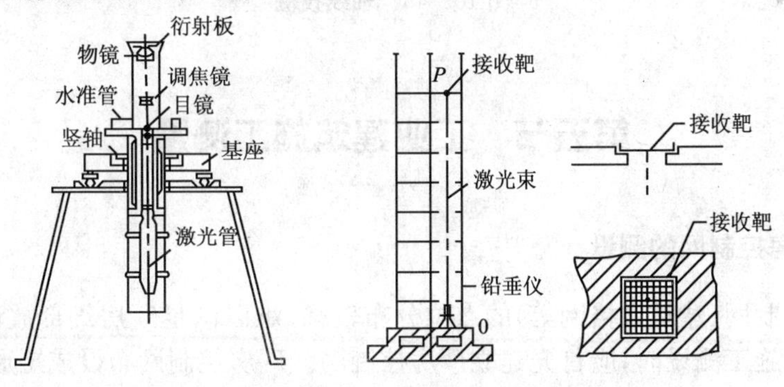

图 10—43 激光铅垂仪投测

(4)通过发射望远镜调焦,使激光束会聚成红色耀目光斑,投射到上层施工楼面预留孔的绘有坐标网的接收靶 P 上,水平移动接收靶 P,使靶心与红色光斑重合,靶心位置即为测站点 O 的铅垂投影位置,并以此作为该层楼面上的一个控制点。

四、采用经纬仪进行高层建筑轴线投测的方法

高层建筑物的基础工程完工后，须用经纬仪将建筑物的主轴线（或称中心轴线）精确地投测到建筑物底部侧面，并设标志，以供下一步施工与向上投测之用，方法如图 10－44 所示。

- 采用经纬仪引桩投测的方法
  - 建立中心线：如图 10－45(a)所示，在离建筑物较远处（一般为建筑物高度的 1.5 倍以上）建立中心轴线控制桩 A_1、A_1'、B_1、B_1'，在这些控制桩上安置经纬仪，严格整平仪器。
  - 向上投测中心轴线：将望远镜照准墙脚上已弹出的轴线标志 a_1、a_1'、b_1、b_1'点，用正镜和倒镜两个盘位向上投测到第二层楼板上，并取其中点，如图 10－45(a)中的 a_2、a_2'、b_2、b_2'作为该层中心的投影点，并依据它们精确定出 a_2a_2'和 b_2b_2'两线的交点 O_2，然后再以 $a_2O_2a_2'$和 $b_2O_2b_2'$为准在楼面上测设其他轴线。同法可逐层向上投测。
  - 增设轴线引桩：当楼房逐渐增高，而轴线控制桩距建筑物又较近时，望远镜的仰角较大，操作不便，投测精度将随仰角的增大而降低。为此，要将原中心轴线控制桩引测到更远的安全地方，或者附近楼旁的屋顶上，如图 10－45(b)所示。具体作法是将经纬仪安置在已投测上去的较高层（如第 10 层）楼面轴线 $a_{10}O_{10}a_{10}'$和 $b_{10}O_{10}b_{10}'$上，瞄准地面上原有的轴线控制桩 A_1、A_1'、B_1、B_1'，将轴线引测到远处，图 10－45(b)中的 A_2、A_2'即 A 轴新投测的控制桩。更高的各层轴线可将经纬仪安置在新的引桩上，按上述方法继续进行投测。

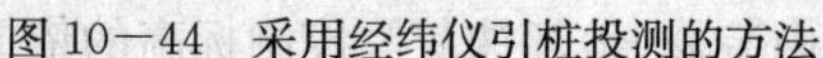
图 10－44 采用经纬仪引桩投测的方法

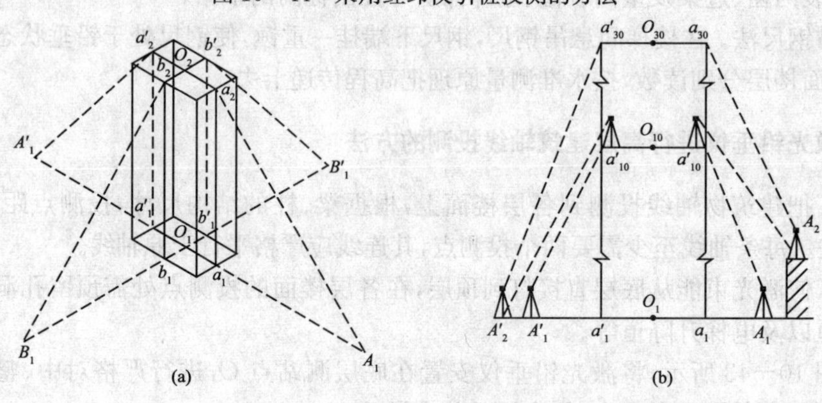

图 10－45 轴线投测

第五节 工业建筑施工测量

一、工业厂房控制网的测设

由于施工控制网（建筑方格网等）的点位分布较稀，难以满足厂房细部放样的要求，因此，在每一个厂房的施工测设时，应首先建立厂房控制网。厂房控制网布设成矩形（也称为矩形控制网）。

(1)如图 10－46(a)所示，A、B、C、D 为建筑方格网点，1、2、3、4 为厂房的四个角点，其设计坐标已知。Ⅰ、Ⅱ、Ⅲ、Ⅳ为厂房控制桩，它们应布设在基坑开挖范围以外。测设时，先根据建筑方格网点 A、B 用直角坐标法精确测设Ⅰ、Ⅱ两点，然后由Ⅰ、Ⅱ测设Ⅲ和Ⅳ点，最后校核Ⅲ角和Ⅳ角及Ⅲ－Ⅳ边长。

(2) 对于一般厂房，角度误差应不大于±10″，边长丈量相对误差不得超过 1/10000。为了

便于以后进行厂房细部施工放线，在测定矩形控制网各边时，还应每隔几个柱间距测设一个控制桩，称为距离指标桩。

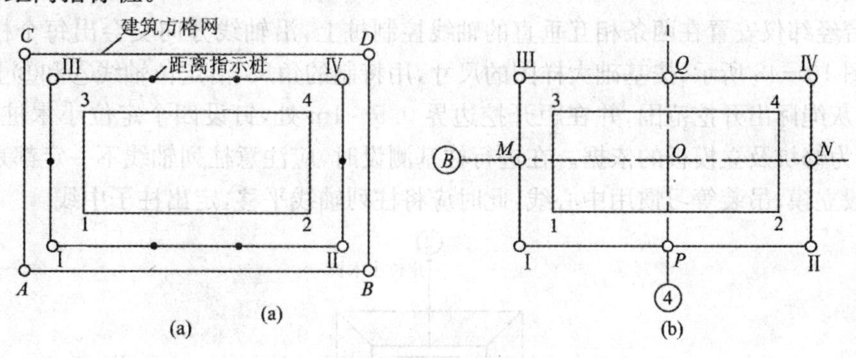

图 10－46　厂房控制网

(3)对于大型或基础复杂的厂房，应先精确测设厂房控制网主轴线，如图 10－46(b)的 *MON* 和 *POQ*。再根据主轴线测设厂房矩形控制网Ⅰ－Ⅱ－Ⅲ－Ⅳ。

二、工业厂房柱列轴线的测设

厂房柱列轴线放样如图 10－47 所示。

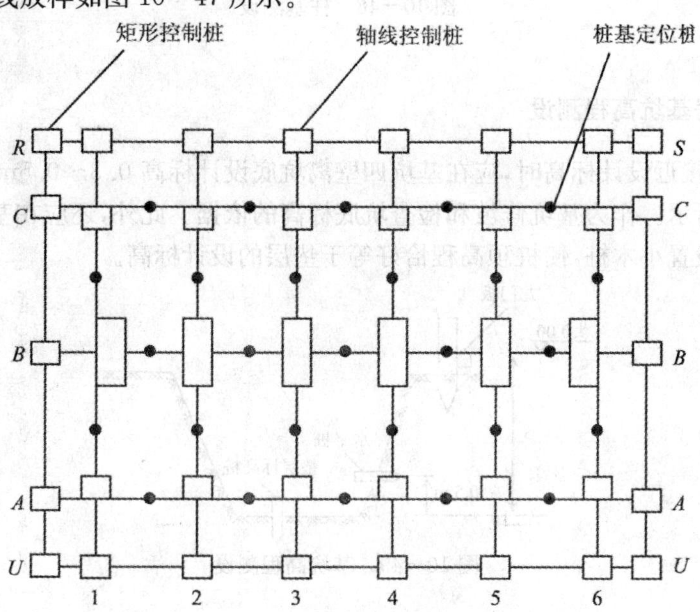

图 10－47　厂房柱列轴线放样

检查厂房矩形控制网的精度符合要求后，即可根据柱间距和跨间距用钢尺沿矩形网各边量出各轴线控制桩的位置，并打入大木桩，钉上小钉。作为测设基坑和施工安装的依据。

三、工业厂房桩基测设

1. 目的

柱基测设的目的就是根据基础平面图和基础大样图，用白灰将基坑开挖的边线标示出来以便挖坑。

2. 方法

将两台经纬仪安置在两条相互垂直的轴线控制桩上，沿轴线方向交会出每个柱基中心的位置。如图 10－48 所示，按基础大样图的尺寸，用特制的角尺，沿定位轴线Ⓐ和Ⓑ上放出基坑开挖线，用灰绳际出开挖范围，并在距开挖边界 0.5～1m 处，钉设四个定位小木桩，用小钉标明点位，作为修坑及立模板的依据。在进行柱基测设时，应注意柱列轴线不一定都是柱基中心线。而一般立模、吊装等习惯用中心线，此时应将柱列轴线平移，定出柱子中线。

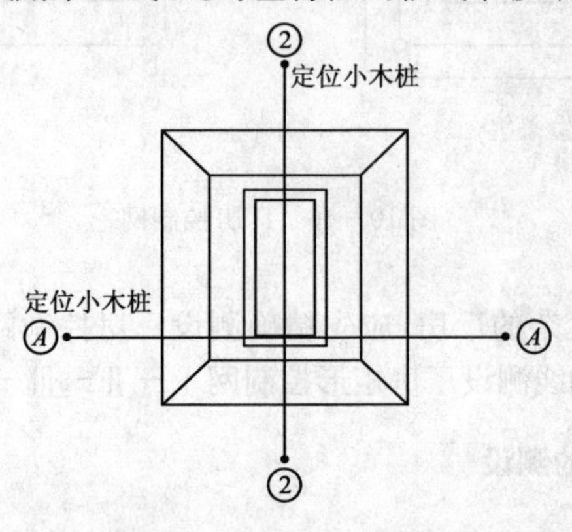

图 10－48　柱基测设

四、工业厂房基坑高程测设

当基坑挖到接近设计标高时，应在基坑四壁离坑底设计标高 0.3～0.5m 处测设几个水平桩如图 10－49 所示。作为基坑修坡和检查坑底标高的依据。此外，还应在基坑内测设垫层的标高，即在坑底设置小木桩，使桩顶高程恰好等于垫层的设计标高。

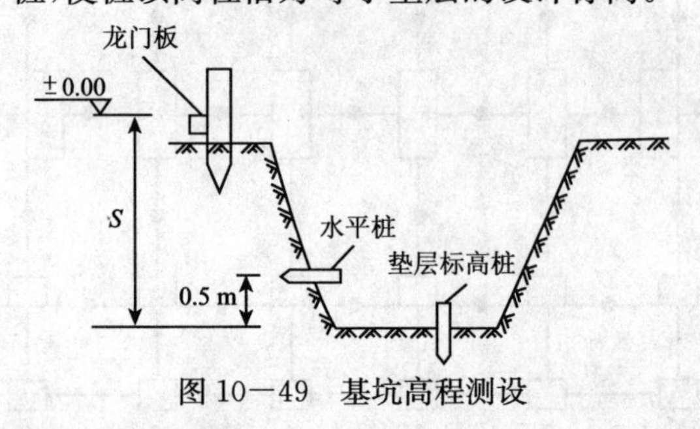

图 10－49　基坑高程测设

五、工业厂房的基础模板的定位

打好垫层之后，根据坑边定位小木桩，用拉线的方法，吊垂球把柱基定位线投到垫层。用墨斗弹出墨线，用红漆画出标记，作为柱基立模板和布置基础钢筋网的依据。立模时，将模板底线对准垫层上的定位线，并用垂球检查模板是否竖直。同时注意使杯内底部标高低于其设计标高 2～5cm，作为抄平调整的余量。拆模后，在杯口面上定出柱轴线，在杯口内壁上定出设计标高。最后将柱基顶面设计高程测设在模板内壁，如图 10－50 所示。

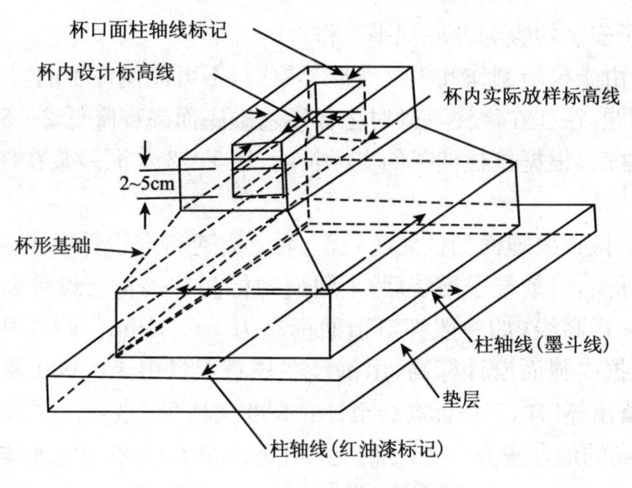

图 10—50　基础横板的定位

六、工业厂房柱子安装测量

1.工业厂房安装吊装前的测量

(1)投测柱列轴线。在杯形基础拆模以后,根据柱列轴线控制桩用经纬仪把柱列轴线投测在杯口顶面上,如图 10—51 所示,并弹上墨线,用红漆画上“▲”标明,作为吊装柱子时确定轴线方向的依据。当柱列轴线不通过柱子中心线时,应在杯形基础顶面上加弹柱子中心线。

(2)在杯口内壁,用水准仪测设一条标高线,并用“▼”表示。从该线起向下量取一个整分米数即到杯底的设计标高,并用以检查杯底标高是否正确。

(3)柱身弹线。柱子吊装前,应将每根柱子按轴线位置进行编号,在柱身的三个侧面上弹出柱中心线,并在每条线的上端和近杯口处画上小三角形“▲”标志,以供校正时照准。如图 10—52 所示。

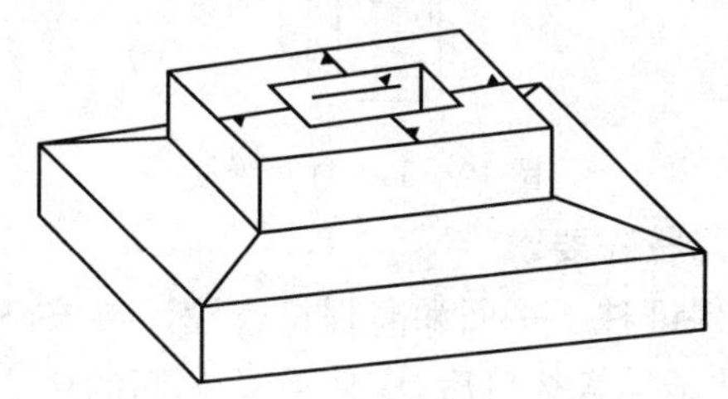

图 10—51　投测柱列轴线

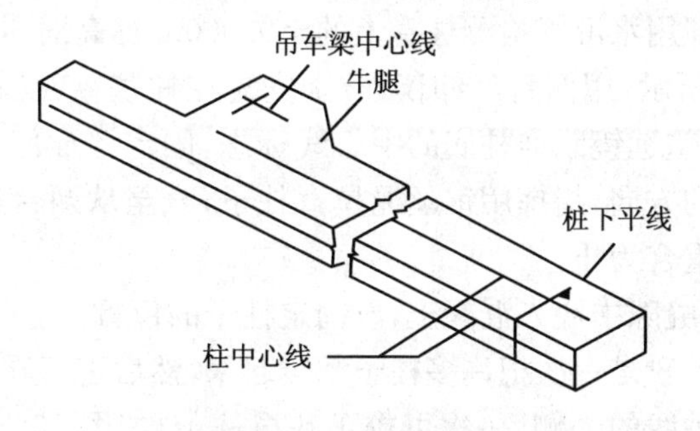

图 10—52　柱身弹线

2.工业厂房柱子安装检查与杯底找平工作

柱子在预制时，由于模板制作和模板变形等原因，不可能使柱子的实际尺寸与设计尺寸一样，为了解决这个问题，往往在浇注基础时把杯形基础底面高程降低 2～5cm，然后用钢尺从牛腿顶面沿柱边量到柱底，根据这根柱子的实际长度，用 1∶2 水泥砂浆在杯底进行找平，使牛腿面符合设计高程。

调整杯底标高。检查牛腿面到柱底的长度，看其是否符合设计要求，如不相符。就要根据实际柱长修整杯底标高，以使柱子吊装后，牛腿面的标高基本符合设计要求。具体做法如下。在杯口内壁测设某一标高线（如一般杯口顶面标高为－0.500m。则在杯口内抄上－0.600m 的标高线）。然后根据牛腿面没计标高，用钢尺在柱身上量出±0.000 及某一标高线的位置，并涂上标志。分别量出杯口内某一标高线至杯底高度及柱身上某一标高线至柱底高度，并进行比较。以修整杯底，高的地方凿去一些，低的地方用水泥砂浆填平，使柱底与杯底吻合，如图 10－53 所示。

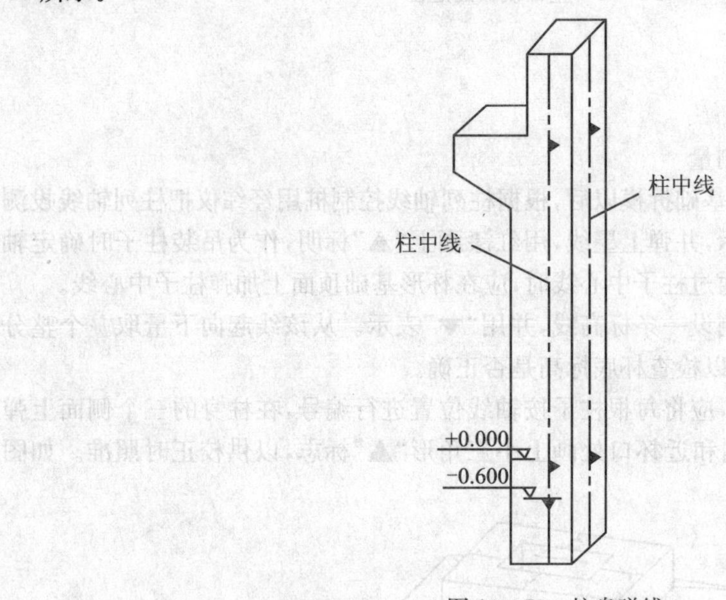

图 10－53 柱身弹线

3.工业厂房柱子安装测量操作要求

柱子安装测量的目的是保证柱子平面和高程符合设计要求，柱身铅直，测量要求如下：

(1)预制的钢筋混凝土柱子插入杯口后，应使柱子三面的中心线与杯口中心线对齐，如图 10－54(a)所示，用木楔或钢楔临时固定。

(2)柱子立稳后，立即用水准仪检测柱身上的±0.000m 标高线，其容许误差为±3mm。

(3)如图 10－54(a)所示，用两台经纬仪，分别安置在柱基纵、横轴线上，离柱子的距离不小于柱高的 1.5 倍，先用望远镜瞄准柱底的中心线标志，固定照准部后，再缓慢抬高望远镜观察柱子偏离十字丝竖丝的方向，指挥用钢丝绳拉直柱子，直至从两台经纬仪中，观测到的柱子中心线都与十字丝竖丝重合为止。

(4)在杯口与柱子的缝隙中浇入混凝土，以固定柱子的位置。

(5)在实际安装时，一般是一次把许多柱子都竖起来，然后进行垂直校正。这时，可把两台经纬仪分别安置在纵横轴线的一侧，一次可校正几根柱子，如图 10－54(b)所示，但仪器偏离轴线的角度，应在 15°以内。

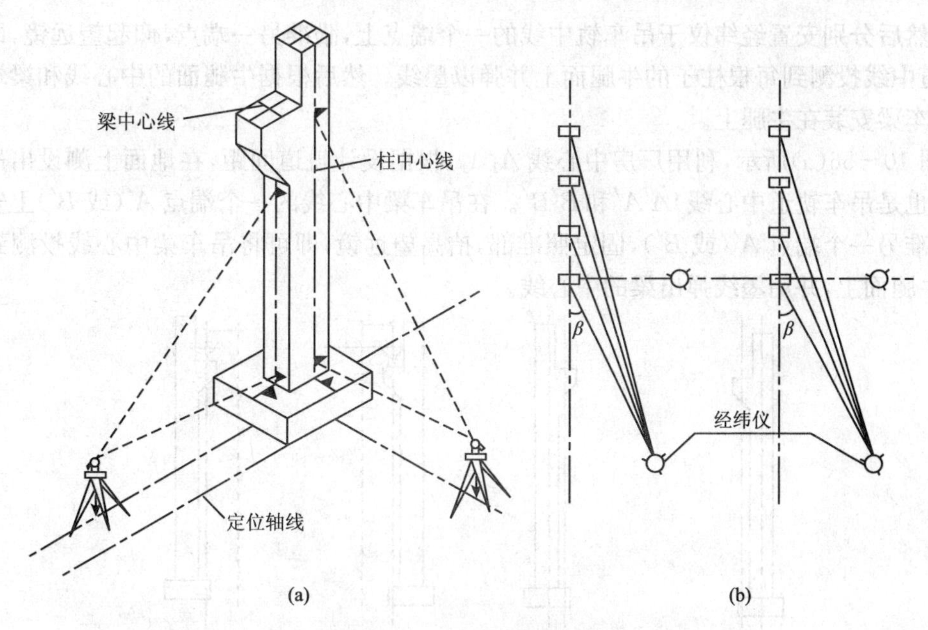

图 10—54　柱子垂直度校正

4.工业厂房柱子安装测量注意事项

(1)当校正变截面的柱子时,经纬仪必须放在轴线上校正,否则容易产生差错。

(2)柱子在两个方向的垂直度都校正好后,应再复查平面位置,看柱子下部的中线是否仍对准基础的轴线。

(3)校正用的经纬仪事前应经过严格检校,因为校正柱子竖直时,往往只用盘左或盘右观测,仪器误差影响很大,操作时还应注意使照准部水准管气泡严格居中。

(4)在阳光照射下校正柱子垂直度时。要考虑温度影响,因为柱子受太阳照射后,柱子向阴面弯曲,使柱顶有一个水平位移。为此应在早晨或阴天时校正。

(5)当安置一次仪器校正几根柱子时,仪器偏离轴线的角度最好不超过 15°。

七、工业厂房吊车梁安装测量方法

1.安装测量方法

(1)安装前先弹出吊车梁顶面中心线和吊车梁两端中心线,要将吊车轨道中心线投到牛腿面上。如图 10—55 所示。在吊车梁的顶面和两端面上,用墨线弹出梁的中心线,作为安装定位的依据。

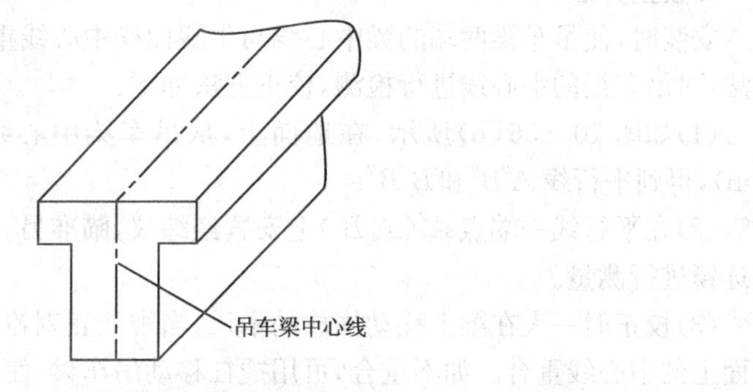

图 10—55　在吊车梁上弹出梁的中心线

(2)然后分别安置经纬仪于吊车轨中线的一个端点上，瞄准另一端点，仰起望远镜，即可将吊车轨道中线投测到每根柱子的牛腿面上并弹以墨线。然后根据牛腿面的中心线和梁端中心线，将吊车梁安装在牛腿上。

如图 10－56(a)所示，利用厂房中心线 A_1A_1，根据设计轨道间距，在地面上测设出吊车梁中心线(也是吊车轨道中心线)$A'A'$和$B'B'$。在吊车梁中心线的一个端点 A'(或 B')上安置经纬仪，瞄准另一个端点 A'(或 B')，固定照准部，抬高望远镜，即可将吊车梁中心线投测到每根柱子的牛腿面上，并用墨线弹出梁的中心线。

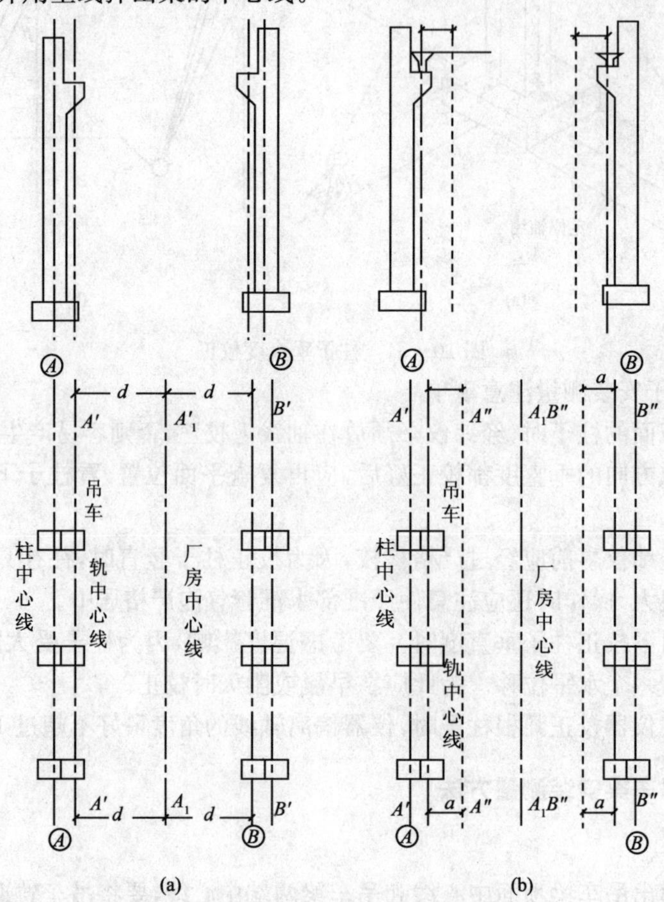

图 10－56　吊车梁吊车轨道安装测量

2. 校正方法

安装时，使吊车梁两端的梁中心线与牛腿面梁中心线重合，使吊车梁初步定位。采用平行线法，对吊车梁的中心线进行检测，校正方法如下：

(1)如图 10－56(b)所示，在地面上，从吊车梁中心线，向厂房中心线方向量出长度 a(1m)，得到平行线 $A''B''$和 $B''B''$。

(2)在平行线一端点 A''(或 B'')上安置经纬仪，瞄准另一端点 A''(或 B'')，固定照准部，抬高望远镜进行测量。

(3)校正时一人在梁上移动横放的木尺，当视线正对准尺上一米刻划线时，尺的零点应与梁面上的中心线重合。如不重合，可用撬杠移动吊车梁，使吊车梁中心线到 $A''A''$ (或 $B''B''$)的间距等于 1m 为止。

(4)吊车梁安装就位后，先按柱面上定出的吊车梁设计标高线对吊车梁面进行调整，然后将水准仪安置在吊车梁上，每隔3m测一点高程，并与设计高程比较，误差应在3mm以内。

(5)吊车梁安装完后，应检查吊车梁的高程，可将水准仪安置在地面上，在柱子侧面测设50cm的标高线，再用钢尺从该线沿柱子侧面向上量出至梁面的高度，检查梁面标高是否正确，然后在梁下用铁板调整梁面高程。使之符合设计要求。

八、工业厂房吊车轨道安装的测量

(1)安装吊车轨道前，须先对梁上的中心线进行检测，此项检测多用校正线法(平行线法)。如图10－57所示，首先在地面上从吊车轨中心线向厂房中心线方向量出长度d，然后安置经纬仪于校正轴线一端点上，瞄准另一端点，固定照准部，仰起望远镜投测。此时另一人在梁上移动横放的木尺，当视线正对准尺上应有长度刻划时，尺的零点应与梁面上的中线重合。如不重合应予以改正，可用撬杠移动吊车梁。

(2)安装吊车轨道前，可将水准仪直接安置在吊车梁上检测梁面标高，并用铁垫板调整梁的高度，使之符合设计要求。轨道安装后，将水准尺直接放在轨道上检测其高程，每隔3m测一点，误差应在±3mm以内。最后还要用钢尺实际丈量吊车轨道的间距，误差应不大于±5mm。

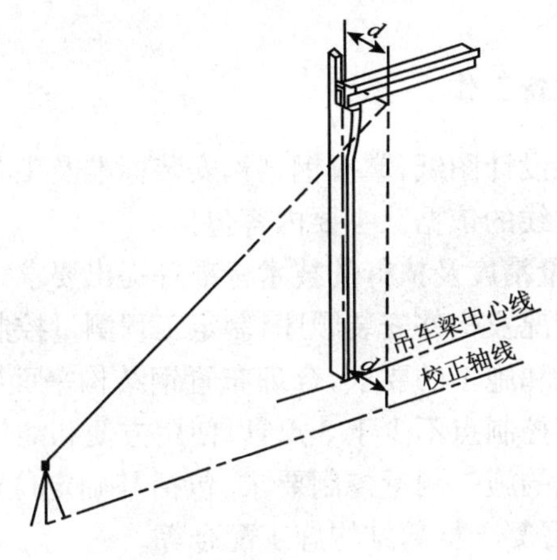

图10－57　安装吊车轨

九、屋架安装测量

屋架吊装前，用经纬仪或其他方法在柱顶面上，测设出屋架定位轴线。在屋架两端弹出屋架中心线，以便进行定位。

屋架吊装就位时，应使屋架的中心线与柱顶面上的定位轴线对准，允许误差为5mm。屋架的垂直度可用垂球或经纬仪进行检查。

用经纬仪检校方法如下：

(1)如图10－58所示，在屋架上安装三把卡尺，一把卡尺安装在屋架上弦中点附近，另外两把分别安装在屋架的两端。自屋架几何中心沿卡尺向外量出一定距离，一般为500mm，作出标志。

(2)在地面上，距屋架中心线同样距离处，安置经纬仪。观测三把卡尺的标志是否在同一竖直面内，如果屋架竖向偏差较大，则用机具校正，最后将屋架固定。垂直度允许偏差为：薄腹梁为5mm；桁架为屋架高的1/250。

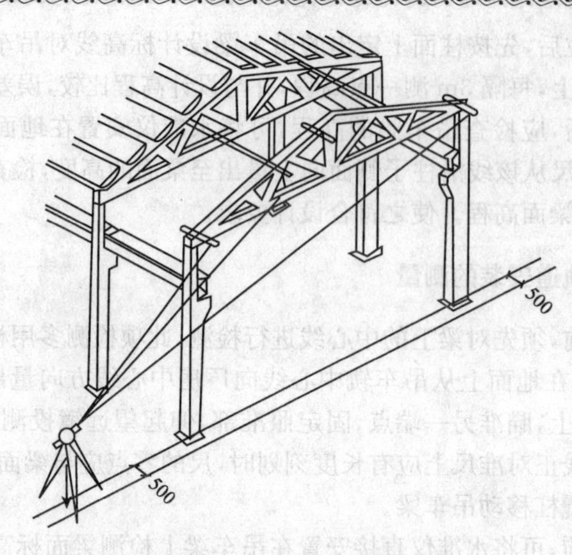

图 10－58 屋架的安装测量

第六节 钢结构测量

一、建筑钢结构的测量准备工作

钢结构测量时，应先熟悉设计图纸，掌握钢结构安装标准及工艺情况。其次是编制测量控制方案，作为全面指导测量放线的依据。主要内容包括：

(1)对现场定位条件、测量精度及执行的技术标准等提出要求。

(2)根据工程施工组织情况及构件安装顺序，制定工程测量控制程序。

(3)根据现场情况及设计和施工的要求，合理布置钢结构平面控制网和标高控制点，平面控制网不少于 4 条轴线，标高控制点不少于 3 点，以使用方便和能长期保留为准。

(4)地下部分钢结构安装的施工测量控制要求，包括基础定位轴线测放和验收、钢柱地脚螺栓的位置测控及劲性钢筋混凝土框剪结构施工配合等。

(5)钢结构安装中控制网的竖向投测点位置和标高传递点的位置设置。

(6)针对各种结构布置形式及各种构件的安装精度测控措施，如柱子的竖向安装精度控制措施。钢梁的水平标高精度的测控措施等。

(7)特殊部分的测量方法和要求，如旋转部分。

(8)竣工测量和变形观测的内容与方法。

(9)配备与工程安装精度要求相适应的测量仪器，对测量人员进行培训。明确测量人员的准则。

最后，还要对测量仪器设备进行检定和检验，并校测建筑物定位依据点，校核水准标高点，与有关部门进行交接等。

二、钢结构测量的控制要点

钢结构测量的控制要点如图 10－59 所示。

- 钢结构测量的控制要点
  - 平面控制网的布置原则
    - 尽量选择结构复杂、约束控制程度大的轴线作为控制网轴线，考虑对称布置和传递便于施测的原则，控制点间应通视易量，组成与建筑物平行的闭合网，以便校核。如果地下和地上部分平面尺寸和形状差异较大，可设两套控制网。
  - 地脚螺栓施工测量控制措施
    - (1)钢结构基础的地脚螺栓施工方法有一次埋入和二次埋入两种方法。
    - (2)一次埋入式施工时，要根据地脚螺栓的长度和外露尺寸，准确测量其支架的标高，以控制地脚螺栓的标高符合要求；根据柱脚螺栓的布置尺寸，制作螺栓定位板，标划出安装中心线，用此定位板将螺栓初步定位，由仪器通过控制定位板的标志线来准确调整螺栓群的位置；基础混凝土浇筑完成在初凝前进行校测调整。
    - (3)二次埋入式施工，主要通过测量来准确预留螺栓位置，固定螺栓的程序和方法则大致与一次埋入式施工相同。
  - 竖向构件垂直度控制
    - (1)钢柱等竖向构件的垂直度控制测量方法主要有激光铅垂仪法、铅垂法、经纬仪法、建立标准柱法等几种方法。
    - (2)现在施工中多采用经纬仪法来控制，将两台经纬仪分别架设在引出轴线上，对柱子进行测量校正控制；这种方法的精度较高，而且设备容易解决。
  - 水平构件标高控制
    - (1)由于水平构件与竖向构件的连接节点多在竖向构件上，所以必须准确控制竖向构件的就位高程，在安装水平构件时进行标高复测，如有不符合要求的，必须进行调整，合格后方可对结构整体进行连接固定。
    - (2)一般用水准仪进行观测，钢尺量测尺寸并进行高程的传递。
  - 水平控制点的竖向投测方法
    - (1)轴线控制点投测一般分地下和地上两部分，地下部分多用外控法，建立平面控制网格；地上部分轴线的竖向投测多采用内控法，采用全站仪或准直仪、激光铅直仪等，在楼板上预留投测孔。向上投测，此种多用于精度要求较高的高层钢结构建筑施工中。
    - (2)像单层厂房或层数不多的钢结构建筑，一般采用外控法，由经纬仪从控制点向上投测。
  - 标高控制点的竖向传递方法
    - 由标高控制点用水准仪和钢尺测量向上传递引测，当建筑物较高时，需分段向上传递。

图 10—59　钢结构测量的控制要点

三、钢结构建筑测量注意要点

(1)加强各控制桩的保护，防止碰损。确保测量精度。基准点处可预埋钢板。用钢针刻划十字线定点，在交点上打冲眼，并在钢板以外部分放延长线。

(2)结构加工、土建基础放线、构件安装全过程。均使用统一型号经过统一校核的测量仪器和钢尺，以减少不必要的测量误差。

(3)所有基准点、轴线、标高等都要进行两次以上的复测，以误差最小的为准。

第七节　管道测量

一、管道中线测量

1. 管道工程施工测量前应做的工作

(1)熟悉图纸和现场情况。施工前，要认真研究图纸。了解设计意图及工程进度安排。到现场找到各交点桩、转点桩、里程桩及水准点位置。

(2)校核中线并测设施工控制桩。中线测量时所钉各桩，在施工过程中会丢失或被破坏一部分。为保证中线位置准确可靠，应根据设计及测量数据进行复核，并补齐已丢失的桩。

在施工时由于中线上各桩要被挖掉，为便于恢复中线和其他附属构筑物的位置，应在不受施工干扰、引测方便和易于保存桩位处设置施工控制桩。施工控制桩分中线控制桩和附属构筑物的位置控制桩两种。

(3)槽口放线。槽口放线就是按没计要求的埋深和土质情况、管径大小等计算出开槽宽度。并在地面上定出槽边线位置，划出白灰线。以便开挖施工。

(4)加密控制点。为便于施工过程中引测高程，应根据原有水准点，在沿线附近每隔150m 增没一个临时水准点。

2. 管道中线测量时主点测设方法

管道的起点、交点(转折点)、终点称为管道的三个主点。主点的位置及管道方向是设计时给定的，管道方向一般与道路中心线或大型建筑物轴线平行或垂直。

若给定的是主点的坐标值，其测设方法与线路主点测设方法相同。

若给定的仅是主点或管道方向与周围地物间的关系，则可由规划设计图找出测设条件或数据，如图 10－60 所示，测设时可利用与地物(道路、建筑物等)之间的关系直接测设。

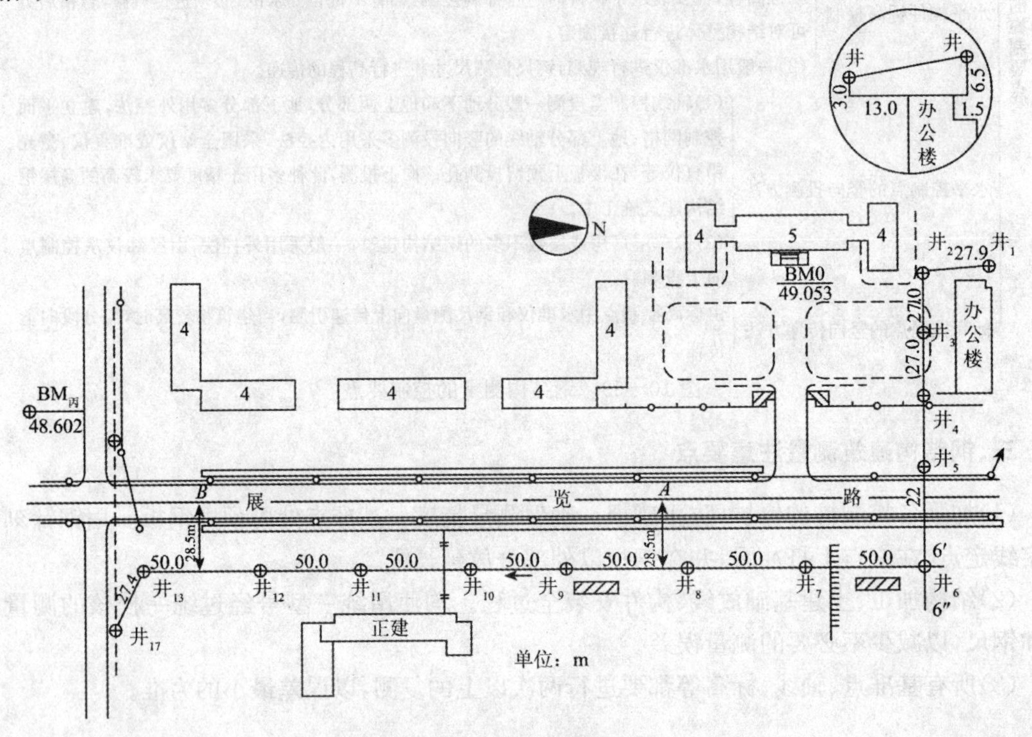

图 10－60　管道主点的测设

如井$_1$、井$_2$，从图右上角放大图可看出它们与办公楼的关系，井$_6$ 由平行办公楼的井$_2$－井$_6$ 线与平行展览中线的井$_{13}$－井$_6$ 线交出。在主点测设的同时，根据需要，可将检查井或其他附属构筑物位置一并标定。

主点测设完后，应检查其位置的正确性，做好点的标记，并测定管道转折角。管道的转折角有时要满足定型管道弯头的转角要求，如给水铸铁管弯头转折角有 90°、45°、22.5°等几种。

二、管道断面测量

1. 管道纵断面测绘基本要求

(1)有些管线(如下水管道)精度要求较高,允许闭合差为$\pm\sqrt{n}$mm。

(2)在实测中,应特别注意做好与其他地下管线交叉的调查工作,要求准确测出管线交叉处的桩号、原有管线的高程和管径,如图 10－61 所示。

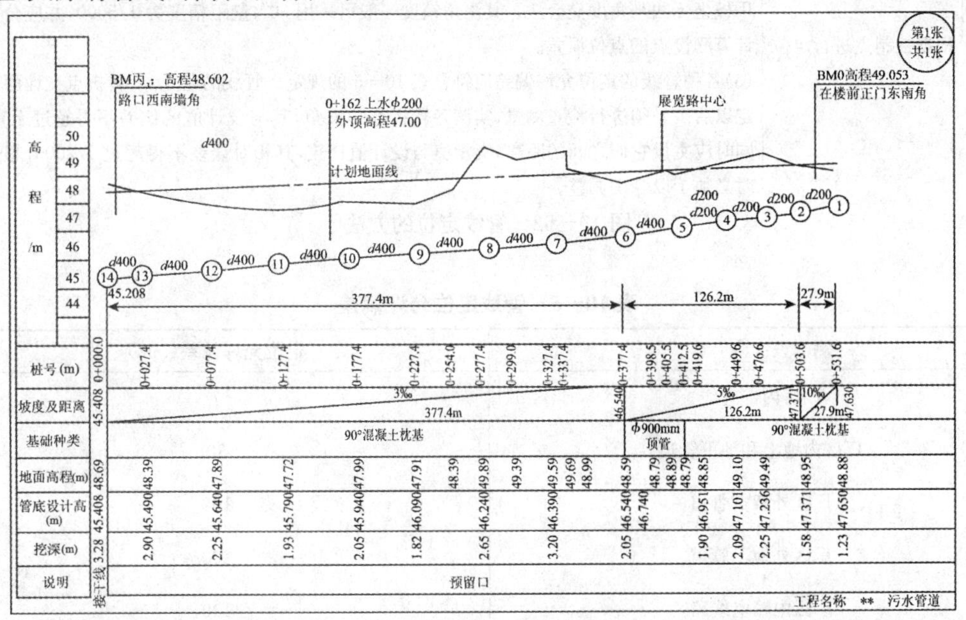

图 10－61　管道纵断面测绘

(3)管道纵断面图上部,要把本管线与旧管线交叉处的高程和管径,按比例绘在图上。

(4)由于管线起点方向不同,有时为了与线路地形图的注记方向一致,往往要倒展。

(5)纵断面图横向比例尺尽量与线路带状图比例一致。

2. 管道横断面

当管道工程对横断面图精度要求较高时,可利用测绘大比例尺地形图的方法,绘制横断面图。

若管径较小,地面变化不大或埋管较浅,开挖边界较窄时,可不测量横断面,计算土方量时用中桩高程即可。

三、管道施工测量

1. 管道施工测量的主要任务

管道施工测量的主要任务是根据设计图纸的要求,为施工测设各种标志,使施工人员便于随时掌握中线方向和高程位置。管道施工测量的精度,一般取决于工程性质和施工方法,如无压力的自流管道(如排水管道)比有压力的管道(如给水管道)测量精度要求高,不开槽施工比开槽施工测量精度要求高等。在实际工作中,各种管道施工测量精度应以满足设计要求为准。

2. 管道施工测量时进行管线定位

管道施工测量时管线定位的方法如图 10－62 所示。

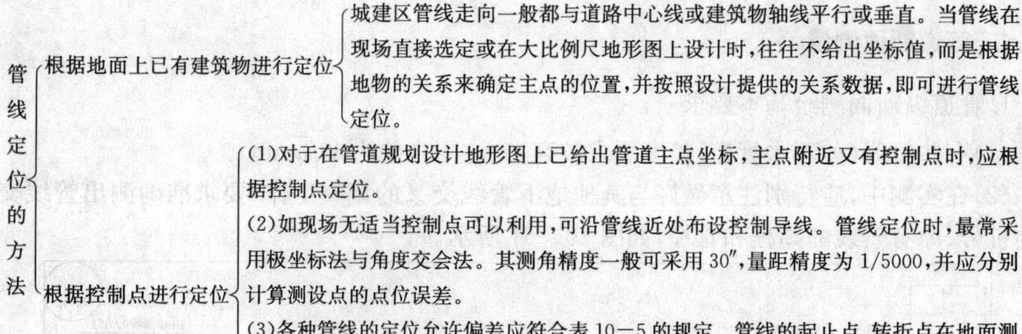

图10－62　管线定位的方法

表10－5　管线定位允许偏差

测 设 内 容	定位允许偏差(mm)
厂房内部管线	7
厂区内地上和地下管道	30
厂区外架空管道	100
厂区外地下管道	200
厂区内输电线路	100
厂区外输电线路	300

3.管道测量时进行中线测量

管线起止点及各转折点定出以后如图10－63所示，从线路起点一始量距，沿管道中线每隔50m钉一木桩(里程桩)。

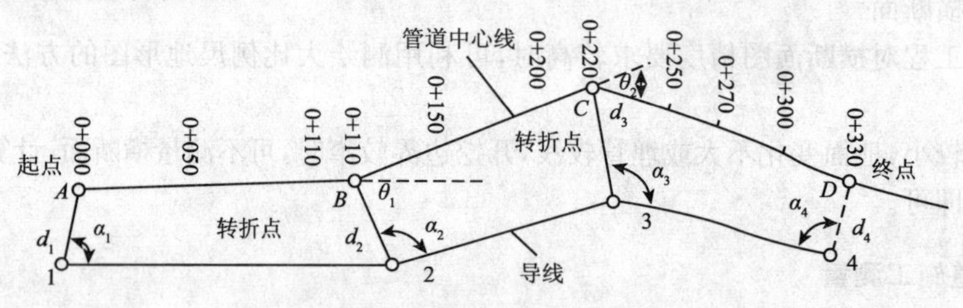

图10－63　管道中心线测量

按照不同精度要求，可用钢尺或皮尺量距离，钢尺量距时用经纬仪定线。起点桩编号为0＋000，如每隔50m钉一中心桩，则以后各桩依次编号为0＋050，0＋100，…，如遇地形变化的地方应设加桩，如编号为0＋270。如终点桩为0＋330，表示此桩离开起点330m。桩号用红漆写在木桩侧面。

4.管线施工时进行高程控制测量

为了便于管线施工时引测高程及管线纵横断面测量，应沿管线敷设临时水准点。水准点一般都选在旧建筑墙角、台阶和基岩等处。如无适当的地物，应提前埋设临时标桩作为水准点。

在施工中，为了便于恢复中线和检查井位置，应在引测方便、易于保存的地方测设施工控制桩。

管道施工控制桩分中线控制桩和井位控制桩两类，如图 10－64 所示。中线控制桩测设在管道起止点及各转折点处中线的延长线上，井位控制桩一般设置在垂直于管道中线的方向上。临时水准点应根据Ⅲ等水准点敷设，其精度不得低于Ⅳ等水准。临时水准点间距。自流管道和架空管道以 200m 为宜，其他管线以 300m 为宜。

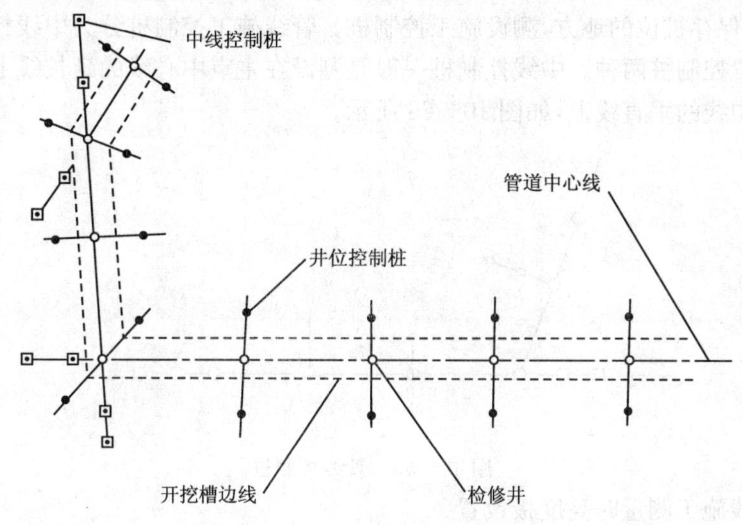

图 10－64 管道施工控制桩

5. 管道测量时槽口放线的方法

槽口放线是根据土质状况、管径大小、埋设深度，确定基槽开挖宽度，在地面上定出槽口开挖边线的位置。作为开槽的依据。

当横断面坡度较平缓时，如图 10－65 所示，B 为槽底宽度，为管节外径与二倍施工工作面宽度之和；m 为沟槽边坡系数，h 为中在线挖土深度。

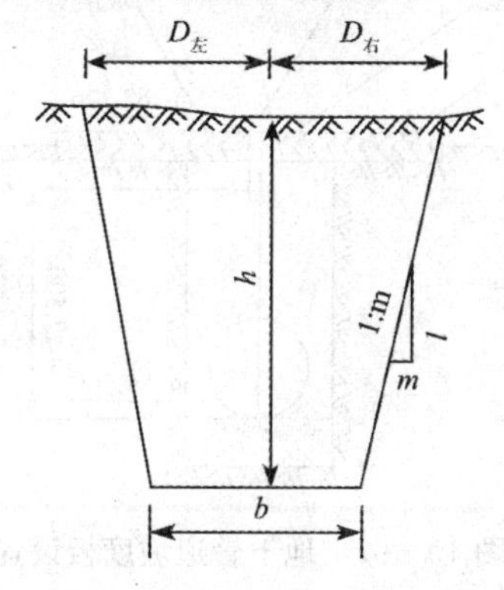

图 10－65 槽口放线

基槽开挖深度 h 还应包括管道基础的厚度，施测时应注意。开挖时槽口线应用白灰撒定，若与开挖间隔时间过长，应用木桩桩定。

6. 地下管线施工测量时坡度板及中线钉设置

为了控制管节轴线与设计中线相符，并使管底标高与设计高程一致，基槽开挖到一定程度，一般每隔 10～20m 处及检查井处沿中线跨槽设置坡度板。

坡度板埋设要牢固，顶面应水平。

根据中线控制桩，用经纬仪将管道中线投测到坡度板上，并钉上小钉（称为中线钉）。此外，还需将里程桩号或检查井编号写在坡度板侧面。各坡度板上中线钉的连线即为管道的中线方向。在连线上挂垂球线可将中线位置投测到基槽内，以控制管道按中线方向敷设。

由于管道中线桩在施工中要被挖掉。为了便于恢复中线和附属构筑物的位置，应在不受施工干扰、易于保存桩位的地方，测设施工控制桩。管线施工控制桩分为中线控制桩和井位等附属构筑物位置控制桩两种。中线控制桩一般是测设在主点中心线的延长线上。井位控制桩则测设于管道中线的垂直线上，如图 10－66 所示。

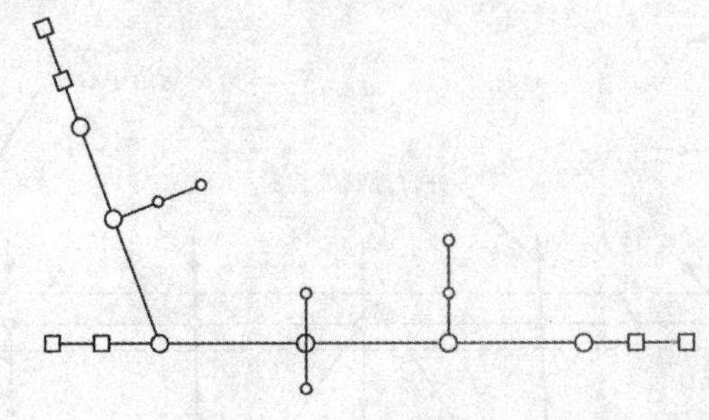

图 10－66 管线控制桩

7. 地下管线施工测量时高度板设置

为了控制基槽开挖的深度，根据附近水准点，用水准仪测出各坡度板顶面高程 $H_{顶}$，并标注在坡度板表面。板顶高程与管底设计高程 $H_{底}$ 之差 K 就是坡度板顶面往下开挖至管底的深度，俗称下返数，通常用 C 表示。K 亦称管道埋置深度。由于各坡度板下的下返数都不一致，且不是整数，无论施工或者检查都不方便。为了使下返数在同一段管线内均为同一整数值 C，则须由下式计算出每一坡度板顶应向下或向上量的调整数 δ，如图 10－67 所示。

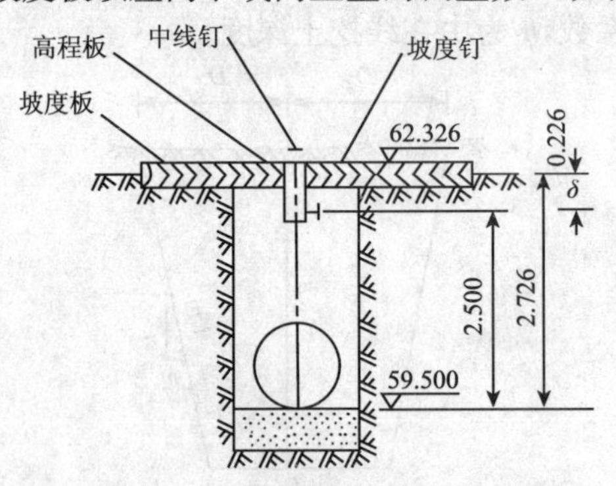

图 10－67 地下管道坡度板设置

$$\delta=C-K=C-(H_{顶}-H_{底})$$

在坡度板中线钉旁钉一竖向小木板桩，称为高程板。根据计算的调整数 δ，在高程板上向下或向上量 δ 定出点位，再钉上小钉。称为坡度钉，如图 10－67 所示。如 $K=2.726$，取 $C=2.500$m，则调整数 $\delta=-0.226$m。从板顶向下量 0.226m 钉坡度钉，从坡度钉向下量 2.500m，便是管底设计高程。同法可钉出各处高程板和坡度钉。各坡度钉的连线即平行于管底设计高程的坡度线，各坡度钉下返数均为 C。施工时只需用一标有长度 C 的木杆就可随时检查是否挖到设计深度。

8. 地下管线施工测量时平行轴腰桩法测量的步骤

(1)测设平行轴线。管沟开挖前，在中线的一侧测设一排平行轴线桩，如图 10－68 所示，轴线桩至中线桩的平距为 a，桩距一般为 20m。各检查井位也应在平行轴在线设桩。

(2)钉腰桩。为了控制管道中线的高程，在基槽坡上(距槽底 0.5～1m 左右)再钉一排木桩，称为腰桩，如图 10－68 所示。

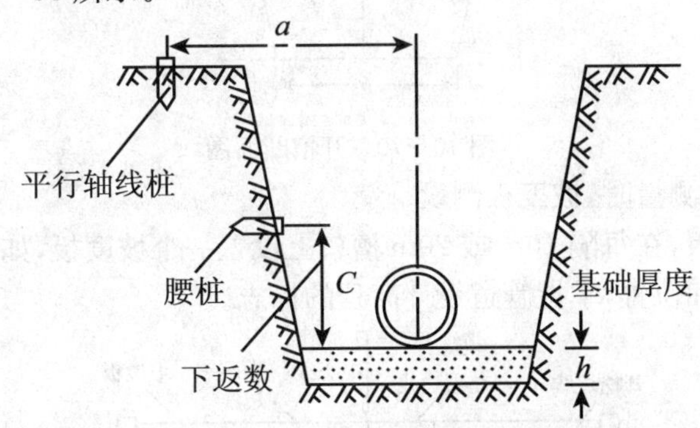

图 10－68　腰桩与平行轴线桩

(3)引测腰桩高程。腰桩上钉一小钉，用水准仪测出腰桩上小钉的高程。小钉高程与该处管底设计高程之差 h，即为下返数。由于各点下返数不一样，容易出错。因此，可先确定下返数为一整数 C，在每个腰桩沿垂直方向量出该下返数 C 与腰桩下返数 h 之差 δ($\delta=C-h$)，打一木桩，并钉小钉，此时各小钉的连线与设计坡度线平行，而小钉的高程与管底高程相差为一常数 C，从小钉往下量测。即可检查是否挖到管底设计高程，应用十分简便。

9. 地下管线施工测量时确定开挖边线，钉立边桩

由横断面设计图查得左右两测边桩与中心桩的水平距离，如图 10－69 所示中的 a 和 b，施测时在中心桩处插立方向架测出横断面位置，在断面方向上，用皮尺抬平量定 A、B 两点位置各钉立一个边桩。相邻断面同侧边桩的连线，即为开挖边线，用石灰放出灰线，作开挖的界限。开挖边线的宽度是根据管径大小、埋设深度和土质等情况而定。如图 10－70 所示，当地面平坦时。开挖槽口宽度(d)用下式计算：

$$d=b+2mh$$

式中　b——槽底宽度；

h——挖土深度；

m——边坡率。

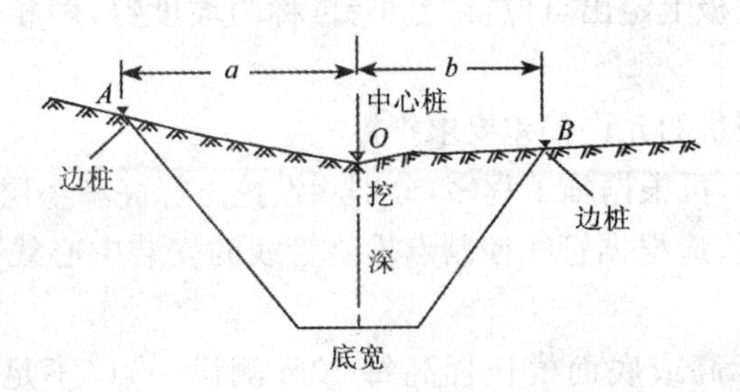

图 10－69　横断面测设示意

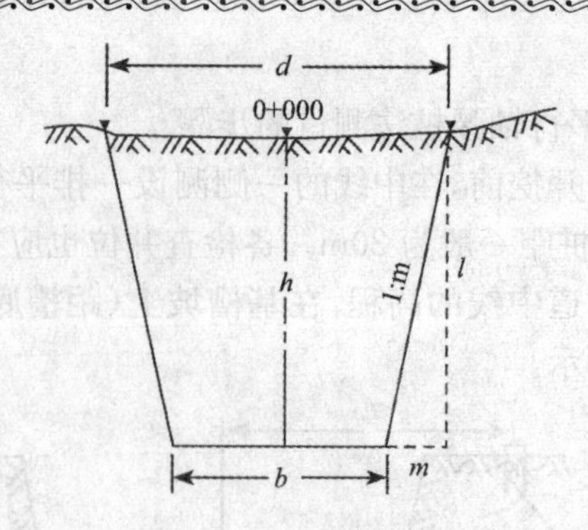

图 10－70　开槽断面图

10. 地下管线施工测量时，坡度板测设

坡度板又称龙门板，在每隔 10m 或 20m 槽口上设置一个坡度板，如图 10－71 所示。作为施工中控制管道中线和位置，掌握管道设计高程的标志。

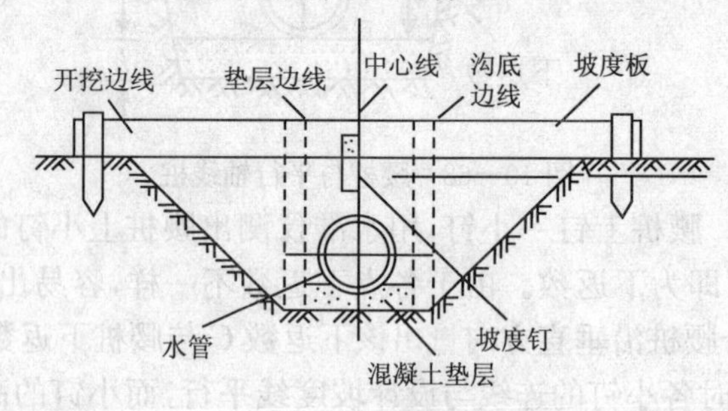

图 10－71　坡度板设置

坡度板必须稳定、牢固，其顶面应保持水平。用经纬仪将中心线位置测设到坡度板上，钉上中心钉。安装管道时，可在中心钉上悬挂垂球，确定管中线位置。以中心钉为准，放出混凝上垫层边线，开挖边线及沟底边线。

为了控制管槽开挖深度，应根据附近水准点测出各坡度板顶的高程。

管底设计高程可在横断面设计图上查得。坡度板顶与管底设计高程之差称为下返数。

由于下返数往往非整数，而且各坡度板的下返数都不同。施工检查时很不方便。为了使一段管道内的各坡度板具有相同的下返数（预先确定的下返数），为此，可按下式计算每一坡度板顶向上或向下量取调整数。

调整数＝预先确定下返数－（板顶高程－管底设计高程）

根据调整数，在高程板上定出点位，钉上小钉，称为坡度钉，两相邻的坡度钉连线，即为管底坡底线的平行线。

11. 地下管线施工测量的允许偏差要求指标

(1)管绕的地槽标高，可根据施工程序，分别测设挖土标高和垫层面标高，其测量允许偏差为±10mm。地槽竣工后，应根据管线控制点投测管线的安装中心线或模板中心线，其投点允许偏差为±5mm。

(2)自流管的安装标高或底面模板标高每 10m 测设一点（不足时可加密）；其他管线每 20m 测设一点。管线的起止点、转折点、窨井和埋没件均应加测标高点。

(3)各类管线安装标高和模板标高的测量允许偏差，应符合表的规定。管线标高测量允许偏差，应符合表 10－6 的规定。

表 10—6　管线标高测量允许偏差

管　线　类　别	标高允许偏差(mm)
自流管(下水道)	±3
气体压力管	±5
液体压力管	±10
电缆地沟	±10

12. 架空管线施工测量

(1)管架基础施工测量

①管线定位并经检查后,可根据起止点和转折点,测设管架基础中心桩。其直线投点的允许偏差为±5mm,基础间距丈量的允许偏差为 1/2000。

②管架基础中心桩测定后,一般采用十字线法或平行基线法进行控制,即在中心桩位置沿中线和中线垂直方向打 4 个定位桩,或在基础中心桩一测测设一条与中线相平行的轴线。管架基础控制桩应根据中心桩测定,其测定允许偏差为±3mm。

③架空管道基础各工序的施工测量方法与厂房基础相同,各工序中心线及标高的测量允许偏差应遵照表 10—6 的规定。

(2)支架安装测量

①架空管道系安装在钢筋混凝土支架、钢支架上。安装管道支架时,应配合施工。进行柱子垂直校正和标高测量工作,其方法、精度要求均与厂房柱子安装测量相同。

②管道安装前,应在支架上测设中心线和标高。中心线投点和标高测量允许偏差均为±3mm。

四、顶管施工测量

1. 顶管施工中线测量

挖好顶管工作坑,根据地面上标定的中线控制桩,用经纬仪将中线引测到坑底,在坑内标定出中线方向,如图 10—72 所示,用经纬仪将地面中线引测到工作坑的前后,钉立木桩和铁钉,称为中线控制桩。

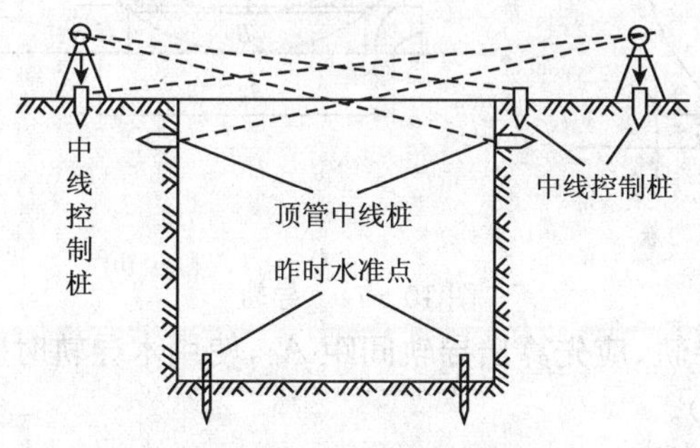

图 10—72　顶管中线桩测设

按槽口放线的方法确定工作坑的开挖边界线，然后实施工作坑施工。工作坑开挖到设计高程时，再进行顶管的中线测设。

测设时，根据中线控制桩，用经纬仪将中线引测到坑壁上，并钉立木桩，称为顶管中线桩，以标定顶管中线位置。

在进行顶管中线桩测量时，如图 10—73 所示，在两个顶管中线桩之间拉一细线，在线上挂两个垂球，两垂球的连线方向即为顶管的中线方向。这时在管内前端横放一水平尺，尺长等于或略小于管径，尺上分划是以尺中点为零向两端增加。当尺子在管内水平放置时，尺子中点若位于两垂球的连线方向上，顶管中心线即与设计中心线一致。若尺子中点偏离两垂球的连线方向，其偏差大于允许值时则应校正顶管方向。

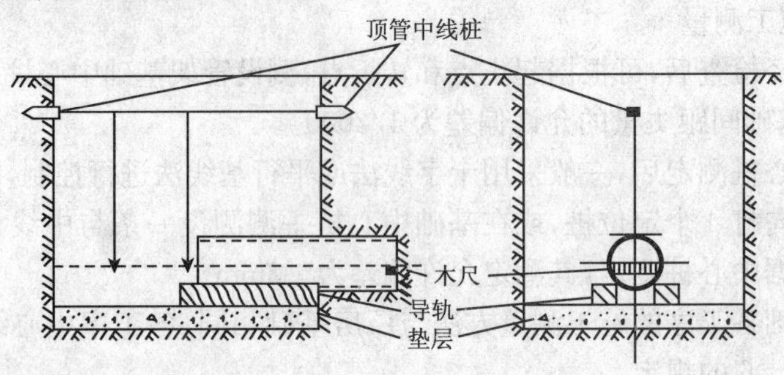

图 10—73 顶管中线测量

2. 顶管测量进行导轨的计算与安装

(1)顶管时，坑内要安装导轨以控制顶进方向和高程。导轨常用铁轨，如图 10—74(a)所示，或用断面为 15cm×20cm 的方木，如图 10—74(b)所示。导轨一般安装在混凝土垫层上，垫层面的高程及坡度应符合设计要求。

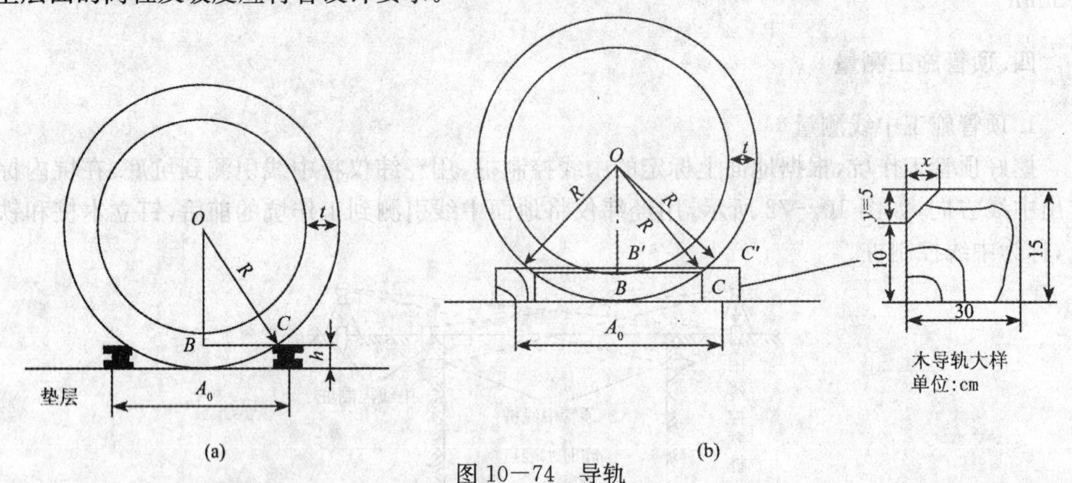

图 10—74 导轨

(2)为了准确地安装导轨，应先算出导轨间距 A_0，使用木导轨时应计算出导轨抹角 x 值和 y 值（y 值一般规定为 5cm）。

铁轨导轨间距 A_0 的计算；如图 10—74(a)所示，可以看出，

$$A_0 = 2 \times BC + \text{导轨顶面宽度}$$

$$BC = \sqrt{R^2 - (R-h)^2}$$

式中 R——管筒外壁半径(m)；

h——铁轨高度(m)。

木导轨间距 A_0 和抹角 x 的计算：如图 10－74(b)所示，可以看出，

$$BC=\sqrt{R^2-OB^2}=\sqrt{R^2-(R-10)^2}$$

$$B'C'=\sqrt{R^2-OB'^2}=\sqrt{R^2-(R-15)^2}$$

$$A_0=2\times(BC+10)=2\sqrt{R^2-(R-10)^2}+20$$

$$x=B'C'-BC=\sqrt{R^2-(R-15)^2}-\sqrt{R^2-(R-10)^2}$$

(3)根据计算的导轨间距安装导轨，根据顶管中线桩及水准点检查中心线和高程，无误后，将导轨固定。

3.顶管施工高程测量的方法

(1)如图 10－75 所示，将水准仪安置在坑内，以临时水准点为后视，在管筒内前进方向上，竖立一根略小于管筒直径的标尺作为前视，测出待测点的高程，并与该点的设计高程相比较，其差值超过了±1cm 时就需要校正。

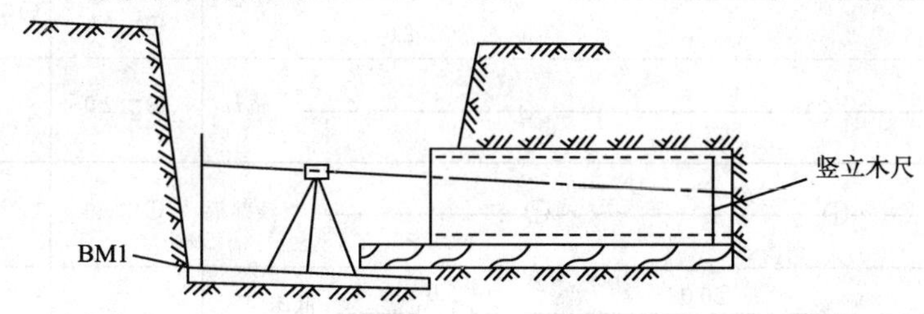

图 10－75　高程测量

(2)在顶进过程中，每顶进 0.5m 需要进行一次中线和高程测量，以保证施工质量，如果误差在限差之内，可继续顶进。表 10－7 是顶管施工测量手簿。

表 10－7　顶管施工测量手簿

井号	里程(m)	中心偏差(m)	水准点读数(m)	待测点应读数(m)	待测点实读数(m)	高程误差(m)	备注
1	2	3	4	5	6	7	8
井 6	0＋300.0	0.000	0.742	0.742	0.741	＋0.001	$i=0.005$
	0＋300.5	左 0.004	0.803	0.801	0.800	＋0.001	
	0＋301.0	右 0.003	0.769	0.764	0.762	＋0.002	
	0＋301.5	右 0.001	0.757	0.750	0.751	－0.001	
	…	…	…	…	…	…	
	0＋325.0	右 0.005	0.814	0.689	0.681	＋0.008	

(3)短距离顶管(≤50m)可用上述方法进行测设。当距离较长时，需要分段施工，一般 100m 设一个工作坑，采用对向顶管施工方法，在贯通时，管口接口误差不得超过 3cm。

五、管道竣工测量

1.管道工程竣工测量的内容

各种工程竣工后都要进行竣工测量，管道工程竣工后进行的测量工作，称管道工程竣工测量。管道竣工测量主要内容有竣工图的测绘和相应资料的编绘。

竣工图的资料能真实地反映施工成果，是评价施工质量好坏的主要依据，也是管道建成后进行管理、维修扩建以及城市规划设计必不可少的资料和依据。管道竣工图的测绘主要是测绘反映管道主点、检查井以及附属构筑物施工后的实际平面位置和高程的管道竣工带状图。有时为了突出管道施工后的断面情况，还应测出管道竣工断面图，以反映查井口和管顶(或管底)高程以及井间的距离和管径等内容。表 10－8 为主要地下管线图式。

管道竣工带状图的测量方法常用的有解析法测图和图解法测图。

表 10－8 地下管线图式

名称	符号 管线		备注
规划道路中线	50.0 10.0		
给水(水)	30.0 // 5.0 // 2.0 湖蓝	⊖:::2.0 ⊕:::2.0	盖堵 水表 ⊖:::2.0 ⊠ 1.5 闸链
污水(污)	⊕ ⊕ 赭石	⊕:::2.0	⊏⊐ 2.0 暗井
雨水(雨)	⊕ ⊕ 浅熟褐	⊕:::2.0	
煤气(煤)	50.0 5.0 低压 中压 高压 粉红	⊘:::2.0	0.5 抽水缸 闸门
热力(热)	桔黄	⊘:::2.0	
电力(力)	30.0 10.0 2.0 朱红	O:::2.0	电力、无轨、照明
电信(话、长、广、铁)	30.0 10.0 2.0 草绿	⊗:::2.0 入孔 ⊠:::2.0 手孔	市话、长途、专用通信
工业管道(工)	30.0 10.0 2.0 黑	O:::2.0	工业气、液体 液体排渣

2. 解析法管道竣工测图

(1)竣工图的比例尺一般采用 1∶500、1∶1000 和 1∶2000 的比例尺。

(2) 竣工图的宽度一般根据需要而定，对于有道路的地方，其宽度取至道路两侧第一排建筑物外 20m。

(3)竣工带状图的测绘精度要求较高，施测坐标的点位中误差不应大于图上±0.5mm；高程测量中误差(相对于所测路线的起、终点)对于直接测定时为±2cm，通过检修井间接测定管线点高程时为±5cm。根据工程要求，精度可适当调整。

3. 解析法管道竣工外业测量

(1)编号及绘制草绘。从管线起点开始，沿线将各管线点顺序编临时号(成图时改为统一编号)并绘制草图，如污水管线可编为污$_1$、污$_2$、…、污$_n$。

(2)栓点。对于直埋管线，如当时不能测定坐标，可先作栓点，即在选取的管线点上，在实地标注三个栓距，待还土后，再用栓距还原点位补测坐标。

(3)测管线点高程。对已编号的管线点，用附合水准路线逐点联测高程，每一管线点均应按转点施测，以防止粗差。

(4)测管线点坐标。一般是将以编号的管线点，组成导线逐点联测坐标，或用极坐标法测设。

(5)检修井的调查。除测量井中心坐标及井面高程外，还要测量井间距、管径、偏距等。

4. 解析法管道竣工内业成图测绘

(1)图上内容应以反映管线为主，对次要地物可适当取舍。

(2)为了明显地表示出管线的种类以及管线的主要附属设施，对管线的表示应用不同的符号和不同的颜色。

(3)对于已展绘上色的管线，不但要在图上注记统一的编号，还要在相应的图面上注记管线点的高程。

5. 解析法管道竣工测图

如图 10—76 所示，为管道竣工测量图，直观地反映出管线的位置、标高以及地物之间的相互关系，是管线竣工测量的综合成果。

为了保证综合管线图的质量，验收时除对外业成果进行检查外，还应检查图上各种线条，管线的点位、标高、点号注记是否正确，地物管线有无错漏，各种注记是否合乎要求。

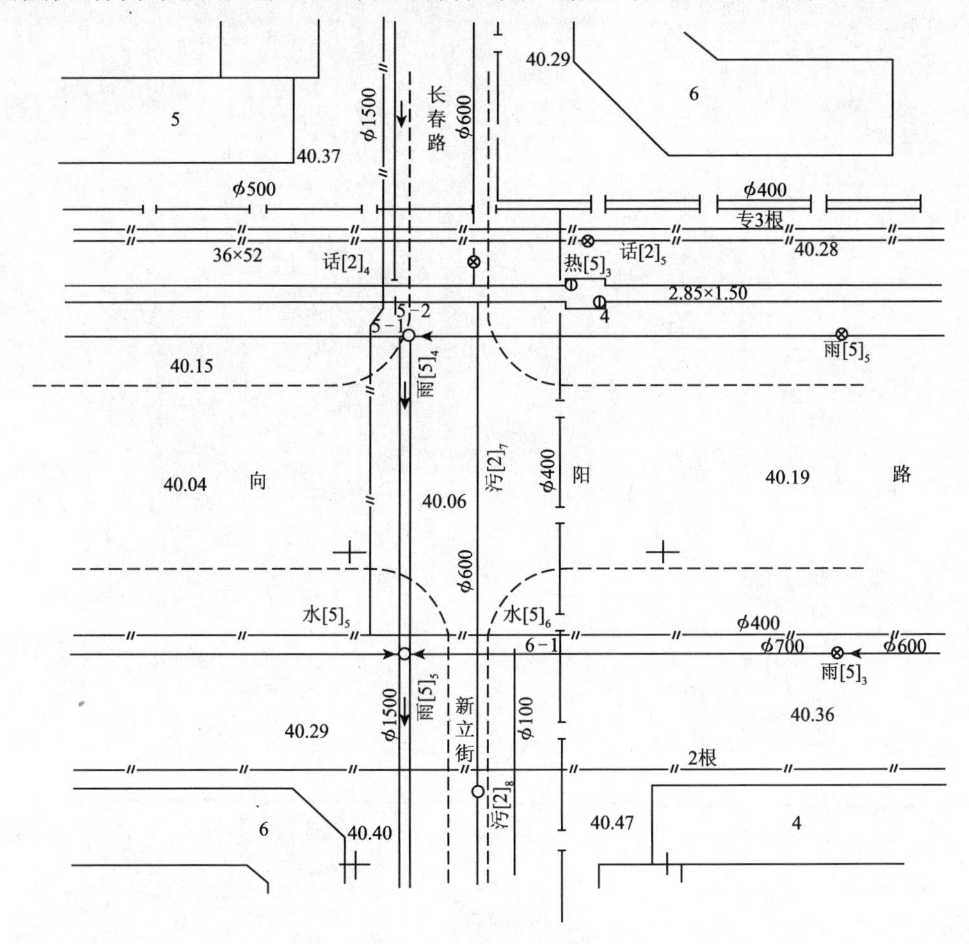

图 10—76　管道竣工测量图

6. 图解管法道测图

在城镇大比例尺地形图上，直接用图解的方法测绘地下管道竣工位置图的工作称为图解法测图。图解法测图，是利用城镇大比例尺基本地形图作为综合管道的工作底图，在该图上实测或按资料进行编绘，从而形成管线竣工图。

图解法测绘图具有方法简便、工作量少、直观性强，易于发现错误等优点，但其精度直接受底图的精度影响，图的精度低，则管线位置精度就低。

第十一章　铁路线路测量

线路工程是指长宽比很大的工程,包括铁路、公路、供水明渠、输电线路、各种用途的管道工程等。用发展的眼光看,地下工程会越来越多。在线路工程遇到障碍物时,要采取不同的工程手段来解决,如遇山打隧道。过江河峡谷架桥梁等。线路工程建设过程中需要进行的测量工作,称为线路工程测量。简称线路测量。

铁路线路测量是指铁路线路在勘测、设计和施工等阶段中所进行的各种测量工作。它主要包括:为选择和设计铁路线路中心线的位置所进行的各种测绘工作,为把所设计的铁路线路中心线标定在地面上的测设工作,为进行路基、轨道、站场的设计和施工的测绘和测设工作。

第一节　线路测量基本知识

一、线路测量的任务

(1)为工程项目目的方案选择、立项决策、设计等提供地形图、断面图及其相关数据资料。

(2)按设计要求提供点、线、面指导施工,进行施工测量以及编制竣工图的竣工测量,例如线路中线的标定、桥梁基础定位、地下建筑贯通测量等。

(3)为保证施工质量、安全以及运营过程中的管理,需对工程项目或构筑物进行施工监测和变形测量。

二、线路工程测量的内容

线路工程测量的主要内容包括中线测量(包括曲线测设),带状地形图测绘、纵、横断面测量,土石方工程测量计算和施工测量。除管道、管道不设曲线外,各种线路工程测量的程序和方法大致相同。主要有:

(1) 项目区域各种比例尺地形图、平面图和断面图、沿线水文与地质以及控制点等数据。

(2)根据工程要求,利用已有地形图,结合现场实际勘察,在地形图上规划或确定线路走向,进行方案比较、编制项目可行性论证书和设计方案拟订。

(3)根据设计方案在实地标出线路的基本定向,沿着基本走向进行控制测量。包括平面控制测量和高程控制测量。

(4) 结合线路工程的需要,沿着基本定向测绘带状地形图或平面图。在指定地点测绘工点地形图。测图比例尺根据不同工程的实际要求选定。

(5) 根据定线设计把线路中心线上的各类点位测设到实地,称为中线测量,中线测量包括线路起止点、转折点、曲线主点和线路中心里程桩、加桩等。

(6) 根据工程需要测绘线路断面图和横断面图,比例尺则依据工程的实际要求确定。

(7) 根据施工详图及设计要求进行施工测量和施工监测,指导现场施工;竣工后进行竣工测量、编制竣工图。

(8) 根据建设项目的营运安全需要，对特殊工程进行变形观测。

(9)根据线路工程的详细设计进行施工测量。工程竣工后，对照工程实体测绘竣工平面图和断面图。

三、线路测量的特点

线路测量具有全线性、阶段性及渐近性的特点如图 11－1 所示。

线路测量的特点
- 全线性：测量工作贯穿于整个线路工程建设的各个阶段。以公路工程为例，测量工作开始于工程之初，深入于施工的具体点位，公路工程建设过程中时时处处离不开测量技术工作。
- 阶段性：这种阶段性既是测量技术本身的特点，也是线路设计过程的需要。体现了阶段性，反映了实地勘察、平面设计、竖向设计与初测、定测、放样各阶段的对应关系。阶段性有测量工作反复进行的含义。
- 渐近性：线路工程从规划设计到施工、竣工经历了一个从粗到精的过程。线路工程的完美设计是逐步实现的。完美设计需要勘测与设计的完美结合，设计技术人员懂测量，测量技术人员懂设计，完美结合在线路工程建设的过程中实现。

图 11－1 线路测量的特点

四、线路测量的基本程序

线路工程的勘测设计一般采用初步和施工图两阶段设计。对任务紧迫、方案明确、技术要求低的线路，也可采用一阶段设计。为初步设计提供图件和数据所进行的测量工作称为初测，为施工图设计提供图件和数据所进行的测量工作称为定测。线路工程测量的程序见表11－1。

表 11－1 线路工程测量程序

阶 段	规划设计阶段	勘测设计阶段		施工阶段	竣工阶段及其他
		初 测	定 测		
工作内容	收集资料 图上选线 实地勘察 方案比较与论证	平面控制测量 高程控制测量 地形测量 特殊用途地形测量	实地定线 中线测量 曲线测设 纵、横断面测量 纵、横断面图绘制	恢复定线 线路边线放样 施工放样 施工监测 验收测量	竣工测量 竣工图编制 工程营运状况监测 安全性评价

第二节 铁路新线测量

一、线路的初测的工作内容

初测在一条线路的全部勘测工作中占有重要地位，它决定着线路的基本方向。初测工作主要包括：插大旗、导线测量、高程测量、地形测量。

二、铁路新线初测时的选点插旗

根据方案研究中在小比例尺地形图上所选线路位置，在野外用“红白旗”标出其走向和大概位置，并在拟定的线路转向点和长直线的转点处插上标旗，为导线测量及各专业调查指出进行的方向。选点插旗应考虑：

(1)一方面要考虑线路的基本走向,要尽量插在线路位置附近。

(2)要考虑到导线测量、地形测量的要求。

(3)一般情况下大旗点即为导线点,故要便于测角、量距及测绘地形。

(4)插大旗是一项十分重要的工作,应考虑到设计、测量各方面的要求,通常由技术负责人来做此项工作。

三、铁路新线初测导线的外业工作要求

(1)初测导线是测绘线路带状地形图和定测放线的基础。导线应全线贯通。导线的布设一般是,沿着大旗的方向采用附合导线的形式,导线点位尽可能接近线路中线位置,在桥隧等工点还应增设加点,相邻点位间距以 50～400m 为宜,相邻边长不宜相差过大。采用全站仪或光电测距仪观测导线边长时,导线点的间距可增加到 1000m,但应在不长于 500m 处设置加点。当采用光电导线传递高程时,导线边长宜在 200～600m 之间。

(2)初测导线的水平角观测,应使用不低于 J_6 型经纬仪或同精度的全站仪观测一个测回。两半测回间角值较差的限差,J_2 型仪器为 $\pm15''$,J_6 型仪器为 $\pm30''$,在限差以内时取平均值作为导线转折角。

(3)导线的边长测量通常采用光电测距,相邻导线点间的距离和竖直角应往返观测各一测回,距离一测回读数两次,边长采用往测平距,返测平距仅用于检核。检核限差为 $2\sqrt{2}m_D$,m_D 为仪器标称精度。采用其他测距方法时,精度要求为 1/2000。

(4)《铁路测量技术规则》规定,在导线的起、终点及每延伸不远于 30km 处,应与国家大地点或其他单位不低于四等的大地点联测。当联测有困难时,应进行真北观测,以限制角度测量误差的累积。

(5)随着测量仪器设备的发展,初测导线越来越多地使用 GPS 和全站仪配合施测。从起点开始沿线路方向直至终点,每隔 5km 左右布设 GPS 对点(每对 GPS 点间距约三、四百米),在 GPS 对点之间按规范要求加密导线点,用全站仪测量相邻导线点间的边长和角度,之后使用专用测量软件,进行导线精度校核及成果计算,最终获得各初测导线点的坐标。若条件允许,在对点之间的导线点,也可全部使用 RTK 施测。

(6)初测导线测量限差指标见表 11－2。

表 11－2　导线测量限差

项目			限差
方位角闭合差(″)	附合导线		$\pm30\sqrt{n}$
	延伸导线	两端测真北	$\pm30\sqrt{n+10}$
		一端测真北	$\pm30\sqrt{n+5}$
相对闭合差	光电测距	水平角平差	1/4000
		水平角不平差	1/2000
	其他测距方法		1/2000

注:n——置镜点总数。

四、铁路线路导线测量时方位角闭合差的计算

(1)两端与国家控制点联测。对于两端与国家控制点联测的附合导线,如图 11－2 所示,其方位角闭合差为,

$$f_\alpha=\alpha'_{CD}-\alpha_{CD}=\alpha_{AB}+n\cdot 180^\circ-\sum\beta-\alpha_{CD}$$

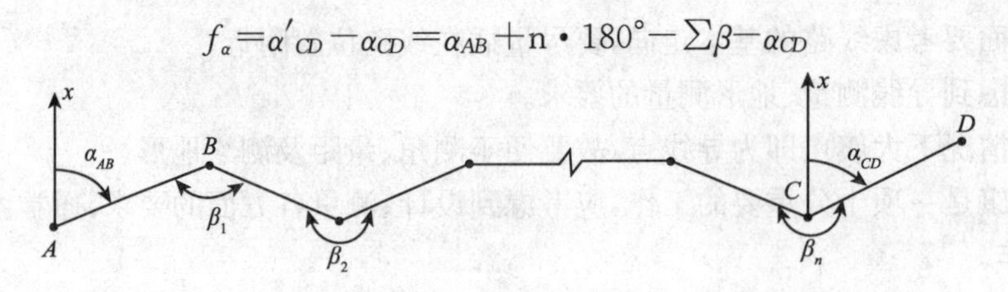

图 11－2 初测附合导线

式中 α'_{CD}——根据导线转折角推算出的导线终止边的坐标方位角；

α_{AB}、α_{CD}——由高级控制点计算的导线起始边和终止边的坐标方位角；

β——导线转折角(右角)；

n——导线观测角的个数,包括连接角。

(2)两端测真北。对于两端测真北的延伸导线,只能用真方位角来检核角度观测的成果,在计算方位角闭合差时必须考虑子午线的收敛角γ,

$$\gamma=\frac{l}{R}\tan\phi=\frac{y_C-y_A}{R}\tan\phi$$

式中 ϕ——两真北观测点A点和C点的平均纬度。

$l=y_C-y_A$,为两真北观测点的横坐标差。

$R=6\ 371\text{km}$,为地球的平均半径。

如图 11－3 所示,$\alpha'_{CD}=A_{CD}-\gamma$。若令$\alpha_{AB}=A_{AB}$,则其方位角闭合差为:

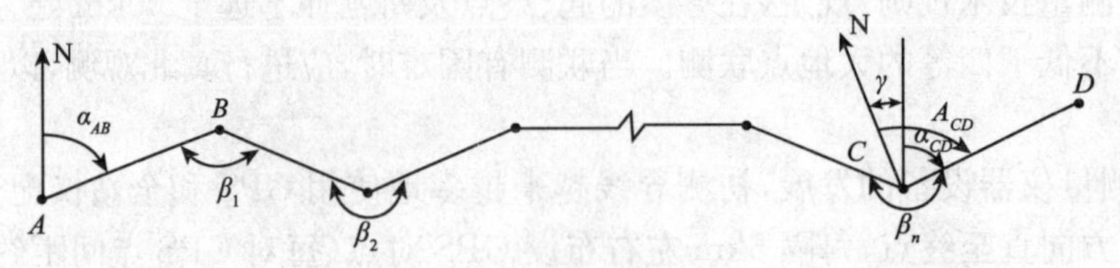

图 11－3 初测延伸导线

$$f_\alpha=\alpha'_{CD}-\alpha_{CD}=A_{AB}+n\cdot 180^\circ-\sum\beta-A_{CD}+\gamma$$

式中 A_{AB}、A_{CD}——进行真北观测得到的起始边AB和终止边CD的真方位角。

(3)一端与国家控制点联测,另一端观测真北。当导线一端与国家控制点联测,另一端只观测真北时,仍采用上式计算方位角闭合差。但式中$A_{AB}=\alpha_{AB}$,l为真北观测点与该带中央子午线的横坐标差,φ为真北观测点的纬度。

五、铁路新线导线测量时长度闭合差的计算

当初测导线与高级控制点联测进行校核时,应首先将导线测量成果化算到大地水准面上,然后再归化到高斯投影面上,才能与高级控制点坐标进行校核。另外,还要看所用的高级控制点是否位于同一 高斯投影带内,若不在同一投影带则应进行坐标换带计算,把邻带控制点的坐标换算为同一带的坐标,之后再进行校核计算。

1. 导线长度的两化改正

(1)设导线在地面上的实际长度为 S,则改化到大地水准面的长度S_0。可按下式计算

$$S_0=S\left(1-\frac{H_m}{R}\right)$$

式中　H_m——导线的平均高程。

R——地球的平均半径。

(2)再改化到高斯平面上,可按下式计算,

$$S_g=S_0\left(1+\frac{y_m^2}{2R^2}\right)$$

式中　y_m——导线两端点横坐标实际值(高斯坐标减去带号及附加值500km)的平均值。

(3)初测导线是用坐标增量计算导线长度闭合差的,因此应该将导线坐标增量总和进行两化改正。两次改化后的坐标增量总和按下式计算:

$$\begin{cases}\sum\Delta x_g=\sum\Delta x\left(1-\frac{H_m}{R}+\frac{y_m^2}{2R^2}\right)\\ \sum\Delta y_g=\sum\Delta y\left(1-\frac{H_m}{R}+\frac{y_m^2}{2R^2}\right)\end{cases}$$

式中　$\sum\Delta x_g$、$\sum\Delta y_g$——两化改正后的纵、横坐标增量总和;

$\sum\Delta x$、$\sum\Delta y$——实测的导线纵、横坐标增量总和。

(4)求出改化后的坐标增量总和之后,计算闭合差进行校核。

2.坐标换带计算

(1)坐标换带计算公式为,

$$\begin{cases}x_2=x_1+(m+m_1\Delta y_1)\Delta y_1+\delta_x\\ \mp y_2=y_0+(n+n_1\Delta y_1)\Delta y_1+\delta_y\end{cases}$$

其中,$\Delta y_1=\pm y_1-y_0$。

(2)当 Δy_1 大于60km时,用下式计算,

$$\begin{cases}x_2=x_1+[m+(m+m_2\Delta y_1)\Delta y_1]\Delta y_1+\sigma_x\\ \mp y_2=y_0+[n+(n_1+n_2\Delta y_1)\Delta y_1]\Delta y_1+\sigma_y\end{cases}$$

式中　x_1、y_1——换带前的坐标值,y_1 取其在坐标系中应有的符号;

x_2、y_2——换带后的坐标值,由西带向东带换带时,y_2 取负值,由东带向西带换带时 y_2 取正值;

y_0——换带中所取辅助点的横坐标(相应于纵坐标 x_0 在带边缘上的横坐标),恒为正值;

m、m_1、m_2、n、n_1、n_2——换带常数,以 x_0 为引数由换带表查取;

δ_x,δ_y、σ_x、σ_y——换带常数,以 Δy_1 为引数由换带表查取。

(3)为便于进行坐标换带计算,国家有关部门编辑出版了相应的计算表,利用坐标换带表进行计算。

现在,普遍应用程序在计算机或计算器上进行坐标换带计算。

六、铁路新线水准点高程测量的方法

线路水准点一般每隔2km设置一个,重点工程地段应根据实际情况增设水准点。水准点高程按五等水准测量要求的精度施测。水准点高程测量应与国家水准点联测,其路线长度不远于30km联测一次,形成附合水准路线。水准点高程测量可采用水准测量或光电测距三角高程测量方法进行,高程取位至毫米。

1. 水准测量

水准仪的精度不应低于 DS3 级，水准尺宜用整体式。视线长度应不大于 150m，跨越深沟、河流时可增至 200m。前、后视距离应大致相等，其差值不宜大于 10m，视线离地面高度不应小于 0.3m，并应在成像清晰稳定时进行。可采用一组往返测或两台水准仪并测，高差较差在限差以内时采用平均值。限差要求见表 11－3。表中 R 为测段长度，L 为附合路线长度，F 为环线长度，均以 km 为单位。

表 11－3　五等水准测量精度

每公里高差中数的中误差(mm)	限差(mm)			
	检验测段高差之差	往返测不符值	附合路线闭合差	环闭合差
≤7.5	$\pm 30\sqrt{R}$	$\pm 30\sqrt{R}$	$\pm 30\sqrt{L}$	$\pm 30\sqrt{F}$

2. 光电测距三角高程测量

(1)光电测距三角高程测量，可与平面导线测量合并进行。水准点的设置要求、闭合差限差及检测限差应符合水准测量要求。

(2)导线点应作为高程转点。高程转点间的距离和竖直角必须往返观测；斜距应加气象改正；高差可不加折光改正，采用往返观测取平均值；仪器高、棱镜高应在测距前和测角后分别量测一次，取位至 mm，两次量测的较差不大于 2mm 时，取其平均值。测量的技术要求见表 13－3。

表 11－4　水准点光电测距三角高程测量技术要求

距离测回数	竖直角				往返观测高程较差(mm)	边长范围(m)
	测回数(中丝法)	最大角值(°)	测回间较差(″)	指标差互差(″)		
往返各一测回	往返各两测回	20	10	10	$60\sqrt{D}$	200～600

七、铁路新线加桩高程测量的方法

加桩是指导线点之间所钉设的板桩。它用于里程计算和专业调查，一般每 100m 钉设一桩。在地形变化处及地质不良地段，亦应钉设加桩。

1. 加桩水准测量

加桩水准测量使用 S_3 水准仪，采用单程观测。水准路线应起闭于水准点，导线点应作为转点。转点高程取位至厘米，加桩高程取位至厘米。限差要求见表 11－5。

表 11－5　加桩高程测量限差(mm)

项目		附合路线闭合差	检测	附注
水准测量		$\pm 50\sqrt{L}$	±100	L—附合路线长度(km)
光电三角高程		$\pm 50\sqrt{L}$	±10	
一般三角高程	困难地段	±300	±150	
	隧道顶	±800	±400	

2. 加桩光电测距三角高程测量

(1) 加桩高程测量可与水准点光电测距三角高程测量同时进行。若单独进行加桩光电测距三角高程测量时，其高程路线必须起闭于水准点。

(2) 高程转点间的竖直角用中丝法往返观测各一测回。加桩高程测量的距离和竖直角，可单向观测一测回，半测回间高差之差在限差以内时取平均值。加桩光电测距三角高程测量的技术要求见表 11－6。

表 11－6　加桩光电测距三角高程测量技术要求

类别	距离测回数	竖直角			半测回或两次高差(mm)
		最大竖直角(°)	测回数	半测回间较差(″)	
高程转点	往返各一测回	30	中丝法往反各一测回	12 20(无补偿器)	
加桩	单向一测回	40	单向两次		100
			单向一测回	30	

八、铁路新线初测时地形图测绘

初测阶段测绘带状地形图，比例尺一般为 1∶2000～1∶5000。带状地形图测绘宽度应根据测区地形起伏和情况设计要求而定，通常，平坦地区为初测导线两侧 200～300m；丘陵地区为初测导线两侧 150～200m；山区，根据实际情况的减。

地形图测绘方法可采用经纬仪测绘法、全站仪数字化测图法、航空摄影测量方法等。

九、铁路新线定测阶段的测量

铁路新线定测阶段的测量工作主要有：中线测量、线路纵断面测面、线路横断面测量，如图 11－4 所示。

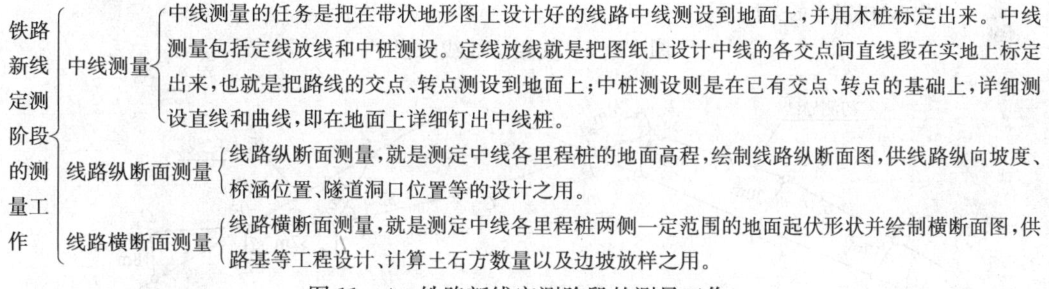

图 11－4　铁路新线定测阶段的测量工作

十、铁路新线测设时，定线放线的方法

定线放线中，应先测设出交点（JD）。当相邻两交点间互不通视或直线段较长时，需要在其连线上测定一个或几个转点（ZD），以便在交点测量转向角和直线量距时作为照准和定线的目标。直线上一般每隔 200～300m 设一转点，在线路与其他道路交叉处以及需要设置桥涵等处，也要设置转点。

放线的方法有多种，可根据地形条件、仪器设备及纸上定线与初测导线距离的远近等情况，选择一种或几种交替使用。若使用经纬仪和钢尺，通常可应用支距法放线；若使用全站仪或测距仪，可应用极坐标法放线。

十一、支距法放线

支距放线法是以导线点为基础，独立测设出中线的各直线段，然后将两相邻直线段延伸相交得到交点。由于每一直线段都是独立放出，误差不会积累，但放线程序较繁琐。其工作程序为：准备放线资料，实地放线、交点，如图 11－5 所示。

- 支距法放线的程序
  - 准备放线资料
    - (1) 从地形图上选定一些导线点，用比例尺和量角器量出这些点到纸上定线的距离和角度，从而获得中线上的点位，如图 11－6 中的 A、B、C……。此外也可选取中线上的特征点，如明显地物点、导线与中线相交点，如图中的 D、E、F 点。
    - (2)为了检核和保证放线位置的精度，《铁路测量技术测规》规定每一直线段上不能少于 3 个点。最后，应将量得的数据标在放线示意图上。
  - 实地放线
    - (1)放点。根据放线示意图，在现场找到相应的导线点，利用经纬仪、方向架或直角器测设方向，用钢尺或皮尺量出距离，定出临时支距点，并插上一带红白旗的竹杆标出点位。
    - (2)穿线。由于放线资料的量取和实际测设中都会有误差，故实地放出的同一直线上的各点并不在同一直线上，需用经纬仪将相应的各点调整到同一直线上，这一工作称为穿线。
    - (3)穿线时，将经纬仪安置于一个较高的临时支距点上，照准最远处的一个转点，若中间各点偏离视线方向不大，则可将各点移动，标定在视线方向上，并打桩钉上小钉。
    - (4)延长直线。为了得到相邻两直线段的交点，一般采用盘左、盘右分中定点法来延长直线。如图 11－7 所示，欲将 AB 延长，置经纬仪于 B 点，盘左后视 A 点，倒转望远镜后在视线方向上打一木桩，并在桩顶上标出一点 C_1；然后盘右后视 A 点，倒镜后在桩顶上标出 C_2 点，若 C_1C_2 之间的距离小于横向误差容许值时，则取其中点 C 作为 AB 延长直线上的点，并钉一小钉标之。
    - 为保证延长直线的测设精度，前、后视线长度不能相差太大，且后视距离不能太短。对点和设点尽量采用垂球，距离较远时，亦可用测杆或标杆，但要尽量照准其底部。
  - 交点
    - (1)相邻两直线段在实地测设出来之后，将它们延长即可测设出直线的交点 JD。交点是确定中线的直线段方向和测设曲线的重要控制点。
    - (2)如图 11－8 所示，将经纬仪安置在直线Ⅰ的转点 ZD 上，延长直线Ⅰ，估计在与直线Ⅱ相交处的前后打下 a、b 木桩，并在桩顶钉一小钉，拉上细线，此两桩称骑马桩。然后用经纬仪将直线Ⅱ延长，在视线与骑马桩上的细线相交处钉上方木桩，然后悬吊垂球沿细线移动，当垂球线与直线Ⅱ的视线方向重合时，即可定出交点位置，钉一小钉示之。亦可先将直线Ⅰ的方向沿细线用铅笔投画在桩顶上，利用垂球移动定出与直线Ⅱ的交点。

图 11—5 支距法放线的程序

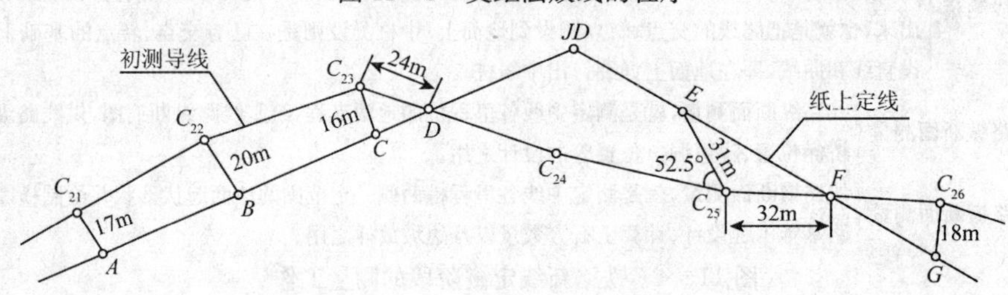

图 11－6 支距法放线

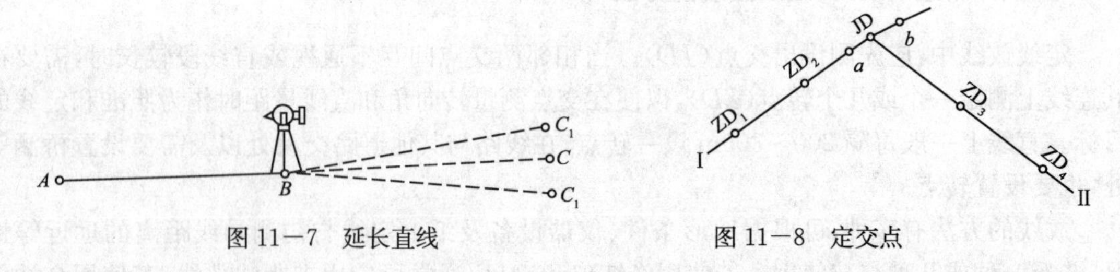

图 11－7 延长直线　　图 11－8 定交点

十二、极坐标法放线

极坐标法是根据导线点坐标和中线上直转点 ZD、交点 JD 的坐标(可在图上量坐标计算出)，先通过坐标反算来计算出中线上 ZD 点与导线点的距离及该连线的方向，之后在导线点安置仪器，测设相应的角度和距离。将各 ZD、JD 点测设在地面上。

(1)利用全站仪或测距仪测距速度快、精度高的特点，可在一个导线点上安置仪器，同时测设几条直线上的若干个点。如图 11－9 所示，测距仪安置在导线点 C_4 上，可同时测设出 A、

B、…、G，大大提高了放线的效率。最后亦要经过穿线来确定直线段的位置。

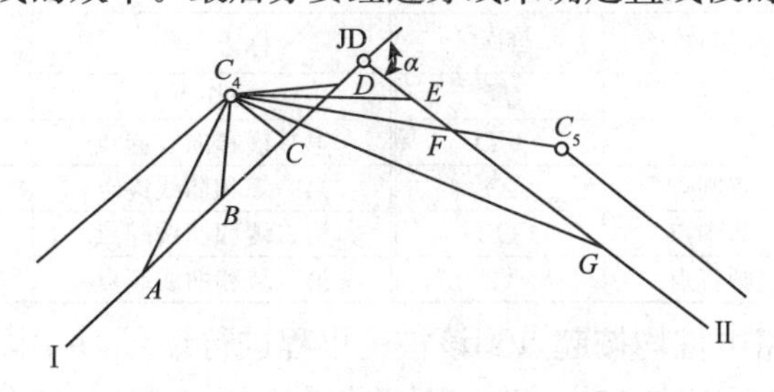

图 11—9　极坐标法放线

(2)检核的方法有两种，一种是用穿线法检查各转点是否在同一直线上，另一种是在其他测站上安置仪器，定向后实测各转点的坐标与计算值比较，如果出现较大偏差，说明存在则设错误，应查找原因予以纠正。由于用全站仪或光电测距仪按极坐标法进行放线时，各转点的坐标是按其里程或间距推算的，其计算误差很小，实际的点位误差主要是测设时的测量误差，一般仅有几毫米，可不做调整。

十三、铁路新线路转折角的测定

线路由一个方向偏转为另一方向时，偏转后的方向与原方向延长线的夹角称为转折角，又称转角或偏角，用 α 表示。转折角有左、右之分，如图 11—10 所示，当偏转后的方向位于原方向右侧时，称右转角 α_R；当偏转后的方向位于原方向左侧时，称左转角 α_L。在线路测量中，习惯上是通过观测线路的右角 β 计算转角 α。右角 β 的观测角常用 DJ_6 按测回法观测一测回。当 $\beta<180°$ 时为右转角，当 $\beta>180°$ 时为左转角。右转角和左转角的计算公式为：

$$\alpha_R=180°-\beta$$

$$\alpha_L=\beta-180°$$

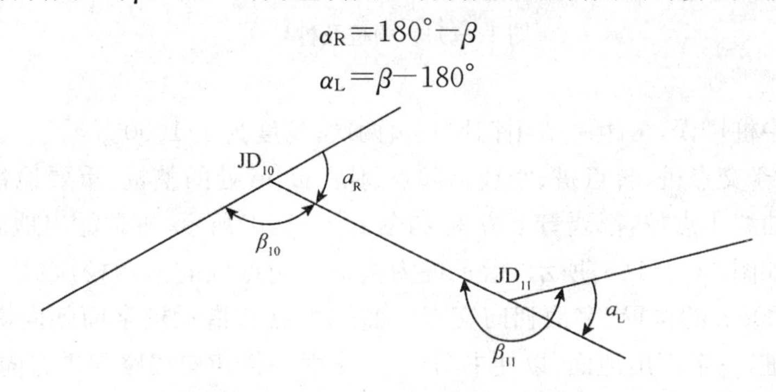

图 11—10　线路转折角

十四、线路中桩的测设

进行线路中线测量和测绘纵横断面图，从线路起点开始，需沿线路方向在地面上设置整桩和加桩，这项工作称为中桩测设。从起点开始，按规定每隔某一整数设一桩，此为整桩。根据不同的线路，整柱之间的距离也不同，一般为 20m、30m、50m 等(曲线上根据不同半径及每隔 20m、10m 或 5m)。在相邻整桩之间线路穿越的重要地物处(如铁路、公路、管道等)。及地面坡度变化处要增设加桩。加桩又分为地形加桩、地物加桩、曲线加桩和关系加桩等。

控制桩是线路的骨干点，它包括线路的起点、终点、转点、曲线主点和桥梁与隧道的端点等，目前采用的控制桩符号为汉语拼音标识，见表 11—7。

表 11—7　线路标志名称

标志名称	简称	缩写	标志名称	简称	缩写
交点		*JD*	公切点		*GQ*
转点		*ZD*	第一缓和曲线起点		*ZH*
圆曲线起点	直圆点	*ZY*	第一缓和曲线终点		*HY*
圆曲线中点	曲中点	*QZ*	第二缓和曲线起点		*YH*
圆曲线终点	圆直点	*YZ*	第二缓和曲线起点		*HZ*

为了便于计算。线路中桩均按起点到该桩的里程进行编号,并用红油漆写在木桩侧面,如整桩号为 0＋100,即此桩距起点 100m(“＋”号前的数为公里数)。整桩和加桩统称为里程桩,如图 11－11(a)、(b)、(c)。

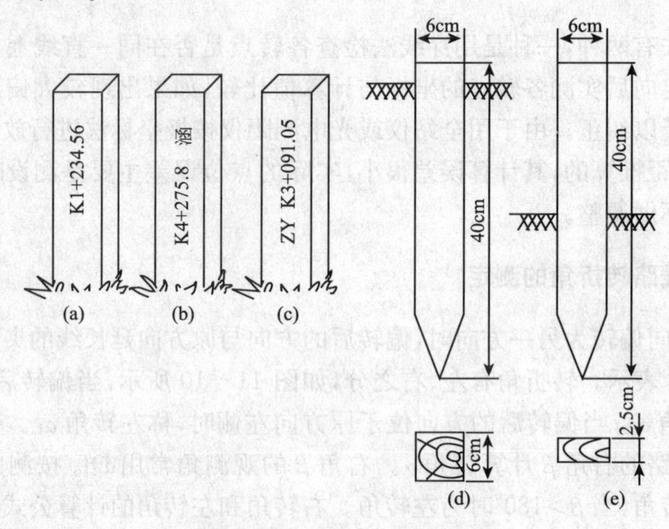

图 11—11　中桩及桩号

为避免测设中桩错误,量距一般用钢尺丈量两次,精度为 1/1000。

在钉桩时,对于交点桩、转点桩、距线路起点每隔 500m 处的整桩、重要地物加桩(如桥、隧道位置桩),以及曲线主点校,都要打下方桩 如图 11－11(d)所示,桩顶露出地面约 20cm,在其旁边钉一指示桩如图 11－11(e)所示,指示桩为板桩。交点桩的指示校应钉在曲线圆心和交点连线外距交点 20cm 的位置,字面朝向交点。曲线主点的指示桩字面朝向圆心。其余的里程桩一般使用板桩,一半露出地面,以便书写校号,字面一律背向线路前进方向。

第三节　曲线测设

一、圆曲线测设

1. 圆曲线的主点

如图 11－12 所示,圆曲线的主点有:

ZY——直圆点,按线路里程增加方向由直线进入圆曲线的分界点。

QZ——曲中点,圆心 *O* 和交点 *JD* 之连线与圆曲线的交点,即圆曲线的中点。

YZ——圆直点,按线路里程增加方向由圆曲线进入直线的分界点。

2. 圆曲线要素及其计算公式

(1)在图 11－12 中：

T——切线长，为 JD 至 ZY 或 YZ 的长度；

L——曲线长，即圆曲线的长度(自 ZY 经 QZ 至 YZ 的弧线长度)；

E_0——外矢距，为 JD 至 QZ 的距离。

T、L、E_0 称为圆曲线要素。始、末两端切线总长与曲线长度之差值称为切曲差，用 q 表示，$q=2T-L$。

R——圆曲线的半径；

α——转向角。

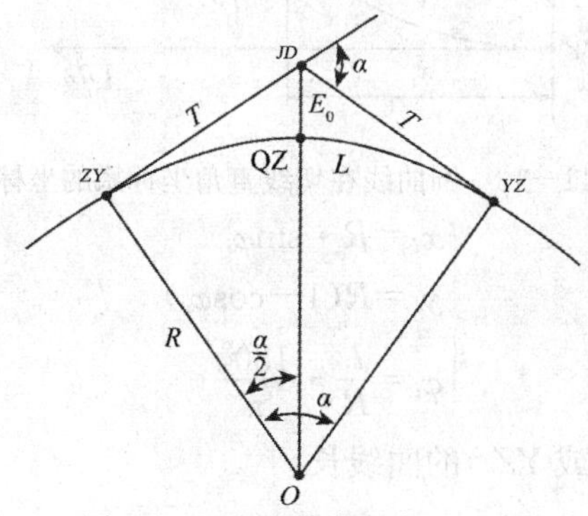

图 11－12 圆曲线主点及要求

(2)沿线路前进方向，下一条直线段向左转则转向角为 $\alpha_{左}$，向右转则转向角为 $\alpha_{右}$。

(3)α、R 为计算曲线要素的必要资料，是已知值。α 可由外业直接测出，亦可由纸上定线求得；R 为设计时采用的数据。

(4)圆曲线要素的计算公式，由图 11－12 得：

$$
\begin{cases}
\text{切线长} \quad T=R\cdot\tan\dfrac{\alpha}{2} \\
\text{曲线长} \quad L=R\cdot\alpha\cdot\dfrac{\pi}{180^{\circ}} \\
\text{外矢矩} \quad E_0=R\cdot\sec\dfrac{\alpha}{2}-R
\end{cases}
$$

3. 圆曲线主点里程的计算

在中线测量中，曲线段的里程是按曲线长度传递的，圆曲线各主点里程可采用下式计算：

$$
\begin{cases}
ZY_{里程}=JD_{里程}-T \\
QZ_{里程}=ZY_{里程}+\dfrac{L}{2} \\
YZ_{里程}=QZ_{里程}+\dfrac{L}{2}
\end{cases}
$$

主点里程的检核，可用切曲差 q 来验算。$YZ_{里程}=JD_{里程}+T-q$

4. 圆曲线主点的测设

在交点 JD 安置经纬仪或全站仪，后视始端切线方向上的相邻交点或转点，自 JD 于视线方向上测设切线长 T，则可定出 ZY 点；后视末端切线方向上的相邻交点或转点，自 JD 于视线方向上测设切线长 T，则可定出 YZ 点；再拨角$(180^{\circ}-\alpha)/2$，测设出内角平分线，自 JD 于内角平分线上测设外矢距 E_0，则可定出 QZ 点。

如图 11－13 所示，以 ZY（或 YZ）点为坐标原点，以过 ZY（或 YZ）的切线为 x 轴(指向 JD)、切线之垂线为 y 轴(指向圆心)，建立直角坐标系。该坐标系为以 ZY（或 YZ）为原点的切线直角坐标系，曲线上任一点 i 的坐标 (x_i, y_i) 可由下式计算：

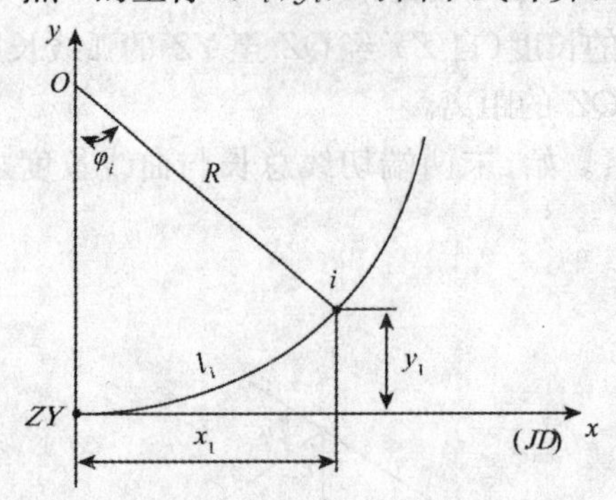

图 11－13 圆曲线在切线直角坐标系的坐标

$$\begin{cases} x_i = R \cdot \sin\varphi_i \\ y_i = R(1-\cos\varphi_i) \\ \varphi_i = \dfrac{l_i}{R} \cdot \dfrac{180^\circ}{\pi} \end{cases}$$

式中 l_i——曲线点 j 至 ZY（或 YZ）的曲线长。

二、缓和曲线的测设

1. 缓和曲线的概念

(1)缓和曲线是直线与圆曲线间的一种过渡曲线。如图 11－14 所示，它与直线分界处的半径为∞，与圆曲线相连处的半径与圆曲线半径 R 相等。缓和曲线上任一点的曲率半径 ρ 与该点到曲线起点的长度成反比。即：$\rho \infty 1/l$ 或 $\rho \cdot l = C$。C 为常数，称曲线半径变更率。当 $l = l_0$ 时，$\rho = R$，则 $Rl_0 = C$。l_0 为缓和曲线总长。

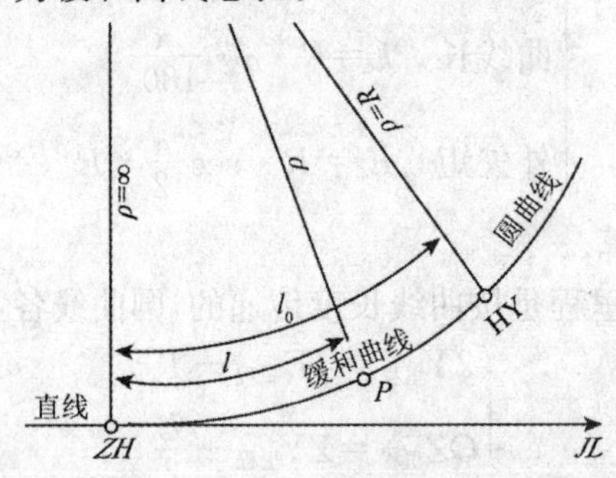

图 11－14 缓和曲线的性质

(2)$\rho l = C$ 是缓和曲线的必要条件，实用中能满足这一条件的曲线可作为缓和曲线，如辐射螺旋线、三次抛物线等。我国的缓和曲线均采用辐射螺旋线。

(3)缓和曲线上任一点 P 的坐标 x、y 为：

$$\begin{cases} x = l - \dfrac{l^5}{40C^2} + \dfrac{l^9}{3\,456C^4} - \cdots\cdots \\ y = \dfrac{l^3}{6C} - \dfrac{l^7}{336C^3} + \dfrac{l''}{42240C^5} - \cdots\cdots \end{cases}$$

2.缓和曲线的作用

(1)当列车以高速由直线进入曲线时,就会产生离心力,危及列车运行安全和影响旅客的舒适,为此要使曲线外轨比内轨高些(称超高),使列车产生一个内倾力以抵消离心力的影响。

(2)为了解决超高引起的外轨台阶式升降,需在直线与圆曲线间加入一段曲率半径逐渐变化的过渡曲线,这种曲线称缓和曲线。

(3)当列车由直线进入圆曲线时,由于惯性力的作用,使车轮对外轨内侧产生冲击力,为此,加设缓和曲线以减少冲击力。

(4)为避免通过曲线时,由于机车车辆转向架的原因,使轮轨产生侧向摩擦,圆曲线的部分轨距应加宽,这也需要在直线和圆曲线之间加设缓和曲线来过渡。

3.缓和曲线方程式

如图 11—15 所示,以缓和曲线与直线的分界点 *ZH*(或 *HZ*)为坐标原点,以过原点的切线为 x 轴(指向 *JD*)、切线之垂线为 y 轴(指向曲线内侧),建立直角坐标系。该坐标系为以 *ZH*(或 *HZ*)为原点的切线直角坐标系。

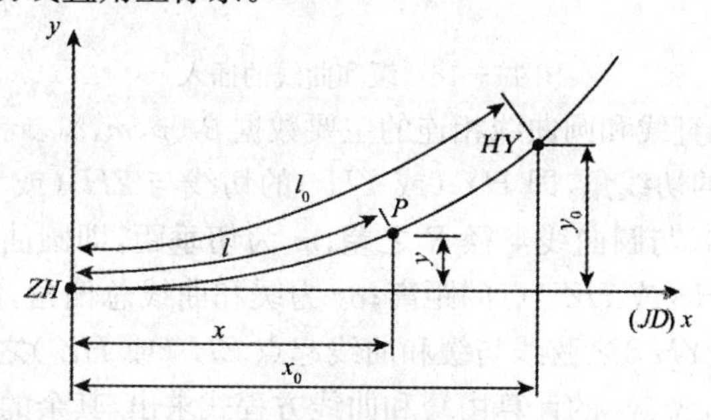

图 11—15　缓和曲线在切线直角坐标系的坐标

根据测设要求的精度,实际应用中可将高次项舍去,并顾及到 $C=Rl_0$,则缓和曲线上任一点的坐标变为,

$$\begin{cases} x=l-\dfrac{l^5}{40C^2}=l-\dfrac{l^5}{40R^2l_0^2} \\ y=\dfrac{l^3}{6C}=\dfrac{l^3}{6Rl_0} \end{cases}$$

式中　x、y——缓和曲线上任一点的直角坐标;

l_0——缓和曲线长;

l——缓和曲线上任一点到 ZH 的曲线长。

当 $l=l_0$ 时,$x=x_0$、$y=y_0$,代入上式得:

$$\begin{cases} x_0=l_0-\dfrac{l_0^3}{40R^2} \\ y_0=\dfrac{l_0^2}{6R} \end{cases}$$

式中　x_0、y_0——HY(缓圆点)或 YH(圆缓点)的坐标。

4.缓和曲线的插入方法

缓和曲线是在不改变直线段方向和保持圆曲半径不变的条件下,插入到直线段和圆曲线之间的。缓和曲线的一半长度处在原圆曲线范围内,另一半处在原直线段范围内,这样就使圆曲线沿垂直于其切线的方向,向里移动距离 p,圆心由 O 移至 O_1。

(1)如图 11－16 所示，图 11－16(b)为没有加设缓和曲线的圆曲线，图 11－16(a)为加设缓和曲线后曲线的变化情况。在圆曲线两端加设了等长的缓和曲线后，使原来的圆曲线长度变短，而曲线的主点变为：直缓点（ZH）、缓圆点（HY）、曲中点（QZ）、圆缓点（YH）、缓直点（HZ）。

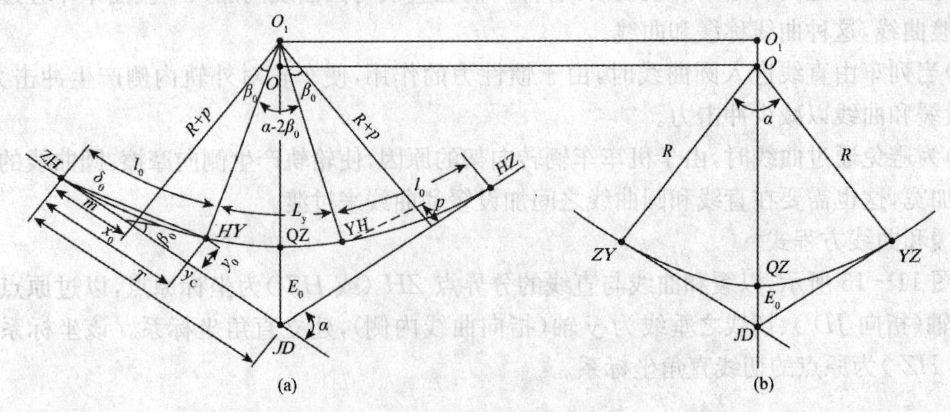

图 11－16　缓和曲线的插入

(2) 确定缓和曲线与直线和圆曲线相连的主要数据 β_0、p、m、δ_0、x_0、y_0 统称为缓和曲线常数。其中 β_0 为缓和曲线的切线角，即 HY（或 YH）的切线与 ZH（或 HZ）切线的交角；p 为圆曲线的内移距，即垂线长与圆曲线半径 R 之差；m 为切垂距，即圆曲线内移后，过新圆心作切线的垂线，其垂足到 ZH（或 HZ）点的距离；δ_0 为缓和曲线总偏角，即缓和曲线的起点 ZH（或 HZ）和终点 HY（或 YH）之弦线与缓和曲线起点 ZH（或 HZ）之切线间的夹角。

(3)缓和曲线常数中，x_0、y_0 的计算由缓和曲线方程式求出，其余的计算公式为：

$$\begin{cases}\beta_0=\dfrac{l_0}{2R}\cdot\dfrac{180^\circ}{\pi}\\ p=\dfrac{l_0^2}{24R}\\ m=\dfrac{l_0}{2}-\dfrac{l_0^3}{240R^2}\\ \delta_0\approx\dfrac{\beta_0}{3}=\dfrac{l_0}{6R}\cdot\dfrac{180^\circ}{\pi}\end{cases}$$

三、圆曲线加缓和曲线测设

1. 圆曲线加缓和曲线测设的要素

圆曲线加缓和曲线构成综合曲线的要素有：切线长 T、曲线长 L、外矢距 E_0、切曲差 q。根据图 11－16(b)的几何关系，可得曲线要素的计算公式如下：

$$\begin{cases}T=(R+p)\tan\dfrac{\alpha}{2}+m\\ L=L_Y+2l_0=R(\alpha-2\beta_0)\dfrac{\pi}{180^\circ}+2l_0\\ E_0=(R+p)\sec\dfrac{\alpha}{2}-\mathrm{R}\\ q=2T-L\end{cases}$$

2.圆曲线加缓和曲线测设时主点里程的计算

曲线的主点里程计算，仍是从一个已知里程的点开始，按里程增加方向逐点向前推算。

例题 11－1　已知线路某转点 ZD 的里程为 $K26+532.18$，ZD 沿里程增加方向到 JD 的距离为 $D=263.46$m。该 JD 处设计时选配的圆曲线半径 $R=500$m、缓和曲线长 $l_0=60$m，实测转向角 $\alpha_{左}=28°36'20''$，试计算曲线要素，并推算各主点的里程。

解：先根据缓和曲线计算公式计算得缓和曲线常数：

$\beta_0=3°26'16''$，$\delta_0=1°08'45''$，$p=0.300$m，$m=29.996$ m

再根据圆曲线加缓和曲线要素计算公式计算得曲线要素：

$T=157.55$m，$L=309.63$m，$E_0=16.30$m，$q=5.47$m

主点里程推算：

ZD	$K26+532.18$
$+(D-T)$	105.91
ZH	$K26+638.09$
$+l_0$	60
HY	$K26+698.09$
$+(L-2l_0)/2$	94.815
QZ	$K26+792.905$
$+(L-2l_0)/2$	94.815
YH	$K26+887.72$
$+l_0$	60
HZ	$K26+947.72$

检核计算：$HZ_{里程}=ZH_{里程}+2T-q$

ZH	$K26+38.09$
$+(2T-q)$	309.63
HZ	$K26+974.72$

3.圆曲线加缓和曲线的主点的测设

(1)如图 11－16(b)所示，在交点 JD 安置经纬仪或全站仪，后视切线方向上的相邻交点或转点，自 JD 沿视线方向测 设$(T-x_0)$距离，可钉设出 HY(或 YH) 在切线上的垂足 y_c。

(2)据此继续向前测出 x_0 距离，则可订设出 ZH(或 HZ)点。

(3)测设出内角平分线，自 JD 沿内角平分线测设外矢距 E_0，则可钉设出 QZ 点。

(4)在 y_c 点上安置仪器，后视切线方向上的相邻交点或转点，向曲线内侧测设切线的垂线方向，自 y_c 沿该方向测设 y_0 距离，可钉设出 HY(或 YH) 点。

(5)直缓点 ZH、缓直点 HZ、曲中点 QZ 的测设方法与前述圆曲线主点测设方法相同。

4.圆曲线加缓和曲线在切线直接坐标系中的坐标计算

如图 11－17 所示，以 ZH(或 HZ)点为坐标原点，以过 ZH(或 HZ) 的切线为 x 轴(指向 JD)、切线之垂线为 y 轴，建立直角坐标系。在以 ZH(或 HZ) 为坐标原点的切线直角坐标系中，缓和曲线上任一点 P 的坐标为：

$$\begin{cases} x=l-\dfrac{l^5}{40R^2l_0^2} \\ y=\dfrac{l^3}{6Rl_0} \end{cases}$$

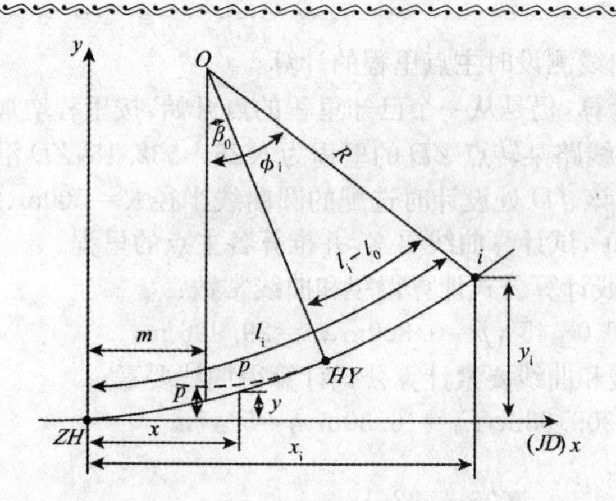

图 11－17　圆曲线加缓和曲线的切线直角坐标系中的坐标

圆曲线上任一点 i 的坐标可由下式计算：

$$\begin{cases}x_i=R\cdot\sin\varphi_i+m\\ y_i=R(1-\cos\varphi_i)+p\end{cases}$$

式中，$\varphi_i=\dfrac{l_i-l_0}{R}\cdot\dfrac{180^\circ}{\pi}+\beta_0$，$l_i$ 为圆曲线上点 i 至曲线起点 ZH（或 HZ）的曲线长。

5. 圆曲线的偏角法测设

(1)如图 11－18 所示，P_1、P_2、P_3…为待测设的曲线点，其至 ZY 点的弦线长分别为 c_1、c_2、c_3…，弦线与过 ZY 点的切线之夹角（弦切角，也称偏角）分别为 δ_1、δ_2、δ_3，…，由图中的几何关系可知：

$$\varphi_i=\frac{\varphi_i}{2}=\frac{l_i}{R}\cdot\frac{90^\circ}{\pi}$$

$$c_i=2R\sin\frac{\varphi_i}{2}\delta_2=2R\sin\delta_1$$

式中　R——圆曲线半径；

l_i——曲线点 i 至 ZY 点的曲线长。

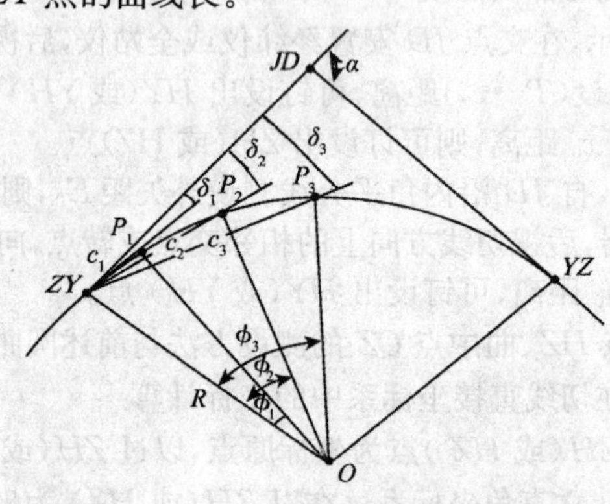

图 11－18　长弦偏角法测设圆曲线

(2)测设时，在 ZY 点安置仪器，瞄准 JD 点定向，拨角 δ_1 并沿该方向测设弦长 c_1 得曲线点 P_1，继续根据偏角 δ_2 及弦长 c_2 测设曲线点 P_2，根据偏角 δ_3 及弦长 c_3 测设曲线点 P_3……直至终点。

(3)所测设的QZ点和YZ点应与圆曲线主点测设时定出的QZ点和YZ点检核。检核限差要求为：横向误差(顺半径方向)$\leqslant\pm0.1$m，纵向误差(切线方向)$\leqslant L/2000$，L为两主点间的曲线长。

(4)在曲线测设时，若切线方向的水平度盘读数为$0°00'00''$，当曲线点在切线右侧时，照准部顺时针旋转，称之为正拨，水平度盘读数应为所计算的偏角δ；曲线点在切线左侧时，照准部逆时针旋转，称之为反拨，水平度盘读数应为$360°-\delta$。如图11－19(a)、(b)所示。

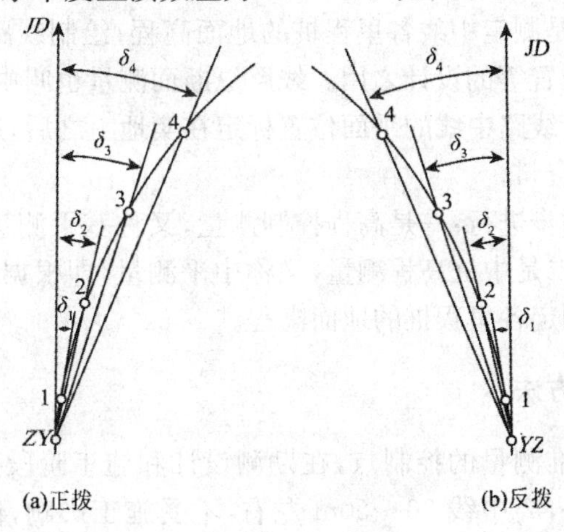

图10－19　正拨与反拨

四、站仪极坐标法测设中线的原理

随着计算机辅助设计和全站仪的普及建立全线统一测量坐标系，采用全站仪极坐标法进行中线测量，已成为线路测量的一种简便、迅速、精确的方法。

全站仪极坐标法测设中线，是将仪器设置在导线点上，应用极坐标法测设线路上各中桩。

如图11－20所示，当要测设线路上P点中桩时，首先计算出P点在测量坐标系中的坐标(X_P,Y_P)，之后根据导线点C_i、C_{i+1}和P点的坐标求出夹角β和距离D：

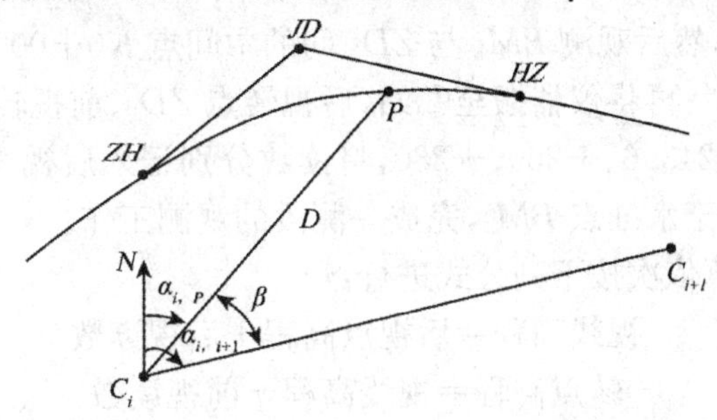

图11－20　极坐标法测设中桩

$$\beta=\alpha_{i,i+1}-\alpha_{i,P}$$

$$D=\sqrt{(X_P-X_{c_i})^2+(Y_P-Y_{c_i})^2}$$

在导线点C_i安置仪器，后视C_{i+1}点，根据夹角β得到C_iP方向，沿此方向测设距离D，即可定出P点。

若是利用全站仪的坐标放样功能测设点位，只需输入有关点的坐标值即可，现场不需要做任何手工计算，而是由仪器自动完成有关数据计算。具体操作可参照全站仪使用手册。

第四节 线路的断面测量

一、线路的纵断面测量

线路纵断面测量，就是测定中线各里程桩的地面高程；绘制线路纵断面图，供线路纵向坡度、桥涵位置、隧道洞口位置等的设计之用。线路纵断面测量也叫中线测量。

纵断面测量除将设计线路中线的平面位置标定在实地上之后，还需进行线路纵、横断面测量，为施工设计提供详细资料。

纵断面测量一般分两步进行：一是高程控制测量，又称基平测量，即沿线路方向设置水准点并测量水准点的高程；二是中桩高程测量，又称中平测量，即根据基平测量设立的水准点及其高程，分段进行测量，测定各里程桩的地面高程。

二、线路基平测量的方法

(1)水准点是线路水准测量的控制点，在勘测设计和施工阶段甚至工程运营阶段都要使用。因此应选择在沿线路，离中线 30～50m 左右，不受施工影响，使用方便和易于保存的地方。要埋设足够的水准点，一般每隔 1～2km 和大桥两岸、隧道两端等处均埋设一个永久性水准点；每隔 300～500m 和在桥涵、停车场等构筑物附近埋设一个临时水准点，作为纵断面测量分段闭合和施工时引测高程的依据。

(2)水准点高程测量时首先应与国家高等级水准点联测，以获得绝对高程，然后按四等水准测量的方法测定各水准点的高程。在沿线水准测量中也应尽量与附近的国家水准点进行联测，作为校核。

三、线路中平的水准测量

如图 11－21 所示；将水准仪安置于①站，后视水准点 BM_1，前视转点 ZD_1，将读数记入表 11－8 中后视、前视栏内，然后观测 BM_1 与 ZD_1 间的中间点 $K0$＋000、＋050、＋100、＋123.6、＋150，将读数记入中视栏；再将仪器搬至②站，后视转点 ZD_1、前视转点 ZD_2，然后观测各中间点 $K0$＋191.3、＋200、＋243.6、＋260、＋280，将读数分别记入后视、前视和中视栏；按上述方法继续往前测，直至闭合于水准点 BM_2，完成一测段的观测工作。

每一测站的各项计算依次按下列公式进行：

视线高程＝后视点高程＋后视读数

转点高程＝视线高程－前视读数

中桩高程＝视线高程－中视读数

各站记录后，应立即计算出各点高程，每一测段记录后，应立即计算该段的高差闭合差。若高差闭合差超限，则应返工重测该测段；若 $f_h \leqslant f_{h容} = \pm 50\sqrt{L}$mm，施测精度符合要求，则不需进行闭合差的调整，中桩高程仍采用原计算的各中桩点高程。一般中桩地面高程允许误差，铁路 为±5cm，其他线路工程为±10cm。

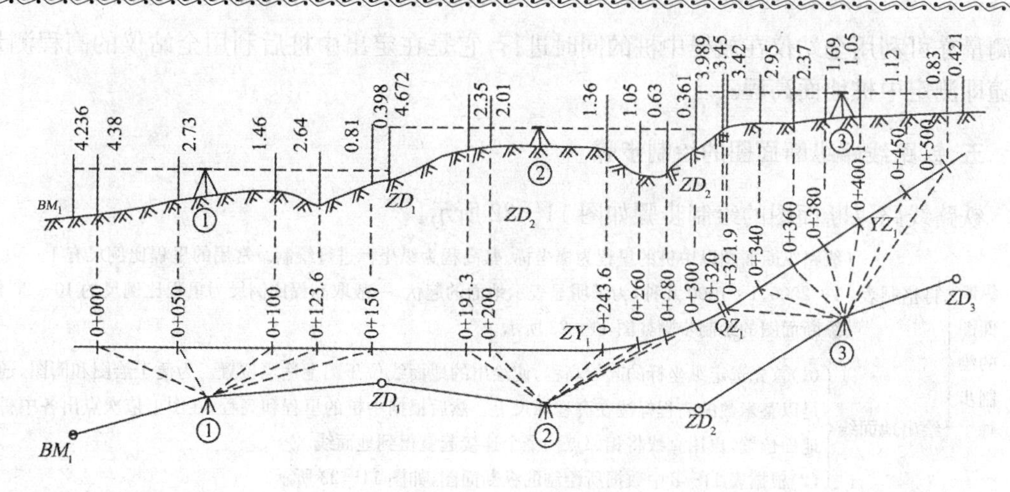

图 11—21　中平测量

表 11—8　线路纵断面水准(中平)测量记录

测站	测点	水准尺读数(m)			仪器视线高程(m)	点的高程(m)	备　注
		后视	中视	前视			
1	BM_1	4.236			330.174	325.938	BM_1位于 K_0＋000 桩左侧 50*m* 处
	K0＋000		4.38			325.79	
	＋050		2.73			327.44	
	＋100		1.46			328.71	
	＋123.6		2.64			327.53	
	＋150		0.81			329.36	
2	ZD_1	4.672		0.398	334.448	329.776	
	＋191.3		2.35			332.10	
	＋200		2.01			332.44	
	＋243.6		1.36			333.09	ZY_1
	＋260		1.05			333.40	
	＋280		0.63			333.82	
3	ZD_2(＋300)	3.989		0.361	338.076	334.087	
	＋320		3.45			334.63	
	＋321.9		3.42			334.66	QZ_1
	＋340		2.95			335.13	
	＋360		2.37			335.71	
	＋380		1.69			336.39	
	＋400.0		1.05			337.03	YZ_1
	＋450		1.12			336.96	
	＋500		0.83			337.25	
	ZD_3			0.421		337.655	

四、线路中平的光电测距三角高程测量法

(1)在两个水准点之间，选择与该测段各中线桩通视的一导线点作为测站，安置好全站仪或测距仪，量仪高并确定反射棱镜的高度，观测气象元素，预置仪器的测量改正数并将测站高程、仪器高及反射棱镜高输入仪器，以盘左位置瞄准反射镜中心，进行距离、角度的一次测量并记录观测数据，之后根据光电测距三角高程测量的单方向测量公式获得两点间高差及所观测中桩点的高程。

(2)为保证观测质量，减少误差影响，中平测量的光电边长宜限制在 1km 以内。另外，中平测量亦可利用全站仪在放样中桩的同时进行，它是在定出中桩后利用全站仪的高程测量功能随即测定中桩地面高程。

五、铁路线路纵断面图的绘制步骤

铁路线路纵断面图的绘制步骤如图 11－22 所示。

纵断面图的绘制步骤：

- 打格制表：线路纵断面图以中桩的里程为横坐标、其高程为纵坐标进行绘制。常用的里程比例尺有 1∶5000、1∶2000、1∶1000 几种，为了明显表示地面的起伏，一般取高程比例尺为里程比例尺的 10～20 倍。纵断面图的绘制步骤如图 11－23 所示。
- 绘出地面线：
  - (1)首先选定纵坐标的起始高程，使绘出的地面线位于图上适当位置。为便于绘图和阅图，通常是以整米数的高程标注在高程标尺上。然后根据中桩的里程和高程，在图上依次点出各中桩的地面位置，再用直线将相邻点一个个连接起就得到地面线。
  - (2)根据表 11－8 中数据所绘制的纵断面图，如图 11－23 所示。

图 11－22　纵断面图的绘制步骤

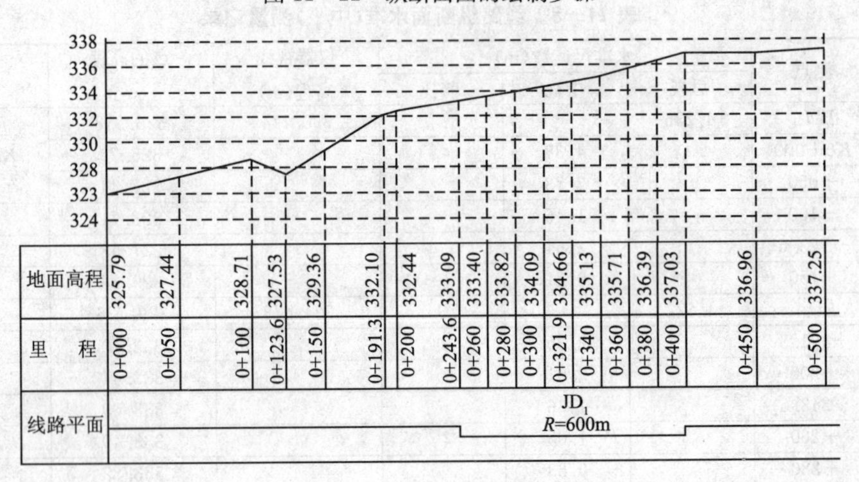

图 11－23　纵断面绘制

六、铁路线路横断面测量

线路横断面测量是在各中线桩处测定垂直于中线方向的地面起伏，然后绘成横断面图，是横断面设计、土石方等工程量计算和施工时确定断面填挖边界的依据。横断面测量的宽度，根据实际工程要求和地形情况确定。一般在中线两测各测 15～50m，距离和高差分别准确到 0.1m和 0.05m 即可满足要求。检测限差应符合表 11－9 的规定。因此，横断面测量多采用简易的测量工具和方法，以提高工效。

表 11－9　横断面检测限差(m)

线路	距离	高程
高速公路、一级公路	$\pm(L/100+0.1)$	$\pm(h/100+L/200+0.1)$
二级及以下公路	$\pm(L/50+0.1)$	$\pm(h/50+L/100+0.1)$
铁路	$\pm(L/100+0.1)$	$\pm(h/100+L/1000+0.2)$

注：L—测点至中桩的水平距离(m)；h—测点至中桩的高差(m)。

七、铁路线路横断面的方向的测量

直线段上的横断面方向是与线路中线相垂直的方向。曲线段上的横断面方向是与曲线的切线相垂直的方向，如图 11－24 所示。在直线段上，如图 11－25 所示，将杆头有十字形木条的方向架立于欲测设横断面方向的 A 点上，用架上的 $1-1'$ 方向线照准交点 A 或直线段上某一转点 ZD，则 $Z-Z'$ 即为 A 点的横断面方向，用花杆标定。为了测设曲线上里程桩处的横断面方向，在方向架上加一根可转动的定向杆 $3-3'$ 如图 11－26 所示。

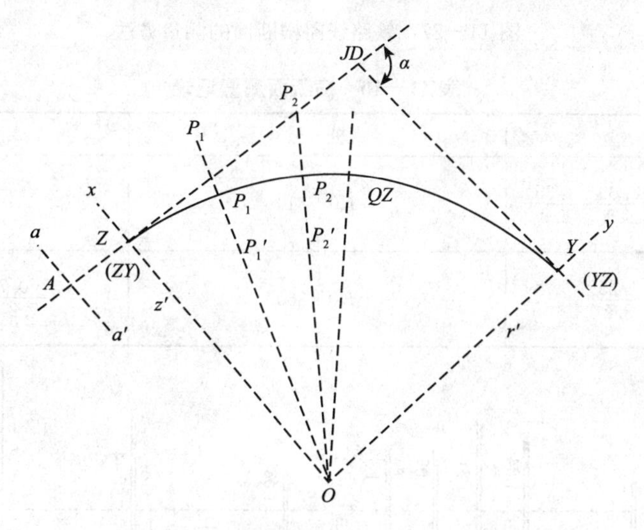

图 11－24　铁路线路横断面方向测设

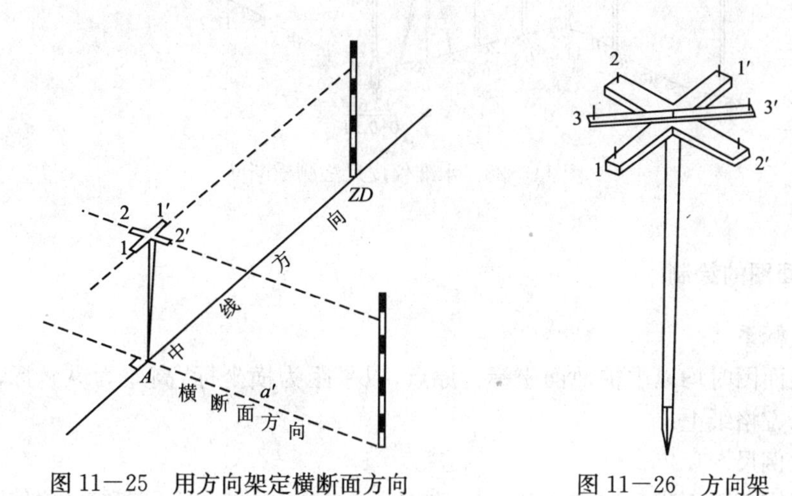

图 11－25　用方向架定横断面方向　　　图 11－26　方向架

八、铁路线路横断面的测量方法

铁路线路横断面的测量方法如图 11－27 所示。

铁路线路横断面的测量方法

- 水准仪皮尺法：水准仪皮尺法法适用于施测横断面较宽的平坦地区。如图 11－28 所示，安置水准仪后，以中线桩地面高程点为后视，以中线桩两侧横断面方向的地形特征点为前视，标尺读数读至厘米。用皮尺分别量出各特征点到中线桩的水平距离，量至分米。记录格式见表 11－10，表中按线路前进方向分左、右侧记录。以分式表示前视读数和水平距离，高差由后视读数与前视读数求差得到。
- 经纬仪视距法：安置经纬仪于中线桩上。可直接用经纬仪测出横断面方向。量出至中线桩地面的仪器高，用视距法测出各特征点与中线桩间的平距和高差。此法适用于任何地形，包括地形复杂、山坡陡峭的线路横断面测量。利用电子全站仪则速度快、效率高。
- 全站仪法：全站仪法适用于任何地形条件。将仪器安置在线路附近任意点上，利用全站仪的对边测量功能可测得横断面上各点相对于中桩的水平距离和高差。

图 11－27 铁路线路横断面的测量方法

表 11－10 横断面测量记录

左 侧	桩 号	右 侧
$\frac{2.35}{20.0}$ $\frac{1.84}{12.7}$ $\frac{0.81}{11.2}$ $\frac{1.09}{9.1}$ $\frac{1.35}{6.8}$	$K0+340$	$\frac{-0.46}{12.4}$ $\frac{0.15}{20.0}$
$\frac{2.16}{20.0}$ $\frac{1.78}{13.6}$ $\frac{1.25}{8.2}$	$K0+360$	$\frac{-0.7}{7.2}$ $\frac{-0.33}{11.8}$ $\frac{0.12}{20.0}$

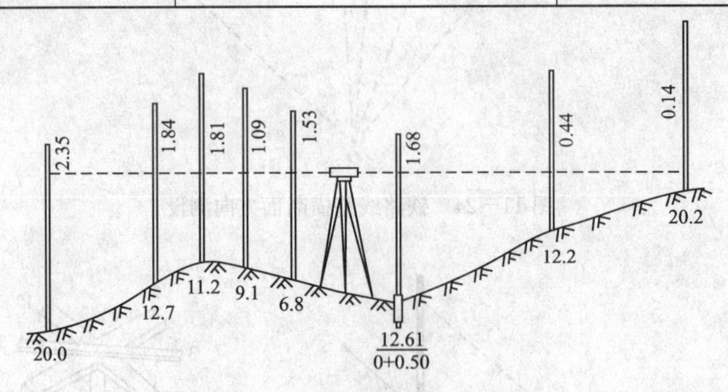

图 11－28 水准仪皮尺法测横断面

九、横断面图的绘制

1. 建立坐标系

绘制横断面图时均以中桩地面坐标为原点，以平距为横坐标，高差为纵坐标，将各地面特征点绘在毫米方格纸上。

2. 确定比例尺

为了计算横断面面积和确定路基的填、挖边界，横断面的水平距离和高差的比例尺应是相同的。通常用 1∶100 或 1∶200。

3. 绘制方法

先在毫米方格上，由下而上以一定间隔定出各断面的中心位置，并注上相应的桩号和高程，然后根据记录的水平距离和高差，按规定的比例尺绘出地面上各特征点的位置，再用直线连接相邻点即绘出断面图的地面线，最后标注有关的地物和数据等，如图 11－29 所示。横断面图绘制简单，但工作量大，发现问题应即时纠正。

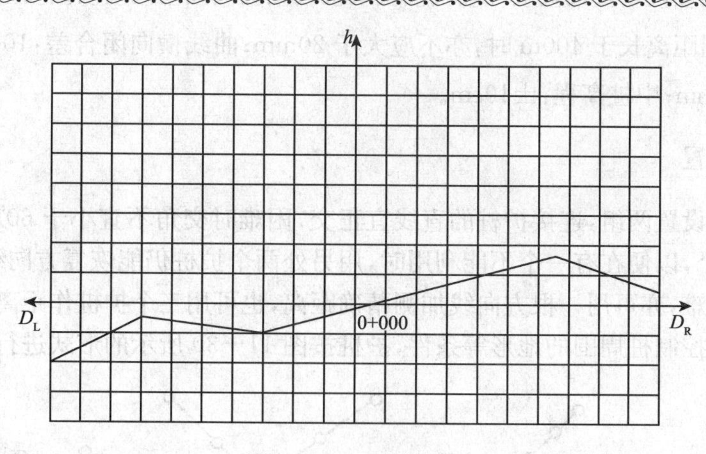

图 11－29　测横断面

第五节　线路施工测量

一、铁路线路施工测量的主要任务

铁路线路施工测量的主要任务，是按设计要求和施工进度，及时测设作为施工依据的各种桩点。其主要内容包括：线路施工复测、路基放样、路基竣工测量等。

二、线路的施工复测

(1)由于定测以后往往要经过一段时间才进行施工，定测时所钉设的某些桩点难免丢失、损坏或被移动，因此，在线路施工开始之前，必须检查、恢复全线的控制桩和中线桩，进行复测。

(2)施工复测后，中线控制桩必须保持正确位置，以便在施工中经常据以恢复中线。

(3)在施工中经常发生桩点被碰动或丢失，为了迅速又准确地把中线恢复在原来位置，复测过程中还应对线路各主要桩撅(如交点、直线转点、曲线控制点等)，在土石方工程范围之外设置护桩。

三、线路复测的基本要求

(1)线路复测工作的内容和方法与定测时基本相同。施工复测前，施工单位应检核线路测量的有关图表资料，会同设计单位进行现场桩橛交接。主要桩橛有：直线转点、交点、曲线主点、有关控制点、三角点；导线点、水准点等。

(2)线路复测包括转向角测量、直线转点测量、曲线控制桩测量和线路水准测量。

(3)复测主要检验原有桩点的准确性，而不是重新测设。

(4)经过复测，凡是与原来的成果或点位的差异在允许的范围时，一律以原有的成果为准，不作改动。

(5)若桩点有丢失和损坏，则应予以恢复。

(6)当复测与定测成果不符值超出容许范围时，应多方寻找原因，如确属定测资料错误或桩点发生移动，则应改动定测成果，且改动尽可能限制在局部的范围内。

(7)复测与定测成果的不符值限差如下：

水平角：±30″；距离：钢尺量距 1/2000，光电测距 1/4000；转点点位横向差：每 100m 不应大于 5mm，当点间距离长于 400m 时，亦不应大于 20mm；曲线横向闭合差：10cm；水准点高程闭合差：$\pm 30\sqrt{L}$mm；中桩高程：±10cm。

四、护桩的设置

(1)护桩一般设置两组，连接护桩的直线宜正交，困难时交角不宜小于 60°，每一方向上的护桩应不少于 3 个，以便在有一个不能利用时，用另处两个护桩仍能恢复方向线。

(2)如地形困难，亦可用一根方向线加测精确距离，也可用三个护桩作距离交会。

(3)根据中线控制桩周围的地形等条件，护桩按图 11－30 所示的形式进行布设。

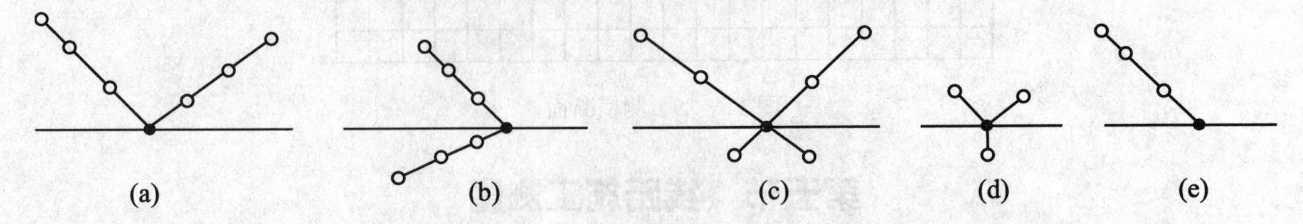

图 11－30　护桩设置示意图

(4)对于地势平坦、填挖高度不大、直线段较长的地段，也可在平线两侧一定距离处，测设两排平行于中线的施工控制桩，如图 11－31 所示。

图 11－31　平行线护桩设置示意图

(5)护桩的位置应选在施工范围以外，并考虑施工中桩点不被破坏、视线也不被阻挡。

(6)设护桩时将经纬仪安置在中线控制桩上，选好方向后，以远点为准用正倒镜定出各护桩的点位，然后测出方向线与线路所构成的夹角，并量出各护桩间的距离。

(7)为便于寻找护桩，护桩的位置用草图及文字作详细说明，如图 11－32 所示。

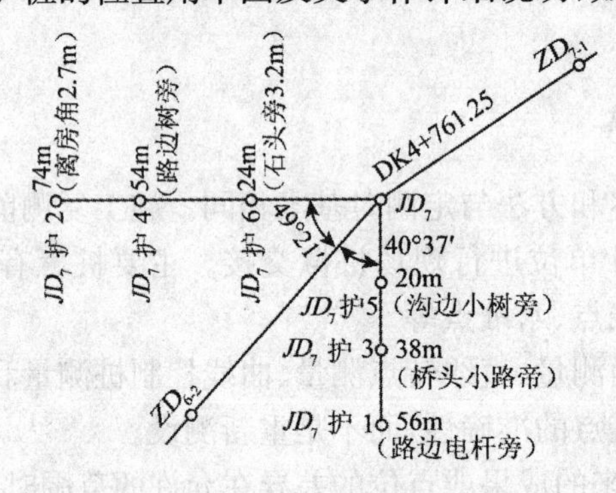

图 11－32　护桩位置示意图

五、路基边桩的测设

路基边桩测设的方法有图解法与解析法，如图 11－33 所示。

路基边桩测设的方法

- **图解法**：图解法是在线路工程设计时，地形横断面及设计标准断面都已绘制在横断面图上，边桩的位置可用图解法求得，即在横断面图上量取中线桩至边桩的距离、然后到实地在横断面方向上用卷尺量出其位置。

- **角析法**：

(1)解析法是通过计算求得中线桩至边桩的距离。在平地和山区计算和测设的方法不同。平坦地段，路堤和路堑边桩计算用下式。如图 11－34 所示。

(2)路堤边桩至中线桩的距离为：

$$l_{左}=l_{右}=\frac{B}{2}+mh$$

式中　B——路基设计宽度；

　　$1/m$——路基边坡；

　　　h——填土高度或挖土深度。路堑边桩至中桩的距离为：

$$l_{左}=l_{右}=\frac{B}{2}+s+mh$$

式中　s——路堑边沟顶宽。

(3)根据上式计算的距离。从中桩沿横断面方向量距，测设路基边桩。

(4)山区地段路基边桩测设如图 11－35 所示。在山坡上测设路基边校，从图上可以看出，左、右边桩至中线桩的距离。

$$l_{左}=\frac{B}{2}+s+mh_{左}$$

$$l_{右}=\frac{B}{2}+s+mh_{右}$$

式中的 B,s,m 均有设计确定，所以，$l_{左}$、$l_{右}$ 随 $h_{左}$、$h_{右}$ 而变。$h_{左}$，$h_{右}$ 是边桩处地面与设计路基面的高差，由于边桩位置是待定的，故 $h_{右}$、$h_{右}$ 事先并不知道。实际测设时，可以采用逐渐趋近法。

图 11－33　路基边桩测设的方法

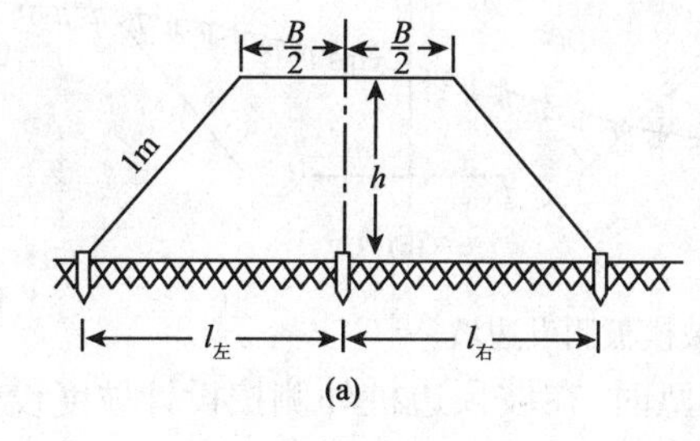

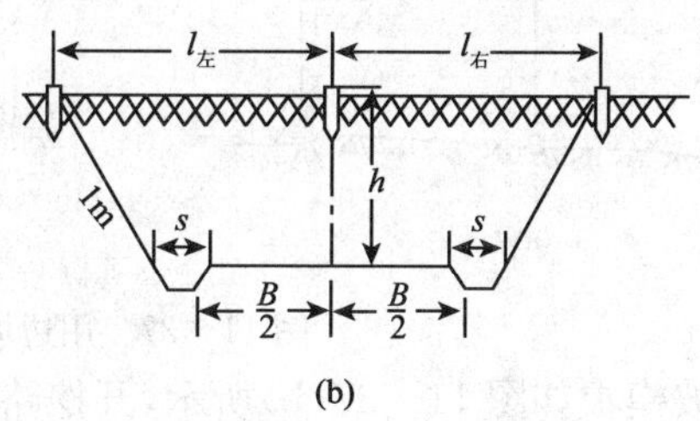

图 11－34　平地路段路基边桩的测设

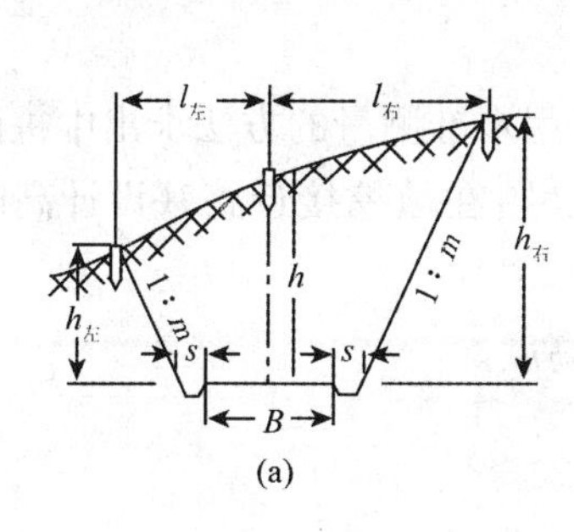

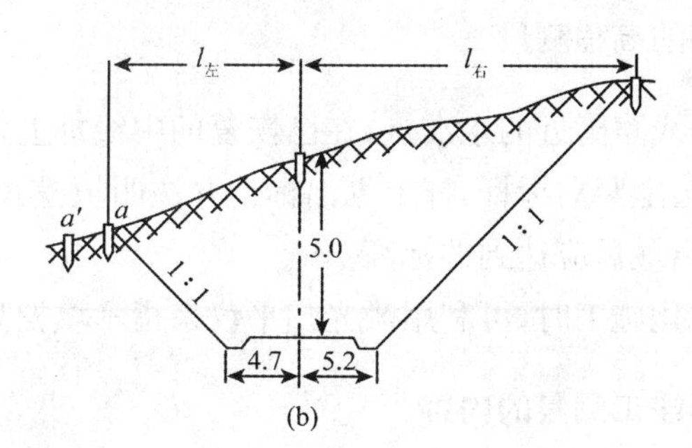

图 11－35　山区地段路基边桩的测设

六、路基边坡的挂线法测设

如图 11－36(a)所示,O 为中桩,A、B 为边桩,由中桩向两侧量出 $B/2$,得 C、D 两点。在 C、D 处竖立竹竿,于竹竿上高度等于中桩填土高 h 之 C、D' 处用绳索连接,同时由 C、D' 用绳索连接到边桩 A、B 上,即给出路基边坡。当路堤填土较高时,如图 11－36(b)所示,可分层挂线。

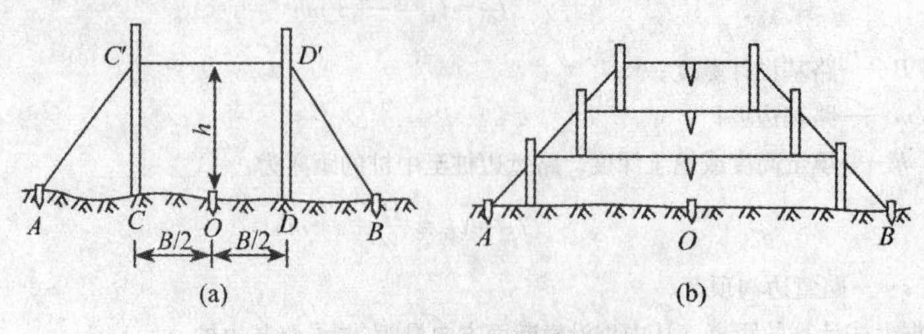

图 11－36　路堤边坡测设

七、边坡的样板法测设

首先照边坡坡度做好坡度模板,施工时比照模板进行测设。活动边坡模板(带有水准器的边坡尺)如图 11－37(a)所示,当水准器气泡居中时,边坡尺的斜边所指示的坡度为设计边坡坡度,借此可指示与检查路堤边坡的填筑。

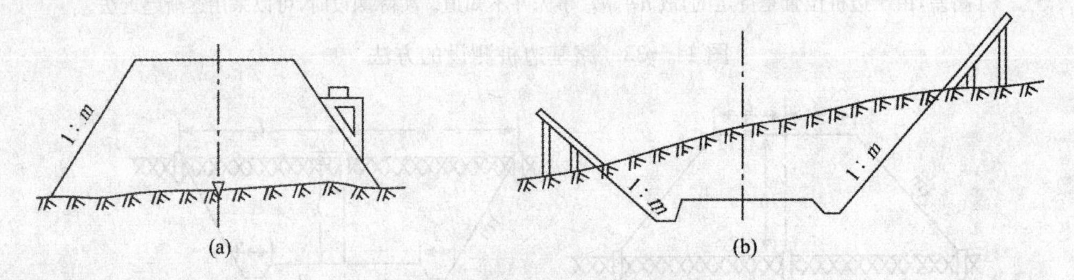

图 11－37　用边坡模板测设边坡

固定边坡模板如图 11－37(b)所示,开挖路堑时,在坡顶边桩外侧按设计坡度设置固定边坡模板,施工时可随时指示并检核边坡的开挖与修整。

八、路基的高程测量

(1)根据线路附近的水准点,在已恢复的中线桩上,用水准测量的方法求出中桩的高程,在中桩和路肩边上竖立标杆,杆上划出标记并注明填挖尺寸,在填挖接近路基设计高时,再用水准仪精确标出最后应达到的标高。

(2)机械化施工时,可利用激光扫平仪来指示填挖高度。

九、路基竣工测量的内容

铁路线路路基竣工测量的内容如图 11－38 所示。

铁路线路路基竣工测量

- 中线测量
  - (1)根据护桩将主要控制点恢复到路基上,进行线路中线贯通测量;在有桥、隧的地段,应从桥梁,隧道的线路中线向两端引测贯通。
  - (2)贯通测量后的中线位置,应符合路基宽度和建筑物接近限界的要求,同时中线控制桩和交点桩应固桩。
  - (3)对于曲线地段,应支出交点,重新测量转向角值,测角精度与复测时相同。当新测角值与原来转向角之差在允许范围内时,仍采用原来的资料。曲线的控制点应进行检查,曲线的切线长、外矢距等检查误差在 1/2000 以内时,仍用原桩点;曲线横向闭合差不应大于±5cm。
  - (4)中线上,直线地段每 50m、曲线地段每 20m 测设一桩,道岔中心、变坡点、桥涵中心等处均需钉设加桩。全线里程自起点连续计算,消灭由于局部改线或假设起始里程而造成的里程不能连续的"断链"。
- 高程测量
  - (1)竣工测量时,应将水准点移设到稳固的建筑物上,或埋设永久性混凝土水准点,其间距不应大于 2km,其精度与定测时要求相同。全线高程必须统一,消灭因采用不同高程基准而产生的"断高"。
  - (2)中桩高程按复测方法进行,路基高程与设计高程之差不应超过±5cm。
- 横断面测量
  - 主要检查路基宽度,侧沟、天沟的深度,宽度与设计值之差不得大于 5cm,路堤护道宽度误差不得大于 10cm。若不符合要求且误差超限者应进行整修。

图 11－38　铁路线路路基竣工测量

十、铺设铁路上部建筑物时的测量要求

(1)铁路路基竣工之后,即可着手进行路基上部建筑物的施工。路基上部建筑物包括道碴、轨枕和铁轨。在铺设道砟之前必须进行路基竣工测量,使得所测设的中线及路基面高程符合要求,之后进行铁路上部建筑物的平面位置和高程位置的放样。

(2)铁路上部建筑物的平面位置是由中心线的标桩向两侧量距放样出来的。上部建筑物在高程方面的设计位置一般放样在中桩的侧面上,以划线或切口表示。第一个标记为路基顶面的标高,第二个标记为轨枕底平面的标高,而第三个标记则是钢轨顶面的标高。铺设轨道时高程放样的容许误差为±4mm,操作时应认真细致。

第十二章　桥梁施工测量

桥梁按其轴线长度一般分为特大型桥（>500m）、大型桥（100～500m）、中型桥（30～100m）和小型桥（<30m）四类，按平面形状可分为直线桥和曲线桥，按结构形式又可分为简支梁桥、连续梁桥、拱桥、斜拉桥、悬索桥等。

随着桥梁的长度、类型、施工方法，以及地形复杂情况等因素的不同，桥梁施工测量的内容主要有：桥轴线长度测定；桥梁施工控制测量、墩台定位及轴线测设、墩台细部放样、上部结构放样和桥梁检测和形变观测等。近代的施工方法，日益走向工厂化和拼装化，梁部构件一般都在工厂制造，在现场进行拼接和安装，这就对测量工作提出了十分严格的要求。

在桥梁施工中，测量工作的任务是精确地放样桥台、桥墩的位置和跨越结构的各个部分，并随时检查施工质量，以确保符合设计要求。

第一节　桥梁中线复测

一、桥址中线复测的目的和方法

1. 目的

由于桥梁施工测量的精度要求较高，定测或新线复测后的线路中线精度不一定能满足其要求，因此桥梁定位测量前要先对桥梁所在的线路进行中线复测。

2. 复测的方法

(1)当桥梁位于直线上且直线较长时，宜用导线测量方法进行复测，在所有转点置镜，测量右角和各点间的距离。转角采用方向观测法，各项限差要求见表 12－1。

表 12－1　方向观测法各项跟差(″)

仪器等级	光学测微器两次重合读数之差	半测回归零差	各测回同一方向 2C 的互差	各测回同一方向值互差
DJ_2	3	8	13	10

(2)当桥梁位于曲线上时，应对整个曲线进行复测。精确测定线路的转向角，观测不少于两测回，精度要求见表 12－1。转向角测定后，根据实测角值 α 以及圆曲线半径 R、缓和曲线长 l_0 重新计算曲线资料，并测设曲线控制桩。

(3)当复测转向角与定测转向角不符时，按复测转向角重新计算的曲线综合要素与原设计采用的曲线综合要素也不同，其结果是导致曲线主点里程改变，从而引起桥梁偏角的改变。

(4)当桥梁位于始端缓和曲线时，曲线的 ZH 里程保持与原设计里程不变；当桥梁位于末端缓和曲线时，曲线的 HZ 里程保持与原设计里程不变；同时保持各墩台中心设计里程不变。为使 ZH 或 HZ 里程保持不变，可采用设断链桩或将距离误差调整在直线段的办法来解决。

(5)当桥梁跨越整个曲线时，如果条件许可，即桥梁前后相邻曲线没有施工或无重大建筑物，可以调整切线方向，使转向角恢复到原设计值，以保证桥梁原设计不变。

二、桥轴线长度的测量

(1)为保证桥梁与相邻线路在平面位置上正确衔接，必须在桥址两岸的线路中线上埋设控制桩，两岸控制桩的连线称为桥轴线，控制桩之间的水平距离称为桥轴线长度。

(2)桥轴线长度可采用精密钢尺量距或光电测距方法测定。

(3)直接丈量桥轴线长度时，应使用鉴定过的钢尺按精密量距的方法直接丈量桥轴线的长度。

(4)采用光电测距时，在测量以前，应按规定的项目对测距仪器进行检验和校正，对使用的气压计和温度计，应进行检定。

(5)观测时应选择在气象比较稳定、成像清晰、附近没有光和电信号干扰的条件下进行。

(6)数据处理时，必须加入气象、加常数、乘常数、周期误差改正，然后化为水平距离，再将其归算至墩顶(或轨底)平均高程面上。

(7)对于中、小型桥梁，桥轴线长度测量的限差为 1/5000。

第二节　桥梁施工控制测量

一、桥梁施工控制测量的方法

建造大、中型桥梁时，河道宽阔，桥墩在河水中建造，且墩台较高，基础较深，墩间跨距大，梁部结构复杂、对桥轴线测设、墩台定位要求精度较高，所以需要在施工前布设平面控制网和高程控制网。

桥梁平面控制测量可以采用导线测量、三角测量、边角测量或 GPS 测量的方法，高程控制测量可采用水准测量方法或光电测距三角高程测量方法。

二、桥梁施工平面控制网建立

1. 平面网的建立

(1)建立平面控制网的目的是测定桥轴线长度和据以进行墩、台位置的放样，同时也可用于施工过程中的变形监测。

(2)对于跨越无水河道的直线小桥，桥轴线长度可以直接测定，墩、台位置也可直接利用桥轴线的两个控制点测设，无需建立平面控制网。

(3)对于跨越有水河道的大型桥梁，墩、台无法直接定位，必须建立平面控制网。

(4)根据桥梁跨越的河宽及地形条件，平面控制网通常采用如图 12－1 所示的形式布设。

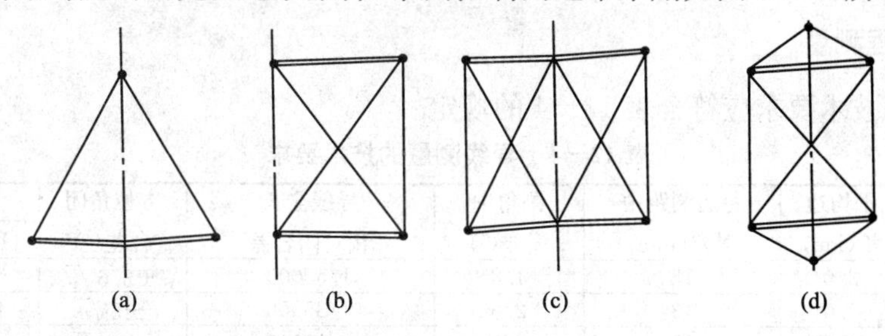

图 12－1　桥梁平面控制网布设形式

2. 控制点的选择

(1)选择控制点时，应尽可能使桥的轴线作为三角网的一个边，以利于提高桥轴线的精度。如不可能，也应将桥轴线的两个端点纳入网内，以间接求算桥轴线长度，如图 12－1(d)所示。

(2)对于控制点的要求，除了网形刚强外，还要求地质条件稳定，视野开阔，便于交会墩位，其交会角不致太大或太小。在控制点上要埋设标石及刻有“十”字的金属中心标志。如果兼作高程控制点使用，则中心标志宜做成顶部为全球状。

三、用三角测量法进行桥梁平面控制的主要技术要求

进行平面控制测量时，三角测量法的技术指标应符合表 12－2 的规定。

表 12－2　三角测量的技术要求

等级	平均边(km)	测角中误差(″)	起始边边长相对中误差	最终边边长相对中误差	三角形闭合差(″)	测回数		
						DJ_2	DJ_2	DJ_3
二等	3.0	±1.0	1/25000	1/120000	±3.5	12	—	—
三等	2.0	±1.8	1/150000	1/70000	±7.0	6	9	—
四等	1.0	±2.5	1/100000	1/40000	±9.0	4	6	—
一级小三角	0.5	±5.0	1/40000	1/20000	±15.0	—	3	4
二级小三角	0.3	±10.0	1/20000	1/10000	±30.0	—	1	3

各等级控制网应布设为近似等边三角形的网(锁)，三角形内角一般不小于 30°，受限制时亦不应小于 25°。加密网可采用插点的方法。交会插点位应在高等三角形的中心附近。同一插点各方向距离之比不得超过 1∶3。对于单插点，三等点应有六个内外交会方向测定，其中至少有两个交角为 60°～120°的外方向；四等点应有五个交会方向，图形欠佳时其中应有外方向。对于双插点，交会方向数应两倍于上述规定(其中包括两待定点间的对向观测方向)。

一、二级小三角可采用线形锁，线形锁宜近于直伸，传距角应大于 40°且小于 100°，三角形的个数不得多于 8 个，超过 8 个时，应增加基线边。

四、用导线测量法进行桥梁平面控制的主要技术要求

三边测量的技术指标应符合表 12－3 的规定。

表 12－3　三边测量的技术要求

等级	平均边长(km)	测距相对中误差	等级	平均边长(km)	测距相对中误差
二等	3.0	1/250000	一级小三角	0.5	1/40000
三等	2.0	1/150000	二级小三角	0.3	1/20000
四等	1.0	1/100000			

各等级三边网的起始边至最远边之间的三角形个数不宜多于 10 个。三边网宜布设为近似等边三角形，各三角形的内角不应大于 100°和小于 30°，受限制时也不应小于 25°。四等以上的三边网，宜在网中选择接近 100°的角，以相应等级三角测量的测角精度进行观测作为检核。

五、桥梁高程测量

导线测量的技术要求应符合表 12－4 的规定。

表 12－4　导线测量的技术要求

等级	附合导线长度(km)	平均边长(km)	每边测距中误差(mm)	测角中误差(″)	导线全长相对闭合差	方位角闭合差(″)	测回数		
							DJ_1	DJ_2	DJ_3
三等	30	2.0	13	1.8	1/55000	$\pm 3.6\sqrt{n}$	6	10	—
四等	20	1.0	13	2.5	1/35000	$\pm 5\sqrt{n}$	4	6	—
一级	10	0.5	17	5.0	1/15000	$\pm 10\sqrt{n}$	—	2	4
二级	6	0.3	30	8.0	1/10000	$\pm 16\sqrt{n}$	—	1	3
三级	—	—	—	20.0	1/2000	$\pm 30\sqrt{n}$	—	1	2

注：(1)表中 n 为测站数。

(2)导线应尽量布设或直伸形状，相邻边长不宜相差过大。

(3)当导线平均边长较短时，应控制导线边数。当导线长度小于表中规定长度的 1/3 时，导线全长的绝对闭合差不应大于 13cm；如果点位中误差要求为 20cm 时，不应大于 52cm。

1. 桥梁高程测量控制点的基本布设要求

(1)在桥梁的施工阶段建立高程控制，首先要在河流两岸布设若干个水准基点。桥梁水准基点布设在距桥中线 50～100m 范围内，布设的数量视河宽及桥的大小而异。

(2)一般小桥可只布设一个；在 200m 以内的大、中桥，宜在两岸各布设一个；当桥长超过 200m 时，由于两岸连测不便，为了在高程变化时易于检查，则每岸至少设置两个。水准基点是永久性的，必须十分稳固。

(3)水准基点可采用混凝土标石、钢管标石、管柱标石或钻孔标石，在标石上方嵌以凸出半球状的铜质或不锈钢标志。

(4)为了方便施工，还需在桥梁附近布设施工水准点。由于施工水准点使用时间较短，在结构上可以简化，但要求使用方便，也要相对稳定，且在施工时不易被破坏。

(5)桥梁水准点与线路水准点应采用同一高程系统，与线路水准点连测的高度不需要很高，当包括引桥在内的桥长小于 500m 时，可用四等水准连测，大于 500m 时可用三等水准进行测量。但桥梁本身的施工水准网，则宜用较高精度，因为它是直接影响桥梁各部高程放样精度的。

(6)当跨河距离大于 200m 时，宜采用过河水准法连测两岸的水准点。跨河点间的距离小于 800m 时，可采用三等水准测量，大于 800m 时则采用二等水准进行测量。

2. 桥梁高程测量时，用两台水准仪同时作对向观测要求

过河水准测量用两台水准仪同时作对向观测，两岸测站点和立尺点布置成如图 12－2 所示的对称图形。

图中，A、B 为立尺点，C、D 为测站点，要求 AD 与 BC 长度基本相等，AC 与 BD 长度基本相等且不小于 10m。用两台水准仪作同时对向观测，在 C 站先测本岸 A 点尺上读数，得 a_1，然后测对岸 B 点尺上读数 2～4 次，取其平均值得 b_1，高差为 $h_1=a_1-b_1$；同时，在 D 站先测本岸 B 点尺上读数，得 b_2，然后测对岸 A 点尺上读数 2～4 次，取其平均值得 a_2，高差为 $h_2=a_2-b_2$。取 h_1 和 h_2 的平均值，即完成一个测回。一般进行 4 个测回。

由于过河水准测量的视线长，远尺读数困难，可以在水准尺上安装一个能沿尺面上下移动的觇板，如图 12－3 所示。观测员指挥司尺员上下移动觇板，使觇板中横线被水准仪横丝平分，司尺员根据觇板中心在水准尺上读数。

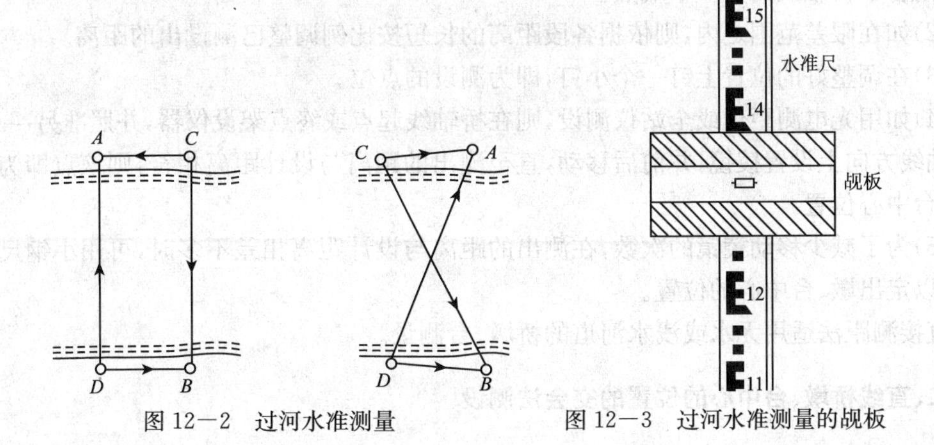

图 12－2　过河水准测量　　图 12－3　过河水准测量的觇板

3. 桥梁高程测量时，用光电测距三角高程测量的操作要点

(1)采用光电测距三角高程测量的方法时，在河的两岸布置 A、B 两个水准点，在 A 点安置全站仪，量取仪器高 i，在 B 点安置棱镜，量取棱镜高 l。

(2)全站仪照准棱镜中心，测得竖直角和斜距 S，计算 A、B 点间的高差。

(3)由于距离较长且穿过水面，高差测定会受到地球曲率和大气垂直折线的影响，但是大气结构在短时间内不会突变，因此可以采用对向观测的方法，能有效地抵消地球曲率和大气垂直折光的影响。

(4)对向观测的方法是在 A 点观测完毕将全站仪与棱镜位置对调，用同样的方法再进行一次测量，取对向观测高差的平均值作为 A、B 两点间的高差。

第三节　桥梁墩、台中心的测设

一、直线桥墩、台中心位置的直接测距法测设

如图 12－4 所示，已知桥轴线控制桩 A、B 及各墩、台中心的里程，相邻两点的里程相减，即可求得其间的距离，据此距离可测设出墩、台的中心位置。墩、台中心定位的方法，可根据河宽、河深及墩、台位置等具体情况，采用直接测距法或角度交会法。

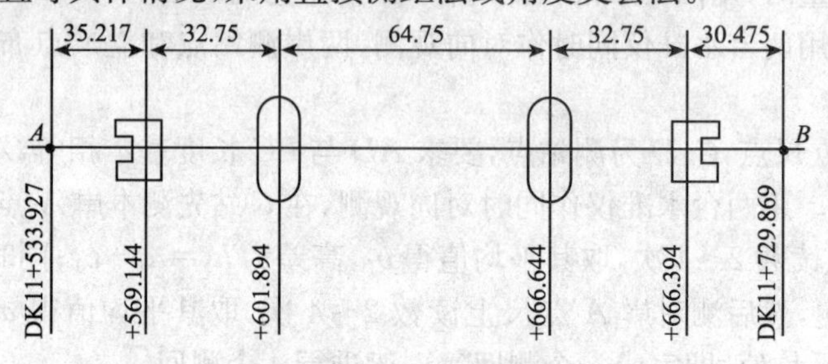

图 12－4　直线桥墩台

用直接测距法测设桥墩、台中心位置的方法如下：

(1)根据计算出的距离，从桥轴线的一个端点开始，用检定过的钢尺逐段测设出墩、台中心，并附合于桥轴线的另一个端点。

(2)如在限差范围之内，则依据各段距离的长短按比例调整已测设出的距离。

(3)在调整好的位置上钉一个小钉，即为测设的点位。

(4)如用光电测距仪或全站仪测设，则在桥轴线起点或终点架设仪器，并照准另一个端点，在桥轴线方向上设置棱镜，并前后移动，直至测出的距离与设计距离相符，则该点即为要测设的墩、台中心位置。

(5)为了减少移动棱镜的次数，在测出的距离与设计距离相差不多时，可用小钢尺量出其差数，以定出墩、台中心的位置。

直接测距法适用无水或浅水河道的桥墩、台测量。

二、直线桥墩、台中心的位置的交会法测设

(1)如图 12－5 所示，A、C、D 是控制网点，且 A 为桥轴线的端点，E 为墩中心位置。在控制测量中 φ、φ'、d_1、d_2 已经求出，为已知值。AE 的距离 l_E 可根据两点里程求出，也为已知，则

$$\alpha=\arctan\left(\frac{L_{E}\sin\varphi}{d_{1}-l_{E}\cos\varphi}\right)$$

$$\beta=\arctan\left(\frac{L_{E}\sin\varphi'}{d_{2}-l_{E}\cos\varphi}\right)$$

α、β 也可以根据 A、C、D、E 的已知坐标反算出。

(2)在 C、D 点上架设仪器，分别自 CA 及 DA 测设出 α 及 β 角，则两方向的交点即为 E 点的位置。

(3)为了检核精度及避免错误，通常都用三个方向交会，即同时还利用桥轴线 AB 方向。

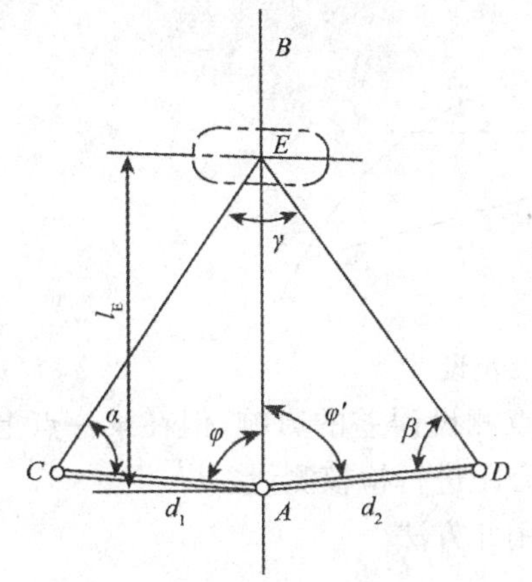

图 12－5　角度交会法测设墩台中心

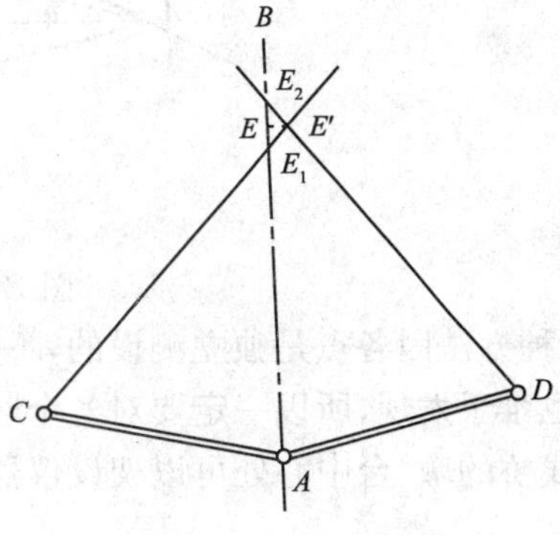

图 12－6　示误三角形

(4)由于测量误差的影响，三个方向不交于一点，而形成如图 12－6 所示的三角形，这个三角形称为示误三角形。示误三角形的最大边长，在建筑墩、台下部时不应大于 25mm，上部时不应大于 15mm。如果在限差范围内，则将交会点 E' 投影至桥轴线上，作为墩、台中心的点位。

(5)随着工程的进展，需要经常进行交会定位。为了工作方便，提高效率，通常都是在交会方向的延长线上设立标志，如图 12－7 所示。在以后交会时就不再测设角度，而是直接照准标志即可。

(6)当桥墩修出水面以后，即可在墩上架设棱镜，以直接测距法定出墩中心的位置。

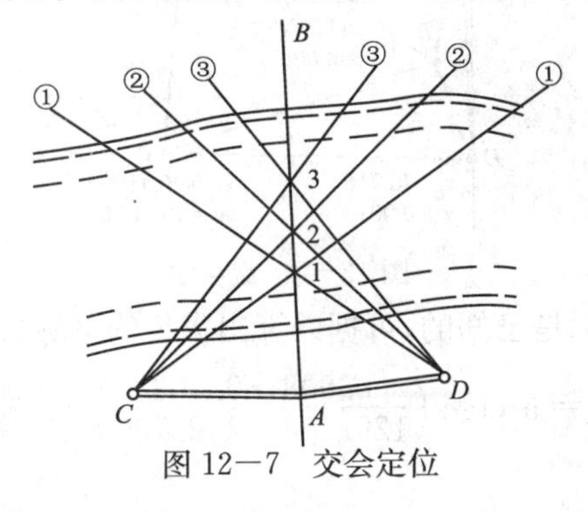

图 12－7　交会定位

三、曲线桥墩、台中心位置的直接测距法测设

(1)由于墩、台中心距 L 及桥梁偏角 α 是已知的，可以从控制点开始，逐个测设出角度及距离，即直接定出各墩、台中心的位置，最后再符合到另外一个控制点上，以检核测设精度。这种方法称为导线法。

(2)利用光电测距仪测设时，为了避免误差的积累，可采用长弦偏角法或极坐标法。

(3)由于控制点及每个墩、台中心点在该曲线的切线直角坐标系内的坐标是可以求得的，故可据以算出控制点至墩、台中心的距离及其与切线方向的夹角 δ_i。自切线方向开始测设出 δ_i，再在此方向上测设出 D_i，即得墩、台中心的位置，如图 12－8 所示。

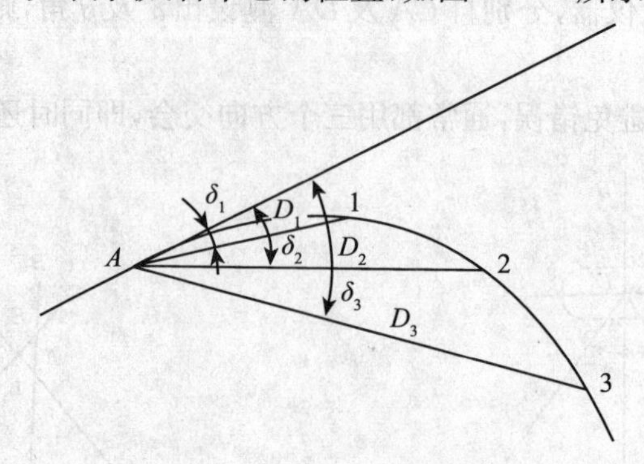

图 12－8　直接测设

(4)此种方法因各点是独立测设的，不受前一点测设误差的影响，但在某一点上发生错误或有粗差也难于发现，所以一定要对各个墩、台中心距进行检核测量。

当曲线桥的墩、台中心处可以架设仪器时，可用此方法。

四、曲线桥墩、台中心位置的交会法测设

使用此方法当墩位坐标系与控制网的坐标系不一致时，则须先进行坐标转换。

(1)在图 12－9 中，A、B、C、D 为控制点，E 为桥墩中心。在 A 点进行交会时，要算出自 AB 或 AD 作为起始方向的角度 θ_1 或 θ_2。

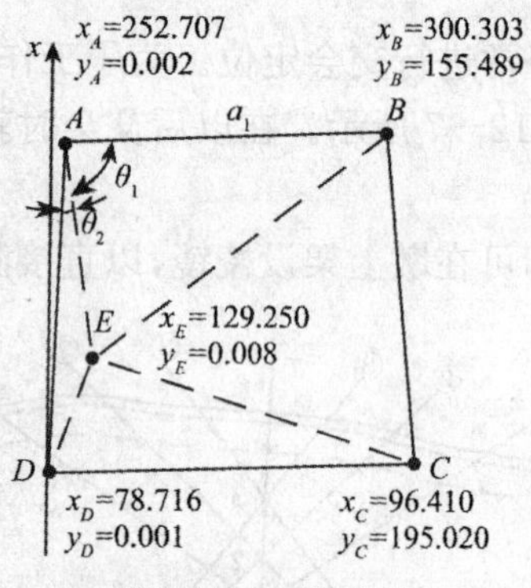

图 12－9　交会法

(2)控制点及墩位的坐标是已知的，可据以算出 AE 的坐标方位角，

$$\alpha_{AE}=\arctan\left(\frac{y_E-y_A}{x_E-x_A}\right)=\arctan\left(\frac{0.008-0.002}{129.250-252.707}\right)=\arctan\left(\frac{0.006}{-123.457}\right)=179°59'50.0''$$

(3)在控制网资料中，已知 AB 的坐标方位角为 $\alpha_{AB}=72°58'48.7''$，AD 的坐标方位角为 $\alpha_{AD}=180°00'01.0''$，则

$$\theta_1=\alpha_{AE}-\alpha_{AB}=179°59'50.0''-72°58'48.7''=107°01'01.3''$$

$$\theta_2=\alpha_{AD}-\alpha_{AE}=180°00'01.0''-179°59'50.1''=0°00'11.3''$$

(4)同法可求出在 B、C、D 各点交会时的角值。

(5)在 A 点交会时,以 AB 或 AD 作为起始方向,测设出相应的角值,即得 AE 方向。在交会时,一艇需用三个方向,当示误三角形的边长在容许范围内时,取其重心作为墩中心位置。

当曲线桥的墩、台中心处无法架设仪器与棱镜时,可用此方法。桥墩台的纵、横轴线怎样进行测设。

所谓纵轴线是指过墩、台中心平行于线路方向的轴线,而横轴线是指过墩、台中心垂直于线路方向的轴线。

直线桥墩、台的纵轴线与线路中线的方向重合,在墩、台中心架设仪器,自线路中线方向测设 90°角,即为横轴线的方向,如图 12—10 所示。

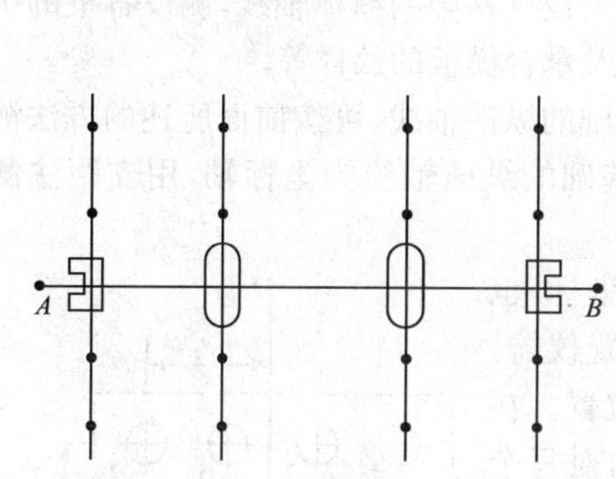

图 12—10　直线桥墩台轴线

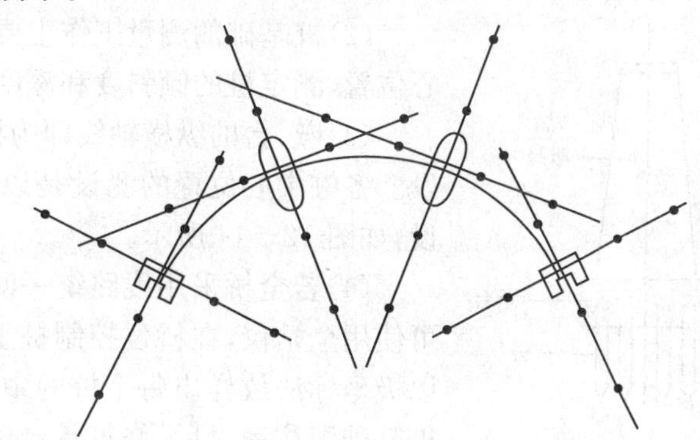

图 12—11　曲线桥墩台轴线

曲线桥的墩、台轴线位于桥梁偏角的分角线上,在墩、台中心架设仪器,照准相邻的墩、台中心,测设 $\alpha/2$ 角,即为纵轴线的方向。自纵轴线方向测设 90°角,即为横轴线方向,如图 12—11所示。

在施工过程中,墩、台中心的定位桩要被挖掉,但随着工程的进展,又经常需要恢复墩、台中心的位置,因而要在随工范围以外钉设护桩,据以恢复墩台中心的位置。

所谓护桩即在墩、台的纵横轴线上,于两侧各钉设至少两个木桩,因为有两个桩点才可恢复轴线的方向,为防破坏,可以多设几个。曲线桥上的护桩纵横交错,在使用时极易弄错,所以在桩上一定要注明墩台编号。

第四节　桥梁施工测量

一、桥梁工程明挖基础的施工测量方法

(1)明挖基础的构造如图 12—12 所示,它是在墩、台位置处先挖基坑,将坑底整平以后,在坑内砌筑或灌注基础及墩、台身,当基础及墩、台身修出地面后,再用土回填基坑。

(2)基础开挖前,首先根据墩台的纵横向护桩在实地交出十字线,并在十字线的两个方向上的稳固位置分别钉设两个固定桩,然后根据十字线、基础的长度和宽度、施工开挖的要求,放出基础的四个转角点。

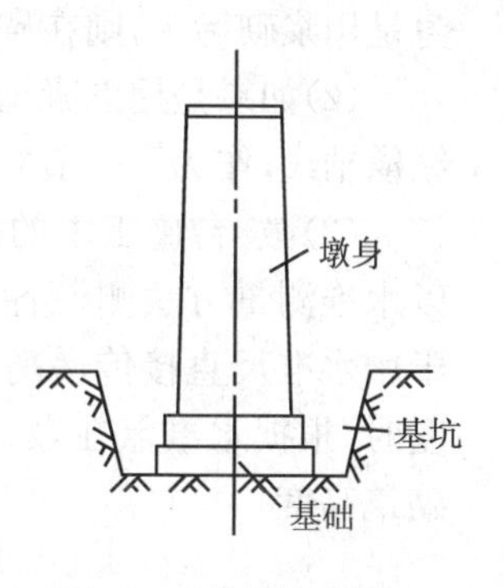

图 12—12　明挖基础

(3)当基坑开挖到一定深度后,应根据水准点高程在坑壁上测设距基底设计面一定高度(如 1m)的水平桩,作为控制挖深及基础施工中掌握高程的依据。当基坑开挖到设计标高以后,应将坑底整平,必要时还应夯实,然后投测墩、台轴线并安装模板。

(4)立模时,在模板的外面需预先画出它的中心线,然后将经纬仪安置在轴线上较远的一个护桩上,以另一个护桩定向,这时经纬仪的视线即为轴线方向,根据这一方向校正模板的位置,直至模板中线位于视线的方向上。

二、桥梁工程桩基础施工测量方法

(1)桩基础的构造如图 12－13 所示,它是在基础的下部打入基桩,在桩群的上部灌注承台,使桩和承台连成一体,再在承台以上修筑墩身。

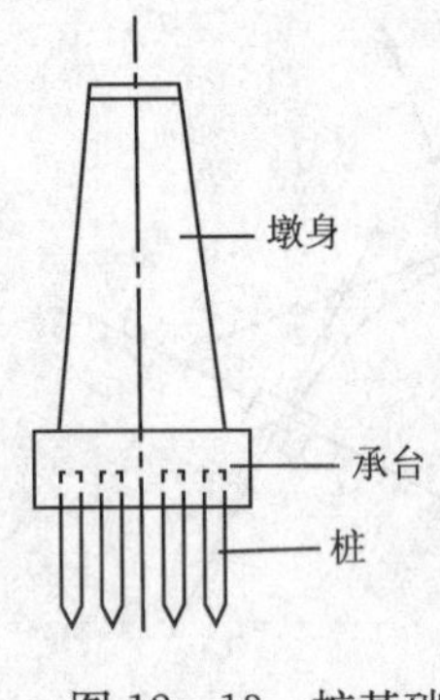

图 12－13　桩基础

(2)桩基础的测量工作主要有:测设桩基础的纵横轴线,测设各桩的中心位置,测定桩的倾斜度和深度,以及承台模板的放样等。

(3)墩、台的纵横轴线即为桩基础的纵横轴线,可按前面所述的方法测设。各桩中心位置的测设是以桩基础的纵横轴线为坐标轴,用支距法测设,如图 12－14 所示。

(4)若全桥采用线路统一测量坐标,也可使用全站仪,在桥位控制桩上安置仪器,以极坐标法放样出每个桩的中心位置。在桩基础灌注完以后、修筑承台以前,对每个桩的中心位置应再进行测定,作为竣工资料。

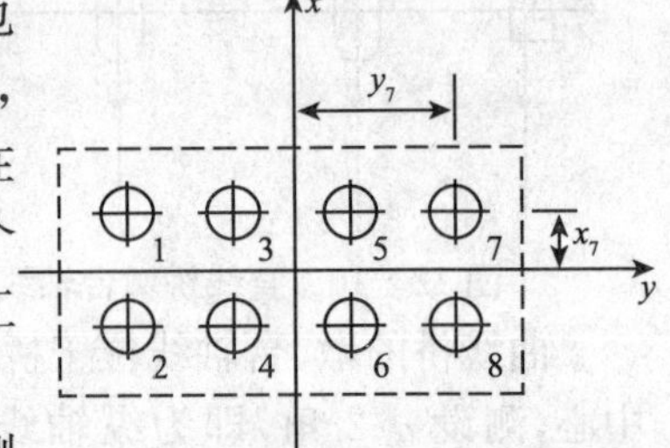

图 12－14　桩位测设

(5)每个钻孔桩或挖孔桩的深度用不小于 4kg 的重锤及测绳测定,桩的打入深度则根据桩的长度推算。

(6)在钻孔过程由测定钻孔导杆的倾斜度,用以测定孔的倾斜度,并利用钻机上的调整设备进行校正,使孔的倾斜度不超过施工规范要求。

(7)桩基础的承台模板的放样方法与明挖基础相同。

三、桥墩、台身及顶部测量的基本要求

1. 桥墩、台身测量

(1)墩、台身施工测量,是以墩、台纵横轴线为依据,进行墩、台身的细部放样。如果墩、台身是用浆砌圬工,则在砌筑每一层时,都要根据纵横轴线来控制它的位置和尺寸。

(2)如果是用混凝土灌注,则需在基础顶面和每一节顶面上都要测设出墩、台的中心及其纵横轴线,作为下一节立模的依据。

(3)墩、台施工中的高程放样,通常都在墩台附近设立一个施工水准点,根据这个水准点以水准测量方法测设各部分的设计高程。但在基础底部及墩、台的上部,由于高差过大,难于用水准尺直接传递高程时,可用悬挂钢尺的办法传递高程。通常桥墩、台砌筑至一定高度时,根据水准点在墩、台身的每侧测设一条距顶部一定高差(如 1m)的水平线,用以控制砌筑高度。

2.桥顶部测量

(1)当墩、台身砌筑完毕时,测设出墩、台中心及纵横轴线,以便安装墩帽或台帽的模板、安装锚栓孔、安装钢筋。模板立好后应再一次进行复核,以确保墩帽或台帽中心、锚栓孔位置等符合设计要求,并在模板上标出墩、台帽顶面标高,以便灌注。

(2)墩帽、台帽施工时,应根据水准点用水准仪控制其高程(偏差不超过±10mm),根据轴线桩由经纬仪控制两个方向的平面位置(偏差不大于±10mm),墩台间距或跨度用钢尺或测距仪检查,误差应小于1/5000。

(3)支承垫石是墩、台帽上的高出部分,供支承梁端使用。支承垫石的放样根据设计图纸所给出的数据,通过纵横轴线测设出。在灌注垫石时,应使混凝土面略低于设计高程1～2cm,以便用砂浆抹平到设计标高。同一片钢筋混凝土梁一端两支承垫石顶面高差不应超过3mm。

(4)架梁是建造桥梁的最后一道工序。无论是钢梁还是混凝土梁,都是预先按设计尺寸做好,再运到工地架设。梁的两端是用位于墩顶的支座支撑,支座放在底板上,而底板则用螺栓固定在墩、台的支承垫石上。

(5)架梁的测量工作,主要是测设支座底板的位置,测设时也是先设计出它的纵、横中心线的位置。支座底板的纵、横中心线与墩、台纵横轴线的位置关系是在设计图上给出的。

(6)在墩、台顶部的纵横轴线设出以后,即可根据它们的相互关系,用钢尺将支座底板的纵、横中心线设放出来。

四、桥梁贯通和竣工测量的基本要求

(1)测定墩台中心、纵横轴线及跨距。跨距与设计跨距之差超过2cm时,应根据墩台设计允许偏差逐墩调整跨距。

(2)丈量墩台各部尺寸。以墩台纵横轴线为依据,丈量顶帽的长和宽。按设计尺寸放样支座轴线及梁端轮廓线,并弹出墨线,供支座安装和架梁使用。

(3)测定墩帽和支承垫石的高程。如果运营期间要对墩台进行变形观测,则应对两端岸水准点及各墩顶的水准标以不低于三等水准测量的精度联测。

(4)桥梁竣工后,为检查墩台各部尺寸、平面位置及高程正确与否,并为竣工资料提供数据,需要进行竣工测量。竣工测量的主要内容是测定各墩台间的跨度、丈量墩台各部尺寸、测定支承垫石顶面高程。

(5)由于桥梁竣工后,各墩台上已标注了工作线交点、墩中心点等,跨度测量依据工作线的交点测定。

(6)墩台各部尺寸检查主要是丈量墩台前后、左右宽度和支承垫石的平面位置等是否符合要求。这些检查均以墩台顶面已标注的纵横轴线和曲线桥梁上的梁工作线为依据进行。

墩台顶面高程的检查,自桥梁一端的一个水准点开始,逐墩进行,并闭合于另一个水准点。

五、桥梁工程涵洞的定位,轴线的测设

(1)涵洞定位即定出涵洞在线路方向上的中心里程点,定位的方法同普通中线测量一样,可采用直线延伸法、极坐标法等。

(2)涵洞施工测量时首先要放出涵洞的轴线位置,即根据设计图纸上的涵洞里程,放出涵洞轴线与线路中心线的交点,并根据涵洞轴线与路线中心的夹角,放出涵洞的轴线方向。

(3)放样直线上的涵洞时,依据涵洞的里程,自附近测设的里程桩沿路线方向量出相应的距离,即得涵洞轴丝与线路中心线的交点。

(4)若涵洞位于曲线上时,则采用曲线测设的方法定出涵洞轴线与线路中心线的交点。

(5)依据地形条件,涵洞轴线与路线有正交的,也有斜交的。将经纬仪安置在涵洞轴线与线路中心线的交点处,测设出已知的夹角,即得涵洞轴线的方向。

(6)涵洞轴线用大木桩标志在地面上,这些标志桩应在路线两侧涵洞的施工范围以外,且每侧至少两个。

(7)自涵洞轴线与线路中心线的交点处沿涵洞轴线方向量出上下游的涵洞长,即得涵洞口的位置,涵洞口要用木桩标志出来。

六、桥梁工程涵洞基础放样的操作要点

(1)涵洞的基础放样是依据涵洞轴线测设的。

(2)由于涵洞各部的尺寸不一,每节基础的深度也可能不同,在基础放样时,应根据设计图先定出各部基础的轮廓线,并在转折处定下标志桩,然后再根据各部分的开挖深度和开挖坡度等,自轮廓线向外移动一个距离定出开挖线。

(3)基坑开挖后,在基坑内恢复纵横轴方向线,涵洞基础和其他各部分的砌筑或立模均依此方向线测定。

(4)在基础筑建完毕后,安装管节或砌筑墩台身及端墙时,各个细节的放样仍以涵洞轴线作为放样的依据,量出各有关的尺寸。

(5)涵洞细部的高程放样,一般利用附近的水准点用水准仪测设。

第十三章　隧道工程测量

铁路隧道是线路的重要组成部分，长大隧道往往还是整个线路建设的控制工程。隧道测量成果是隧道设计、施工和运营管理的重要依据。

与地面测量工作不同的是，隧道施工的掘进方向在贯通之前无法通视，只能依据沿中线布设的支导线来指导施工。一般先以低等级导线指示坑道掘进，而后布设高级导线进行检核。由于隧道内光线暗淡，工作环境较差，并且有时边长较短，测量精度难以提高，因此进行隧道测量时，要十分认真细致，并注意采取多种有效措施消弱误差，避免发生错误。

隧道施工测量的主要任务，是保证隧道相向开挖的工作面按照规定的精度在预定位置贯通，并使各项建筑物以规定的精度按照设计位置和尺寸修建。隧道工程施工中，需要进行的主要测量工作有：隧道控制测量、施工测量和竣工测量。隧道控制测量包括洞外、洞内平面控制测量与高程控制测量，还包括洞内与洞外联系测量（进洞测量）。

第一节　隧道洞外控制测量

一、隧道工程洞外中线法平面控制测量的方法

（1）中线法测量时将隧道线路中线的平面位置，按定测的方法先测设在地面上，经反复校核，确认该洞内线路中线与两端相邻线路中线衔接正确时，予以标定，并以此为据，引测进洞和测设洞内中线。

（2）中线法平面控制简单、直观，但精度不高，适用于长度较短或贯通精度要求不高的隧道。

二、洞外平面控制测量

精密导线法是在洞外沿隧道线形布设精密光电测距导线，测定各导线点和洞口控制点的平面坐标。

用精密导线法进行洞外平面控制测量的要点如下：

（1）精密导线法选点、布网比较自由灵活，对地形的适应性较好，受中线位置的约束较小，特别是随着全站仪的普及应用，导线法已成为当前洞外控制测量的主要方法之一。

（2）以导线方式建立的隧道洞外平面控制，导线点应沿两端洞口的连线布设于已经确认的洞口控制桩之间，相邻导线点间的高差不宜过大，导线的边长应根据隧道的长度和辅助坑道的数量及分布情况、并结合地形条件和仪器测程来选择。导线宜采用长边，最短边长不应小于300m，相邻边长比不应小于1：3，并以直伸形式布设。

（3）导线的水平角观测，一般采用方向观测法。当水平角只有两个方向时，可按奇数和偶数测回分别观测导线的左角和右角，左、右角分别取中数后，按下式计算圆周角闭合差Δ，其限差应满足表13—1的规定。

$$\Delta = 左角_{中} + 右角_{中} - 360^{\circ}$$

(4)一般来说,2km 以下的短隧道可采用单闭合导线,当两端洞口控制点与国家三角点联测方便时,可采用单附合导线。除了线形较复杂的长、大曲线隧道(宜采用 GPS 网)外,几乎所有的中、长隧道都可采用狭长的多环导线锁。

表 13—1　测站圆角角闭合差的限差

导线等级	二	三	四	五
Δ''	±2.0	±3.5	±5.0	±8.0

(5)多环导线锁由主导线、副导线组成,副导线与主导线一样同时测角测边。主导线贴近隧道中线,副导线宜贴近主导线,主副导线之间加测一定数量的导线边,形成多个导线环。我国的大瑶山隧道,全长 14.295km,其洞外平面控制采用精密导线,如图 13—1 所示。

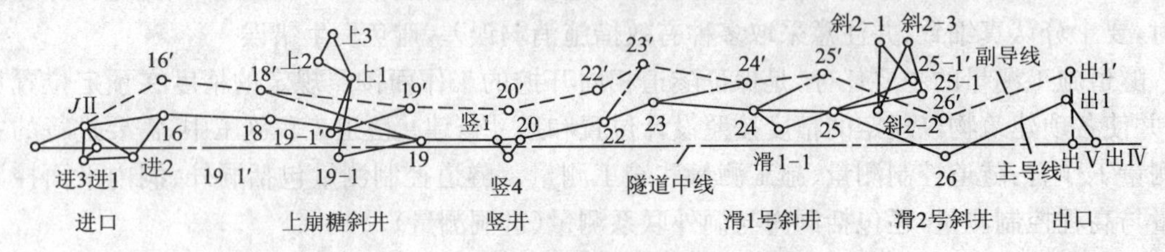

图 13—1　大瑶山隧道洞外导线网示意图

(6)凡由主副导线组成的闭合导线(含单一闭合导线),主导线应沿两洞口连线方向尽量布设为直伸等边导线,导线环数不宜过少,每环的边数不宜过多,少于四环时,宜采用菱形导线锁或四边形锁。

(7)导线的内业计算一般采用严密平差法,对于四、五等导线也可采用近似平差计算。

(8)隧道洞外平面控制采用导线测量时,也可与光电测距三角高程测量联合作业,构成三维导线测量,提高工效。

三、洞外平面控制三角测量

(1)利用三角测量建立隧道平面控制时,一般是布设成单三角锁,且沿两洞口连线方向尽量布设为直伸形式。三角网的水平角观测采用方向观测法,基线边采用光电测距。经平差计算可求得各三角点和隧道轴线上控制点的坐标,然后以控制点为依据,确定进洞方向。

(2)三角锁图形结构坚强、方向控制精度高,在测距技术手段落后而测角精度较高的时期,是隧道控制的主要形式。由于三角锁的测角工作量大、三角点的定点布设条件苛刻,现仅用于个别曲线隧道的洞外平面控制。

四、隧道工程洞外高程控制测量的任务与方法

1.洞外高程控制测量的任务

隧道洞外高程控制测量的主要任务是按照设计精度施测各开挖洞口附近水准点之间的高差,以便将隧道的统一高程系统引入洞内,提供隧道施工的高程依据,保证隧道在高程方面正确贯通,并使隧道各附属工程按要求的高程精度正确修建。

2.洞外高程控制测量的方法

(1)洞外高程控制测量常采用水准测量方法。水准测量的等级,取决于隧道长度、隧道地段的地形情况等。

(2)当山势陡峻采用水准测量困难时亦可采用光电测距三角高程测量的方法进行。

3.高程控制要点

(1)高程控制点应选在不受施工干扰、稳定可靠和便于引测进洞的地方。

(2)每一洞口(包括正洞进出口、横洞、竖井等)附近均应埋设两个以上水准点,其间的高差以安置一次仪器即可联测为宜。

(3)光电测距三角高程测量中的最大边长不应超过600m。

第二节　隧道进洞测量

一、直线隧道进洞的测量方法

(1)对直线隧道的进洞方向,是以两端洞口附近认定的中线点及其相邻的控制点,按洞外平面控制测量中所获得的各点精确坐标,反算出它们连线的坐标方位角,进而计算出进洞的拨角。

(2)如图13－2所示,A、D之连线为隧道洞内中线的理论位置,进洞方向的测设数据可按下式计算:

$$\begin{cases}\alpha_1=\alpha_{AD}-\alpha_{AE}\\\alpha_2=\alpha_{DG}-\alpha_{DA}\end{cases}\quad 或 \quad\begin{cases}\beta_1=\alpha_{AD}-\alpha_{AB}\\\beta_2=\alpha_{DA}-\alpha_{DC}\end{cases}$$

(3)进洞测量时,进口端置镜于A点,后视E(或B)点,测设α_1(或β_1)得到AD方向,即隧道中线方向,指导进洞;出口端置镜于D点,后视G(或C)点,测设α_2(或β_2)得到DA方向,指导进洞。

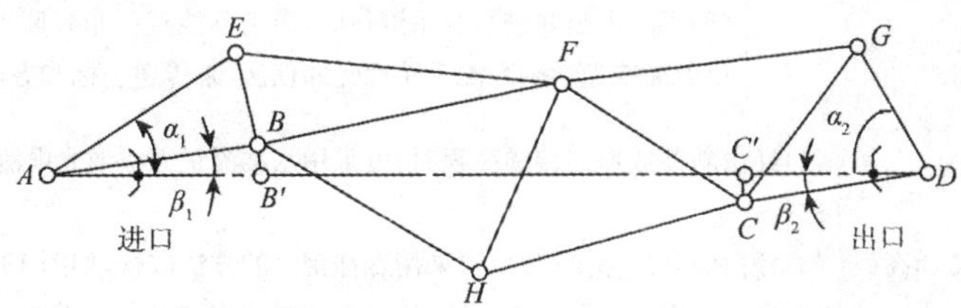

图13－2　直线隧道进洞测量示意图

(4)放样洞门点位时,测设距离根据相应点的里程求算出或根据相应坐标反算出。

(5)若B、C为定测时直线上的转点,为施工方便,在洞内控制未建立前,常移点到隧道中线上,如图13－2中的B'、C'两点,成为直线隧道进洞施工测量的方向标,然后用正倒镜分中法指导进洞方向。指导开挖方向时,置镜在两端点A、D,直接照准B'、C'即可。移$B(C)$点时,置镜$A(D)$,后视$B(C)$,拨角$\beta_1(\beta_2)$。由于此时$B(C)$点对隧道中线AD的垂距($BB'=AB\sin\beta_1$;$CC'=CD\sin\beta_2$)很小,可用三角板找垂线方向,以2m钢卷尺量测垂距即可。

较短的隧道宜采用移桩的方法,对于较长的隧道则宜采用拨角进洞的方法测量。

二、曲线隧道进洞测量的方法

(1)图13－3所示为一曲线隧道,A、B、C、D分别为定测的始端、末端切线方向控制桩,经确认后纳入主网成为洞外平面控制点。

(2)经过洞外平面控制测量,已求得这些点的精确坐标据此按坐标反算求得曲线始末切线的坐标方位角分别为 α_{AB} 和 α_{CD}，则曲线转向角为 $\alpha=\alpha_{CD}-\alpha_{AB}$。然后根据该 α 角及设计选配的圆曲线半径 R 和缓和曲线长 l_0，重新计算曲线综合要素、各主要点里程。

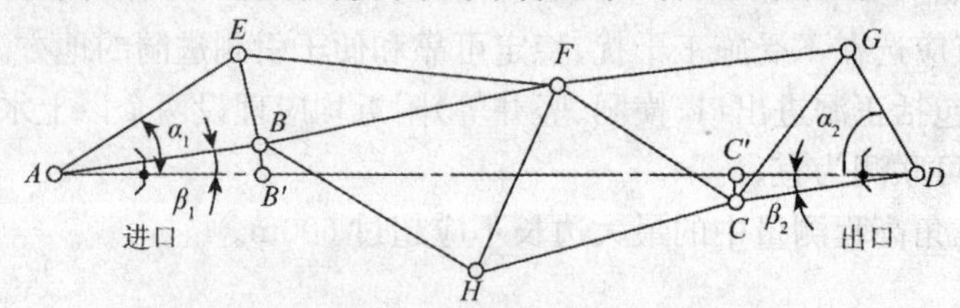

图 13－3　曲线隧道进洞测量示意图

(3)计算出欲测设中线点的坐标后，再根据控制点和待测设点的坐标计算测设数据，利用极坐标法即可标定洞门的位置和进洞方向。

(4)测设点位后，还应检核放样是否正确。方法为分别由两个控制点各自计算测设数据，在各控制点设测站分别进行放样，所测设的点位应相符，以此检核。若虽不相符但在误差允许范围内，一般可将两点位取中数。

三、隧道工程辅助坑道进洞测量的方法

隧道工程辅助坑道进洞测量的方法如图 13－4 所示。

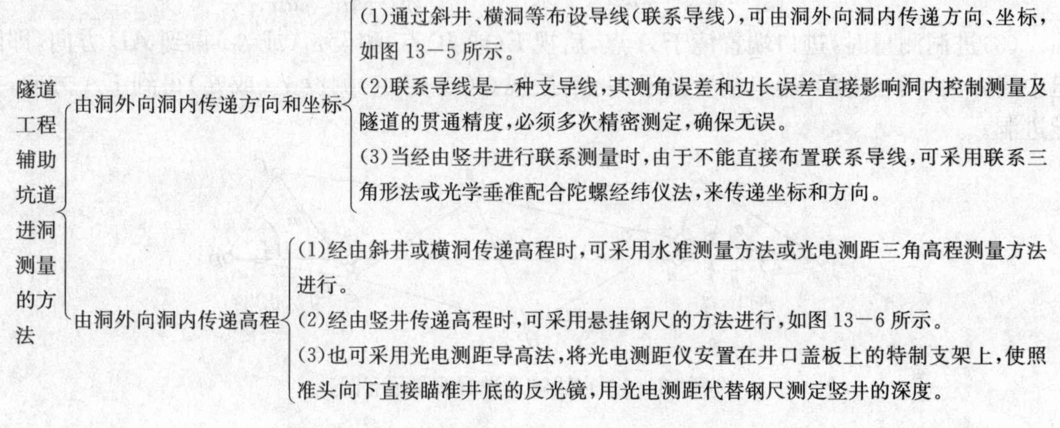

图 13－4　隧道工程辅助坑道进洞测量的方法

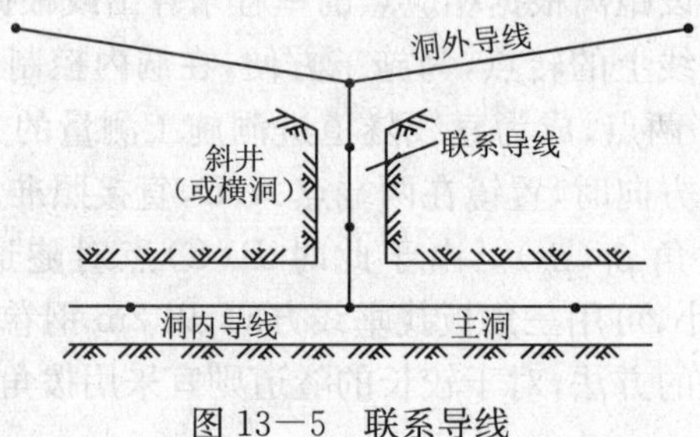

图 13－5　联系导线

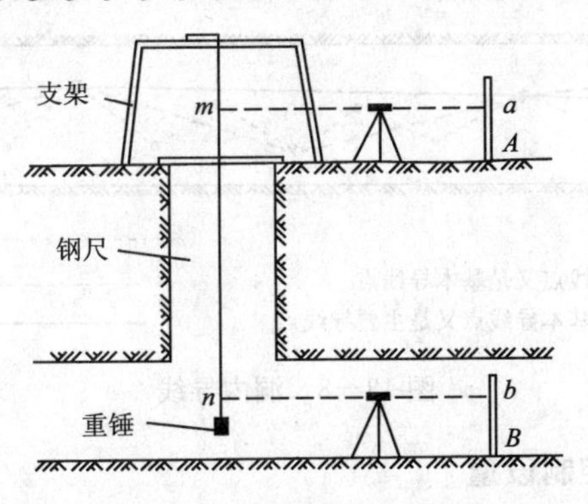

图 13－6　悬挂钢尺传递高程

第三节　隧道洞内控制测量

一、隧道洞内平面控制测量的形式

隧道洞内平面控制测量的形式如图 13－7 所示。

隧道洞内平面控制测量的形式

- 中线形式：中线形式就是以洞外控制测量定测的洞口控制点为依据，以定测（或稍高于定测）的精度，向洞内直接测设隧道中线点，并不断延伸作为洞内平面控制。这是一种特殊的支导线形式，即把中线控制点作为导线点，直接进行施工放样。该法只适用于较短隧道。
- 导线形式：
  - (1)导线形式是指洞内控制采用导线进行，施工放样用的隧道中线点由导线测设，中线点的精度能满足局部地段施工要求即可。
  - (2)导线控制的方法较中线形式灵活，点位易于选择，测量工作也较简单，而且可以有多种检核方法，当组成导线闭合环时，角度经过平差，还可提高点位的横向精度。
  - (3)洞内导线通常只能敷设支导线或狭长形导线环，而且它不可能一次测完，只有掘进一段距离后才可以增设一个新点，设立新点前必须对与之相关的既有导线点进行检查，在对既有导线点确认的基础上测量新点。
  - (4)洞内导线一般分级布设，先布设精度较低的施工导线，然后再布设精度较高的基本控制导线、主要导线。
  - (5)如图 13－8 所示，在开挖面每向前推进 25～50m 时，设施工导线点，用以进行放样且指导开挖。
  - (6)当掘进长度达 100～300m 以后，为了检查隧道的方向是否与设计相符合，并提高导线精度，选择一部分施工导线点布设边长较长、精度较高的基本控制导线。
  - (7)当隧道掘进大于 2km 时，可选择一部分基本导线点布设主要导线，主要导线的边长一般 150～800m。
  - (8)对精度要求较高的大型贯通，可在导线中加测陀螺边以提高方位的精度，陀螺边一般加在洞口起始点到贯通点距离的三分之二处。

图 13－7　隧道洞内平面控制测量的形式

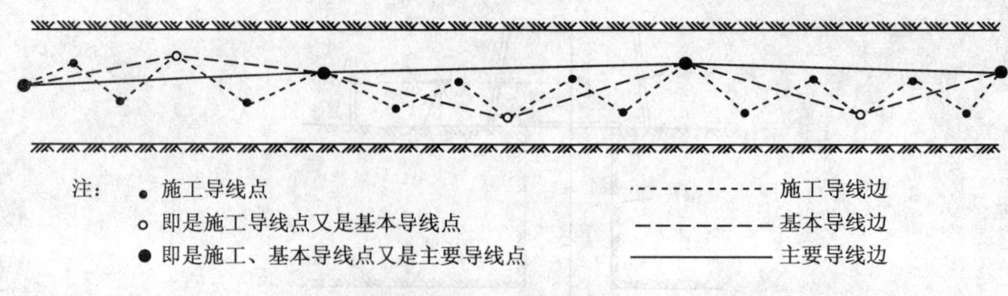

图 13－8　洞内导线

二、隧道工程洞内高程控制设量

(1)洞内高程控制测量可采用水准测量或光电测距三角高程测量的方法。洞内高程控制点可选在导线点上，也可根据情况埋设在洞顶、洞底或洞壁上，但必须稳固和便于观测。

(2)高程控制路线随并挖面的进展而向前延伸，一般可先布设较低精度的临时水准点，其后再布设较高精度的永久水准点。

(3)隧道贯通之前洞内水准路线属于水准支线，故需往返多次进行检核。洞内高程控制点作为施工高程的依据，必须定期复测。

(4)测量新的水准点前，应注意检查前一水准点的稳定性，以免产生错误。永久水准点最好按组设置，每组应不少于两个点，各组之间的距离一般为 200～400m。

(5)采用水准测量时，应往返观测，视线长度不宜大于 50m；采用光电测距三角高程测量时，应进行对向观测，注意洞内的除尘、通风排烟和水气的影响。

(6)洞内高程控制测量采用水准测量时，控制点位于洞顶时要运用倒尺法传递高程，如图 13－9 所示。

(7)应用倒尺法传递高程时，倒尺的读数为负值，高差的计算与常规水准测量方法相同。

(8)如果隧道内的后期施工对高程的精度要求较高(例如铺设整体道床)，则在隧道贯通以后，以两端洞口高程控制点为起闭点，将洞内所有高程控制点重新复测一次，最后将闭合差按高程控制点之间距离进行分配。

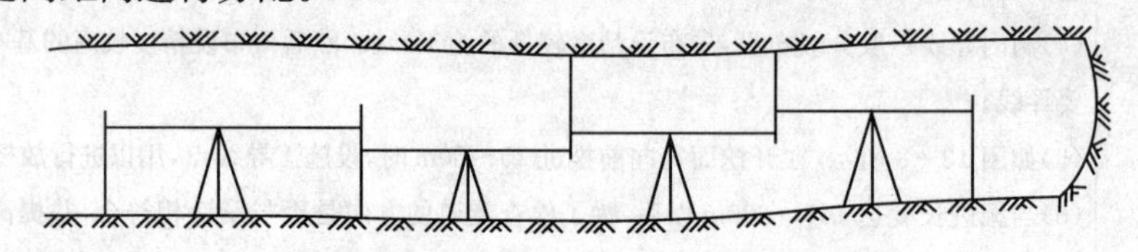

图 13－9　洞内倒尺法传递高程示意图

三、洞门仰坡放样

仰坡在坡面上的放样方法与边坡相同，即先把仰坡的坡脚线(相当于边坡的路肩线)按设计位置在地面上确定下来，知道坡脚线的高程和平面位置以后，再根据规定的仰坡坡度，即可定出坡顶线。

四、隧道工程洞内中线的测设

(1)一般隧道每掘进 20m 左右时，就要测设一个中线桩，洞内中线点根据导线点按极坐标法测设。

(2)如图 13－10 所示，P_6、P_7 为导线点，A 为隧道中线点，已知 P_6、P_7 的实测坐标及 A 的

设计坐标，推算出放样中线点的有关数据β_7、L后，将经纬仪置于导线点P_7上，后视P_6点，拨角β_7并沿该方向测设距离L，放出中线点A，在A点埋设标志。

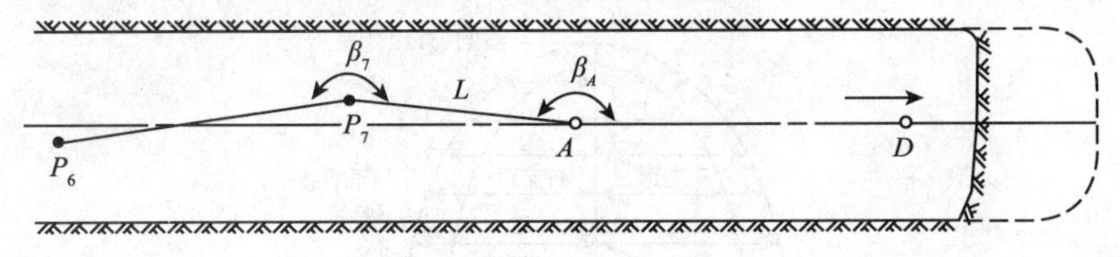

图 13－10　隧道中线的测设

五、洞内腰线的测设

(1)在隧道施工中，为了随时控制洞底的高程，通常在隧道侧面岩壁上沿中线前进方向每隔一定距离(5～10m)，标出比洞底设计地坪高出1m的抄平线，称为腰线。

(2)腰线标定后，可以根据腰线随时定出断面各部位的高程及隧道坡度，对于隧道断面的放样和指导开挖都十分方便。

第四节　隧道施工测量

一、掘进定向

(1)根据导线点和中线点的坐标计算测设数据，使用经纬仪或全站仪，用极坐标法测设出掘进方向。

(2)如图13－10所示，根据P_7、A点的坐标及隧道中线的设计方位角α_{AD}计算出β_A，将仪器置于A点，后视导线点P_7，拨角β_A，即得开挖方向AD。

(3)由于洞内工作面狭小且光线暗淡，在隧道施工中，一般使用具有激光指向功能的全站仪、激光经纬仪或激光指向仪来指示掘进方向。

(4)激光指向仪也可以被安置在隧道顶部或侧壁的支架上，以不影响施工和运输为宜，利用仪器发射的一束可见光，指示出中线及腰线方向或它们的平行方向。

(5)如采用机械化掘进设备，光电跟踪靶配装在掘进机上，当掘进方向偏离了指向仪的激光束，光电接收装置将会通过指向仪表给出掘进机的偏移方向和偏移量，并能为掘进机的自动控制提供信息，从而实现掘进定向的自动化。

二、开挖的断面放样

(1)开挖断面的放样是在中线和腰线基础上进行的，包括两侧边墙、拱顶、底板(仰拱)的放样。

(2)通常根据设计图纸给出的断面宽度、拱脚和拱顶的标高、拱曲线半径等数据放样，采用断面支距法测设断面轮廓。

(3)拱部断面的轮廓线放样时，自拱顶外线高程起，沿线路中线向下海隔0.5m向左、右两侧量其设计支距，然后将各支距端点连接起来，即为拱部断面的轮廓线，如图13－11所示。

(4)墙部放样时，曲墙地段自起拱线高程起，沿线路中线向下每隔0.5m向左、右两侧按设计尺寸量支距。直墙地段间隔可大些，每隔1m量支距定点。

(5)如隧道底部设有仰拱时,可由线路中线起,向左、右每隔 0.5m 由路基高程向下量出设计的开挖深度。

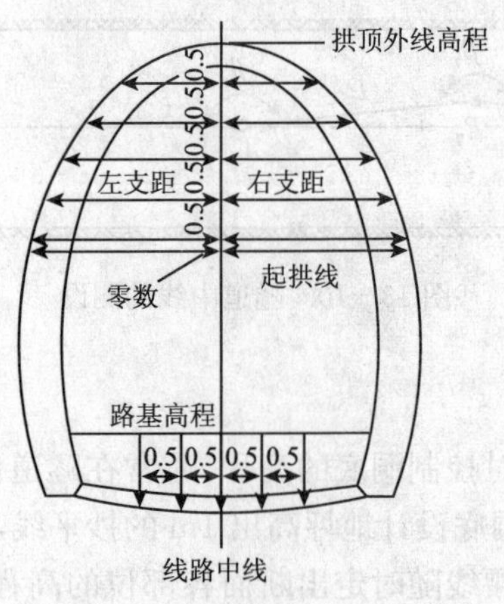

图 13－11　隧道断面(单位:mm)

三、隧道工程衬砌放样

隧道工程衬砌放样如图 13－12 所示。

隧道工程衬砌放样

- 拱部衬砌放样
  - (1)拱部衬砌的放样主要是将拱架安置在正确位置上。拱部分段进行衬砌,一般按 5～10m 进行分段,地质不良地段可缩短至 1～2m。
  - (2)拱部放样根据线路中线点及水准点,用仪器放出拱架顶的位置和起拱线的位置以及十字线(是指路线中线与其垂线所形成的十字线,在曲线上则是路线中线的切线与其垂线所形成的十字线),然后将分段两端的两个拱架定位。
  - (3)拱架定位时,应将拱架顶与放出的拱架顶位置对齐,并将拱架两侧拱脚与起拱线的相对位置放置正确。
  - (4)两端拱架定位并固定后,在两端拱架的拱顶及两侧拱脚之间绷上麻线,据以固定其间的拱架。
  - (5)在拱架逐个检查调整后,即可铺设模板衬砌。
- 边墙及避车洞的衬砌放样
  - (1)边墙衬砌先根据线路中线点和水准点,按施工断面各部位的高程,用仪器放出路基高程、边墙基底高程及边墙顶高程,对已放过起拱线高程的,应对起拱线高程进行检核。
  - (2)如为直墙,可从校准的路线中线按设计尺寸放出支距,即可立模衬砌。如为曲墙,可先按1∶1的大样制出曲墙模型板,然后从线路中线按算得的支距安设曲墙模型板进行衬砌。
  - (3)避车洞的衬砌放样与隧道的拱、墙放样基本相同。其中心位置是按设计里程,由线路中线放垂线(即十字线)定出。
- 仰拱和铺底放样
  - (1)仰拱砌筑时的放样,是先按设计尺寸制好模型板,然后在路基高程位置绷上麻线,再由麻线向下量支距,定出模型板位置。
  - (2)隧道铺底时,是先在左、右边墙上标出路基高程,由此向下放出设计尺寸,然后在左、右边墙上绷以麻线,以此来控制各处底部是否挖够了尺寸,之后即可铺底。

图 13－12　隧道工程衬砌放样

第五节　隧道贯通测量

一、隧道贯通误差要求

隧道贯通是指采用两个或多个相向或同向的掘进工作面分段掘进隧道，使其按设计要求在预定地点彼此接通，称为隧道贯通。

在隧道施工中，由于洞外控制测量、联系测量、洞内控制测量以及细部放样的误差，使得两个相向开挖的工作面的施工中线，不能理想地衔接而产生错开，即为贯通误差。

贯通误差在线路中线方向上的投影长度为纵向贯通误差。在垂直于中线方向的投影长度为横向贯通误差，在高程方向（竖向）的投影长度为高程贯通误差。

(1)纵向贯通误差影响隧道中线的长度，只要它不低于线路中线测量的精度（$\leqslant L/2000$，L 为隧道两开挖洞口间的长度），就不会造成对线路坡度的有害影响，因此规范中没有单独列出纵向贯通要求。

(2)高程贯通误差影响隧道的纵坡，一般应用水准测量的方法测定，较易达到限差要求。

(3)横向贯通的精度至关重要，倘若横向贯通误差过大，就会引起隧道中线几何形状的改变，严重者会使衬砌部分侵入到建筑限界内，影响施工质量并造成巨大的经济损失。

《铁路测量技术规则》中对隧道贯通误差的规定见表 13－2。

表 13－2　铁路隧道贯通误差的限差

两开挖洞口间长度(km)	<4	4～8	8～10	10～13	13～17	17～20	>20
横向贯通限差(mm)	100	150	200	300	400	500	根据实际条件另定
高程贯通限差(mm)	50						

二、隧道贯通的测定

(1)隧道贯通后，应及时地进行贯通测量，测定实际的横向、纵向和竖向贯通误差。

(2)由隧道两端洞口附近的水准点向洞内各自进行水准测量，分别测出贯通面附近的同一水准点的高程，其高程差即为实际的高程贯通误差（竖向贯通误差）。

(3)洞内平面控制应用中线法的隧道，当贯通之后，应从相向测量的两个方向各自向贯通面延伸中线，并各钉设一临时桩 A 和 B，如图 13－13 所示。量测出两临时桩 A、B 之间的距离，即得隧道的实际横向贯通误差；A、B 两临时桩的里程之差，即为隧道的实际纵向贯通误差。该法对于直线隧道和曲线隧道都适用。

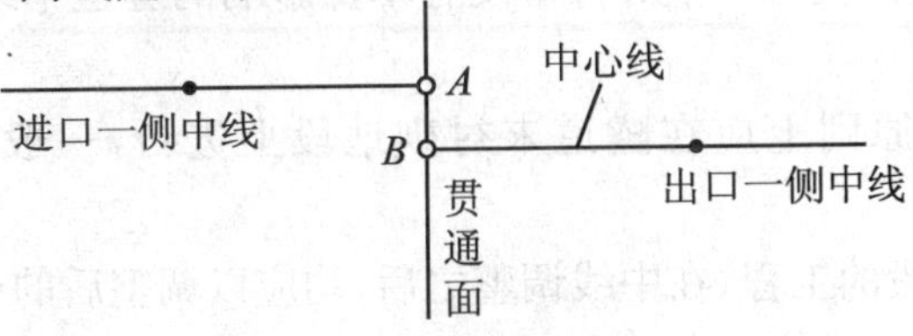

图 13－13　中线控制的贯通误差

(4)用导线作洞内平面控制的隧道，可在实际贯通点附近设置一临时桩点 P，如图 13－14 所示，分别由贯通面两侧的导线测出其坐标。由进口一侧测得的 P 点坐标为(x_1、y_1)，由出口一侧测得的 P 点坐标为(x_c、y_c)，则实际贯通误差为：

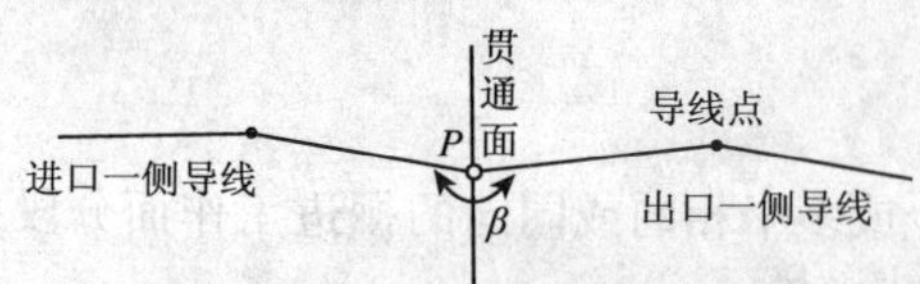

图 13－14　导线控制的贯通误差

$$f=\sqrt{(x_c-x_J)^2+(y_c-y_J)^2}$$

(5)如果是直线隧道，通常是以线路中线方向作为 x 轴，此时横向、纵向贯通误差分别为：

$$f_{横}=y_c-y_1$$

$$f_{纵}=x_c-x_1$$

(6)如果是曲线隧道，其贯通面方向是指贯通面所在曲线处的法线方向。如图 13－15 所示，$\alpha_{贯}$ 为贯通面方向的坐标方位角，α_f 为实际贯通误差方向的坐标方位角，φ 为贯通面方向与实际贯通误差 f 的夹角，$\alpha_f=\alpha\mathrm{rctan}=\dfrac{y_c-y_1}{x_c-x_1}\varphi=\alpha_{\mathrm{f}}-\alpha_{贯}$。横向、纵向贯通误差分别为：

$$\begin{cases}f_{横}=f\cdot\cos\varphi\\ f_{纵}=f\cdot\sin\varphi\end{cases}$$

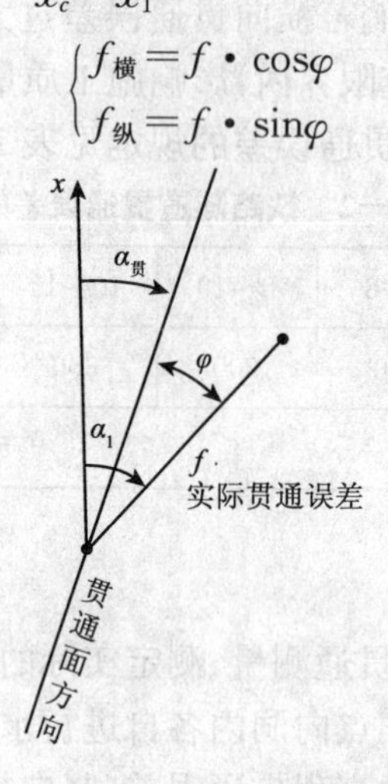

图 13－15　贯通方向与贯通误差的夹角

(7)若贯通误差在容许范围之内，就可认为测量工作已达到预期目的。

(8)由于贯通误差将导致隧道断面扩大并影响衬砌工作的进行，因此，要采用适当的方法将贯通误差加以调整，进而获得一个对行车没有不良影响的隧道中线，作为扩大断面、修筑衬砌以及铺设路基的依据。

(9)调整贯通误差，原则上应在隧道末衬砌地段上进行，一般不再变动已衬砌地段的中线。

(10)所有末衬砌地段的工程，在中线调整之后，均应以调整后的中线指导施工。

第六节　隧道竣工测量

一、隧道工程竣工时，线路中线的复测

(1)隧道竣工测量时，首先从一端洞口至另一端洞口检测中线点，进行线路中线复测。

(2)隧道线路中线复测，实际上是对线路中线的一次全面恢复。

(3)对于采用中线形式控制的隧道，先检测竣工时仍保存的中线点，然后根据已检测的中线点恢复丢失的中线点。

(4)对于采用导线形式控制的隧道，先检测竣工时仍保存的导线点，检测可靠后即可据此测设中线点。

(5)在丢失导线点地段，先在原导线点间加设新点，再按原测量精度施测并进行局部平差计算，最后根据平差后的导线点测设中线点。

(6)中线测量时，还应标校避人(车)洞位置，在洞身变换断面、衬砌类型变换以及其他需要测净空端面的里程处应标志临时中桩，供测绘断面用。

二、隧道工程永久性中线桩及永久性高程点的测设

(1)中线复测合格后，应在直线上每 200～250m 以及各曲线主点上埋设永久中线桩点。

(2)隧道竣工时洞内仍保存的中线点，其间距和埋石均符合永久中线点的要求时，不再埋设新点。

(3)永久中线点设立后，应在隧道的边墙上绘出标志。

(4)标志设在高于轨面 50cm 处，标志框内以白漆打底、红漆书写，上写中线点的名称，中间写里程，下写标志距中桩的距离。

(5)洞内高程点在复测的基础上应每 1km 埋设一个永久水准点。短于 1km 的隧道，应至少设立一个或两端洞口附近各设一个，并在隧道边墙上作出标记，注明高程点的编号和高程。

(6)永久高程点设立后，应与两端洞口附近的高程控制点构成附合路线进行联测，平差后确定各点的高程。

(7)洞内永久性中线桩和永久性高程点测设后，应列出实测成果表，注明里程，作为竣工资料之一，供将来运营中工程维修、养护和设备安装时使用。

三、隧道工程永久净空断面的测绘

(1)隧道竣工后，应在直线地段每 50m、曲线地段每 20m 以及其他需要加测断面处，测绘隧道的实际净空断面。

(2)隧道净空断面测绘的依据是线路中线和轨顶高程。

(3)隧道净空断面测绘所需的临时中线点在中线复测时设出，轨顶高程根据永久高程点测出。

(4)断面测绘可采用支距法或摄影测量的方法。

(5)测绘隧道的实际净空包括：拱顶高程、半拱宽度、起拱线左右侧宽度、内轨顶面线左右侧宽度、铺底或仰拱顶面高程(填充混凝土前测)，最后应绘出断面净空图。

(6)隧道竣工测量结束后，根据测量成果编绘相关的图表作为竣工资料。

第七节 隧道工程施工测量的技术资料

隧道工程施工测量的技术资料如图 13－16 所示。

隧道工程施工测量的技术资料

- 洞内控制测量应整理和提交的资料
  - (1)洞内控制测量说明。包括布点情况，施测日期，测量方法和仪器型号，实际贯通里程，平差方法，特殊情况及其处理。
  - (2)洞内控制测量示意图。
  - (3)角度、边长和高程的实测精度及计算方法。
  - (4)对洞外控制点的检测及联测情况。
  - (5)洞内导线点坐标以及水准点计算成果。
  - (6)在三个方向上的实际贯通误差。
  - (7)贯通误差的调整方法。
- 洞外控制测量应整理和提交的资料
  - (1)控制测量说明。包括隧道名称、长度，平面形状，布网情况，施测方法，仪器型号，平差方法，施测日期以及特殊情况与处理等。
  - (2)布点示意图。
  - (3)曲线转角、曲线的计算以及曲线始终点实测里程。
  - (4)控测水准点高程计算成果及其与定测水准点高程的关系。
  - (5)控测里程与定测里程的关系。
  - (6)洞口投点的进洞关系计算成果。
  - (7)控制网的边长、坐标和方位角计算成果。
  - (8)角度、边长和高程的实测精度及其计算方法，平差后的精度。
  - (9)洞外控制测量误差对贯通精度的影响值以及对洞内测量的要求。
- 施工测量应整理备查的资料
  - (1)中线测量手簿。包括方向测量记录、距离测量记录，点之记，点间关系附图；设角或串线记录、距离记录、点之记、点间关系附图。
  - (2)高程测量手簿。洞内高程点(水准点)往返或对向观测记录；永久中线点和临时中线点高程测量记录；凡用于衬砌放样的中线点，其高程不少于两次测量且应相符。
  - (3)衬砌放样测量手簿。包括内轨顶、边墙底、起拱线、拱顶、底或仰拱的高程测量及标志；绘出某种断面支距的图示及该种断面的起讫里程，断面变换时的过渡处理；断面方向线(十字线方向)测设。
- 竣工测量应提交的资料
  - (1)以隧道进出口轨顶高程处的洞门圬工里程为准的隧道长度表。
  - (2)中线基桩表。列出施工里程与统一里程相对照，并附施工断链表。
  - (3)曲线表。列出曲线要素及曲线的起讫里程。
  - (4)坡度表。列出坡度、坡段长及起讫里程。
  - (5)水准点(或高程点)表。列出点名、高程、位置。
  - (6)隧道净空表和净空断面图。

图 13－16 隧道工程施工测量的技术资料

第十四章　既有线路及既有站场测量

既有线和既有站场测量，是对既有铁路的线路和站场的平面、纵断面组合状况及建筑物、设备的空间位置所进行的调查、丈量和测绘，经过整理使其全面反映既有铁路的状态。在进行改扩建的地段，还要在可能涉及的范围进行测量，收集工程设计所需要的资料。

既有铁路勘测是在运营的铁路线上进行，要力求不干扰正常的运输生产，要保证行车和测量工作的安全。测量队要制定切实可行的安全措施和制度，作业人员必须严格遵守有关规定。

既有线测量的内容主要有：线路纵向丈量、横向调绘、中线测量、高程测量、横断面测量、地形测量等。

第一节　既有线路测量

一、既有线的纵向丈量要点

(1)既有线路的里程丈量从起点开始，按原有里程方向连续丈量推算里程。

(2)里程丈量以既有线正线轨道中心的长度为准，一般应沿轨道中心线丈量。当直线段较长时，距曲线起、终点 40～80m 以外的直线段，可沿左轨轨面丈量。

(3)双线并行区段的里程，沿下行线丈量。并行直线地段的上行线采用对应下行线里程(下行线向上行线投影)，使两线里程一致；并行曲线地段应分别丈量，并在曲线测量终点外的直线上取得投影断链。

(4)当上行线为绕行线时，应单独丈量。

(5)外业断链应设在百米标处，困难时可设在里程为 10m 整倍数的加标处，不应设在车站、桥隧建筑物和曲线范围内。

(6)在轨道上丈量里程，一般用轨道方尺定位。测量用的轨道方尺，在距横挡外端头 1/2 轨距的直杆面上钉有小铁钉。

(7)在直线地段测定轨道中心，可将横挡外端顶紧任意一侧钢轨顶内侧面，铁钉处即为轨道中心。

(8)既有线曲线地段的线路轨道中心是距外轨轨顶内侧 1/2 标准轨距处，在曲线段测定轨道中心，必须将横挡顶紧外轨顶内侧面。

(9)丈量直线段长度时，常用 50m 钢尺整尺量距。在曲线地段丈量时，每尺丈量 20m 弦长以代替弧长，当圆曲线半径小于 300m 时，在圆曲线段要扣除弦弧差。

(10)里程丈量一般应由两组人员各持一根钢尺独立进行，依次向前丈量，每公里核对一次，当两组丈量结果的相对误差小于 1/2000 时，则以第一组丈量的里程为准。如果精度超限，由第二组重新丈量，确信无误后立即通知第一组重新丈量并改正，之后，再继续前进。

(11)里程丈量的同时，应与原有桥梁、隧道、车站等建筑物的里程核对，并在记录本上注明其差数。

(12)线路设有轨道电路时，里程丈量应采取绝缘措施。

二、既有线路的里程标的设置

里程丈量到设标位置时，先用轨道方尺将点位平移到钢轨顶、侧面画粉笔线，用钢刷除去铁锈后，用白色油漆在左轨外侧腹部按粉笔位画竖线（左轨为曲线外轨时，内轨外侧也要画竖线），在左轨竖线左侧标注公里整数，右侧标注里程零数。公里标和半公里标应写全里程，百米标和加标可不写公里数，如图 14－1 所示。

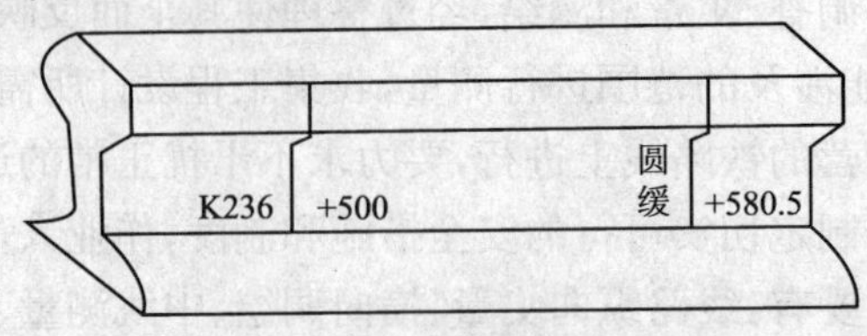

图 14－1 里程标注

设置加标的地点和里程取位的规定如下：

(1)桥梁中心、大中桥的桥台胸墙和台尾、隧道进出口、圆曲线和缓和曲线始终点标、车站中心、道岔中心、信号机等，取位至厘米。

(2)涵渠、渡槽、站台、平交道口、坡度标、跨越线路的管线（电力线、通讯线、地下管线等）中心，新型轨下基础、路基防护、支挡工程等的起终点和中间变化点，取位至分米。

(3)路基边坡的最高和最低点、路堤和路堑交界处、路基宽度变化处、路基病害地段，取位至米。

需要设置加标的建筑物的点位，宜先作专业调查。建筑物和标志的加标性质（如桥中心、洞口、坡度标等），应在记录本上注明，记录格式见表 14－1。

表 14－1 百米标及加标的里程记录

里程及百米标	加标	丈量结果			差数	附注
		第一次	第二次	检查		
K236＋100		100	100			
	142.3					通讯线交叉中心
	152.15					台前
	164.45					桥梁中心
	176.75					台尾
	187.6					200V 电力线交叉中心
236＋200		100	99.99			
	250.7					平交道中心
	256.50					直缓标
236＋300		100	100.01			
	336.50					缓圆标
	339.8					涵心
	365.2					地下电缆
236＋400		100	100			
	430.7					挡墙起
	455.9					挡墙终
	458.50					曲中标
236＋500		100	100			
	580.50					圆缓标
236＋600		100	100.01			
	660.50					缓直标
236＋700		100	100			
	776.8					涵心
236＋800		100	100			

三、既有线路的横向调绘

线路横向调绘，又称百米标横向测绘，是对既有线沿线地物、地貌做详细的调绘，以充实或修正既有线平面图。

调绘重点是影响线路方案和第二线位置的控制地段。如果线路有新测绘的大比例尺地形图，则横向调绘内容可简化或省略。

在地形图上精度达不到要求和显示有困难的有关地物亦应进行必要的调绘工作。

为此，测绘工作开始前应尽可能搜集到该线路的各种平面图，并携带至现场。

既有线横向调绘成果应记录和反映在百米标详细记录簿上。

四、既有线路横向调绘用的百米标详细记录簿

百米记录簿中间有一条上下直线代表线路中线，在其左右各 1cm 画两条平行线用以代表路肩。

(1)记录簿比例尺应根据抛物、地貌的复杂程度确定，一般采用 1∶2000 或 1∶1000。

(2) 横向调绘开始前，先在室内根据纵向丈量记录，将所测地段的百米标及加标，自下而上地抄在簿内中线右侧的 1cm 宽度内。

(3)路肩上的各种标志则根据实际情况，画在中线两侧的路肩线内。调绘时，以中线里程为纵坐标，与中线相垂直的横向距离为横坐标来确定点位。

(4)海边的调绘宽度一般为 20m，重点工程及用地较宽处，再酌量加宽。横向调绘精度根据调绘内容的重要性，用钢尺、皮尺或目估测定。路基以内量至厘米，路基以外量至分米，地貌分类（含土地类别)或行政区的分界可估至米即可。

五、既有线路横向调绘的内容

1. 地貌、地物的调绘

(1)地貌、地物描绘。

包括山丘、河流、公路、小路、水塘、房屋、电杆、路堤和路堑分界点、取土坑，弃土堆等位置的调绘，并应注明情况。例如，河流应注明名称、流向及能否通航，公路应注明宽度、路面材料及去向。

(2)水塘、取土坑应注明深度。

(3)房屋，如属路产应与台账核对，如有拆迁的可能则应详细调查户主姓名、建筑材料类别、新旧程度等。

(4)通信及电力线路应注明业主、电线对(根)数、电杆材料等，当其跨越线路时，应测出最低电线到轨顶的高度及电线与线路的交角。

(5)防护林，则应调查植物名称、树龄，并丈量距线路中心的距离等等。省、市、县、乡的分界线，水田、旱地、荒地等土地种类分界线，亦应调绘、核对。

2. 线路标志与设备的调绘

(1)包括路基上的各种标志、桥涵、平(立)交道口、排水设备以及挡土墙、护坡等的调绘。例如，坡度标应注明坡度、坡长。

(2)曲线标应注明曲线要素。

(3)桥梁应按比例尺绘出平面示意图，并注明中心里程及孔数，如系跨线桥还应注明与铁

路的交角及净空。

(4)平交道口应注明宽度、与线路交角、防护栅栏类别、有无看守、每昼夜通车对数及行人情况等等。

(5)沿线排水系统应按要求进行调查,特别是排水不良地段,要详细查明原因。当排水系统设备远离中线而该设备有改造可能时,或排水特别困难地段,须测绘 1∶500 或 1∶1000 大比例尺地形图,或测绘排水沟中线及其纵、横断面图。

六、既有线路的中线外移桩的设置

(1)设置外移桩,一般用轨道方尺定出与中线垂直的方向,用钢卷尺顺垂直方向按所定的外移距量出线路中心至外移桩的距离,钉桩定点。为了行人安全和保护外移桩,应将桩顶打到与地面平齐或位于地面以下 2cm 左右为宜。

(2)外移桩应尽量设在线路的同一侧,直线地段宜设在百米标处左侧路肩上,曲线地段应设在曲线外侧路肩上,双线区间宜设在下行线的左侧路肩上,距线路中心一般为 2.0～3.0m,如图 14－2 所示。外移桩应注明里程,但不另外编号。同一条线路上外移桩距中线的距离宜相等,如遇建筑物障碍,外移距可增减,如有困难,则在同一曲线范围内的外移距应相等,这样便于计算。

(3)外移桩间的距离,在直线地段不应长于 500m 或短于 50m,在曲线地段不应长于 100m。所设外移桩应及时记入手簿,并注明其位置及外移距离。

(4)在遇到特大桥及隧道时,应将外移桩移回线路中心。当外移桩与曲线外侧非同侧、或当增建第二线变侧时,外移桩需在曲线前的直线上用等距平行线法换侧,如图 14－3所示。

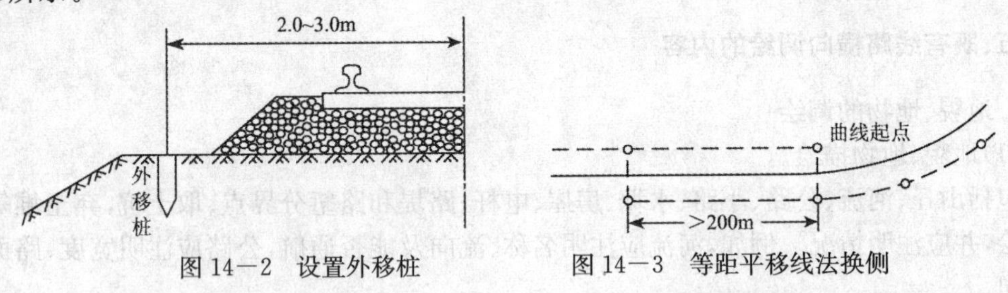

图 14－2 设置外移桩　　图 14－3 等距平移线法换侧

(5)中线测量可沿线路中线或外移桩进行,也可沿一条钢轨(直线一般沿左轨,曲线沿外轨)中心进行测量。

(6)随着测量方法的改变,外移桩用作置镜点的作用已逐渐减少。设置外移距相等的平行于线路的外移桩,形成统一而有规律的标志,便于测设、记录和恢复中线位置,因此在有条件设置外移桩的既有线上仍需按要求设置外移桩。

(7)在某些地段(路肩部分用干砌石加宽、加固或隧道密集等)的路肩上设置外移桩有困难时,可在线路中心设桩通过,也可在轨道两侧适合固桩的位置埋设外移距不等的护桩,并详细记录护桩的位置和距离。

七、既有线路中线测量

以往进行既有线中线测量时,既有线的直线测量,是在线路中心(或在外移桩上、或在左轨中心)的转点上置镜,测量桩点间的转向角,测角采用 DJ_2 或 DJ_6 级经纬仪观测一测回;既有线的曲线测量，常用偏角法或矢距法、正矢法施测。

随着全站仪的普及应用，现场已在使用坐标法进行线路测量。建立全线统一测量坐标系后，应用坐标法进行中线测量，简便、迅速、精确，坐标法已成为既有线中线测量的主要方法之一。

坐标法测量既有线中线，控制测量的方法及要求与初测导线完全相同。

(1)施测既有中线上点位时，通常在直线地段每 50m、曲线地段每 20m 采集一中线点，既有曲线的各主点、里程丈量时设置的加标点也均要立棱镜测量。

(2)如图 14－4 所示，D_1、D_2、D_3 为导线点，各小短线为既有线上需要测量的中线点。安置仪器于导线点 D_2 上，后视另一导线点 D_1（或 D_3）定向，将小棱镜立在中线点 P 上，仪器照准棱镜，使用全站仪的坐标测量功能，直接获得该中线点的坐标并存储。

(3)待中线点坐标全部测出后，传输在计算机上，运用相关软件，可根据各点坐标，直接绘出既有线路的平面现状。

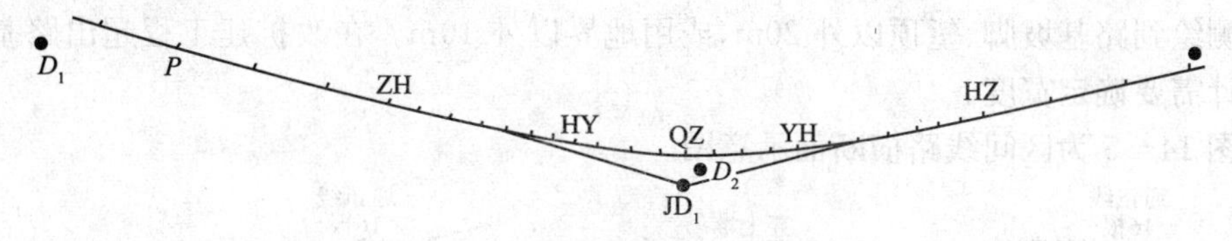

图 14－4　坐标法测量既有线中线

(4)在线路中心置棱镜时，按里程丈量在钢轨上留下的标记，用轨道方尺恢复中心位置，作为对点位置。曲线测量的起点和终点，应设在既有直缓点和缓直点以外 40～80m 处。

八、既有线路的高程测量

(1)测量水准点高程（核对、补测沿线既有水准点），之后对既有线上所有百米标及加标沿轨顶测量高程。

(2)水准点的高程和编号，应以既有线的资料为准，并且要到现场核对、确认，不但里程和位置要相符，注记也要清晰。

(3)当水准点遗失、损坏或间距大于 2km 时，应补设水准点。在大中桥头、隧道洞口、车站等处应增设水准点。

(4)补设或增设的水准点，其高程应自邻近的既有水准点引出，并与另一既有水准点联测闭合。

(5)水准点高程测量，通常采用水准测量的方法，一组往返测或两组并测，其高差较差不应超过$\pm 30\sqrt{L}$mm（L 为单程水准路线长度，以 km 为单位），若闭合差超限，须返工重测。

(6)若采用光电测距三角高程测量方法，所用仪器精度不低于 DJ_2 级。全线水准点的高程应连续测量贯通，与既有水准点高程的闭合差在$\pm 30\sqrt{L}$mm 以内时采用原有高程，如超过限差并确认个别既有水准点高程有误时，方可更改原有高程。测量百米标及加标高程，直线地段测左轨轨面，曲线地段测内轨轨面。

(7)高程测量路线应起闭于水准点，当闭合差在$\pm 30\sqrt{L}$mm 以内时，按转点个数平差后推算各标的高程。百米标及加标高程检测限差为±20mm。

九、既有线的横断面的测量

(1)既有线横断面图是线路维修、技术改造时的设计和施工的重要依据,比例尺一般为1∶200。既有线横断面测量,工作量大,比新线横断面测量要求精度高,其测绘方法与新线的相同。

(2)既有线横断面测量,以既有正线中心为横断面中心线,以既有轨面高程为横断面高程基准,距离、高程取位至厘米。

(3)既有线的百米标、挡墙、护坡、路基病害处、平交道口、隧道洞口、涵管中心及桥台台尾处等,均应测绘横断面图。横断面的测点为既有路基和道床的横向建筑轮廓的转折点,如砟肩、砟脚、路肩、侧沟、平台、挡护墙、边坡坡脚、堑顶、排水沟等处均应测点。

(4)横断面的密度及宽度以满足设计需要为原则。横断面间距,在直线地段不宜大于50m,曲线地段不宜大于40m,个别设计路基工点一般为10～20m,复杂工点为5～10m。其宽度,一般测绘到路基坡脚、堑顶以外20m,或用地界以外10m。在改扩建工程超出路基范围一侧,按设计需要确定宽度。

(5)图14－5为区间线路横断面示意图。

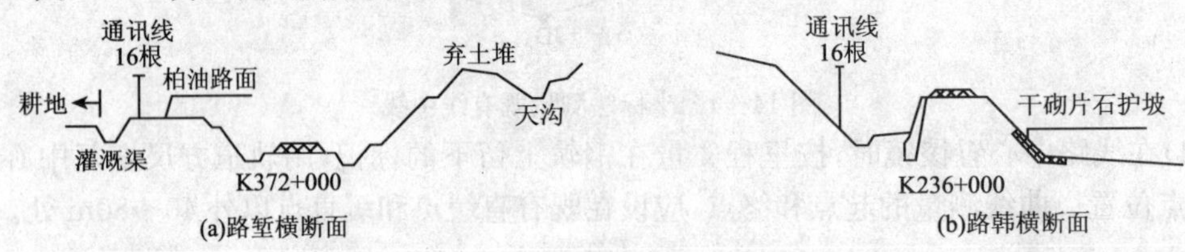

图14－5　既有线横断面

十、既有线路的地形及曲线整正计算

1. 地形测量

既有线地形测量的方法与新线测图方法相同。

地形图比例尺一般为1∶2000。原有地形图经核对确认可以利用时可不重测,但宽度不足及地形、地物有明显变化的部分应予以补测。对既有线上及两侧的铁路标志、设备和有关地物等,在地形图上精度达不到要求或显示有困难时应进行调绘。

2. 既有曲线整正计算

整正既有曲线是将平面已错动变形的曲线拨正恢复到正确的设计位置。

曲线整正计算就是求算曲线平面各点的拨正距离。

曲线整正计算的前提条件是曲线两端切线位置固定不动。选定设计曲线半径和缓和曲线长度时,应尽可能使设计曲线与既有曲线最大程度的接近,保证曲线总拨移量最小,同时按线路平面设计的要求,控制拨移量及拨移方向,力争改建工程量最小。

既有曲线整正的方法很多,以往在线路维修中常采用绳正法,在既有线改建、复测及大修时常采用渐伸线法,现今采用坐标法。

随着坐标法测量既有线的普及以及计算机软件的广泛应用,在计算机上进行既有线路中线的回归计算,可以求出适合改造要求或拨正距离最小的曲线半径和缓和曲线长度,使得采用坐标法进行曲线整正不但精度高而且更为简便。

第二节　既有站场测量

一、既有站场站内线路纵向的丈量

车站内的里程丈量应沿正线进行，并与区间线路里程连续。里程丈量、标注的方法，精度及加标的要求，均与既有线路纵向丈量中的相同。

另外，在整 50m 处应有加标；驼峰调车场中轴线从压钩坡起点附近至中间坡末端间应每 5～10m设一加标，其余地段每 10～20m 设一加标。

站内采用正线连续里程，站内较长的联络线、岔线及其他单独线路，均应单独丈量里程。对站内的支线、专用线、联络线等的里程丈量，应以接轨道岔的岔心为丈量起点，并确定它们与正线或其他线路的里程关系(例如专 0+000=K68+123.45)，丈量的终点应能满足设计需要并设置在直线上。大站内的各车场、机务段、车辆段和大型货场的里程丈量，可选择一条贯通线进行，并与正线联测里程关系，丈量范围应根据设计需要决定，一般应延伸到进站信号机以外。

当车站为鸳鸯股道布设时，应从车站中心转入另一股道连续丈量并推算里程，如图 14－6 所示。

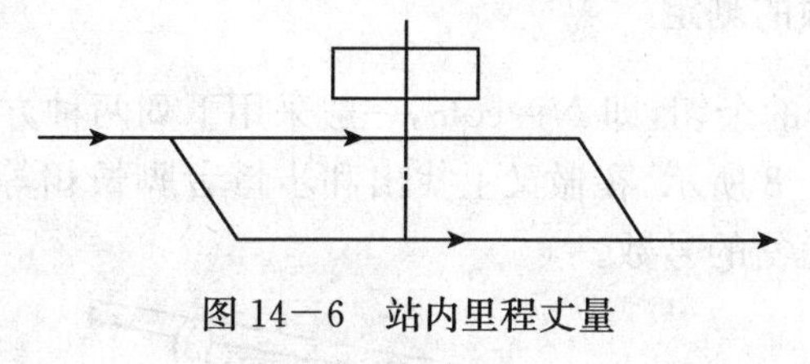

图 14－6　站内里程丈量

二、既有站场平面测绘

既有站场平面测绘，是将站内所有地面或地下建筑物和其他站内设施测绘成图。其测绘内容主要包括：各种测量控制点、站内各种线路和道岔、站内各种建筑物和站场设施、站场范围内不属于铁路的其他地物等。

三、既有站场测量时的股道和道岔的表示方法

在站场平面图上，一般用股道中心线和道岔中心表示股道和道岔的位置，并在图上注明它们的编号。股道编号的方法是：从靠近站房的股道起，向远离站房的方向顺序编号，其中正线的编号在图上用罗马数字标注，其余股道的编号则用阿拉伯数字标注。道岔的编号方法是：从车站两端由外向内依次编号，下行列车进站一端为奇数号(单号)，上行列车进站一端为偶数号(双号)，单双号的分界线为站房的中心线。站场平面图上股道和道岔的表示，如图 14－7 所示。

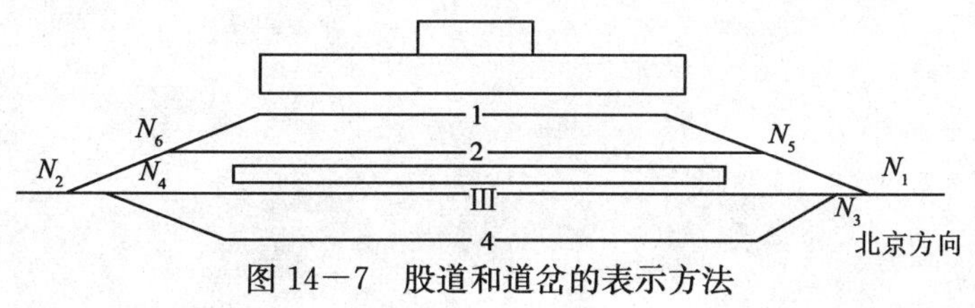

图 14－7　股道和道岔的表示方法

四、既有站场的股道的长度的确定

1.股道长度

以岔心或车挡为端点，正线股道长度按道岔中心里程差推算。

平行正线的股道长度，按两端道岔或车挡对应的正线里程推算；与正线不平行的站线，按坐标差计算长度。

2.股道有效长

(1)有效长指前端信号机(到发线为出发信号机，其他站线为调车信号机)至后端警冲标间的的长度，上、下行有效长不等时，以较短的长度为准。

(2)无信号机的站线有效长为两端警冲标之间的长度。尽头线的端点为车挡。

(3)确定有效长应测出警冲标、信号机的点位坐标，根据线间距、道岔号数、连接曲线半径，计算有效长。

五、既有站场股道测量方法与内容

站场的股道全长及股道有效长度的测量，应充分利用已掌握的资料(经核实或新量测的资料)，根据具体情况灵活运用，尽量避免重复丈量，现场丈量的只是补充其缺少的部分。

六、既有站场道岔号数的测定

道岔号 N 是辙叉角 α 的余切，即 $N=\cot\alpha$，一般采用下列两种方法测定：

(1)步量法。如图 14－8 所示，在辙叉上找出和步量者脚长相等处，然后用脚量至实际叉尖处，所量的脚数即为该道岔的号数。

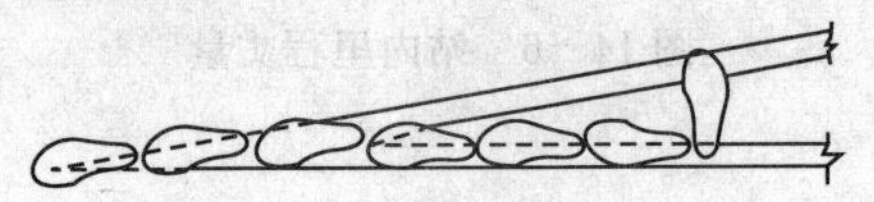

图 14－8　步量法测定道岔号数

(2)尺量法。如图 14－9 所示，由于辙岔理论尖端与辙岔实际尖端并不是同一点，所以在量测道岔号数时，应先在辙岔顶面上找出宽 1dm 和 2dm 的两个位置，然后测量这两个位置的间距，该距离的分米数 N 即为道岔号数。

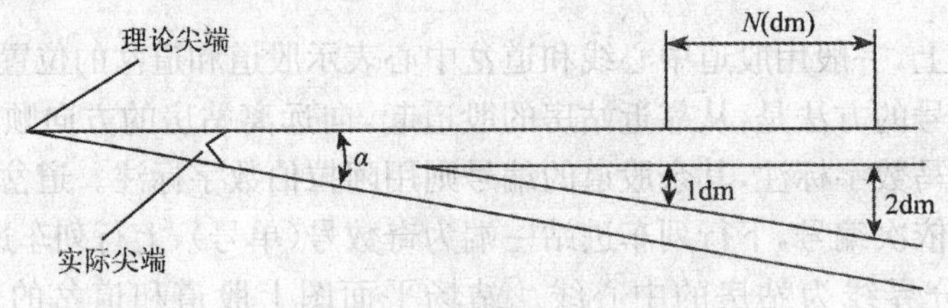

图 14－9　尺量法测定道岔号数

七、既有站场道岔的丈量

(1)轨缝定位。标准型号的道岔，各种轨型、式样、号数的道岔都有标准设计的尺寸，只需测出尖轨前基本轨接头和辙叉跟端基本轨接头两处轨缝中心的(线路中心线)距离和坐标，便可确定岔心的位置，推算岔心坐标。

(2)交点定位。钉设时先在尖轨附近的直线部分定出线路中心线，然后在辙叉附近定出侧线线路中心线，用仪器延长两中心线得到的交点即为道岔中心点。图 14－10 所示为对称道岔、复式交分道岔应用交点法定位，图中○表示线路中心点、●表示岔心点。

(3)岔心位置确定后，应钉设标志，并用白油漆在两侧钢轨上画线以显示其位置。对正线的岔心还应量测其里程，警冲标到岔心的距离也应同时测出。道岔的细部尺寸，应根据已有资料逐项核对或丈量，并填写在道岔调查表中。

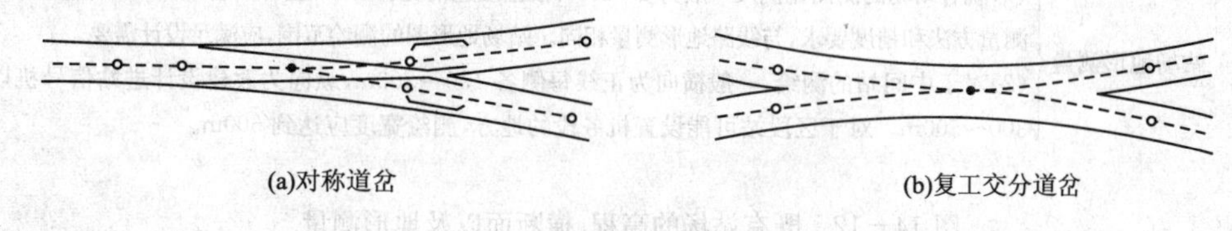

(a)对称道岔　　(b)复工交分道岔

图 14－10　交点定位法确定岔心

八、既有站场道岔主要尺寸的丈量

道岔除标出岔心位置外，还要丈量如图 14－11 中所示尺寸，取位至毫米。

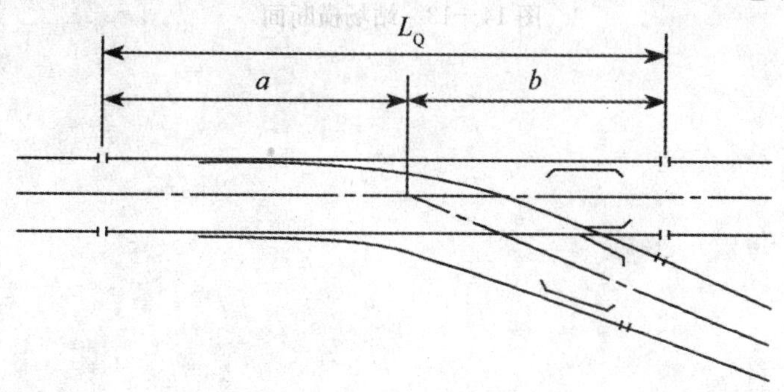

图 14－11　道岔主要尺寸

图中，L_Q—道岔全长；a—尖轨前基本轨缝中心至岔心的长度；b—岔心至辙叉跟端轨缝中心的长度。

九、既有站场的高程、横断面以及地形测量

既有站场的高程、横断面以及地形测量的基本要求如图 11－12 所示。

既有站场的高程、横断面以及地形测量

- 站场高程测量
  - (1)站场高程测量的方法和要求，与既有线正线高程测量相同。在机务段、车辆段、货场、车场等大型建筑物附近应增设水准点。
  - (2)站内线路的中桩高程测量，除百米标、加标处的轨面均应有测点外，重要建筑物和设备也应有测点。轨顶的测点间距不应大于 50m。在避难线、驼峰线的峰顶和加速坡地段，应每 5～10m 测一点，驼峰线的其余地段可每 10～20m 测一点。
- 站场横断面测量
  - (1)既有站场横断面测量方法与精度要求，与既有线横断面测量基本相同。
  - (2)站内横断面的密度和宽度应满足设计需要，道岔咽喉区的横断面要适当加密，驼峰地段从压钩坡起点附近至中间坡末端段的横断面间距应不大于 20m。
  - (3)在站房中心及两端、站台两端坡顶和坡脚点、站内平交道及天桥、地道中心等处应施测横断面。
  - (4)站内横断面除了与既有线横断面测量内容相同的外，在各股道的轨顶、砟肩、砟脚、路肩、排水沟和股道间的排水设备，均应有测点，各股道的间隔、断面方向上遇到的设备均应测量，如图 14－13 所示。
- 站场地形测量
  - (1)既有站场的测图比例尺一般为 1：2000，根据改建情况和要求，也可测绘 1：1000 的地形图。其测量方法和精度要求，与线路地形测量相同。站场地形图的测绘范围，应满足设计需要。
  - (2)对于中间站的测绘，一般横向为正线每侧各 150～200m，纵向为改建设计进站信号机以外 300～500m。对于区段站可能设置机务段的地方，测绘宽度应达到 600m。

图 14－12 既有站场的高程、横断面以及地形测量

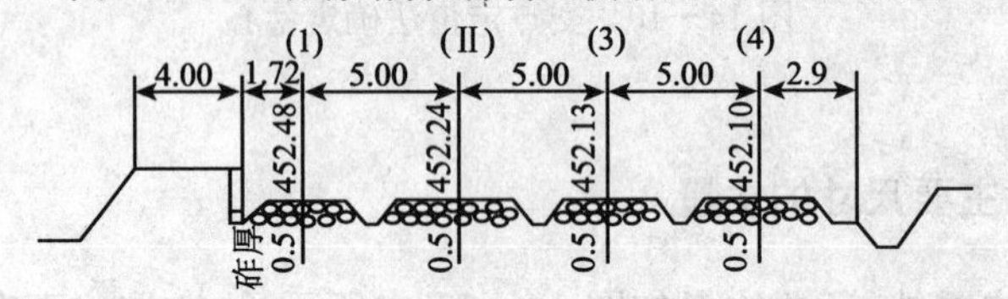

图 14－13 站场横断面

第十五章　GPS 卫星定位技术

全球定位系统 GPS(Global Positioning System)，于 1973 年由美国组织研制，1993 年全部建成。全球定位系统 GPS 最初的主要目的是为海陆空三军提供实时、全天候和全球性的导航服务。

GPS 的出现引起了测绘技术的一场革命，促进了测绘科学技术的现代化。

由于 GPS 全球定位系统定位技术的高度自动化及其所达到的高精度，也引起了广大民用部门，特别是测量工作者的普遍关注和极大兴趣，特别是近十多年来 GPS 定位技术在应用基础的研究、新应用领域的开拓及软硬件的开发等方面都取得了迅速发展，使得 GPS 精密定位技术已经广泛地渗透到了经济建设和科学技术的许多领域，尤其是在大地测量学及其相关学科领域，如地球动力学、海洋大地测量学、地球物理勘探和资源勘察、工程测量、变形监测、城市控制测量、地籍测量等方面都得到了广泛应用。

第一节　GPS 技术的构成与测量原理

一、GPS 技术的优点

与常规的测量技术相比，GPS 技术具有以下的优点：

(1)测站点间不要求通视，这样可根据需要布点，也无需建造觇标。

(2)定位精度高，目前单频接收机的相对定位精度可达到 $5\text{mm}+1\times10^{-6}D$，双频接收机甚至可优于 $5\text{mm}+1\times10^{-7}D$。

(3)观测时间短，人力消耗少。

(4)可提供三维坐标，即在精确测定观测站平面位置的同时，还可以精确测定观测站的大地高程。

(5)操作简便，自动化程度高。

(6)全天候作业，可在任何时间、任何地点连续观测，一般不受天气状况的影响。

但由于进行 GPS 测量时，要求保持观测站的上空开阔，以便于接受卫星信号，因此，GPS 测量在某些环境下并不适用，如地下工程测量，紧靠建筑物的某些测量工作及在两旁有高大楼房的街道或巷内的测量等。

二、GPS 的空间星座部分

GPS 定位系统的空间星座部分由 24 颗卫星组成，卫星均匀分布在 6 个相对于赤道的倾角为 55°的近似圆形轨道上，轨道面之间夹角为 60°，每个轨道上有 4 颗卫星运行，它们距地球表面的平均高度约为 20 200km，运行周期为 11h 58min。这种星座布局(图 15－1)可保证位于任一地点的用户在任一时刻均可收到 4 颗以上卫星的信号，实现瞬时定位。

GPS 卫星的主体呈圆柱型，两侧有太阳能帆板，能自动对日定向。太阳能电池为卫星提供工作用电。每颗卫星都配有 4 台原子钟，可为卫星提供高精度的时间标准。

GPS卫星的基本功能是:接收并存储来自地面控制系统的导航电文;在原子钟的控制下自动生成测距码和载波;采用二进制相位调制法将测距码和导航电文调制在载波上播发给用户;按照地面控制系统的命令调整轨道,调整卫星钟,修复故障或启用备用件以维护整个系统的正常工作。

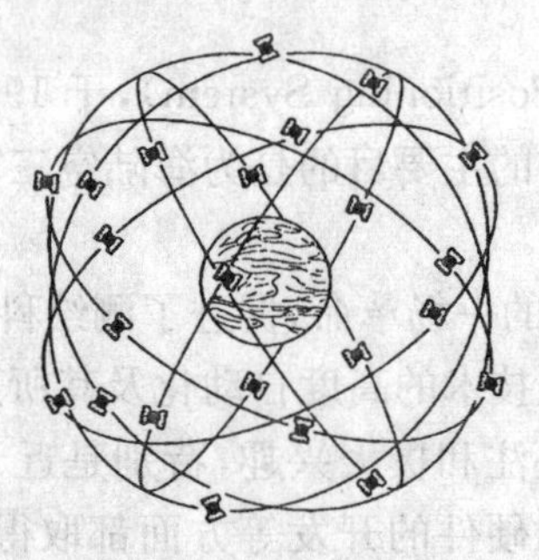

图15—1 GPS星座布局

三、GPS的地面控制部分

GPS的地面监控部分由1个主控站、5个监测站、3个注入站以及通信和辅助系统组成。主控站位于美国本土的科罗拉多州的联合空间工作中心,3个注入站分别位于大西洋、印度洋、太平洋的3个美国军事基地上,5个监测站除了位于1个主控站和3个注入站以外,还在夏威夷设了1个监测站,如图15—2所示。

图15—2 GPS地面监测站

监测站设在科罗拉多、阿松森群岛、迭哥伽西亚、卡瓦加兰和夏威夷。站内设有双频CPS接收机、高精度原子钟、气象参数测试仪和计算机等设备。主要任务是完成对CPS卫星信号的连续观测,并将算得的站星距离、卫星状态数据、导航数据、气象数据传送到主控站。

主控站设在美国本土科罗拉多联合空间执行中心。它负责协调管理地面监控系统还负责将监测站的观测资料联合处理推算各个卫星的轨道参数、卫星的状态参数、时钟改正、大气修正参数等,并将这些数据按一定格式编制成电文传输给注入站。此外,主控站还可以调整偏离轨道的卫星,使之沿预定轨道运行或起用备用卫星。

注入站设在阿松森群岛、狄哥伽西亚、卡瓦加兰。其主要作用是将主控站要传输给卫星的资料以一定的方式注入到卫星存储器中,供卫星向用户发送。

四、GPS的用户设备部分

用户设备包括GPS接收机和相应的数据处理软件。GPS接收机一般包括接收机天线、主机和电源。随着电子技术的发展，现在的GPS接收机已经高度集成化和智能化，实现了将接收天线、主机和电源全部制作在天线内，并能自动捕获卫星和采集数据。

GPS接收机的任务是捕获卫星信号，跟踪并锁定卫星信号，对接收到的信号进行处理，译出卫星广播的导航电文，进行相位测量和伪距测量，实时计算接收机天线的三维坐标、速度和时间。

GPS接收机按用途分为导航型、测地型和授时型接收机；按使用的载波频率分为单频接收机(用 L_1 载波)和双频接收机(用 L_1、L_2 载波)。

五、GPS伪距定位测量的原理

利用GPS进行定位的基本原理是空间后方交会。如图15—3所示，以GPS卫星和接收机天线之间的距离(或距离差)为观测量，根据已知的卫星瞬时坐标来确定用户接收机所对应点的三维坐标(x,y,z)。由此可见，GPS定位的关键是测定接收机至GPS卫星之间的距离。

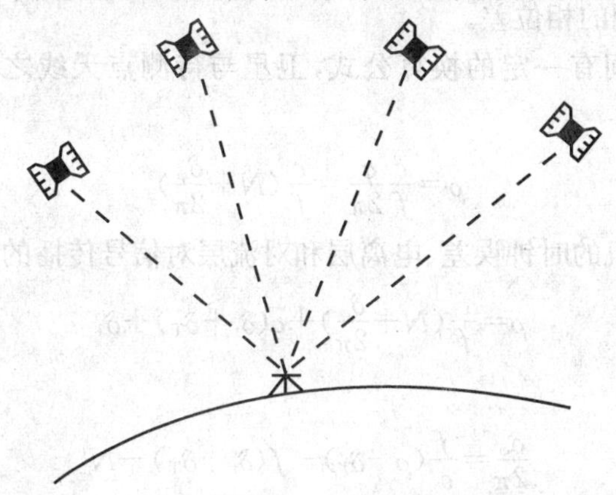

图15—3 GPS定位的基本原理

伪距定位测量的原理如下：

在待测点上安置GPS接收机，通过测定某颗卫星发送信号时刻到接收机天线接收到该信号时刻的时间 Δt，就可以求得卫星到接收机天线的空间距离 ρ：

$$\rho=\Delta t\cdot c$$

式中 c——电磁波在大气中的传播速度。

由于卫星和接收机的时钟均有误差，电磁波经过电离层和对流层时又会产生传播延迟，因此，Δt 乘上空中电磁波传播速度 c 后得到的距离中含有较大误差，不是接收机到卫星的实际几何距离，故称为伪距，以 $\tilde{\rho}$ 来表示。若用 δ_t、δ_T 表示卫星和接收机时钟相对于GPS时间的误差改正数；用 δ_1 表示信号在大气中传播的延迟改正数，则，

$$\rho=\tilde{\rho}+c(\delta_t+\delta_T)+\delta_1$$

其中，卫星钟误差改正数 δ_t 可由卫星发出的导航电文给出，δ_1 可采用数学模型计算出来，δ_T 为未知数，ρ 为接收机至卫星的几何距离。设 $r=(X_S,Y_S,Z_S)$ 为卫星在世界大地坐标系中的位置矢量，可由卫星发出的导航电文计算得到，$R=(X,Y,Z)$ 为接收机天线(待测点)在大地

坐标系中的位置矢量，是待求的未知量。则上式中的 ρ 可表示为，

$$\rho=\sqrt{(X_S-X)^2+(Y_S-Y)^2+(Z_S-Z)^2}$$

结合式上两式可知，每一个伪距观测方程中仅含有 X、Y、Z 和 δ_T 四个未知数。如图15－3所示，在任一测站只要同时对 4 颗卫星进行观测，取得 4 个伪距观测值 $\tilde{\rho}$，即可解算出 4 个未知数，从而求得待测点的坐标(X,Y,Z)。当同时观测的卫星多于 4 颗时，可用最小二乘法进行平差处理。

六、GPS 载波相位测量的原理

载波相位测量，是以 GPS 卫星发射的载波信号为观测量。由于载波的波长比测距码波长要短得多，因此对载波进行相位测量，就可以得到较高的定位精度。

如果不顾及卫星和接收机的时钟误差及电离层和对流层对信号传播的影响，在任一时刻 t 可以测定卫星载波信号在卫星处的相位 φ_s 与该信号到达待测点天线时的相位 φ_r 间的相位差 φ，即

$$\varphi=\varphi_r-\varphi_s=N\cdot 2\pi+\delta_\varphi$$

式中　N——信号的整周期数；

δ_φ——不足整周期的相位差。

由于相位和时间之间有一定的换算公式，卫星与待测点天线之间的距离可由相位差表示为：

$$\rho=\frac{c}{f}\frac{\varphi}{2\pi}=\frac{c}{f}(N+\frac{\delta_\varphi}{2\pi})$$

考虑到卫星与接收机的时钟误差、电离层和对流层对信号传播的影响，上式又可写为

$$\rho=\frac{c}{f}(N+\frac{\delta_\varphi}{2\pi})+c(\delta_t+\delta_T)+\delta_1$$

或写成

$$\frac{\delta_\varphi}{2\pi}=\frac{f}{c}(\rho-\delta_1)-f(\delta_t-\delta_T)-N$$

相位测量只能测定不足一个整周期的相位差 $\delta\varphi$，无法直接测得整周期数 N，因此载波相位测量的解算比较复杂。N 又称整周模糊度，N 的确定是载波相位测量中特有的问题，也是进一步提高 GPS 定位精度，提高作业速度的关键所在，目前 N 可由多种方法求出。

第二节　*GPS* 技术的应用

一、*GPS* 控制网的布设原则

GPS 网的图形设计主要取决于用户的要求、经费、时间、人力以及所投入接收机的类型、数量和后勤保障条件。为了满足用户的要求，设计的一般原则是：

(1)GPS 网一般应通过独立观测边构成闭合图形，例如三角形、多边形或附和线路，以增加检核条件，提高网的可靠性。

(2)GPS 网点应尽量与原有地面控制(网)点重合。重合点一般不应少于 3 个(不足时应联测)，且在网中应分布均匀，以便可靠的确定 GPS 网与地面网之间的转换参数。

(3)GPS 网点应考虑与水准点相重合，而非重合点一般应根据要求以水准测量方法(或相当精

度的方法)进行联测,或在网中设一定密度的水准联测点,以便为大地水准面的研究提供资料。

(4)为了便于观测和水准联测,GPS网点一般应设在视野开阔和容易到达的地方。

(5)为了便于用经典方法联测和扩展,可在网点附近布设一通视良好的方位点,以建立联测方向。方位点与观测站的距离一般应大于300m。

(6)GPS网中两相邻点间距离和最简独立闭合环或附合路线的边数,见表15—2。

表15—2　GPS网点的平均距离及边数

等级	AA	A	B	C	D	E
平均距离(km)	1 000	300	70	10～15	5～10	0.2～5
闭合环或附合路线边数	—	≤5	≤6	≤6	≤8	≤10

二、GPS控制网的布设形式

GPS控制网的布设形式如图15—4所示。

GPS控制网的布设形式

- 三角形网
  - (1)GPS网中的三角形由独立观测边组成,如图15—5所示。根据经典测量的经验可知,这种网型的优点是,几何结构强,具有良好的自检能力,能够有效地发现观测成果中的粗差,以保障网的可靠性,而且经平差后网中相领点间基线向量的精度分布均匀。
  - (2)这种网型的缺点是观测工作量大,尤其是当接收机数量较少时。将使观测工作的总的总时间大为延长。因此,只有当网的精度和可靠性要求较高时才单独采用这种网型。
- 环形网
  - (1)由若干个含有多条独立观测边的闭合环所组成的网,称为环形网,如图15—6所示。闭合环中所含基线边的数量决定网的自检能力和可靠性。这种网型与经典测量中的导线网相似,其网型的结构强度不如三角形。
  - (2)环形网的优点是观测工作量较小,且具有较好的自检能力和可靠性;其缺点是网中非直接观测的基线边(间接边)精度较直接观测边低,相邻点间的基线精度分布不均匀。作为环形网的特例,在实际工作中还可按照网的用途和实际情况,采用附和线路形式。这种附和线路与经典测量中的附和线路相似。采用这种图形的条件是,附和线路两端点间的基线向量必须具有较高的精度。
  - (3)三角形网和环形网是大地测量和精密工程测量中普遍采用的两种基本网形。通常往往采用上述两种图形的混合网形。
- 星形网
  - (1)星形网是一种最简单的网形,如图15—7所示。由于它的直接观测边一般不构成闭合图形,所以其自检和发现粗差的能力差。
  - (2)星形网的主要优点是观测中通常只需两台接收机,作业简单。因此,在快速静态定位和准动态定位等作业模式中,大都采用这种网形。
  - (3)星形网被广泛地应用于工程放样、地籍测量和碎部测量中。

图15—4　GPS控制网的布设形式

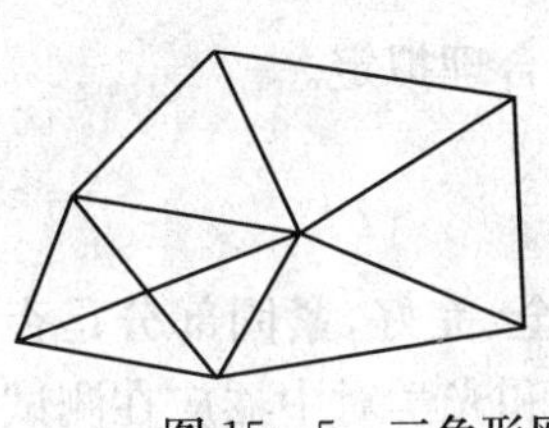
图15—5　三角形网

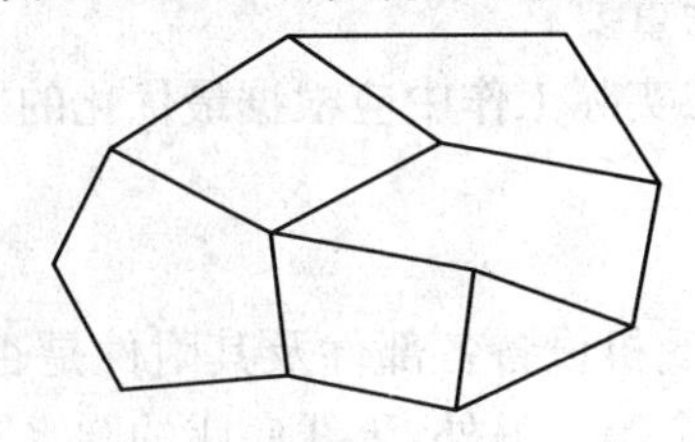
图15—6　环形网

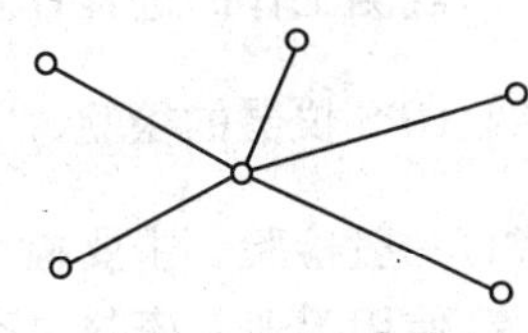
图15—7　星形网

三、GPS控制网外业观测

1. GPS控制网外业观测时工作量的确定

外业观测的工作量与用户的精度要求和采用的接收机数量有关。GPS网观测工作量的设计,既要考虑观测工作的效率,也要顾及网的精度和可靠性。

(1)假设参加作业的接受机数为k,则每一时段可得观测向量数为$k(k-1)$;其中独立观测向量数为$(k-1)$,多余观测向量数为$(k-1)\times(k-2)/2$。因为网的可靠性随多余观测数的增加而提高，所以，作业中适当增加接受机的数量不仅会提高工作效率，同时也将明显地增加多余观测量，从而提高网的可靠性。

(2)为了有助于外业观测数据的检核，增加可靠性，通常根据不同的精度，要求同一 GPS 点重复设站的次数不得少于两次。增加重复设站数，虽可提高可靠性，但却增加了作业时间。所以重复设站数在设计中应按实际情况合理确定。

2. 采用 GPS 外业观测时的分区观测

(1)随着 GPS 网的应用目的不同，GPS 网所覆盖的面积大小也不相同。例如，在我国国土上布测的国家 GPS 网覆盖着整个陆地和海洋国土，需要几年的时间才能布测完毕，而不得不将它分成几个子区作业。另外，即使布测面积不大，但 GPS 网的点数较多，而参与观测的接收机数量有限，网的观测工作也需分区进行。

(2)当实行分区观测时，为了保持全网的整体性能和增加多余观测量，相邻分区应设置公共联测点，且其数量不得少于 3 个。当相邻分区的公共点数过少，将使网的整体性变差，从而影响网的精度。在实际工作中，公共点的多少应根据网的用途慎重考虑。

(3)在一个观测分区内，可根据参加作业的接收机数量，分成若干个同步观测的子区(每个子区必须有两台以上的接收机)，从而有利于作业效率的提高。

3. 采用 GPS 外业观测时段的选择

(1)GPS 测量中，所测卫星与观测站所组成的几何图形，其强度可取空间位置精度因子(PDOP 值)来表示。

(2)无论是绝对定位还是相对定位，PDOP 值均不应超过一定的要求，方可进行数据采集。对应各精度等级，PDOP 值的要求见表 15—3。

表 15—3 各级 GPS 测量中 PDOP 值规定

级别	C	D	E
PDOP	≤8	≤10	≤10

注：为了保证观测的质量，实际上 PDOP 值一般在 4.0 以下才采集数据。

4. 采用 GPS 外业观测时观测进程及调度的确定

(1)最佳观测时间确定后，在观测工作开始之前，须制定观测工作的进程表及接收机的调度计划。尤其当 GPS 网的规模较大时，参加作业的 GPS 接收机较多，仔细地拟定这些计划对于顺利实现预定的观测任务极为重要。

(2)观测工作的进程计划，在实际工作中应根据最优化的原则合理拟定。

四、GPS 仪器的检验

(1)一般检验。主要检查接受机设备各部件及其附件是否齐全、完好，紧固部分是否松动或脱落，使用手册及资料是否齐全等。另外，天线底座的圆水准器和光学对中器应在测试前进行检验和校正。对气象测量仪表(通风干湿表、气压表、温度表)等应定期送气象部门检验。

(2)通电检验。接受机通电后有关信号灯、按键、显示系统和仪表的工作情况，以及自测试系统的工作情况，当自测正常后，按操作步骤检验仪器的工作情况。

(3)实测检验。实测检验应在不同长度的标准基线上或专设的 GPS 测量检验场上进行。标准基线的相对精度应不低于被检验接收设备的标称精度。实测检验是 GPS 接受机检验的主要内容，凡是用于精密定位的接收设备，都应按作业时间的长短，至少每年测试一次。

五、GPS观测时天线安置

1. 直接对中安置

采用静态定位或快速静态定位时，天线应采用三脚架安置在标志中心的上方直接对中观测；采用动态作业模式时，天线应利用天线杆，便于快速流动，该方式适合于没有觇标的点位观测。

2. 间接对中安置

对于有觇标的点位需安置天线观测时，应先将标志中心投影到基板上作为安置天线的依据。如果是高精度要求的。观测还需要将觇标顶部拆除，以防止对信号的干扰。

3. 偏心天线安置

对于不符合GPS观测条件或影响GPS观测精度的点位，例如某些觇标年久失修，上标安置天线已不太安全，或者尽管觇标安全但卸去标顶很不方便等等，这时可以采用偏心天线安置，即偏心观测，但偏心元素应按照常规解析法精密测定。

不论采用哪种方式安置天线，都应满足下列要求：

(1)天线底板上的圆水准器气泡必须居中。

(2)天线的定向标志线应指向正北，使得同一台仪器在各个测站的观测成果中天线相位中少迁移这项系统偏差相同，相对位置中可以减弱此项偏差影响。对于没有标志线的天线，可以自己设置一个零，各站采用同样的定向，也有一定的效果。

(3)天线安置后，应在各观测时段的前后各量测天线高(即仪器高)一次。两次量测结果之差应不超过3mm，并取平均值。

六、GPS接受机操作步骤及注意事项

1. 操作步骤

(1)做好开机前的各项准备工作：天线安置并精确量取天线高；连接好各部件的电源及电缆线，检查是否拧紧或有无接错。

(2)开机搜索卫星，输入测站参数，等待开机命令。

(3)按测量键开始同步观测，并注意查看有关信息。

(4)按停止键，数据存盘，退出作业任务，关机。

(5)收机，清点各部件，装箱。

2. 操作注意事项

(1)观测前要仔细检查仪器各项参数设置是否正确，是否与其他同步仪器保持一致。

(2)整置仪器时要尽可能架高天线，以减少测站周围干扰源的影响。

(3)开机前应检查各部件连接是否正确，有无接触不良现象。

(4)观测中要注意观察仪器面板显示的各项信息，如GDOP值的大小、卫星的信噪比大小、记录设备的剩余容量、电池的电量以及有无告警等，以便及时处理各种情况。

(5)观测中要尽量少使用高频对讲机，作业人员也不要在天线周围来回走动，以减少电磁场和人体磁场对信号的干扰。

(6)停止观测前，要检查测站点号和天线高等信息输入是否正确，如有改变，应予以更正，以减少内业数据编辑的工作量。

七、采用 GPS 测量时气象参数的确定

对于精度要求高于 C 级或边长大于 10km 的 GPS 测量，应该在相位观测的同时测定并记录气温、气压和湿度。一般要求在每个时段始末及中间各测定一次，当时段较长(如超过 60min)应适当增加观测次数。

八、采用 GPS 测量记录的形式

采用 GPS 测量记录的形式如图 15—8 所示。

GPS测量记录的形式
- 设备记录
  - (1)观测数据及资料由接收设备自动记录在存储介质上，如磁卡、存储卡等。
  - (2)设备记录的主要内容包括：载波相位观测值及相应的观测历元，同一历元的测距码伪距观测值，GPS 卫星星历。卫星钟差参数，实时绝对定位结果，测站控制信息及接收机工作状态信息。
  - (3)当一个时段观测结束后，即可将其送至内业，通过数据传输至计算机进行实时处理。
- 测量手簿
  - 测量手薄是在接收机启动前后及观测过程中随时填写的。其一般记录格式和内容见表 15—4。

图 15—8 GPS 测量记录的形式

表 15—4 GPS 测量手簿记录格式

<table>
<tr><td>点名</td><td></td><td>点号</td><td></td><td>图幅</td><td></td></tr>
<tr><td>观测员</td><td></td><td>记录员</td><td></td><td>观测月日/年积日</td><td></td></tr>
<tr><td colspan="2">接收设备</td><td colspan="2">天气状况</td><td colspan="2">近似位置</td></tr>
<tr><td>接收机及编号</td><td></td><td>天气</td><td></td><td>纬度</td><td></td></tr>
<tr><td>天线号码</td><td></td><td>风向</td><td></td><td>经度</td><td></td></tr>
<tr><td>存储介质编号</td><td></td><td>风力</td><td></td><td>高程</td><td></td></tr>
<tr><td>点名</td><td></td><td>点号</td><td></td><td>图幅</td><td></td></tr>
<tr><td rowspan="2">天点高
(m)</td><td>测前</td><td></td><td colspan="2" rowspan="2">平均值
(m)</td><td rowspan="2"></td></tr>
<tr><td>测后</td><td></td></tr>
<tr><td rowspan="3">观测时间(UTC)</td><td>开始预热</td><td></td><td colspan="2">卫星号开始/变化后</td><td></td></tr>
<tr><td>开始记录</td><td></td><td colspan="2">总时段序号</td><td></td></tr>
<tr><td>结束记录</td><td></td><td colspan="2">日时段序号</td><td></td></tr>
<tr><td colspan="4">气象元素</td><td colspan="2">观测记事</td></tr>
<tr><td>时间</td><td>气压</td><td>干温</td><td>湿温</td><td colspan="2" rowspan="4"></td></tr>
<tr><td></td><td></td><td></td><td></td></tr>
<tr><td></td><td></td><td></td><td></td></tr>
<tr><td></td><td></td><td></td><td></td></tr>
</table>

九、GPS 技术在线路测量中的应用

GPS(全球定位系统)具有高精度、观测时间短、测站间不需要通视和全天候作业等优点，已广泛应用到工程测量的各个领域，并显示了极大的优势。在铁路工程中应用 CPS 技术，可以进行线路、桥梁、隧道的勘测和施工放样等多种工作。

(1)进行线路控制测量，应用 GPS 技术布设各等级的线路带状平面控制网，检核和提高已有地面控制网的精度，对已有的地面控制实施加密。采用航空摄影测量方法进行线路勘测时，应用 GPS 动态相对定位的方法可代替常规地面控制方法，适时获取三维位置信息。应用 GPS 建立控制网，对于特大桥、长大隧道、互通式立交等进行控制，由于无需通视，可构成较强的网形，提高点位精度。

(2)进行带状地形图测绘，应用实时 GPS 动态测量(RTK)，在沿线每个碎部点上仅需停留较短时间，即可获得每点坐标，结合输入的点特征编码及属性信息，构成碎部点的数据，在室内

即可由绘图软件成图。由于只需要采集碎部点的坐标和输入其属性信息,而且采集速度快,大大降低了测图的难度,既省时又省力。

(3)进行线路中线测量,可应用实时GPS动态测量。测量时,先将中线桩点的里程和坐标输入GPS接收机中。RTK测量系统在野外施测中线时,逐一调出待放样的中桩点坐标,根据流动台RTK控制器屏幕显示的导引,把需要放样的点逐一测设到地面上,精度可达1cm,这样可以一次性地完成全部中桩(直线交点和转点、曲线控制桩及各细部中线桩)的测设,每放样一个点只需几分钟,而且成果可靠。由于每个点的测量都是独立完成的,不会产生累积误差,各点放样精度趋于一致。在中桩放样的同时还可得到各中桩的地面高程,同时完成纵断面的测量。应用CPS测量,可极大地提高中线测量的工效。

(4)线路中线确定后,可以利用测绘地形图时采集来的数据及所绘制地形图,并根据中桩点坐标,通过绘图软件,绘出线路纵断面和各桩点的横断面。由于不需要再到现场进行纵、横断面测量,从而大大减少了外业工作,若需要到现场进行断面测量,也可采用实时GPS动态测量。

(5)应用GPS技术,使得铁路工程测量的手段和作业方法产生了革命性的变革。特别是实时动态(RTK)定位技术系统,既有良好的硬件,也有极为丰富的软件可供选择,施工中对点,线、面以及坡度的放样均很方便、快捷,精度可达厘米级,在铁路勘测、施工放样、监理、竣工测量、养护测量、GIS前端数据采集诸多方面有着广阔的应用前景。

十、GPS技术的隧道洞外控制测量

隧道洞外控制测量可以利用GPS相对定位技术,采用静态或快速静态定位模式进行。由于使用GPS测定控制点时,工作量少且可以全天候观测并达到较高精度,因而GPS测量法已逐渐成为洞外控制测量的主要方法之一。

(1)GPS网点的踏勘、选点和埋标工作与常规地面控制网相同,但还应按规范要求填写点之记和绘制测站环视图,说明交通情况以便于作业调度。

(2)GPS网的测站点除应满足点位稳定、易于保存、交通方便、高度角15°以上的顶空障碍少、远离高压线或强电磁波辐射源、避开强烈干扰卫星信号的物体(如大的水面或平坦光滑地面)等基本要求之外,还应在隧道各开挖洞口附近布设不少于三个的控制点(含洞口投点)。布设洞口控制点时,应考虑便于用常规方法进行检测、加密或恢复,洞口投点与后视定向点(至少两个)间应相互通视,距离不宜小于300m,且高差不宜过大。

(3)对于只有一个贯通面的直线隧道,一个标准的GPS网如图15－9所示。假设采用4台接收机作业;只需观测三个时段,其观测方案见表15－5,整个外业观测在半天内就能完成。

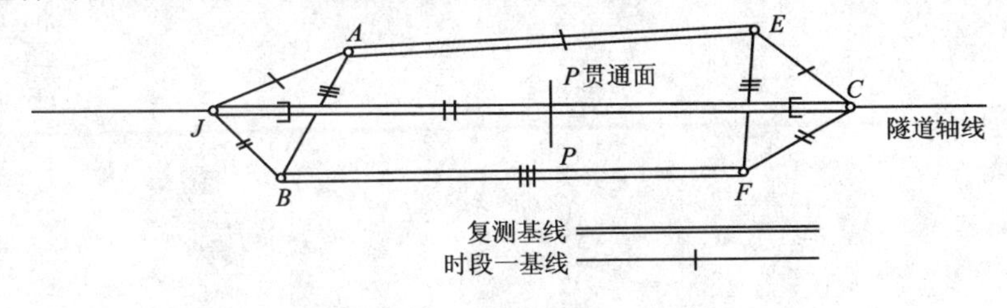

图15－9　GPS隧道控制网

表 15—5　GPS 网观测方案

时段 \ 测站 \ 接收机	NO. 1	NO. 2	NO. 3	NO. 4
1 8：00～8：40	*C*	*J*	*A*	*E*
2 9：20～10：00	*C*	*J*	*B*	*F*
3 10：30～11：10	*A*	*E*	*B*	*F*

十一、GPS 测量的误差种类

(1)在 GPS 测量中，影响观测精度的主要误差来源可分为三类：与卫星有关的误差；与信号传播有关的误差；与接收设备有关的误差。

(2)为了便于理解，通常把各种误差的影响投影到测站至卫星的距离上，用相应的距离误差表示，并称为等效距离误差。表 15—6 抽列即这各项误差引起的等效距离误差。

表 15—6　*GPS* 测量的等效距离误差

误差来源	等效距离误差	误差来源	等效距离误差	误差来源	等效距离误差
卫星 —轨道误差 —轨误差	1.5～15*m*	信号传播 —对流层 —电离层 —多路径效应	1.5～15*m*	接收机 —观测误差 —相位中心变化	1.5～15*m*

(3)根据误差的性质，上述误差又分为系统误差与偶然误差两类。

参考文献

[1] 邱国屏. 铁路测量[M]. 北京：中国铁道出版社，2001 年.
[2] 陈丽划. 土木工程测量[M]. 杭州：浙江大学出版社，2001.
[3] 合肥工业大学，重庆建筑大学，天津大学，哈尔滨建筑大学. 测量学[M]. 4 版. 北京：中国建筑工业出版社，2000.
[4] 罗新宇. 土木工程测量学教程. 北京：中国铁道出版社，2003 年.
[5] 黄浩. 测量(修订版)[M]. 北京：中国环境科学出版社，2006.
[6] 郝海森. 工程测量[M]. 北京：中国电力出版社，2007.
[7] 海克斯康测量技术(青岛)有限公司. 实用坐标测量技术[M]. 北京：化学工业出版社，2007.
[8] 李斌，徐鹏. 测量放线工小手册[M]，北京：中国电力出版社，2007.
[9] 胡伍生，潘庆林. 土木工程测量. [M] 3 版. 南京：东南大学出版社，2007.
[10] 卢德志，张胜良，陆静文，岳国辉. 测量员岗位实务知识[M]. 北京：中国建筑工业出版社，2007.
[11] 金芳芳. 工程测量实验与实习指导[M]. 南京：东南大学出版社，2007.
[12] 常玉奎，金荣耀. 工程测量[M]. 北京：中国水利水电出版社，2007.
[13] 刘玉珠. 土木工程测量[M]. 广州：华南理工大学出版社，2001.
[14] 杨松林，杨腾锋，师红云. 测量学[M]. 北京：中国铁道出版社，2003 年.